Humana Press

Jason Mercer *Editor*

[英] 杰森·默瑟　主编

赵志荀　译

痘苗病毒实验操作指南

Vaccinia Virus

Methods and Protocols

中国农业科学技术出版社

版权合同登记号：01-2019-7565

图书在版编目（CIP）数据

痘苗病毒实验操作指南 /（英）杰森·默瑟（Jason Mercer）主编；赵志荀译 . -- 北京：中国农业科学技术出版社，2022.4
ISBN 978-7-5116-5126-6

Ⅰ . ①痘… Ⅱ . ①杰… ②赵… Ⅲ . ①痘病毒－指南②痘苗病毒－实验－指南 Ⅳ . ① R373.1-62

中国版本图书馆 CIP 数据核字（2021）第 016242 号

责任编辑 姚 欢 施睿佳
责任校对 马广洋
责任印制 姜义伟 王思文

出 版 者 中国农业科学技术出版社
北京市中关村南大街 12 号 邮编：100081
电 话 （010）82106636（编辑室）（010）82109704（发行部）
（010）82109702（读者服务部）
传 真 （010）82106631
网 址 http://www.castp.cn
经 销 者 各地新华书店
印 刷 者 北京建宏印刷有限公司
开 本 185 mm × 260 mm 1/16
印 张 18.25 彩插 16 面
字 数 400 千字
版 次 2022 年 4 月第 1 版 2022 年 4 月第 1 次印刷
定 价 120.00 元

本书由

中国农业科学院兰州兽医研究所

家畜疫病病原分子生物学国家重点实验室

中国农业科学院宿主抗病毒感染与免疫生物学团队

国家自然科学基金项目（31972687 和 31872449）

国家重点研发计划“烈性外来动物疫病防控技术”（2017YFD0502306-5）项目

资助出版

译者前言

痘病毒在整个病毒学研究乃至整个生物学研究中都占有重要地位，通过痘病毒的研究可拓展人们对病毒生命周期、致病机制和免疫机理的认知，而痘病毒作为疫苗载体和溶瘤剂极具潜在价值。我和团队成员翻译本书的初衷是帮助国内从事痘病毒研究的科研人员，尤其是初学者，能够更容易和更快速地了解并借鉴痘苗病毒研究的一些最新方法，从而提升研究痘病毒的水平。尽管有多年从事痘病毒研究的经验，但是由于书中涉及编程等诸多新的知识，加之自身知识所限，书中难免出现纰漏，本书只力求与作者原文原意相差不多，而语言方面则难登大雅之堂，望读者朋友批评指正。

赵志荀

中国　兰州

2021 年 9 月

原著序言

痘病毒学有着悠久的历史，其研究历史中具有诸多重要的“第一”。天花疫苗是第一个疫苗。天花是第一个也是唯一被根除的人类疾病。还有一个新的第一被写入痘病毒研究史册，就是已被 FDA（美国食品药物监督管理局）批准的一种新的痘病毒治剂——ST-246（tecovirimat，商业名称为 TPOXX）。由于用人类进行药物疗效研究不符合伦理而且也不可行，因此该药剂成为第一个通过 FDA 动物法规获得批准的药物，这是第一种专门治疗天花的药物。

在一代又一代科学家工作的基础上，人类逐渐建立了对痘病毒学的科学认识和防控。自从本系列最后一本痘苗病毒方法出版以来，我们已经失去了许多痘病毒学领域的贡献者：唐纳德（D.A.）亨德森［Donald（D.A.）Henderson（1928—2016）］、R. 马克・布勒（R. Mark Buller，1949—2017）、恩佐・保莱蒂（Enzo Paoletti，1943—2018）和基思・R. 邓贝尔（Keith R. Dumbell，1922—2018）已相继离世。

人类对痘苗病毒和痘病毒的科学认识持续增长。此本《分子生物学方法》新卷为科学家们提供了一种资源，新的方法和操作流程的应用将会产生令人兴奋的发现，这将继续加深我们对这一病毒家族的理解。

斯图亚特・N. 艾萨克斯
宾夕法尼亚大学佩雷尔曼医学院
费城　宾夕法尼亚州　美国

原著前言

《痘苗病毒实验操作指南》为实验室提供了实用的信息资源，可用于研究痘苗病毒和其他痘病毒。本书旨在强调存在已久的实验室操作标准，并可作为之前两个版本的补充(《分子生物学方法》系列第 269 卷和第 890 卷)，重点介绍了在痘病毒学领域应用的新技术。这些方法和方案的设计都考虑了实验室科学家的想法，而且适用于所有痘病毒相关研究人员。

杰森・默瑟

于英国伦敦

原著致谢

我要感谢痘病毒界多年来的所有重大会议和讨论（包括科学的和非科学的）。我要特别感谢 Paula Traktman，是他让我相信痘病毒的神奇，还有以下五位杰出的科学家：Rich Condit、Nissan Moussatche、Grant McFadden、Ed Niles 和 Stewart Shuman，他们敢于让一名一年级的研究生参加著名的痘病毒公开赛（Poxvirus Open，PVO），即使只是为了 FROOB。我要感谢所有作者对这本书的杰出贡献，感谢实验室的所有成员一直保持着对痘病毒学的兴趣。

杰森·默瑟

于英国伦敦

原著致谢

[illegible]

原著作者

David Albrecht • *MRC Laboratory for Molecular Cell Biology, University College London, London, UK*

Jeffrey L. Americo • *Genetic Engineering Section, Laboratory of Viral Diseases (LVD), NIAID, NIH, Bethesda, MD, USA*

Shuai Cao • *Division of Biology, Kansas State University, Manhattan, KS, USA*

Carmela Di Gioia • *Barts Cancer Institute, Queen Mary University, London, UK*

Mariano Esteban • *Department of Molecular and Cellular Biology, Centro Nacional de Biotecnología, CSIC, Madrid, Spain*

David Evans • *Department of Medical Microbiology and Immunology and Li Ka Shing Institute of Virology, 6020 Katz Group Centre, University of Alberta, Edmonton, AB,Canada*

James Gibbs • *Cell Biology Section, LVD, NIAID, NIH, Bethesda, MD, USA*

Carmen Elena Gómez • *Department of Molecular and Cellular Biology, Centro Nacional de Biotecnología, CSIC, Madrid, Spain*

Robert Gray • *MRC Laboratory for Molecular Cell Biology, University College London, London, UK*

Douglas W. Grosenbach • *SIGA Technologies, Inc., Corvallis, OR, USA*

Heather D. Hickman • *Viral Immunity and Pathogenesis Unit, Laboratory of Clinical Immunology and Microbiology (LCIM), National Institute of Allergy and Infectious Diseases (NIAID), National Institutes of Health (NIH), Bethesda, MD, USA*

Dennis E. Hruby • *SIGA Technologies, Inc., Corvallis, OR, USA*

Moona Huttunen • *MRC Laboratory for Molecular Cell Biology, University College London, London, UK*

Nouhou Ibrahim • *Department of Biochemistry and Molecular Biology, Medical University of*

South Carolina, Charleston, SC, USA; Department of Microbiology and Immunology, Medical University of South Carolina, Charleston, SC, USA

Stuart N. Isaacs • *Division of Infectious Diseases, Perelman School of Medicine at the University of Pennsylvania and the Corporal Michael J. Crescenz VA Medical Center, Philadelphia, PA, USA*

Olena Kamenyeva • *Biological Imaging Section, Research Technology Branch, NIAID, NIH, Bethesda, MD, USA*

Quinten Kieser • *Department of Medical Microbiology and Immunology and Li Ka Shing Institute of Virology, 6020 Katz Group Centre, University of Alberta, Edmonton, AB, Canada*

Samuel Kilcher • *Institute of Food, Nutrition, and Health, ETH Zurich, Zurich, Switzerland*

James Lin • *Department of Medical Microbiology and Immunology and Li Ka Shing Institute of Virology, 6020 Katz Group Centre, University of Alberta, Edmonton, AB*

Yongquan Lin • *Division of Biology, Kansas State University, Manhattan, KS, USA; Key Laboratory of Molecular Microbiology and Technology, Ministry of Education, College of Life Sciences, Nankai University, Tianjin, China*

Caroline Martin • *MRC Laboratory for Molecular Cell Biology, University College London, London, UK*

N. Bishara Marzook • *The University of Sydney, School of Life and Environmental Sciences, Sydney, NSW, Australia*

Jason Mercer • *MRC-Laboratory for Molecular Cell Biology, University College London, London, UK*

Harriet Mok • *MRC-Laboratory for Molecular Cell Biology, University College London, London, UK*

Timothy P. Newsome • *The University of Sydney, School of Life and Environmental Sciences, Sydney, NSW, Australia*

Ryan Noyce • *Department of Medical Microbiology and Immunology and Li Ka Shing Institute of Virology, 6020 Katz Group Centre, University of Alberta, Edmonton, AB, Canada*

Annabel T. Olson • *Nebraska Center for Virology, University of Nebraska, Lincoln, NE, USA; School of Biological Sciences, University of Nebraska, Lincoln, NE, USA*

Patrick Paszkowski • *Department of Medical Microbiology and Immunology and Li Ka Shing Institute of Virology, 6020 Katz Group Centre, University of Alberta, Edmonton, AB, Canada*

Beatriz Perdiguero • *Department of Molecular and Cellular Biology, Centro Nacional de Biotecnología, CSIC, Madrid, Spain*

Wentao Qiao • *Key Laboratory of Molecular Microbiology and Technology, Ministry of Education, College of Life Sciences, Nankai University, Tianjin, China*

Glennys V. Reynoso • *Viral Immunity and Pathogenesis Unit, Laboratory of Clinical Immunology and Microbiology (LCIM), National Institute of Allergy and Infectious Diseases (NIAID), National Institutes of Health (NIH), Bethesda, MD, USA*

Amber B. Rico • *School of Veterinary Medicine and Biomedical Sciences, University of Nebraska, Lincoln, NE, USA; Nebraska Center for Virology, University of Nebraska, Lincoln, NE, USA*

Rachel L. Roper • *Department of Microbiology and Immunology, Brody School of Medicine, East Carolina University, Greenville, NC, USA*

John P. Shannon • *Viral Immunity and Pathogenesis Unit, Laboratory of Clinical Immunology and Microbiology (LCIM), National Institute of Allergy and Infectious Diseases (NIAID), National Institutes of Health (NIH), Bethesda, MD, USA*

Paula Traktman • *Department of Biochemistry and Molecular Biology, Medical University of South Carolina, Charleston, SC, USA; Department of Microbiology and Immunology, Medical University of South Carolina, Charleston, SC, USA*

Shin-Lin Tu • *Department of Biochemistry and Microbiology, University of Victoria, Victoria, BC, Canada*

Chris Upton • *Department of Biochemistry and Microbiology, University of Victoria, Victoria, BC, Canada*

Yaohe Wang •*Barts Cancer Institute, Queen Mary University, London, UK*

Matthew S. Wiebe • *School of Veterinary Medicine and Biomedical Sciences, University of Nebraska, Lincoln, NE, USA; Nebraska Center for Virology, University of Nebraska, Lincoln, NE, USA*

Artur Yakimovich • *MRC-Laboratory for Molecular Cell Biology, University College London, London, UK*

Zhilong Yang • *Division of Biology, Kansas State University, Manhattan, KS, USA*

Ming Yuan • *Barts Cancer Institute, Queen Mary University, London, UK*

目　录

第一章　痘苗病毒的安全使用：实验室技术与痘病毒实验室意外感染病例

Stuart N. Isaacs*

摘　要：痘苗病毒，这一典型的正痘病毒属病毒，在各实验室被作为模型系统，广泛应用于病毒生物学和病毒—宿主相互作用研究的各个方面，包括作为蛋白质表达系统、疫苗载体和溶瘤剂。世界各地的实验室普遍使用痘苗病毒也引发了一些安全问题，因为该病毒可能是免疫学和皮肤学异常个体的病原体，有时会在正常宿主中造成严重问题。本章回顾了使用痘苗病毒时的标准操作程序，以及已报道的实验室意外感染痘病毒的病例。

关键词：痘苗病毒；生物安全2级；2级生物安全柜；个人防护用品；天花疫苗；接种并发症；实验室事故

1　前　言

痘病毒是一种大DNA病毒，其基因组有近200 000个碱基。痘病毒独特的DNA复制和转录位点[1]、病毒所采用的有吸引力的免疫逃避策略[2,3]以及在真核细胞中表达外源蛋白的重组病毒的相对易产生性[4,5]等特征，使痘病毒研究成为一个让研究者特别感兴趣的事情，而其本身也成为一种用于研究生物学的系统和常用的实验室工具。天花病毒（Variola virus）是天花的病原体，也是痘病毒家族中最著名的成员。20世纪70年代末，天花被根除，目前仅在两个世界卫生组织批准的生物安全4级实验室才能使用天花病毒。值得注意的是，最后一例人类天花病例是实验室事故，导致邻近地区工作的研究人员悲惨死亡[6]。虽然天花病毒是一种重要的人类病原体，但人类对痘苗病毒（Vaccinia virus，VACV）的研究更为广泛，VACV已成为正痘病毒属的模型成员。VACV被用作疫苗以获得对天花病毒的免疫力，并帮助根除了天花。美国天花疫苗的常规接种已于20世纪70年代初结束。从那时起，美国免疫实践咨询委员会（Advisory Committee on Immunization Practices,

* 本章所表达的观点仅为作者的观点，并不一定反映退伍军人事务部或宾夕法尼亚大学的立场或政策。

ACIP）和美国疾病预防控制中心（CDC）建议研究痘病毒的人继续接种疫苗[7-12]。该建议主要基于实验室事故可能导致意外感染的潜在问题，源于实验室环境中使用的VACV菌株（例如WR；见注释1）比疫苗菌株更具毒性。此外，实验室工作人员处理病毒的滴度往往比疫苗中的剂量高得多（见注释2）。有报告称，实验室发生了涉及真空吸泵的事故（在本章后面讨论），但实际上可能更多此类事故未报告，而且使用VACV的总人数和他们使用病毒的频率也是未知的。因此，对于实验室工作人员而言，可能存在问题的严重程度以及疫苗的潜在益处都是未知的。ACIP/CDC最近更新了建议[12]。新的建议使用的是"分级进行建议评估、制定和评价（GRADE）"的方法。虽然该方法的加入使这些建议更加科学，但该方法提供了同样水平的证据来支持科研人员应当接种天花疫苗，以防止更具毒力的病毒如天花和猴痘的意外感染。本章将讨论实验室程序、个人安全设备和已公布的实验室事故，所有这些将作为预防实验室意外感染的辅助手段，并强调了安全处理病毒的必要性。

2 材料及设备

（1）2级生物安全柜（BSC）。

（2）个人防护装备。

（3）高压灭菌器。

（4）消毒剂：1%次氯酸钠，2%戊二醛，甲醛，10%漂白剂，Spor-Klenz®，Expor®，70%酒精。

（5）锐器容器处理装置。

（6）离心机桶安全盖。

（7）通过职业医学途径获得天花疫苗的接种（见注释3）。

3 方法

3.1 实验室及个人防护设备

这一节将介绍在处理当人体内具有完全复制能力并可产生传染性病毒的活VACV时的安全措施。表1-1总结了一些已公布的实验室事故病例，用于强调安全处理病毒的各个方面。除了完全具有复制能力的VACV外，还有高度减毒的VACV菌株（例如，MVA和NYVAC），它们无法在哺乳动物细胞中形成传染性子代病毒（"非复制病毒"，见注释4）。这些高度减毒的、非复制的痘苗病毒被认为是生物安全水平（Biosately Level, BSL）-1因子[30]。鉴于此，同时使用复制能力强和非复制能力强的病毒所在实验室应该警惕，当心复制能力强的痘病毒污染非复制病毒的储存病毒。一旦发生就可能导致实验室意外感染。由于意外的VACV感染最常见的原因是通过直接接触皮肤或眼睛，安全使用真空吸泵最重要的是，应当使用适当的实验室和个人防护设备以防止意外接触病毒。预防意外接触的第一道防线就是在使用传染性病毒时始终在生物安全柜（Biological Satety Cabinet, BSC）中进行。BSC 是使用 VACV 时的一项要求。BSC 不仅将病毒限制在一个容易限定和清洁的工作区域，而且其正面的玻璃防护罩也是防止溅到面部的极好屏障。BSC 通过前格栅吸入室内空气，在柜区内循环经高效空气过滤器过滤的空气，同时也通过高效空气过滤器过滤排出的空气。因此，在 BSC 中工作可以保护工作人员和处理 VACV 的房间免受病毒气溶胶化的小概率事件影响（见注释 5）。

防止意外接触病毒的一条同样重要的防线是穿戴适当的个人防护装备，包括手套、实验服和护目设备。VACV 不会侵害无伤口的皮肤，但可以通过有伤口的皮肤。因此，手套至关重要（见注释 6）。表 1-1 中的病例 1、5~7、18、19 和图 1-1（A）~（C）显示了由于皮肤伤口引起的意外感染。其中的一些事故本可以通过使用个人防护设备来预防。虽然 BSC 的前护板是防止溅入眼睛的第一道防线，但也建议在使用 VACV 时佩戴具有实心侧护板的安全眼镜。根据所做的工作（例如处理高效价的 VACV），应考虑额外的保护措施，如护目镜或全面的面罩。这一点值得考虑，因为作为一个免疫特定部位 [31]，眼睛会受到严重的感染，即使是那些以前接种过疫苗的人也一样 [32]。最后，实验室工作服或其他类型的防护服可以减少污染衣物的机会。如果发生衣物污染，外层衣服可以很快被去除和净化。此外，使用 PPE（手套和实验室外套）并在使用 VACV 后将其移除，也可防止意外将病毒带出实验室环境。由于病毒在环境中是稳定的，在去除防护设备后，用肥皂仔细洗手非常重要 [33]。表 1-1 中病例 1、5~9、16、18、19 以及图 1-1 中的（A）~（C）、（G）、（H）中，如果遵循一般生物安全做法，就可能避免这些事故的发生。在一些已公布的事故中，快速处理可阻止感染的进一步发展。例如，在病例 9 中，溅洒后立即用水冲洗眼睛可能会防止感染。在病例 14 中，对接种部位进行消毒以及在事故发生当天及时进行天花疫苗接种，也可以预防感染。

3.2　实验室安全

除了在 2 级生物安全水平下 [34] 处理 VACV 外，与所有生物危险因子一样，还需要全面实施常规的良好实验室安全做法，包括禁止在实验室进食或饮水。为了减少意外感染的可能性，在使用 VACV 时，应尽量减少使用任何尖锐物或玻璃（见注释 7）。由于在动物上进行某些实验时仍需使用注射器和针头，因此需要使用针头为动物注射病毒的人员被视为执行的是更高风险程序（见注释 8 和本章标题 3.3）。如果需要用到尖锐物品或一次性玻璃器皿，则需要将适当的防漏、防刺穿的尖锐物处理容器放置在靠近工作区域的地方，以防在处理针头和玻璃时发生事故（见注释 9）。目前已有多起事故报告是在实验室由针刺引起的，而病例 2、4、10~15、17、21 则是使用 VACV 时发生针刺事故的例子［表 1-1；图 1-1 中（D）~（F）］，其中的病例 21 还提醒我们，不应该再回收针头。

表 1-1　已发表的实验室意外感染正痘病毒病例

病例号	刊物，年代（参考文献）	年龄（岁）和/或州（年）和基础身体状况	接触活动	病毒	感染部位及原因	之前疫苗接种情况	患病期	抗生素/手术/抗病毒药物	解决方案及后续情况
1	Nature (1986)[13]	>31	注射小鼠	缺失 TK 的 WR 毒株（2×10^6 pfu/50 μL）	右无名指上的伤口	接触病毒 30 年前接种过疫苗	感染后 4 d，手指红肿，从指甲根部发展到第一关节；第 8 d，右腋窝淋巴结肿大；无发热或不适		10 d；工作人员检测到了重组 VACV 表达蛋白的抗体
2	Lancet (1991)[14]	伦敦（1990）	注射小鼠	缺失 TK 的 WR 毒株	针头扎入左手拇指和左手食指	接触病毒 1 年前接种过疫苗	针扎后 3 d，区域发痒；第 4 d 出现红色和丘疹；第 5~6 d，病变处排出浆膜液，最大直径为 1 cm；保存在封闭敷料中，并自发愈合		对重组 VACV 表达的蛋白无抗体反应，但有 T 细胞反应的潜在证据
3	NEJM (2001)[15]	28（怀孕 15 周，无表皮松解性角化过度症）	犬咬伤	基于哥本哈根毒株的狂犬病疫苗	从技术上讲，不是实验室事故，而是无意中被狗咬伤而接触到重组病毒	据报道，此前未接种天花疫苗（1971 年出生）	暴露后 3 d，她的前臂出现水泡；咬伤后 8 d，因左前臂进行性疼痛、红斑和肿胀住院；咬后 10 d，肿胀和红斑恶化，左腋窝淋巴结	抗生素治疗，前臂切开引流	30 d；检测出重组 VACV 表达蛋白抗体；无妊娠并发症，生下健康婴儿
4	EID (2003)[16]	26	病毒纯化过程中被针扎到手	WR 毒株（$\sim10^8$ pfu）	针插入左手拇指	以前在儿童时期接种过疫苗（>20 年前）	被扎后 3 d 出现红斑和疼痛；在第 5 d 和第 6 d 时第 4 个手指和第 5 个手指出现额外的脓疱；第 6 d 腋窝出现淋巴结；第 8 d 病灶周围坏死区域和左前臂大红斑病变	第 9 d 开始使用抗生素，因为担心细菌过度感染；手术切除坏死组织	改善和病变愈合超过 3 周；有抗 VACV 抗体增加的证据
5	J Invest Dermatol (2003)[17]	40	皮肤破损接触	缺失 TK 的 WR 毒株 (10^9 pfu/mL)	处理高滴度的组织培养物，双手有轻微侵蚀的证据（在低温下工作）	暴露前 28 年和 39 年接种过疫苗	右手食指的中间内侧；2 d 后，左手中指出现第 2 个病变（大结节，中心坏死）；无淋巴结肿大	手术切除不成功，然后使用局部消毒剂（如聚维酮碘）消毒	2 周后痊愈；有抗 VACV 抗体增加的证据

（续表）

病例号	刊物，年代（参考文献）	年龄（岁）和/或州（年）和基础身体状况	接触活动	病毒	感染部位及原因	之前疫苗接种情况	患病期	抗生素/手术/抗病毒药物	解决方案及后续情况
6	Can Commun Dis Rep (2003)[18]	48（湿疹史）	皮肤破损接触	TK 缺失病毒	双手慢性湿疹，手指有划伤，接触病毒时通常不戴手套	儿童时期接种过疫苗	首先在食指背侧出现疼痛和红肿；5 d 后，右食指出现水泡性损伤；同时发现腋窝淋巴结肿大	对抗生素没有反应，通过包扎治疗	自发消退
7	J Clin Virol (2004)[19]	25	皮肤破损接触		手指伤口，二次接触另一部位	从未接种过疫苗	在手指伤口处出现脓疱，挤脓喷射到脸上，2 d 后，在下巴处形成了一个病变；腋下和颏下淋巴结，不适，发烧；第 20 d，在手掌、膝盖后部和上背部发现了 4 个其他病变，被认为是全身性的痘疹	对抗生素没有反应	第 28 d，病变逐渐消失，但仍有疲劳感；到第 36 d，手指上只有 1 个痂，但感觉完全恢复；接触后约 1 个月出现抗 VACV 抗体
8	EID (2006)[20]	研究生，宾夕法尼亚州（2004）	感染机制不详	重组 WR 毒株	未知，但手接触眼睛，或显微镜目镜接触眼睛，或气溶胶暴露	从未接种过疫苗	疼痛性眼部感染（无角膜炎或眼眶蜂窝组织炎）需要住院治疗	抗生素和抗病毒眼药水；痘苗免疫球蛋白	开始痘苗免疫球蛋白治疗 24 h 后改善；无后遗症，但恢复需要几周时间。接触后约 2 个月，检测到抗 VACV 抗体；确认无二次 VACV 接触感染
9	Military Medicine (2007)[21]	28	溅入眼睛		喷入眼睛内含病毒液体约 1mL，洗眼 2 min	从未接种过疫苗	接触数小时后出现眼睛灼伤		未发生感染
10	J Viral Hepatitis (2007)[22]	30	针刺伤	重组非 TK 缺失 WR 株（10^8pfu/mL）	针扎到左手拇指	从未接种过疫苗	针刺后 8 d，拇指和腋窝淋巴结出现疼痛和红斑；拇指疼痛肿胀恶化	15 d 后注射部位损伤坏死，手术切除	检测到抗体和 T 细胞对重组 VACV 表达蛋白的反应

（续表）

病例号	刊物，年代（参考文献）	年龄（岁）和/或州（年）和基础身体状况	接触活动	病毒	感染部位及原因	之前疫苗接种情况	患病期	抗生素/手术/抗病毒药物	解决方案及后续情况
11	MMWR (2008)[23]	康涅狄格州 (2005)	注射小鼠	缺失 TK 的 WR 毒株	针刺入手指	在事故发生前 10 年的儿童时期接种过疫苗	事故发生 3 d 后，刺入部位开始发热、淋巴结肿大，有大的脓包	住院 1 d	症状迅速好转
12	MMWR (2008)[23]	宾夕法尼亚州 (2006)	注射小鼠	缺失 TK 的 WR 毒株	针刺入大拇指	从未接种过疫苗	事故发生 6 d 后，在被刺入部位和指甲周围发生继发性损伤，之后寻求医疗救助；事故发生 9 d 后，出现了不适、发烧和淋巴结肿大	事故发生 14 d 后对手指进行手术清创	事故发生 13 d 后开始感觉好转
13	MMWR (2008)[23]	艾奥瓦州 (2007)	针刺伤	缺失 TK 的 WR 毒株 (3×10^6 pfu)	拔出无菌针头时，将针扎在手指上	从未接种过疫苗	损伤 11 d 后，接种部位出现发热、寒战和肿胀		完全康复
14	MMWR (2008)[23]	马里兰州 (2007)	注射动物	缺失 TK 的 WR 毒株 (5 μL 中含有 10^4 pfu)	针刺入手指	事故发生前 6 年接种过，但未免疫成功	未感染	事故发生后，将手指放入含次氯酸盐的消毒剂中，在事故发生当天接种疫苗	未感染
15	MMWR (2008)[23]	新罕布什尔州 (2007)	处理小鼠时被针刮伤	WR 毒株 (5×10^4 pfu/mL)	针刮伤手指	从未接种过疫苗	事故发生后 7 d 出现脓疱；无发热	因手臂疲劳住院康复	完全康复

（续表）

病例号	刊物，年代（参考文献）	年龄（岁）和/或州（年）和基础身体状况	接触活动	病毒	感染部位及原因	之前疫苗接种情况	患病期	抗生素/手术/抗病毒药物	解决方案及后续情况
16	MMWR (2009)[24]	20	未知的感染机制	WR株（实验室通常使用的重组病毒库存中的污染病毒）	耳和眼，胸部、肩部、手臂和腿部有其他损伤	从未接种过疫苗	接触痘苗病毒4~6 d后，右耳垂、颈淋巴结疼痛肿胀，发热；症状出现4 d后，右耳、左眼、胸部、肩部、左臂、右腿出现脓疱性病	抗生素和类固醇治疗后使症状恶化；住院；使用阿昔洛韦	感染后约1个月完全康复并恢复工作；未发现接触者继发性VACV感染
17	MJA (2009)[25]	26	注射小鼠	WR毒株	针头刺进左手的第二根手指	事故发生后5年内接种疫苗	伤后2 d出现浑浊小泡；受伤5 d后，手指随着手臂和腋窝淋巴结肿大而出现炎性条纹		10 d后所有症状都消失
18	MMWR (2009)[26]	35（正在接收炎症性肠病的免疫抑制剂治疗）	皮肤擦伤	基于哥本哈根毒株的狂犬病疫苗	从技术上讲不是实验室事故，而是在处理浣熊狂犬病疫苗诱饵时暴露于重组的VACV	从未接种过疫苗	暴露后4 d出现一些红色丘疹，随后数量增加；第9 d手臂出现26处损伤，伴有水肿；无发热	在暴露后第6 d住院并用痘苗病毒免疫球蛋白治疗；第12 d重复给药，开始使用研究性抗病毒药物，ST-246，使用14 d	暴露后第19 d出院，第28 d，所有病变的结痂都脱落

（续表）

病例号	刊物，年代（参考文献）	年龄（岁）和/或州（年）和基础身体状况	接触活动	病毒	感染部位及原因	之前疫苗接种情况	患病期	抗生素/手术/抗病毒药物	解决方案及后续情况
19	JID (2012)[27]a	研究人员，伊利诺伊州 (2010)	手指可能有小伤口	重组痘苗病毒污染实验室的另一种病毒	手指。在实验室内处理小鼠身上发现被一种重组痘苗病毒污染的材料	从未接种过疫苗（实验室已有 5 年没有开展过痘病毒工作）	手指上出现疼痛的溃疡性损伤，持续 3 个月；腋下淋巴结肿大 5 d；发烧；身体疼痛；不适；头痛	实施抗生素治疗和坏死组织清创术	病灶随着形成疤痕，以及残留的疼痛和病灶部位活动范围的丧失而消失
20	EID (2014)[28]	28，研究人员，印度 (2014)	冻干过程中碎玻璃安瓿造成割伤	水牛痘	手掌。冻干过程中碎玻璃安瓿造成的割伤	从未接种过疫苗	受伤后第 3 d 出现病变；受伤后第 9 d 出现疼痛、高热、不适；受伤后第 11 d 进行手术	现场立即用 70% 乙醇清洗，并用抗生素软膏处理；外科切除坏死组织，然后用抗生素治疗	伤后第 85 d 愈合，有疤痕
21	MMWR (2015)[29]	27，马萨诸塞州 (2013)	回收针头时的针头刺伤	VACV	针刺导致拇指坏死	最近接种过疫苗（受伤前 10 个月）	最初红色条纹出现在手臂上，拇指有少量液体聚集；拇指病变坏死	抗生素治疗后 23 d 实施手术清创术	伤后 6 周皮肤损伤消退

缩写：LN 淋巴结；OR 手术室；pfu 噬斑形成单位；TK 胸苷激酶；VACV 痘苗病毒；VIG 痘苗免疫球蛋白；WR 西储株。

[a]2011 年 2 月 8 日《Medscape 新闻》首次报道（http://www.medscape.com/viewarticle/737030）

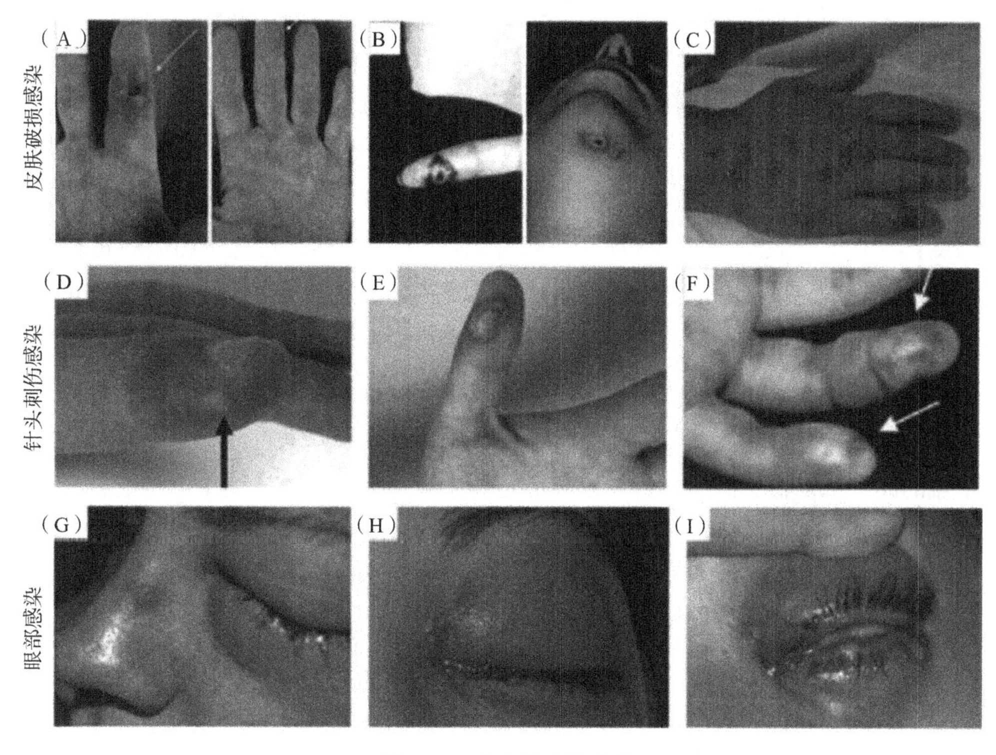

图 1–1 痘病毒感染症状

(A)症状出现后 5~7 d 手指非针刺感染照片。经麦克米伦出版有限公司许可转载：《皮肤病研究杂志》，参考文献[17]，版权所有 ©2003。(B)症状出现 18 d 后的原发性和继发性病变照片。转载自《临床病毒学杂志》，参考文献[19]，版权 ©2004，经爱思唯尔许可。(C)接触浣熊狂犬病疫苗诱饵 11 d 后的女性右手照片。图片和图例摘自参考文献[26]。这些已发表的材料已向公众开放使用。(D)针刺伤后 2 d 手指的照片。箭头指向接种部位形成的浑浊小囊泡。参考文献[25]允许转载的图：Senanayake SN. Needlestick injury with smallpox vaccine. Med J Aust 2009；191 (11)：657. 版权所有 ©2009《澳大利亚医学杂志》。(E)接种 9 d 后左拇指病变。图片和图例摘自参考文献[29]。这些已发表的材料已向公众开放使用。(F)意外注射 VACV 11 d 后，左手局部反应。箭头表示病变区域。图片和图例摘自参考文献[16]。这些已出版的材料已向公众开放使用。(G)实验室获得性 VACV 感染，出现症状 4 d 后的男子左眼。图片和图例摘自参考文献[24]。这些已发表的材料已向公众开放使用。(H)VACV 眼部感染，症状出现 5 d 后。原发性水痘病变位于内眼角。(I)症状出现后 7 d 结膜下出现卫星病变。(H)和(I)由克莱尔·纽伯恩拍摄。图片和图例摘自参考文献[20]。这些已发表的材料已向公众开放使用。有关图像的彩色版本，请参阅本章的电子版本或 Web 链接。(C)链接：https://www.cdc.gov/mmwr/preview/mmwrhtml/mm5843a2.htm。(E)链接：https://www.cdc.gov/ mmwr/pre-view/mmwrhtml/mm6416a2.htm。(F)链接：http://www.cdc.gov/ncidod/EID/vol9no6/images/ 02-0732_1b.jpg。(G) 链 接：http://www.cdc.gov/mmwr/preview/mmwrhtml/figures/m829a1f.gif。(H)链接：https://wwwnc.cdc. gov/eid/article/12/1/05-1126-f1。(I)链接：https://wwwnc.cdc.gov/eid/article/12/1/05-1126-f2。

如前所述，使用 VACV 时需要 BSC。作为一种具有外膜包膜的病毒，VACV 易被多种清洁剂和消毒剂灭活[35]。因此，在 BSC 中处理病毒后，应使用新制备的 1% 漂白剂擦拭表面。由于在组织培养中使用 VACV 的实验经常涉及吸入和丢弃被病毒污染的生长培养基，因此在处理之前，必须在培养基中正确地灭活病毒。使用实验室真空系统从受感染细胞中吸出介质时，必须包括收集被吸出介质的装置和真空防护装置，以防室内真空系统受到病毒污染（见注释 10）。液体中的病毒必须通过添加消毒剂来灭活（见注释 11）。病毒也易受热影响，因此需要对受病毒污染的仪器、干燥器具、动物笼和垫料进行高压灭菌。用于培养病毒的包装好的一次性塑料，应在加湿的高压灭菌器中高压灭菌。虽然已证明含有病毒的小样本在高压灭菌器中 15 min 内即可失活[36]，但感染性废物应在 121℃下高压灭菌至少 60 min，每平方英寸 15 磅（约合 103kPa），再根据所在机构医疗废弃物处理指南进行处置（见注释 11）。当对含有病毒的大容量培养基进行离心分离时，最好使用带安全盖的离心桶来盛装溢出物，如果离心过程中管道泄漏，离心桶中则可能会形成含有病毒的气溶胶。对于受感染细胞的超声处理，通常在痘病毒操作指南中作为从细胞释放病毒和分解病毒团块的一种手段，也会形成含有病毒的气溶胶（见注释 12）。因此，应在杯状超声器中进行超声处理，病毒或病毒感染细胞留在封闭的管中。较大的病毒制剂可能需要用探针声波仪进行声波处理，只有将声波装置放入适当的 BSC 中，才能进行声波处理，因为 BSC 能正确过滤空气并清除任何潜在的气溶胶病毒（见注释 5）。正如病例 19 所强调的，实验室还应该建立不同的存储制度，以隔离致病性和非致病性病毒的使用和存储，从而防止误用病毒储液事故的发生。

3.3 职业性天花疫苗接种

在美国，推荐从事痘病毒[12]研究的人员接种目前获得许可的天花疫苗（ACAM 2000[37]）（见注释 13）。虽然对于研究天花病毒（如天花病毒、骆驼痘病毒和猴痘病毒）的研究人员应遵守这一政策没有争议（见注释 14），但对于是否应对所有接触过 VACV 的人都应该进行天花疫苗接种仍有相当大的争议[38~43]。美国免疫接种咨询委员会（ACIP）和疾病预防控制中心继续建议所有接触 VACV 的人每 10 年接种 1 次疫苗[12]。如前所述，本建议不适用于使用 VACV 的高度减毒菌株（即 MVA、NYVAC、ALVAC 和 TROVAC）的人员。因为这些病毒被认为是极其安全的，它们不会在哺乳动物细胞中产生子代病毒，在正常和免疫抑制的动物模型中是无毒的（见注释 15）。

而 ACIP 关于处理复制型 VACV 毒株的实验室工作人员应接种天花疫苗的建议与前几十年保持不变[7,8]。不过这样做也有问题，由于这些较早的建议提出的时候，基本上所有接触使用 VACV 的成年人曾经至少在儿童时期都接种过 1 次疫苗。而由于美国的常规天花疫苗接种在 20 世纪 70 年代初已经结束，现在有越来越多的工作人员从未接种过疫苗。因此建议给这些工作人员接种疫苗就意味着是初次疫苗接种，而初次接种的并发症发生率是以前接种过疫苗的患者并发症发生率的10~20倍[44,45]（见表1-2和注释16）。

表1-2 成年人接种VACV疫苗的并发症发生率（病例数/百万次接种）

疫苗接种人群分组	意外转移	全身性痘疹	种痘性湿疹	进行性痘疹	接种后脑炎
初免[a]	606	212	30	–[b]	–[b]
二免[a]	25	9	4	7	4
美国军人(2005)[c]	178	59[d]	0	0	1[e]
普通市民(2004)[f]	569	74	0	0	25

[a] 来自参考文献[45]的数据，适用于年龄≥20岁的个人，第一次接种疫苗（初免）；以前接种过疫苗的人接种疫苗（二免）；

[b] 1968年10个州的调查未包括这种并发症的报告[45]；

[c] 根据2005年1月4日关于730 580次疫苗接种的[46]报告改编的数据（71%为初次接种疫苗）；

[d] 所有人都是初次疫苗接种者；

[e] 1名初次疫苗接种者和1名二次疫苗接种者各1例；

[f] 根据[46]报告，2003年1月24日至2004年1月31日期间40 422名普通市民和公共卫生工作者接种了疫苗（36%为初次接种疫苗）。

因此，从20世纪80年代开始，美国所有研究VACV的实验室工作人员常规接种疫苗的风险收益比发生了显著变化。此外，最近一项对实验室工作人员的调查显示，以前未接种疫苗的人比接种过疫苗的人有更多的接种后症状[47]。此外，由于接种过疫苗的个人可能会意外地将病毒传播给密切接触者，因此现在未接种疫苗的接触者潜在感染问题比以前大多数人接种过疫苗的时候更为严重（见注释17）。最近发生的疫苗意外传播病例[48~53]，其中至少1例意外传播导致严重的发病率[49]。与ACIP建议给实验室工作人员接种疫苗相比，其他国家的咨询委员会得出的结论与ACIP不同，不建议常规接种，而是基于风险评估的接种[54]。这些委员会的结论是，所有工作人员接种疫苗的风险（即在知情的情况下用VACV感染人）大于保护他们免受意外接触导致感染的潜在好处。

有些人强烈认为应该强制性进行疫苗接种[55,56]。在美国，有些机构已经实施另一种方法，提供关于疫苗接种的医学强制性咨询，允许每个人在知情条件下决定自己是否接种疫苗[38~43]。工作人员决定是否接种疫苗时，应该考虑到使用VACV的操作过程（见注释8和注释18）。由于过去接种过疫苗（表1-1中病例1、4~6；图1-1中（A）、（F）或最近接种过疫苗（表1-1中病例2、11、17、21；图1-1中（D）、（E）的工作人员有发生意外感染的情况，因此之前接种疫苗所起作用尚不清楚。虽然如此，大多数已发表的病例都是从未接种过疫苗的工作人员（表1-1中病例3、7~10、12~16、18和19~20；图1-1中（A）~（C）、（F）、（G）。一些人认为，预先接种疫苗可以防止意外感染变得更严重。而有其他人辩称，目前尚不清楚在未接种疫苗的情况下，意外感染的病例是否与先前接种疫苗的病例有任何不同。不过，有人指出，与以前接种过疫苗的工作人员（表1-1

中病例 11[56]）相比，未接种过疫苗而意外感染的工作人员住院人数更多（表 1-1 中病例 3、8、15、16、18）。但这些数据的问题在于，并不是所有的实验室事故都会被报道。此外，严重感染导致住院时，更有可能引起疾病预防控制中心的注意，从而进一步影响数据。

除了提供医学强制性咨询之外，还应对工作人员进行全面的医学评估，以确定是否可以安全地接种天花疫苗。因此，可以确定哪些工作人员的身体状况可能会妨碍他们进行接种疫苗。表 1-3 列出了这些状况（见注释 16）。重要的是，一些人认为如果某个工作人员存在这些情况，则应当制止该人员参与使用 VACV 的工作。还有人认为，对于受过适当培训的研究人员来说，只要该研究人员没有对该病毒进行高风险的操作，就可以允许在怀孕期间或患有轻度湿疹时使用 VACV（见注释 8）。实验室主管和工作人员需要了解风险和可用的预防措施，以便做出有依据的明智决定。而每个单位也都应该制定一个解决这些问题的政策。

表 1-3　非紧急情况下使用 ACAM2000[a] 的禁忌

存在或有过过敏性皮炎的病史（见注释 19）
其他活跃的脱落性皮肤病（如湿疹、烧伤、脓疱、水痘带状疱疹病毒感染、单纯疱疹病毒感染、严重痤疮）
免疫抑制相关的疾病
1 岁以下的婴幼儿
怀孕或哺乳期妇女
对 ACAM2000 的任何成分严重过敏
有或无症状的潜在心脏病（如冠心病或心肌病）
具有 3 种或 3 种以上已知主要心脏危险因素（即高血压、糖尿病、高胆固醇血症、一级亲属在 50 岁时患有心脏病和吸烟）的初次疫苗接种者

[a] 详情见文献 [12]。

3.4　未来应当考虑的注意事项

过去的 10 年，人们对天花生物恐怖主义的担忧推动了许多新产品的开发，其中包括组织培养中新获得许可的疫苗 [57]、安全性更好的下一代天花疫苗 [58] 以及一些有前途的新型抗痘病毒治疗方案，如 tecovirimat（ST-246）[59,60] 和 brincidofovir（CMX001）[61]。随着这些新的治疗方法和更安全的下一代疫苗的发展，它们肯定会解决一些与 VACV 的非减毒实验室毒株接触的安全问题。例如，未来可获得比目前美国食品药物管理局批准的疫苗更安全的天花疫苗，很可能会终结有关处理 VACV 的实验室工作人员是否应接种疫苗的争论。一种副作用很少或没有副作用的疫苗（例如 MVA）将明显改变风险收益比，使之有利于疫苗的接种，以预防实验室事故造成的感染。此外，未来抗痘病毒治疗的有效性将有助于治疗实验室事故发生的严重感染。

4 注　释

（1）VACV WR（Western Reserve）毒株是 VACV 最常用的实验室毒株，因其对小鼠的神经毒性而被选择。

（2）天花疫苗采用分叉针划痕法。当针浸入疫苗储液中（~10^8 pfu/mL）时，大约吸收 2.5 μL 的溶液，因此大约输送 2.5×10^5 pfu。

（3）机构可以从美国 CDC、药品服务中心、国家传染病中心（404-639-3670；drugservice@cdc.gov）获得天花疫苗。

（4）应注意“复制”和“非复制”病毒这两个术语的细微差别，因为这可能与病毒 DNA 复制混淆。许多高度减毒的 VACV 能够复制病毒 DNA，但不能形成传染性后代病毒，因此被称为非复制病毒。

（5）如果需要在 BSC 之外进行可能会生成气溶胶的操作程序，则应在某种类型的容器中进行，例如，在超声波处理或离心过程中使用带盖的离心器材。还应该记住，离心后，只能在 BSC 内打开离心管。如果无法控制此类程序，则需要佩戴呼吸保护装置。需要呼吸保护的个人应登记加入该机构的呼吸保护计划。

（6）使用病毒时，应使用丁腈或无粉末乳胶手套。

（7）目前常用的一次性塑料容器在处理病毒时大大减少了对玻璃器皿的需求。例如，在细胞培养板中培养病毒时，可以使用连接在真空管上的塑料吸管头，而不是使用消毒的玻璃巴斯德吸管来抽吸培养基。许多实验室使用的一个简单系统是在真空管上安装 1 个 P-1000 枪尖。然后，可以在 P-1000 枪尖尖端上使用 P-200 移液管枪尖直接接触各种培养孔。这样可以方便地更换枪尖，以防样品的交叉污染。但有些程序仍然需要使用到玻璃装置，这就可能会导致事故的发生。病例 20 提示需要仔细检查玻璃是否有裂缝，然后尽量减少可能导致玻璃破碎的情况。

（8）执行更高风险程序的工作人员，可能接受预防性天花疫苗接种的好处最大。这些高风险工作人员包括给动物接种疫苗、直接处理受感染的动物（见注释 18）或制备和纯化高滴度病毒的人员，也包括那些产生或使用表达潜在毒性蛋白质的重组 VACV、可能增强重组 VACV 毒性的蛋白质以及血清转化可能有问题的蛋白质（例如，艾滋病毒、登革热）的人员。然而，为了成功地为这些人接种疫苗，工作人员们需要更多的咨询讲解，了解疫苗接种的潜在好处，以克服对天花疫苗接种不利影响的恐惧[62]。

（9）锐器容器（2/3 满时）应在处置前按照机构的传染废物政策进行高压灭菌。

（10）实验室经常使用的大容量锥形瓶放置在 BSL-2 机柜下面。这个烧瓶可以装满清洁剂或消毒剂来灭活病毒。消毒剂的最终浓度应在 10% 左右。经消毒的液体废物应按机构的管理规范处置。应查看废物收集瓶内液体的量，以防过量灌装。为了防止万一集气阀意外超载后污染真空系统，建议在真空出口前安装两种形式的管路保护：附加的疏水阀和带有疏水膜的排气 / 气体过滤器。

（11）处理病毒和放射性物质时必须有特殊考虑。所有放射性的废物液体必须按照机构操作指南进行核算和处理。因此，受病毒污染的放射性废物必须首先被灭活。放射性废液应先用消毒剂处理，再与正常放射性废液一起处理。由于不应对放射性废物进行高压灭菌，因此在将放射性污染的一次性塑料废物作为放射性固体废物处理之前，应使用消毒剂溶液将其冲洗干净，使病毒失活。

（12）超声破碎时，建议使用适当的护耳器保护耳朵。

（13）自从第一版和第二版《痘病毒学及痘苗病毒实验操作指南》出版以来[63,64]，相对大量的美国军人陆续接种了 VACV 疫苗。通过对潜在疫苗接种者的仔细筛查，美军的经验发现，最严重的不良事件发生率低于以前的报道（见表 1–2）。然而，尽管采取了仔细的筛查措施，仍然存在严重的副反应事件。有报道称，在一名新兵身上发现了渐进性的痘疹[65]以及一名婴儿身上出现了危及生命的牛痘湿疹病例，而这个婴儿的父亲在部队部署前接种了天花疫苗[49,66]。而美国平民接种疫苗的数据显示，最严重不良事件的发生率与之前报道的相似（见表 1–2）。

（14）对于使用这些高毒性痘病毒（如天花病毒、猴痘病毒）的人，建议每 3 年接种 1 次疫苗[9]。

（15）事实上，这些高度减毒的 VACV 菌株现在可以在生物安全 1 级实验室中处理[30]。

（16）天花疫苗的潜在严重并发症包括疫苗湿疹、接种后脑炎和免疫受损宿主的进行性疫苗接种，这些宿主无意中接种了疫苗，或因接触接种过疫苗的个体而意外感染（见表 1–2）。这些类型的并发症的照片可以在参考文献[9,67]中获得。在 21 世纪前 10 年的天花疫苗接种计划中，心肌炎 / 心包炎也被确认为疫苗的潜在并发症[11,68,69]。

（17）由于病毒可能从疫苗接种地传播，与具有表 1–3 所列条件的个人密切接触被认为是选择性疫苗接种的相对禁忌症。但是，由于可能与有禁忌症的患者接触，而未接种疫苗的工作人员，遵照个人防护设备和正确洗手以后，仍应能够使用 VACV。另外，仍然想要接种疫苗的个人，可以选择在接种部位结痂脱落之前（通常是 2~4 周）将自己与这些高危人群隔离开来。这些问题可影响人们对于接受疫苗接种时对风险收益比的决策。

（18）最近的 ACIP 建议[12]对动物护理人员的建议进行了调整。不建议动物护理人员（或保健人员）常规接种疫苗，因为其与 VACV 的接触仅限于受污染的材料（如笼子或敷料）。尽管在笼子[70-72]内，VACV 可以从感染的老鼠传播到幼鼠，但动物护理人员通常与动物没有直接接触（例如，使用钳子将动物从笼子转移到笼子）。这一新的建议得到了研究结果的支持，这些研究表明，皮下接种和未接种的豚鼠之间没有病毒传播[73]，而另一项研究[72]在通过受污染的材料经直肠内静脉导管从饲养受皮下感染小鼠的笼子中将

VACV 传播给哨兵小鼠，结果显示暴露于污染垫料中的小鼠并不存在血清转化。

（19）在接种疫苗时，患有特应性皮炎或湿疹等皮肤病的患者，无论皮肤疾病是否严重，其发生严重并发症的可能性都在增加。虽然目前还不清楚这些个体导致并发症的原因，但理论上认为是因为存在某种皮肤免疫异常[74]。

致　谢

感谢费城退伍军人事务医疗中心（Philadelphia Veterans Affairs Medical Center，最近更名为Corporal Michael J. Crescenz VA Medical Center），以及NIHR21 AI117100、R44 AI115759 和 R44 AI125005 项目经费的支持。

参考文献

[1] Moss B. 2013. Poxviridae: the viruses and their replication. In: Knipe DM, Howley PM, Cohen JI et al (eds) Fields virology, 6th edn. Wolters Kluwer/Lippincott Williams & Wilkins Health, Philadelphia, PA, pp 2129–2159.

[2] Seet BT, Johnston JB, Brunetti CR, Barrett JW, Everett H, Cameron C, Sypula J, Nazarian SH, Lucas A, McFadden G. 2003. Poxviruses and immune evasion. Annu Rev Immunol, 21:377–423.

[3] Haga IR, Bowie AG. 2005. Evasion of innate immunity by vaccinia virus. Parasitology, 130(Suppl):S11–25.

[4] Moss B. 1996. Genetically engineered poxvi- ruses for recombinant gene expression, vaccination, and safety. Proc Natl Acad Sci USA, 93(21):11341–11348.

[5] Carroll MW, Moss B. 1997. Poxviruses as expression vectors. Curr Opin Biotechnol, 8(5):573–577.

[6] Hawkes N. 1979. Smallpox death in Britain challenges presumption of laboratory safety. Science, 203(4383):855–856.

[7] CDC. 1985. Recommendations of the immu- nization practices advisory committee smallpox vaccine. MMWR Morb Mortal Wkly Rep, 34:341–342.

[8] CDC. 1991. Vaccinia (smallpox) vaccine. Recommendations of the Immunization Practices Advisory Committee (ACIP). MMWR Morb Mortal Wkly Rep, 40(RR-14):1–10.

[9] CDC. 2001. Vaccinia (smallpox) vaccine Recommendations of the Advisory Committee on Immunization Practices (ACIP), 2001. MMWR Morb Mortal Wkly Rep, 50(RR10):1–25.

[10] CDC. 2003. Recommendations for using smallpox vaccine in a pre-event vaccination

program. Supplemental recommendations of the Advisory Committee on Immunization Practices (ACIP) and the Healthcare Infection Control Practices Advisory Committee (HICPAC). MMWR Recomm Rep, 52(RR-7):1–16.

[11] CDC. 2003. Supplemental recommendations on adverse events following smallpox vaccine in the pre-event vaccination program: recommendations of the Advisory Committee on Immunization Practices. MMWR Morb Mortal Wkly Rep, 52(13):282–284.

[12] Petersen BW, Harms TJ, Reynolds MG, Harrison LH. 2016. Use of vaccinia virus smallpox vaccine in laboratory and health care personnel at risk for occupational exposure to orthopoxviruses—recommendations of the Advisory Committee on Immunization Practices (ACIP), 2015. MMWR Morb Mortal Wkly Rep, 65(10):257–262. https://doi. org/10.15585/mmwr.mm6510a2.

[13] Jones L, Ristow S, Yilma T, Moss B. 1986. Accidental human vaccination with vaccinia virus expressing nucleoprotein gene. Nature, 319:543.

[14] Openshaw PJ, Alwan WH, Cherrie AH, Record FM. 1991. Accidental infection of laboratory worker with recombinant vaccinia virus. Lancet, 338:459.

[15] Rupprecht CE, Blass L, Smith K, Orciari LA, Niezgoda M, Whitfield SG, Gibbons RV, Guerra M, Hanlon CA. 2001. Human infection due to recombinant vaccinia-rabies glycoprotein virus. N Engl J Med, 345(8):582–586.

[16] Moussatche N, Tuyama M, Kato SE, Castro AP, Njaine B, Peralta RH, Peralta JM, Damaso CR, Barroso PF. 2003. Accidental infection of laboratory worker with vaccinia virus. Emerg Infect Dis, 9(6):724–726.

[17] Mempel M, Isa G, Klugbauer N, Meyer H, Wildi G, Ring J, Hofmann F, Hofmann H. 2003. Laboratory acquired infection with recombinant vaccinia virus containing an immunomodulating construct. J Invest Dermatol, 120(3):356–358.

[18] Loeb M, Zando I, Orvidas MC, Bialachowski A, Groves D, Mahoney J. 2003. Laboratory-acquired vaccinia infection. Can Commun Dis Rep, 29(15):134–136.

[19] Wlodaver CG, Palumbo GJ, Waner JL. 2004. Laboratory-acquired vaccinia infection. J Clin Virol, 29(3):167–170.

[20] Lewis FM, Chernak E, Goldman E, Li Y, Karem K, Damon IK, Henkel R, Newbern EC, Ross P, Johnson CC. 2006. Ocular vaccinia infection in laboratory worker, Philadelphia, 2004. Emerg Infect Dis, 12(1):134–137.

[21] Peate WF. 2007. Prevention of vaccinia infection in a laboratory worker. Mil Med, 172(10):1117–1118.

[22] Eisenbach C, Neumann-Haefelin C, Freyse A, Korsukewitz T, Hoyler B, Stremmel W,

Thimme R, Encke J. 2007. Immune responses against HCV-NS3 after accidental infection with HCV-NS3 recombinant vaccinia virus. J Viral Hepat, 14(11):817–819.

[23] CDC. 2008. Laboratory-acquired vaccinia exposures and infections—United States, 2005–2007. MMWR Morb Mortal Wkly Rep, 57(15):401–404.

[24] CDC. 2009. Laboratory-acquired vaccinia virus infection—Virginia, 2008. MMWR Morb Mortal Wkly Rep, 58(29):797–800.

[25] Senanayake SN. 2009. Needlestick injury with smallpox vaccine. Med J Aust, 191(11-12):657.

[26] CDC. 2009. Human vaccinia infection after contact with a raccoon rabies vaccine bait—Pennsylvania, 2009. MMWR Morb Mortal Wkly Rep, 58(43):1204–1207.

[27] McCollum AM, Austin C, Nawrocki J, Howland J, Pryde J, Vaid A, Holmes D, Weil MR, Li Y, Wilkins K, Zhao H, Smith SK, Karem K, Reynolds MG, Damon IK. 2012. Investigation of the first laboratory-acquired human cowpox virus infection in the United States. J Infect Dis, 206(1):63–68. https://doi. org/10.1093/infdis/jis302.

[28] Riyesh T, Karuppusamy S, Bera BC, Barua S, Virmani N, Yadav S, Vaid RK, Anand T, Bansal M, Malik P, Pahuja I, Singh RK. 2014. Laboratory-acquired buffalopox virus infection, India. Emerg Infect Dis, 20(2):324–326. https://doi.org/10.3201/eid2002.130358.

[29] Hsu CH, Farland J, Winters T, Gunn J, Caron D, Evans J, Osadebe L, Bethune L, McCollum AM, Patel N, Wilkins K, Davidson W, Petersen B, Barry MA, Centers for Disease Control and Prevention. 2015. Laboratory-acquired vaccinia virus infection in a recently immunized person—Massachusetts, 2013. MMWR Morb Mortal Wkly Rep, 64(16):435–438.

[30] Office of Recombinant DNA Activities; recombinant DNA research: action under the guidelines. National Institutes of Health (NIH), PHS, DHHS. 2016. Notice of action under the NIH Guidelines for Research Involving Recombinant DNA Molecules (NIH Guidelines). Fed Regist, 81 (https://osp.od. nih.gov/wp-content/uploads/NIH_ Guidelines.html).

[31] Niederkorn JY. 2002. Immune privilege in the anterior chamber of the eye. Crit Rev Immunol, 22(1):13–46.

[32] Ruben FL, Lane JM. 1970. Ocular vaccinia. An epidemiologic analysis of 348 cases. Arch Ophthalmol, 84:45–48.

[33] Jonczy EA, Daly J, Kotwal GJ. 2000. A novel approach using an attenuated recombinant vaccinia virus to test the antipoxviral effects of hand soaps. Antiviral Res, 45(2):149–153.

[34] Richmond JY, RW MK (eds). 1999. Biosafety in microbiological and biomedical laboratories. HHS publication; no. (CDC) 93-8395, 4th edn. U.S. Department of Health and Human Services, PHS, CDC, NIH, Washington DC.

[35] Block SS (ed). 2001. Disinfection, sterilization, and preservation, 5th edn. Lippincott Williams & Wilkins, Philadelphia.

[36] Espy MJ, Uhl JR, Sloan LM, Rosenblatt JE, Cockerill FR 3rd, Smith TF. 2002. Detection of vaccinia virus, herpes simplex virus, varicella-zoster virus, and Bacillus anthracis DNA by LightCycler polymerase chain reaction after autoclaving: implications for biosafety of bioterrorism agents. Mayo Clin Proc, 77(7):624–628.

[37] CDC. 2008. Notice to readers: newly licensed smallpox vaccine to replace old smallpox vaccine. MMWR Morb Mortal Wkly Rep, 57(8):207–208.

[38] Baxby D. 1989. Smallpox vaccination for investigators. Lancet, 2:919.

[39] Wenzel RP, Nettleman MD. 1989. Smallpox vaccination for investigators using vaccinia recombinants. Lancet, 2(8663):630–631.

[40] Perry GF. 1992. Occupational medicine forum. J Occup Med, 34:757.

[41] Baxby D. 1993. Indications for smallpox vaccination: policies still differ. Vaccine, 11(4):395–396.

[42] Williams NR, Cooper BM. 1993. Counselling of workers handling vaccinia virus. Occup Med (Oxf), 43:125–127.

[43] Isaacs SN. 2002. Critical evaluation of small- pox vaccination for laboratory workers. Occup Environ Med, 59(9):573–574.

[44] Lane JM, Ruben FL, Neff JM, Millar JD. 1969. Complications of smallpox vaccination, 1968. National surveillance in the United States. New Engl J Med, 281:1201–1208.

[45] Lane JM, Ruben FL, Neff JM, Millar JD. 1970. Complications of smallpox vaccination, 1968: results of ten statewide surveys. J Infect Dis, 122:303–309.

[46] Poland GA, Grabenstein JD, Neff JM. 2005. The US smallpox vaccination program: a review of a large modern era smallpox vaccination implementation program. Vaccine, 23(17–18):2078–2081.

[47] Baggs J, Chen RT, Damon IK, Rotz L, Allen C, Fullerton KE, Casey C, Nordenberg D, Mootrey G. 2005. Safety profile of smallpox vaccine: insights from the laboratory worker smallpox vaccination program. Clin Infect Dis, 40(8):1133–1140.

[48] CDC. 2004. Secondary and tertiary transfer of vaccinia virus among U.S. military personnel— United States and worldwide, 2002–2004. MMWR Morb Mortal Wkly Rep, 53(5):103–105.

[49] CDC. 2007. Household transmission of vaccinia virus from contact with a military small-pox vaccinee–Illinois and Indiana, 2007. MMWR Morb Mortal Wkly Rep, 56(19):478–481.

[50] CDC. 2007. Vulvar vaccinia infection after sexual contact with a military smallpox vac-

cinee–Alaska, 2006. MMWR Morb Mortal Wkly Rep, 56(17):417–419.

[51] CDC. 2010. Vaccinia virus infection after sexual contact with a military smallpox vaccinee–Washington, 2010. MMWR Morb Mortal Wkly Rep, 59(25):773–775.

[52] Young GE, Hidalgo CM, Sullivan-Frohm A, Schult C, Davis S, Kelly-Cirino C, Egan C, Wilkins K, Emerson GL, Noyes K, Blog D. 2011. Secondary and tertiary transmission of vaccinia virus from US military service member. Emerg Infect Dis, 17(4):718–721.

[53] Hughes CM, Blythe D, Li Y, Reddy R, Jordan C, Edwards C, Adams C, Conners H, Rasa C, Wilby S, Russell J, Russo KS, Somsel P, Wiedbrauk DL, Dougherty C, Allen C, Frace M, Emerson G, Olson VA, Smith SK, Braden Z, Abel J, Davidson W, Reynolds M, Damon IK. 2011. Vaccinia virus infections in martial arts gym, Maryland, USA, 2008. Emerg Infect Dis, 17(4):730–733.

[54] Advisory Committee on Dangerous Pathogens and Advisory Committee on Genetic Modifications. 1990; re-issued 2011. Vaccination of laboratory workers handling vaccinia and related poxviruses infectious for humans. HMSO Publications Center, London (http://www.hse.gov.uk/pUbns/priced/ acdp-acgm-vaccine.pdf).

[55] Fulginiti VA. 2003. The risks of vaccinia in laboratory workers. J Invest Dermatol, 120(3):viii.

[56] MacNeil A, Reynolds MG, Damon IK. 2009. Risks associated with vaccinia virus in the laboratory. Virology, 385(1):1–4.

[57] Greenberg RN, Kennedy JS. 2008. ACAM2000: a newly licensed cell culture- based live vaccinia smallpox vaccine. Expert Opin Investig Drugs, 17(4):555–564.

[58] Kennedy JS, Greenberg RN. 2009. IMVAMUNE: modified vaccinia Ankara strain as an attenuated smallpox vaccine. Expert Rev Vaccines, 8(1):13–24.

[59] Jordan R, Goff A, Frimm A, Corrado ML, Hensley LE, Byrd CM, Mucker E, Shamblin J, Bolken TC, Wlazlowski C, Johnson W, Chapman J, Twenhafel N, Tyavanagimatt S, Amantana A, Chinsangaram J, Hruby DE, Huggins J. 2009. ST-246 antiviral efficacy in a nonhuman primate monkeypox model: deter- mination of the minimal effective dose and human dose justification. Antimicrob Agents Chemother, 53(5):1817–1822.

[60] Chinsangaram J, Honeychurch KM, Tyavanagimatt SR, Leeds JM, Bolken TC, Jones KF, Jordan R, Marbury T, Ruckle J, Mee-Lee D, Ross E, Lichtenstein I, Pickens M, Corrado M, Clarke JM, Frimm AM, Hruby DE. 2012. Safety and pharmacokinetics of the anti-orthopoxvirus compound ST-246 following a single daily oral dose for 14 days in human volunteers. Antimicrob Agents Chemother, 56(9):4900–4905. https://doi.org/10.1128/AAC.00904-12.

[61] Lanier R, Trost L, Tippin T, Lampert B, Robertson A, Foster S, Rose M, Painter W, O'Mahony R, Almond M, Painter G. 2010. Development of CMX001 for the treatment of poxvirus infections. Viruses, 1(12):2740–2762.

[62] Benzekri N, Goldman E, Lewis F, Johnson CC, Reynolds SM, Reynolds MG, Damon IK. 2010. Laboratory worker knowledge, attitudes and practices towards smallpox vaccine. Occup Med (Lond), 60(1):75–77.

[63] Isaacs SN. 2004. Vaccinia virus and poxvirology: Methods and protocols, Methods in Molecular Biology. Humana Press, c2004, Totowa, NJ.

[64] Isaacs SN. 2012. Working safely with vaccinia virus: laboratory technique and review of published cases of accidental laboratory infections. Methods Mol Biol, 890:1–22. https://doi.org/10.1007/978-1-61779-876-4_1.

[65] CDC. 2009. Progressive vaccinia in a military smallpox vaccinee—United States, 2009. MMWR Morb Mortal Wkly Rep, 58(19):532–536.

[66] Vora S, Damon I, Fulginiti V, Weber SG, Kahana M, Stein SL, Gerber SI, Garcia-Houchins S, Lederman E, Hruby D, Collins L, Scott D, Thompson K, Barson JV, Regnery R, Hughes C, Daum RS, Li Y, Zhao H, Smith S, Braden Z, Karem K, Olson V, Davidson W, Trindade G, Bolken T, Jordan R, Tien D, Marcinak J. 2008. Severe eczema vaccinatum in a household contact of a smallpox vaccinee. Clin Infect Dis, 46(10):1555–1561. https:// doi.org/10.1086/587668.

[67] Cono J, Casey CG, Bell DM. 2003. Smallpox vaccination and adverse reactions. Guidance for clinicians. MMWR Recomm Rep, 52(RR-4):1–28.

[68] CDC. 2003. Update: cardiac-related events during the civilian smallpox vaccination program—United States, 2003. MMWR Morb Mortal Wkly Rep, 52(21):492–496.

[69] Halsell JS, Riddle JR, Atwood JE, Gardner P, Shope R, Poland GA, Gray GC, Ostroff S, Eckart RE, Hospenthal DR, Gibson RL, Grabenstein JD, Arness MK, Tornberg DN. 2003. Myopericarditis following smallpox vaccination among vaccinia-naive US military personnel. JAMA, 289(24):3283–3289.

[70] Briody BA. 1959. Response of mice to ectromelia and vaccinia viruses. Bacteriol Rev, 23:61–95.

[71] Lee SL, Roos JM, McGuigan LC, Smith KA, Cormier N, Cohen LK, Roberts BE, Payne LG. 1992. Molecular attenuation of vaccinia virus: mutant generation and animal characterization. J Virol, 66:2617–2630.

[72] Gaertner DJ, Batchelder M, Herbst LH, Kaufman HL. 2003. Ad ministration of vaccinia virus to mice may cause contact or bedding sentinel mice to test positive for orthopoxvirus

antibodies: case report and follow-up investigation. Comp Med, 53(1):85–88.

[73] Holt RK, Walker BK, Ruff AJ. 2002. Horizontal transmission of recombinant vaccinia virus in strain 13 guinea pigs. Contemp Top Lab Anim Sci, 41(2):57–60.

[74] Engler RJ, Kenner J, Leung DY. 2002. Smallpox vaccination: risk considerations for patients with atopic dermatitis. J Allergy Clin Immunol, 110(3):357–365.

第二章　痘病毒基因组生物信息学分析

Shin-Lin Tu，Chris Upton

摘　要：近年来，分子生物学领域取得了许多技术进步，包括下一代和第三代 DNA 基因组测序、mRNA 转录和蛋白质质谱。然而，也许正是基因组测序对病毒学家的影响最大。在 2017 年，已经产生了 480 多个痘病毒的完整基因组序列，并且几乎所有的分子病毒学家都以许多不同的方式不断使用这些序列。与数据采集的这种增长相匹配，是生物信息学相对新领域的一次大爆发，它提供了数据库来存储和组织这些有价值 / 昂贵的数据和算法来分析数据。对于在实验台前工作的病毒学家来说，使用直观、易用的软件通常对执行基于生物信息学的实验至关重要。研究人员面临的 3 个常见障碍：① 从大型数据库中选择、检索和重新格式化基因组数据；② 使用工具比较 / 分析基因组数据；③ 显示和解释复杂的结果集。本章面向在实验台前工作的病毒学家，介绍了帮助克服这些障碍的软件，重点介绍对痘病毒基因组的比较和分析。虽然痘病毒基因组存储在诸如 GenBank 之类的公共数据库中，但如果必须收集大量数据，则使用该资源可能会非常麻烦和烦琐。因此，我们还重点介绍了我们的病毒同源聚类数据库系统和集成工具，该工具专门为管理和分析完整的病毒基因组而开发。

关键词：痘病毒；痘苗病毒；天花；生物信息学；基因组学；点图；多序列比对；MSA；VOCs；VGO；BBB；BLAST；JDotter

1　前　言

第一个完整的痘病毒基因组［来自痘苗病毒（vaccinia virus, VACV）］被报道[1]至今，已经近 30 年。在 2017 年，有超过 480 个完整的痘病毒基因组可从公共数据库（见注释 1）获得。目前已经完成了如天花病毒（variola virus，VARV）、VACV、猴痘病毒（monkeypox virus，MPXV）和黏液瘤病毒（myxoma virus，MYXV）不同种属的许多分离株测序，令人震惊的是，这些不同种属的多数病毒之间没有或很少有亲缘关系。在这些病毒中，一个或一小部分病毒即可组成一个属，而这些病毒到系统遗传树的主干一般都存在非常长的分支。有趣的是，检测这些新病毒时，通常都会发现它们编码了相当大比例的新基因。例如，我们最近参与了从袋鼠[2]中分离到的两种密切相关的痘病毒的注释，在这些病毒包含的162个和165个基因中，有81个基因对所有感染脊椎动物的脊索动物痘病毒都是共同的，但这些病毒大约有40个基因是独有的。而且几乎所有这些"新"基因在任何公共数据库中都没有对应的基因。事实上，即使是原型痘病毒VACV，也仍然含有一些基因的功能尚未被注释。因此，痘病毒基因组的注释很可能在未来许多年内仍将是一个持续的过程。这样的注释不仅是简单的"集邮"式努力，而且需要深入研究。因为如果不了解痘病毒等复杂病毒编码或调控的所有过程，就不可能全面了解它们的生物学基础和病理学机制。

从专门研究该学科的期刊和其他与此主题更相关的期刊（https://en.wikipedia.org/wiki/List_of_ bioinformatics_journals）中可以看出，随着DNA测序技术的快速发展，生物信息学也呈爆炸式增长。生物信息学中有许多主题，其中最有可能引起病毒学家兴趣的一些主题是基因组组装、相似性搜索、基因组注释、多重序列比对（Multiple Sequence Alignment, MSA）、基因/蛋白质分析和可视化。本章涉及所有这些领域，也强调了数据管理工具的重要性，因为随着组学数据量的增加，拥有组织、显示和提供对数据访问的特殊工具也变得越来越重要。我们创建了一些工具是专门为帮助注释大型DNA病毒的新测序基因组而创建的。这里我们将介绍大量使用我们自己实验室开发的工具分析的案例，这些工具统称为病毒生物信息学资源中心（Viral Broinformatics Resource Center, VBRC；4virology.net），也是在病毒学家的帮助下开发的，其可提供图形用户界面（graphical user interfaces, GUIs），并允许用户轻松访问和分析数据，显示结果方便易懂。

本章所讨论的大多数过程和分析属于比较基因组学范畴，旨在为读者提供易懂的数据检索和管理示范，以及几种常见的分析痘病毒基因的生物信息学方法。后者包括：①整个痘病毒基因组的比较；②在直系科属中比较痘病毒基因和蛋白质；③在预测功能的数据库中搜索痘病毒蛋白质的相似性；④搜索痘病毒蛋白质的基序和功能性结构域。尽管不可能对所有提及的软件进行详细说明，但我们提供了帮助文件和用户手册，还将提供有关如何访问通过VBRC网站使用软件的详细说明（见注释2）。

最后，尽管我们努力使痘病毒基因组的数据库尽可能精确，不过我们认为该生物信息学资源的最大价值之一是提供快速、轻松地调查特定结果背后数据的能力。例如，如果我们发现一个基因组基因可能会比对出的一组基因组库文件中的大多数同源基因短20%，那么为了理解由此产生的生物学机理，就有必要确定是否在3′端（可能对基因产物影响很小）或5′端（可能使基因产物失活）出现了一个突变或者其本身就是截断了开放阅读框（Open Reading Frame, ORF），或者明显的突变是否可能只是测序错误（基因产物无变化）。希望下面的例子能让读者了解查看原始数据的重要性，并且使用正确的工具，不需要花费大量的时间。

2　材　料

（1）为了使用VBRC工具，研究人员需要一台不太差的台式计算机和最新的操作系统，以便支持 Java Runtime Environment 8 的安装（见注释 3）。

（2）在开发工具时，我们更喜欢 Java 客户机—服务器格式（见注释 3）。之所以选择这种设计，是因其在客户端软件中具有更大的灵活性和功能性，并且 Java 的使用也克服了支持多种 WWW 浏览器和不同操作系统的问题。下载也比较简单快捷，每次用户打开 Java 程序时，Java Web 启动会自动检查用户机上的客户端版本，并在需要时下载更新的版本。不过其他系统也可用：病毒病原体资源（VIPR; https://www.viprbrc.org/）使用支持工具工作台的 Web 界面，对 JavaScript 库的改进产生了各种新的基于 Web 的工具，这些工具可使用 GenomeD3Plot 生成丰富的图形输出[3]。

（3）关键软件。

A. 病毒同源聚类（Virus Orthologous Clusters, VOCs）：是一个 MySQL 数据库（见注释 4），其中包含从所有完整注释的痘病毒基因组中获得的信息。一个功能强大且易于使用的接口已建立，以查询数据库。VOCs[4] 可通过 VBRC 网站访问：https://4virology.net/virology-ca-tools/vocs/。

B. 病毒基因组组织者（Viral Genome Organizer, VGO）：用于可视化和比较完整痘病毒基因组内基因结构的软件。该程序允许从基因组中定制检索蛋白质 /DNA 序列区域，并可以显示各种分析的预处理结果文件以及基因组数据。可以对基因组大小的 DNA 序列进行多种搜索。虽然在这个工具中，基因组没有比对，但是由于 VGO 与 VOCs 数据库可以“对话”，从而理解并可以突出显示正交图以表明基因组之间的相似性。VGO[5] 可通过 VBRC 网站访问：https://4virology.net/virology-ca-tools/vgo/。

C. *JDotter*：我们开发了一个 Java 客户端服务器版本的 DOTTER[6]，称为 JDotter，它可以在 FASTA 文件中使用 DNA 序列，或者从 VOCs 数据库导入基因组 / 序列。JDotter 还可以生成蛋白质序列和多个 DNA 或蛋白质序列的点图。JDotter[7] 可通过 VBRC 网站访问：https://4virology.net/virology-ca-tools/jdotter/。

D. 逐个碱基（*Base-By-Base,* BBB）：生成、可视化和编辑 MSAs 的软件。该程序可以在 FASTA 文件中使用 DNA 和蛋白质序列，或者从 VOCs 数据库导入基因组 / 序列。BBB 使用标准比对算法，搜索方式为 ClustalO[8]、MAFFT[9] 和 MUSCLE[10]。它能够显示 GenBank 文件中的注释，并允许用户将自己的注释（包括引物结合位点）添加到序列中。BBB[11] 可通过 VBRC 网站访问：https://4virology.net/virology- ca-tools/base-by-base/。

E. 基因组注释转移实用程序（Genome Annotaion Transfer Utility, GATU）：该软件可利用参考基因组的信息对基因组进行注释，并编写 GenBank 文件。此工具提供交互式注释；它自动注释参考病毒之间非常相似的基因，并将其他基因留给人类决定。GATU[12] 可通过 VBRC 网站访问：https://4virology.net/ virology-ca-tools/gatu/。

F. *HHpred*：基于 Web 的搜索工具界面，使用隐马尔可夫模型（Hidden Markov Model, HMM）配置文件匹配来检测与查询蛋白的远缘相关蛋白。可以在 https://toolkit.

tuebingen.mpg.de/#/ tools/hhpred[13] 上获得。

G. 命令行工具：MIRA[14]、SPAdes[15]（转配）、Burrows-Wheeler Aligner (BWA)[16]、Tanoti(http:// www.bioinformatics.cvr.ac.uk/tanoti.php)（序列作图）、SAMtools[17]、NGSUtils[18]（原始序列数据处理）以及 RAxML[19]（系统发育）。这些工具可从命令行窗口（MacOS 的终端或 Windows 中的命令行提示符）调用。

3 方　法

3.1　连接到 VBRC 网站

VBRC 网站可从 https://4virology.net/ 获取。很值得花点时间浏览本网站上的帮助文档，但这里讨论的大多数软件如下所示。

（1）从“VBRC 工具（*VBRC Tools*）”菜单中选择“工具（*Tool*）”。

（2）单击“点击启动（*Click to Launch*）”按钮。

（3）有些程序要求在本地计算机上安装 Java Web 启动插件。该网页是在 macOS 操作系统中构建的；在其他操作系统中，如果需要安装 Java Web 启动插件（见注释 5），将得到提示和警告。

3.2　组织痘病毒基因组数据

尽管按目前的测序能力来说，127~350 kb 的基因组很小，但是对单个痘病毒基因组信息的详细研究而言则很不容易，更不用说大于 350 kb 这样的基因组，因为，只有专门的生物信息学软件才能实现。在过去 20 年中，我们开发的所有用于描述痘病毒基因组的程序都有相同的目标：① 提供专用的 SQL（结构化查询语言）数据库，以用于组织和存储痘病毒基因组序列数据以及各种类型的序列注释；② 为病毒学家提供与该数据库和其他分析软件直观的通用界面，从而减少连接和学习多个网站或程序的需要。由于本章节的其他几个部分都涉及使用 VOCs 和 VGO 执行的分析，这里我们首先对它们进行逐一介绍。

3.3　病毒的同源聚类

VOCs 是一个 Java 客户端服务器应用程序，它能访问大型且最新的 MySQL 数据库，该数据库包含了所有完整的和完全注释的痘病毒基因组。该数据库由相应作者的实验室管理，并通过 VBRC 网站（https://4virology.net/）免费提供给所有研究人员。VOCs 数据库存储完整的从 GenBank 文件中分析的基因组序列，以及 DNA 和蛋白质序列、启动子区域序列、注释、分子量、预测的等电点、计算的核苷酸（NT）和氨基酸（AA）频率以及计算各个基因的密码子偏好性等信息。因此，研究人员可以在多个层次上与数据交互，例如：① 完整的基因组 DNAs，可以从基因组中搜索子序列；② 基因和蛋白质序列，可以从数据库中检索到相应序列，并进行比对或搜索；③ 比较，用来确定数据库中所有痘病毒的共同基因。但是，有些痘病毒 GenBank 序列文件包含了错误的注释和 DNA 序列。当我们意识到这些问题存在时，我们更新了数据库；同样地，我们用文献中的新信息注释数据库中的基因组。因此，VOCs 是痘病毒基因组信息的最新来源。

除了提供对所有痘病毒序列的访问之外，VOCs 数据库最重要和最有用的特征功能可能是，其可根据每个痘病毒基因 / 蛋白质的 BLASTP（蛋白质数据库的蛋白质查询搜索）相似性得分将其归为某一个同源基因家族。目前，该数据库包含 350 多个完整的痘病毒基因组，约 70 000 个预测基因或基因片段。这些预测基因被分为大约 1 700 个根据功能（如果已知）命名的同源家族。许多同源家族只含有 1 种或几种病毒的基因；这些基因代表了一个病毒物种或属的独特基因。此功能使得用户在几秒钟内即可收集到痘病毒的同源基因（基因或蛋白质序列）的所有存在的序列，并确定哪些病毒不具有特定的基因。

集成到 VOCs 中的应用包括位置特异性 BLAST 比对（PSI-BLAST）[20]、蛋白序列比对 BLASTP、BLASTX［将给定的核酸序列按照 6 种阅读框（Reading Frame, RF）将其翻译成蛋白质与蛋白质数据库中的序列进行比对］、TBLASTN［将给定的氨基酸序列与核酸数据库中的序列进行比对］[21]、VGO [5]、BBB [11] 和 JDotter [7]。因此，用户可以选择需要的序列，然后直接将其发送到应用程序进行分析。如果需要外部工具，则 VOCs 可以提供所选数据的文本文件。

当用户打开 VOCs 程序时，Java Web 启动会自动检查用户机上的客户端版本，并在需要时下载更新的版本。VOCs 是专门为病毒学家设计的，其查询是由 GUI 菜单列表驱动。有 3 个窗口用于浏览 VOCs 程序，分别为序列筛选（Sequence Filter）、同源基因分组筛选（Ortholog Group Filter）和基因组筛选（Genome Filter）。序列筛选窗口允许用户选择基因组，并根据诸如基因名称、大小、等电点、蛋白质的 NCBI ID、核苷酸和氨基酸序列等参数来搜索数据库中的基因。同源基因分组筛选窗口允许用户根据家族名称、ID、每个家族的基因数量和特定注释来搜索基因家族的数据库。虽然 VOCs 界面窗口的病毒筛选选择程序（Virus Selector）允许用户为后续查询选择或排除特定的基因组，但基因组筛选窗口允许用户限制那些将在搜索过程中使用的基因组集，然后实际更新窗口中病毒选择器（Virus Selector）；例如，可以使用基因组筛选窗口将视图限制在 16 个羊痘病毒基因组，而不是显示所有 350+ 基因组。表 2–1 为一些很容易在 VOCs 中进行的查询示例。

一旦选择了某个数据库查询，查询的结果就可以被看作是一个基因计数（Gene Count）或同源基因集计数（Ortholog Group Count），在这种情况下，只显示数据库中特定类型的命中次数。通过单击适当的“*View*”按钮，可以在一个新窗口中查看基因及其家族列表。“*Count*”功能用于检查查询结果，防止意外选择错误的基因集或者是数量庞大的同源基因。为了确保能够获得足够数量的查询结果，VOCs 会要求用户确认是否需要显示超过 1 000 个条目。通过单击列标题，可对 Gene 和 Ortholog 结果表进行排序；例如点击

“*sort by A+T*”，则会立即显示，在这些表中有相当大的变异基因，还可以使用上述工具显示或进一步分析基因和同源群。选择一个基因，点击“*Family*”(结果面板的底部面板)，然后查看该同源基因组（Ortholog Groups）中的所有基因，这是非常简单的。可以选择输入预测的蛋白质序列、DNA 或启动子区域序列生成多个比对工具，或者使用 BLAST 程序[21]中的任何一个程序，使用特定的序列搜索 VOCs 数据库。同样地，也可以在个体病毒基因组中观察到基因，而不是按同源基因组分类。用户无须手动筛选 GenBank 文件，只需在 VOCs 中选择病毒，点击“*GeneView*”即可查看基因结果列表；每个基因数、功能、ORF 位置、ORF 链、A+T（%）、pI 和氨基酸长度一目了然。可以通过拖动更改表格中列的位置。表示单个属性的列可以通过顶部面板隐藏或显示、选择。同样地，可以使用“*GenomeView*”功能查看、排序和比较多个基因组统计数据和属性。

表 2-1　VOCs 可执行功能

窗口	信息查询
SF	查找名称与 A10 匹配的基因
SF	查找含有给定核苷酸序列（ACGATCGATT）的 DNA 序列的基因
SF	查找 4.5<pI（等电点）<6.5 的蛋白质
SF	查找分子量为 25 000 kDa< MW < 30 000 kDa 的蛋白质
SF	查找丝氨酸含量大于 13% 的蛋白质
SF	查找含有 Leu + Ile + Val +Ala gt 的蛋白质；40%
SF	绘制 ECTV 基因组中的基因图谱
OGF	查找含有鼠痘病毒基因 108 的基因家族
OGF	查找包含单个（唯一）基因的基因家族
OGF	查找包含所有正痘病毒基因的基因家族
OGF	寻找黏液瘤病毒中存在但不存在于 SFV 的基因家族

缩写：SF 序列筛选窗口；OGF 同源基因分类筛选窗口。

VOCs 中经常使用的功能是，与参考基因组（表 2-2）相比，能够为多个病毒创建一个基因含量（同源物）比较表。在这里，将多个痘病毒基因组与参考基因组进行比较，以强调多个病毒中存在 / 不存在某些基因。若要将同源序列与参考基因组进行比较，请在病毒选择器（Virus Selector）中选择目标病毒，单击右下角面板上的基因视图“ *GeneView*”，单击“选择要比较的基因组（*Select a genome to compare*）”，选择比较基因组的 GenBank 名称，然后单击“选择（*select*）”确认。现在，用来比较的基因组的信息放在表格的最后一列。结果表格也有助于确定不同病毒中的同源基因的名称。

3.3.1 VOCs 使用实例 1：痘病毒尿嘧啶 DNA 糖基化酶（UNG）蛋白质的比对

在 VOCs 中，当试图选择一组特定的基因时，通常有几种方法来获得相同的结果。在这里，我们将给出最直观和简单的方法。

（1）打开本章标题 3.1 中所述的 VOCs。

（2）在病毒选择面板中选择需要的痘病毒（大多数病毒学家都有他们熟知的特定病毒的基因名 / 编号）。

（3）单击“基因视图（*Gene View*）”按钮，列出了基因组中的所有基因。

（4）滚动基因列表以查找感兴趣的基因。由于我们碰巧知道，在 VACV 哥本哈根株的 UNG 是 D4R 基因，该基因大体位于基因组的中间，因此我们选择 UNG 基因，这比建立更详细的数据库搜索更快。

（5）单击“*Family*”按钮显示所有 UNG 基因。对于生成的列表，可以对所有列进行排序，例如，病毒名称、A+T（%）和蛋白质长度。

（6）选择感兴趣的基因。

（7）从“对齐（*Alignment*）”菜单中，选择蛋白质序列比对“*Protein Sequence Alignment*”以及比对软件的类型（使用 MUSCLE 或 ClustalO）。

（8）在 BBB MSA 编辑器窗口中返回比对。

3.3.2 VOCs 使用实例 2：显示在兔黏液瘤病毒含有而在兔纤维瘤病毒中没有的蛋白质成员的同源序列

（1）打开本章标题 3.1 中所述的 VOCs；如果工具已打开，转到“选择（*select*）”菜单并点击“清除全部（*clear all*）”删除所有以前的搜索参数。

（2）从病毒选择器（Virus Selector）中，单击“启用选择（*Enable Selection*）”。

（3）单击窗口顶部的“*Ortholog Group Filter*”选项卡。

（4）向下滚动到“*Ortholog Group Query*”部分，然后选中复选框以选中“*Select Ortholog Groups that* …”。

（5）选择“包含（*Contain*）”单选按钮；从菜单中选择 *MYXV-Lau*，然后单击此项下的“添加条件（*Add Criteria*）”按钮。

（6）选择“并（*AND*）”操作右侧的单选按钮，然后单击“添加操作员（*Add Operator*）”按钮。

（7）选择“不包含（*Do NOT Contain*）”单选按钮；从菜单中选择“*RFV-Kas*”，然后单击“添加条件（*Add Criteria*）”按钮。您的查询将显示在窗口中。

（8）单击“*OrtGrpCnt*”或“*OrtGrpView*”按钮。搜索只需要几秒钟。

（9）结果表明，黏液瘤病毒只有 4 个基因不存在于兔纤维瘤病毒（Rabbit fibroma virus）中。

表 2-2 由 VOCs 生成的比较基因组结果中的部分基因

CPXV-BR GB 基因#	同源基因聚类名称	CMLV-CMS GB 基因#	ECTV-Mos GB 基因#
116	CPV-B-116	找不到基因	找不到基因
117	新月形膜和未成熟的病毒粒子形成	102R	89
118	mRNA 加帽酶大亚基	103R	90
119	病毒粒子核心	104L	91
119A	VV_Cop-D ORF B	104.5R	找不到基因
120	病毒粒子核心	105R	92
121	尿嘧啶 DNA 糖基化酶，DNA 聚合酶加工因子	106R	93
122	NTPase, DNA primase	107R	94
123	形态发生，VETF-s（早期转录因子 - 小）	108R	95
124	RNA 聚合酶（RPO18）	109R	96
125	碳酸酐，GAG 结合 IMV 膜蛋白	110L	97
126	mRNA 脱帽酶	111R	98
127	mRNA 脱帽酶	112R	99
128	ATP 酶，NPH1	113L	100
129	mRNA 加帽酶小亚基	114L	101

选择 CPXV-Brighton Red 作为对照基因组，与骆驼痘病毒 CMLV-CMS 和鼠痘病毒 ECTV-Moscow 进行比较；显示了同源基因；用户应注意，VOCs 基因数可能与 Genbank 基因数（GB 基因#）不同，以使整个 VOCS 数据库标准化；但是，两种编号方案都显示在 VOCs 窗口中以供参考。

3.3.3 VOCs 使用实例 3：找到所有痘病毒基因组中都存在基因的同源基因群

（1）打开本章标题 3.1 中所述的 VOCs；如果工具已打开，转到“选择（*select*）”菜单并点击“清除全部（*clear all*）”删除所有以前的搜索参数。

（2）单击窗口顶部的“同源基因群过滤器（*Ortholog Group Filter*）”选项卡。

（3）向下滚动到“同源基因群大小（*Ortholog Group Size*）”部分，单击复选框“病毒介于（#viruses is between）”空白和数据库中的最大病毒数之间。用最大病毒数填充空白。结果将显示所有病毒所代表的同源家族。

（4）单击“*OrtGrpCnt*”或“*OrtGrpView*”按钮。搜索只需要几秒钟。

本类型的查询还可以用来找出没有特定的基因的病毒。要在选定的同源基因群中查找任何丢失的病毒，只需转到从“*OrtGrpView*”生成的结果列表，单击“同源组（*ortholog group*）”（行），然后转到顶部面板选择“查看 > 查看丢失的病毒（*View* > *View Missing Viruses*）”。此外，VOCs 中的工具可用于确定基因似乎从病毒中缺失的原因，例如缺失注释、DNA 删除、ORF 片段化和可能的测序错误。做出这些决定的能力是很重要的，因为一个基因是否真的从病毒缺失，对其他的研究项目会产生重大的影响。

3.3.4　VOCs 使用实例 4：绘制基因组图谱

（1）打开本章标题 3.1 中所述的 VOCs；如果工具已打开，转到“选择（*select*）”菜单并点击“清除全部（*clear all*）”删除所有以前的搜索参数。

（2）选择感兴趣的病毒。

（3）从“绘制（*Draw*）”菜单中选择“基因组图（*Genome Map*）”。

（4）根据需要可修改“ORF 标签（*ORF Labels*）”和“ORF 形状（*ORF Shape*）”。

（5）修改 ORF 的“颜色（*Colors*）”，以反映编码方向、基因类型或属级的同源性保守水平，或导入个人设置。

此工具并非用于准备出版物的高质量图像。相反，它被添加到 VOCs 中，以便快速可视化和编辑 / 着色基因组图，其质量适合幻灯片演示。

3.3.5　VOC 使用实例 5：从多个基因组中创建一组串联基因

（1）打开本章标题 3.1 中所述的 VOCs；如果工具已打开，转到“选择（*select*）”菜单并点击“清除全部（*clear all*）”删除所有以前的搜索参数。

（2）选择感兴趣的病毒，然后点击“*OrtGrpView*”。

（3）多项选择您选择的同源序列。

（4）从“分析（*Analysis*）”菜单中，选择连接 DNA 序列或氨基酸序列。这个特性将来自一个病毒的所有同源基因连接成一个带有一系列 Xs 的序列，以分离每个基因。

（5）通过 BBB 编辑工具打开结果。通过单击“编辑（*Edit*）> 选择整个序列（*Select Whole Sequences*）”，然后单击“工具（*Tools*）> 比对选择（*Align Selection*）”。在此过程中，Xs 将一起比对，并强制相邻的同源序列分别比对。如果没有 Xs，序列可能会跨同源序列之间的连接点比对，从而使得任何延长或截断的基因产生错误。

（6）导出比对的文件时，点击“文件（*File*）> 另存为（*Save As*）”，然后选择“FASTA 格式”。

（7）在文本编辑器中打开 FASTA 文件，通过简单搜索删除“大写的 X（uppercase X）”，然后替换。

这一特征被添加到 VOCs 中，以促进 MSAs 的创建，从而用串联的基因集构建系统发生树（见本章标题 3.1），其中使用单个基因可能无法提供足够的信号，但使用完整的基因组由于存在终点的插入和缺失而导致错误的比对。它克服了从多个病毒收集多个基因到连接集的烦琐过程。

3.4　病毒基因组组织者

VGO[5] 提供了一个简单易用但功能强大的图形界面，可以与完整的痘病毒基因组序列进行交互。由于 VGO 还可以理解和访问 VOCs 数据库，所以它可以管理大量的信息，包括完整的基因组序列、所有的基因和蛋白质序列，并可以显示下列信息：① 基因组基因库文件中指定的基因；② 计算机任意用户选择大小的预测框 ORFs；③ 所有起始密码子和终止密码子；④ 在规则序列（如 TTTTTNT）中定义的限制性位点或任何其他子序列的搜索结果；⑤ 核苷酸组成图；⑥ 用户自定义输入文件的结果（见注释 6）。VGO 还允许用户通过单击其基因组图谱中的图形表示，快速显示基因和蛋白质序列，然后这些序列在允许用户将序列复制 / 粘贴到 Windows 中其他可用的分析工具。

VGO 有下列特别有用的特性：① 允许用户通过与图形化基因组图的简单交互来选择和检索基因组的任何区域（DNA 序列）；② 突出多个基因组中的起始和终止密码子，允许用户扫描查看潜在的阅读框移码突变。

VGO 的设计考虑到了比较基因组学，可以在一个窗口中显示多个基因组（仅受屏幕“空间”的限制）。作为一个独立的工具，VGO 可以读取 GenBank 文件；但是，如果从 VOCs 数据库读取基因组文件，还可以使用其他功能强大的特性。例如，自动高亮显示相关基因功能可以高亮显示其他病毒基因组中任何选定基因的同源基因。在比较多个基因组时，可以方便地根据其基因编号（方便参考 VOCs 数据库）或 VOCs 族号（同源基因群）对基因进行标记。后者允许多个病毒中的同源基因以相同的数字出现。例如，这解决了 DNA 连接酶的 GenBank 名称是 A50R、J4R、K4R、168R、148、171 和 188 的问题，而它们都属于同一个 VOCs 同源组，即 #292。VGO 还能够生成跨基因组的核苷酸组成图。

由于 VGO 可以轻松地执行比较分析和相似性搜索，下面的练习将描述一个操作流程，该操作流程可以确定跨基因组区域的同源性。这里我们用其验证一个黏液瘤病毒中在其他病毒中没有注释的基因（<65 密码子）（见图 2-1）。

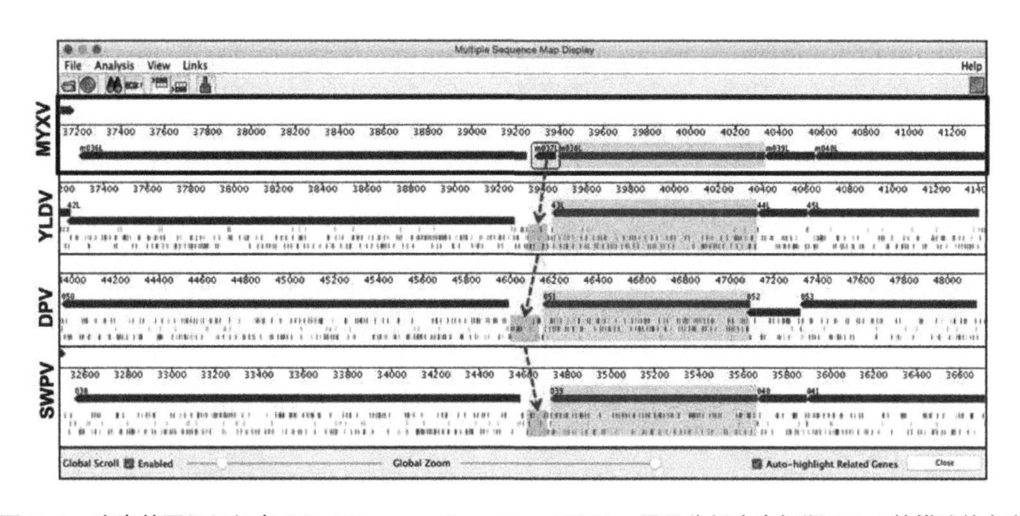

图 2-1　病毒基因组组织者 (Viral Genome Organizer, VGO)，用于分析本章标题 3.4.1 的描述的内容

矩形是基因；红色块是自动突出显示的同源序列；红色横线代表了可能是 myxoma-m037L 基因的潜在同源基因的小 ORFs。在电脑屏幕上（及本章的电子版），起始 / 终止密码子分别为绿色和红色；然而，我们仍然正在评估颜色的变化，使其更适应色盲用户的需要。

3.4.1 VGO 使用示例 1：验证小 ORF 是否是真基因（见注释 7）

（1）如本章标题 3.1 所述打开 VGO。

（2）按照下述顺序进行："文件（*File*）> 打开（*Open*）> 从 *VOCs DB* 打开（*Open from VOCs DB*）"，选择 myxoma（MYXV-Lau）和其他进化分支 II 中的痘病毒代表，如亚巴梓病病毒（YLDV-Davis）、鹿痘（DPV-83）和猪痘（SWPV-Nebraska）（见注释 8）；单击"确定（OK）"。

（3）从"工作列表（*Working List*）"（VGO 窗口中的粉红色条）中选择所有 4 种病毒（见注释 8），然后从"视图（*View*）"菜单中选择"序列图（*Sequence Map*）"。

（4）从"查看选项（*Viewing Options*）"按钮查看某一病毒序列，选中"显示开始 / 停止密码（*Show Start/Stop Codons*）"和"显示基因标签：基因库名称（*Show Gene Labels: GenBank name*）"复选框，然后单击"全部应用（*Apply to All*）"（见注释 9）。

（5）垂直拉伸窗口以查看病毒的所有阅读框。使用"全局缩放滚动条（*Global Zoom scroll*）"进行缩放，直到基因和基因名称清晰可见（见注释 9 和注释 10）。选择窗口底部的"自动突出显示相关基因（*Auto-highlight Related Genes*）"。

（6）在 MYXV 窗口中，滚动找到并选择基因 m038L（颜色变为红色）。

（7）沿着所有其他的基因组滚动，直到出现原始标记突出显示的基因（红色）。

（8）使用滚动条手动比对窗口中的 m0381 同源序列。

（9）点击 MYXV-m036L。因此，侧翼基因是这些病毒的同构基因。但是，请注意，在这些基因之间，MYXV 有一个非常小的基因（m0371，没有已知功能的注释）在其他基因中没有发现。然而，对起始 / 终止密码子的研究表明，该 ORF 是保守的。所以，有一个疑问就是：这个小基因（32aa）在 MYXV 中是否是一个错误的注释，还是它在所有其他病毒中都被忽略了？

（10）从 VGO"视图（*View*）"菜单下选择"基因组部分序列（*Genome Subsequence*）"，会弹出一个新的窗口。

（11）使用光标将方框拖动到位于 DPV 基因组负链基因 050 和 051 之间的区域，这将会在"基因组子序列（*Genome Subsequence*）"窗口中填入正确的相应序列。

（12）点击"子序列抓取（*Subsequence Grabber*）"窗口中的"显示按钮（*Display button*）"；在顶部面板上，单击"分析（*Analysis*）"并对 VOCs 数据库（也可用 NCBI 数据库）运行 BLASTx 。

（13）BLASTx 显示，在该类似于 VACV-Cop-O3L 同源序列和 MYXV 病毒属的 m037L 同源的 DPV 区域有 1 个小的 ORF。

（14）对其他病毒重复步骤 10~ 步骤 13，以找到类似于 MYXV- m037L 的未加注释的保守序列。此外，BLASTx 的结果显示，缺失的 ORFs 和 m037L 的同源序列都是 O3L 基

因的同源序列 / 亲缘。小的 O3L ORFs 在 2009 年被鉴定 [22]，而正痘病毒同源分子在 2012 年被证实参与形成了进入融合复合物。

3.4.2　VGO 使用示例 2：搜索 ECTV-Moscow 基因组中所有 TTTTTNT 序列（见注释 11）

（1）如本章标题 3.4.1 所述，打开 VGO 和 ECTV-Moscow 基因组。

（2）从“分析（*Analysis*）”菜单中，选择“搜索选定的序列 / 区域表达式搜索（*Search Selected Sequence/Reg. Expression search*）”（核苷酸模式表示为正则表达式；https://en.wikipedia.org/wiki/Regular_ expression）。

（3）在输入框中输入“TTTTTNT 或 TTTTT.T”（终止早期转录的信号），点击“确定（OK）”。

（4）结果显示在基因的上面（正向链）和下面（反向链）。

3.5　在 JDotter 中比较痘病毒基因组序列

点图是以成对方式比较大型 DNA 病毒序列必不可少的工具之一。将一个序列的每个核苷酸或核苷酸的一部分与另一个序列的每个核苷酸进行比较，结果以易于理解的图形直观显示。这两个序列可构成矩阵的水平轴和垂直轴。矩阵中的每个单元记录水平轴和垂直轴向位置的残留物是否相同 / 相似。对于痘病毒基因组的分析，该软件必须能够处理超过 300 kb 的 DNA 序列。我们发现 DOTTER [6] 是一个非常有效的工具，在计算绘图后，用户可以在查看绘图时实时更改评分参数。也可以通过使用光标选择一个区域来放大点图的特定区域，将导致重新计算该较小区域中的绘图。我们已经为 DOTTER（JDotter）[7] 创建了一个 Java 接口，它允许在 VOCs 接口中以图形方式显示完整的基因组和基因或蛋白序列。在点图上，高度相似的区域以及比对中的间隙会立即变得明显。灰度工具（*GreyMap Tool*）（见图 2-2；小图）用于快速更改评分参数，而无须重新计算完整的点图。该软件还提供了一个比对工具（未显示），该工具显示一个连续滚动的窗口，显示用户选择的绘图中任意点上两个 DNA 序列的比对情况。点图对于检测直接重复和反向重复特别有用；图 2-2 中点图的右上角和左下角均可以看到痘病毒的反向终端重复序列（inverted terminal repeats, ITRs）。比较大序列时，点图用户应注意图的分辨率较低（与核苷酸 / 屏幕像素的数量有关）；因此，要从点图中获得良好的序列相似性，必须将其“放大（*zoom-in*）”。

3.5.1　潜在水平基因转移（Horizontal Gene Transfer, HGT）可视化。

（1）作为水平和垂直序列输入加载传染性软疣病毒亚型 1 毒株（MOCV-st1）的 GenBank 文件。

（2）单击“*Run Dot Plot*”并使用默认设置。

（3）在点图结果的顶部和左侧边缘，正向和反向基因分别显示为红色和蓝色矩形。

（4）注意背景中的“条纹（*stripes*）”（圆点较少的区域；见图 2–2）。

（5）为了获得更好的对比度，可以尝试使用灰度图工具调整评分参数。

（6）查看 VOCs 和 VGO 的序列表明，与 MOCV-st1 基因组平均水平相比，“条纹（*stripes*）”中的序列具有明显的核苷酸组成。这提示它们可能是 MOCV 中具有潜在 HGT 起源的毒力岛[24]。

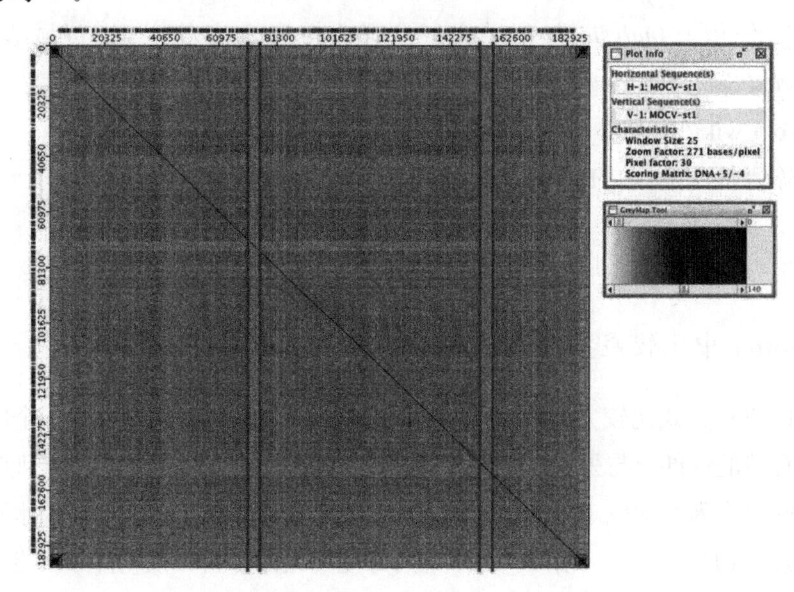

图 2–2　传染性软疣病毒（亚型 1 株）全基因组与自身比较的点（自编图）

小图显示了（1）用于更改评分参数的灰度图工具（*Grey Map Tool*）；（2）图信息（*Plot Info*）。沿轴的小方块通常被上色来表示具有转录方向的基因。红色双竖线突出的是不同核苷酸组成的基因组区域（建议作为潜在的 HGT 区域）。

3.6　GATU 中痘病毒基因组的注释

即使痘病毒基因组测序完成，有时对基因组进行注释仍然具有挑战性且耗时。注释的难度与基因组和其他可作为参考的注释基因组的相似性呈反比。尽管痘病毒基因不含内含子，这使得许多真核生物基因的预测变得复杂，但确定哪个 ORFs 应该被指定为（潜在的）基因并在 GenBank 文件中进行注释仍然很困难；由于非编码序列中终止密码子的频率较低，这一问题在富含 GC 的基因组中更加严重。

许多 ORFs 易于注释，因为它们已经在许多不同的痘病毒中得到了注释或保存。为了利用注释痘病毒基因组不断增长的资源，我们开发了 GATU[12]（见图 2–3），这是一种将注释从参考基因组转移到新目标基因组的工具。根据参考基因组和目标基因组之间的相似性，70%~100% 的基因可以由 GATU 注释，基本上不需要用户的任何努力。GATU 的一个重要特性是，该工具将注释过程的最终控制权留给用户（见图 2–3）。尽管 GATU 建议的明显注释是在复选框中预先选择的，但用户可以根据需要拒绝这些注释。类似地，新的ORFs或那些与参考基因组中的标准有显著差异的ORFs将按照建议的ORFs提供给用户。当用户对最终注释满意时，可以将这些注释以GenBank文件或Sequin表文件的形式写出来，以便提交给GenBank。

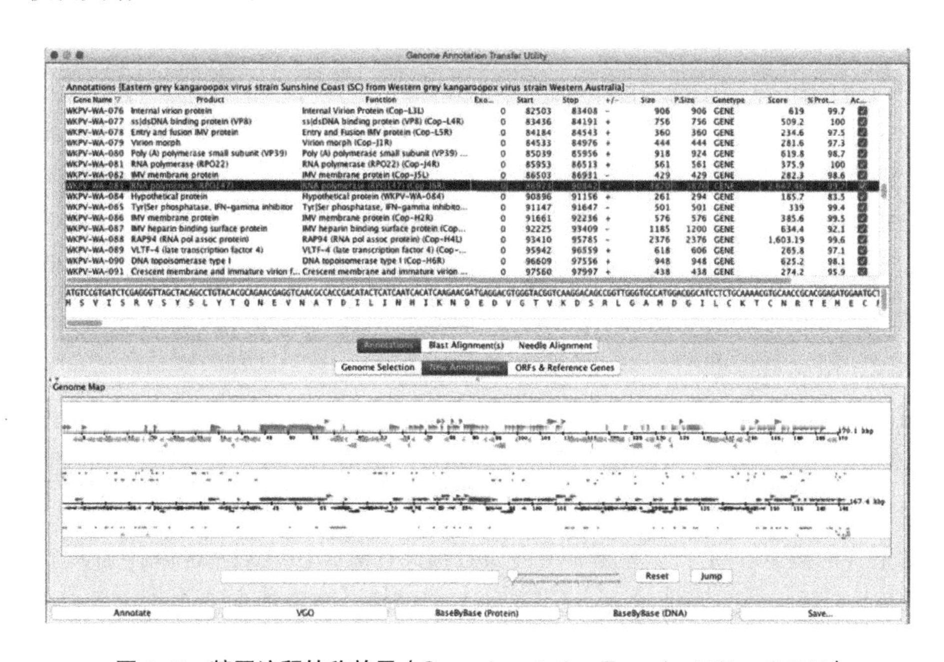

图 2-3　基因注释转移效用（Gene Annotation Transfer Utility, GATU）

顶部面板显示了预计位于基因组需要注释的基因列表。底部面板显示了参考基因组的基因组图谱（顶行）和预测的基因组基因注释（底部）。在计算机屏幕上，基因符号通过着色清晰显示。

然而，如果存在与参考文献或其他痘病毒基因组中没有明显的同源基因的小ORF时，对于注释人员来说尤其棘手。VGO基因组显示工具可用于检测目标基因组与参考基因组之间的相关性，在这种情况下可能会有所帮助；它还提供了一个A+T%的图来搜索富含AT碱基的启动子区域，并在6个可能的编码框架中方便地显示启动/终止密码子，使得注释人员可以查找到可能破坏了完整同源基因的潜在测序错误。许多标准已被应用于痘病毒的基因预测，其中最简单的是ORF的大小；而其他标准还包括与其他基因的潜在重叠、存在启动子样元件、等电点、氨基酸组成[25]和密码子使用等。对于痘苗病毒和其他富含AT序列的痘病毒，基因的编码链与嘌呤含量呈正相关[26]。

对于基因组注释，我们的理解是“少即是多”，因为一旦一个基因组被Genbank接受，添加注释就会比去掉注释更容易。例如，痘苗病毒株哥本哈根[1]最初被注释为含有主要的ORF（基因）和65个次要ORF；其中后者通常在相反的DNA链上，大部分与较大的基因基本重叠。这些额外的ORF被命名为“X-ORF-Y”，其中X代表*Hin*dIII酶切的基因组片段，Y代表ORF从左到右的排列顺序。这些小的ORF不太可能是功能性基因，但缺乏经验的人认为这种病毒有一系列独特的基因。因此，如果注释系统可以包括对可能不起作用的 ORF 描述的选择，这将是有用的，因为相对较小的突变可以很容易地破坏基因功能，而不太改变 ORF。

3.7 寻找远缘相关蛋白

生物信息学中的一个常见问题："我的蛋白质（或 DNA）序列与什么相似？" 在相似性搜索中，根据所有已知序列的数据库搜索一个蛋白质或 DNA 序列时，通常使用 BLAST 程序进行搜索[21]。目前有多种搜索算法策略可供大家使用，而每一种策略都会考虑到的重要的设计因素是如何平衡搜索灵敏度和速度。在这方面，重要的是要注意，默认的 BLAST 搜索参数没有设置为最敏感的参数；例如，单词大小（*WORD SIZE*），即触发序列区域扩展对齐的匹配长度，应该为最敏感的搜索调整到尽可能低的值。有时，为了提高速度，限制数据库的大小很有用。例如，如果一个人只对搜索痘病毒同源序列感兴趣，则可以在浏览器界面［选择搜索设置（Choose Search Set ）> 微生物（Organism）］中将 BLAST 搜索限制为痘病毒科（Poxviridae，taxid:10240）和未分类的痘病毒科（taxid:40069）。同样，可以将此参数设置为限制对特定痘病毒物种、属或其他有机体（例如可疑宿主）的搜索。对于"常规"蛋白质数据库搜索，BLASTP 足以找到大于 30% 标识的数据库匹配。然而，PSI-BLAST[20] 是一个更敏感的数据库搜索程序，它自动建立一个新的位置特定评分矩阵（position-specific scoring matrix, PSSM），使用最高评分匹配的多重比对，用于下一轮迭代 BLAST 搜索。因此，在每一轮搜索中，程序都使用一个修改后的评分矩阵，该矩阵反映了序列中最保守的残基，这些残基已经被标识为使用类似查询。用户还可以使用增强结构域查找时间加速 BLAST 算法（Domain Enhanced Lookup Time Accelerated, DELTA-BLAST）[27] 执行搜索；这将在保守域数据库（在本章标题 3.8 中讨论）中创建一个带有注释域的 PSSM，并将其与蛋白质非冗余序列数据库进行搜索，以增强相似性检测。NCBI PSI-BLAST[20] 实用程序的另一个附加功能是基于约束的多重比对工具，它可以增强远程相关蛋白质（COBALT）的多重比对功能[28]。另一种变化是使用一组相关序列，而不是单个序列创建的基于配置文件的数据库搜索。这些方法可能比基于序列的方法更为敏感，如 PSI-BLAST[20]。基于概要文件搜索的一个例子是 HHpred（https://toolkit. tuebingen.mpg.de/#/tools/hhpred），它使用基于隐马尔可夫模型（HMM）的配置文件来执行搜索[13]。HHpred 最初运行几次 PSI-BLAST，以创建查询添加相关蛋白质序列的多重比对。然后将这种排列转化为一个 HMM，用于搜索先前从蛋白质结构数据库（PDB、SCOP 和 CATH）创建的 HMM。查询的 HMM 和每个数据库中的蛋白质都是基于二级结构创建的，可以通过使用 PSI-PRED 预测二级结构，也可以通过已知的三维结构构建出二级结构。结果（命中）以查询序列与命中序列真正匹配的概率显示。

通常，为痘病毒蛋白质提供预测功能是根据所预测的蛋白序列与假定同源序列的低相似度评分进行。因此，如果这些蛋白质在结构上相关，则这类预测能力将会得到大大加强。然而，由于确定蛋白质的结构困难且耗时，因此通常会使用生物信息学解决方案，即确定是否可以折叠未知的蛋白质序列，从而创建类似于已知结构的结构。许多工具可用于对三级结构进行建模，下面几种也比较常用：① 蛋白质同源性 / 类比识别引擎（PHYRE）[29] 生成的结果相对较快（在 1 h 以内），该引擎仅对蛋白质的一部分进行建模，该部分与数据库中的命中相一致；② Robetta[30]，该引擎将尝试使用从头开始的方法对困难区域进行建模，其缺点是可能需要几周时间才能产生结果；③ I-TASSER（Iterative Threading ASSEmbly Refinement，迭代线程装配优化）[31]，这是一个更新的高性能 3D 蛋白质建模器。最近，我们使用 I-TASSER 来证明蝙蝠源性松鼠痘病毒（PTPV-Aus-040）中的一种新蛋白（与 TNF- 样配体结构域相似）可以被建模为一种 TRAIL 蛋白 [32]，从而为预测功能提供支持。UCSF Chimera[33] 是一款优秀的 3D 结构下游交互式可视化工具；在“工具（*Tools*）> 序列（*Sequence*）”下找到“匹配（*Match*）> 比对（*Align*）”功能生成基于结构的序列比对。

3.8　基序搜索

蛋白质基序通常由规则来描述，可以被定义为一系列的氨基酸，这是一系列蛋白质中功能 / 结构单元（域）的特征。最常用的基序数据库之一是 PROSITE（http:// prosite. expasy.org/）[34]。2017 年 9 月，PROSITE 包含 1 700 多个不同条目。基序搜索通常用于在没有其他大面积类似于其他蛋白质的情况下识别蛋白质的结构域；也就是说，它充当“指纹”。例如 [KR]-[LIVA]-[LIVC]-[LIVM]-x-G-[QI]- D-P-Y 是尿嘧啶 DNA 糖基化酶（UNG）的 PROSITE（PS00130）基序。重要的是，随着蛋白质家族的新成员得到鉴定，PROSITE 基序也不断更新。例如，自这本书的第一版出版以来，在这个基序的第二个位置上可接受的氨基酸的数量随着丙氨酸的加入而增加到 4 个。同样地，我们需要了解的是，尽管这个基序检测到超过 400 个 UNG 蛋白质，但也有 6 个 UNG 没有通过这个特定基序进行搜索而被发现；这些是 PROSITE 文档中指定的假阴性。这些假阳性是保持这个严格基序，以最小化误报率。这个特殊的 PROSITE 基序被写成一个正则表达式（PROSITE 中的模式），这种格式允许基序中残基之间的间距不匹配和变化。VOCs 中的软件工具允许用户使用任何正则表达式搜索序列，网址为 https://prosite.expasy.org/，软件可用于搜索针对所有基序的蛋白质序列或针对所有蛋白质序列的 PROSITE 或用户创建的基序。通过 VOCs 进行搜索的优点是搜索速度快，而且只搜索痘病毒序列。然而，需要注意的是，PROSITE（PS00130）基序（省略破折号）只匹配 VOCs 中 353 个 UNG 中的 334 个，而修改后的基序 [KLNR]-[LIV]-[LIVC]-[LIVM]-x-G-[QIY]-[D]-[SP]-[YF]（省略破折号）将在 VOCs 中找到 353 个 UNG 中的 350 个，但与 SWISS-PROT 中的几个假阴性蛋白质匹配。一些 PROSITE 基序（PROSITE 中的概述）使用氨基酸匹配评分矩阵进行评分，但包含在

ScanProsite[35] 搜索中，网址为 https://prosite.expasy.org/scanprosite/。

除了 PROSITE 之外，还有几个系统集成了多个基序 / 文库搜索工具。保守结构域数据库（Conserved Domain Database, CDD）搜索引擎 [36]（https://www.ncbi.nlm. nih.gov/Structure/cdd/wrpsb.cgi）利用 RPS-BLAST 程序，这是 PSI-BLAST 的变种，它可以根据注释的保守蛋白域的位置特定评分矩阵（PSSMs）快速扫描查询序列。这些 PSSMs 调整了每种蛋白质特征的保守残基的分数（来自 MSA），并提供了有用的补充，以磨合和确认具有低识别分数百分比的 BLASTP 排列。MotifScan 服务器（https://myhits.isb-sib.ch/cgi-bin/motif_scan）搜索用户提供的 Pfam（比对和 HMM 的蛋白质家族数据库）和 PROSITE 基序的蛋白质序列。Pfam 网站（http://pfam.xfam.org/）列出了许多痘病毒蛋白质的家族，这些蛋白质对所有痘病毒都是常见的，是一种极好的信息来源，尽管其输出可能非常难以解释。InterPro（https://www. ebi.ac.uk/interpro/）是基序和序列数据库的另一个综合组合，依次连接到各种其他数据库；特别适用于组合搜索。

另一个用于基序搜索的应用是研究人员从一组最多样化的同源蛋白质的 MSA 中开发出他们自己的规则序列。这种模式最初被设计为专门用于痘病毒同源基因搜索的模式，通过在规则序列中添加更多的匹配选项，用于痘病毒基因搜索的应用逐渐降低了特异性，并且监测蛋白质数据库搜索的结果，查找可能对痘病毒生物学有重要意义的匹配。这一过程要求研究者既要了解蛋白质生物化学，又要了解痘病毒生物学，因为它不能给出非黑即白的答案。

3.9 逐个碱基的多重序列比对

MSA 的产生是比较分子生物学中的根本技术。确定哪些氨基酸在一组蛋白质的特定位置被保存，可能有助于预测哪些氨基酸残基在蛋白质的结构或生物化学中具有重要作用。各种各样的计算机程序可以用来比对 DNA 和蛋白质序列，试图从匹配的氨基酸或核苷酸中获得最大的分数，同时也尽量减少由于插入和删除（插入缺失）而导致的减分。最著名的比对工具之一是 ClustalO[8]，但其他算法包括 T-COFFEE[37] 和 MUSCLE [10]。短长度和中等长度序列的 DNA 比对，如启动子和基因，可以用相同的软件实现，但是痘病毒基因组长序列的比对则应用专门的工具，如 MAFFT[9]、DIALIGN [38] 和 MAUVE[39]。

然而，无论使用何种软件，都应仔细检查 MSA，因其通常需要手动进行最终调整，尤其是在间隙周围，使用序列比对编辑器生成最终精确比对。最后一个障碍是可用于发表数据产生的质量（如果需要）。我们开发了逐个碱基（Base-By-Base, BBB）工具 [11] 来创建、编辑和查看蛋白质和短 DNA 序列的 MSA 以及完整的痘病毒基因组。BBB 是由我们小组开发的一个 Java MSA 编辑器，与 VOCs 接口，但它也作为一个独立的工具，并可以保存文件，以供以后使用，像文字处理器一样。多年来，BBB 已经通过一些独特的功能得到了增强，例如，① 易于显示相邻序列之间的差异，或在一条直线上的顶部序列与其他序列之间的差异；② 显示 DNA 序列的 3 连密码子翻译；③ 显示 DNA 序列正链或者负链；④ 能够读取 Genbank 文件，包括 DNA 序列的注释；⑤ 能够从 VOCs 数据库中读取序列；⑥ 能够使用正则表达式或模糊（允许不匹配）基序搜索内部序列；⑦ 能够向序列区域添加用户评论；⑧ 能够使用多种算法对 MSA 的内部区域进行重新比对，并将结果导入现有比对；⑨ 为比对中的序列生成百分比一致性列表；⑩ 将引物序列比对到 DNA 序列；⑪ 保存比对图片以供发布。最后，BBB 最强大的特点之一是它能够总结出 MSA 中基因组之间的差异。当与两个或多个来自密切相关病毒（例如，天花病毒的分离株）的排列和注释的基因组一起提供时，BBB 中的“查看 CDS 统计信息（*View CDS Statistics*）”和“查看多基因组比较统计信息（*View Multi Genome Comparisone Statistics*）”功能［在“报告（*Reports*）”菜单栏下］可以检测到所有的核素差异，并将这些信息与差异的后果分析（预测启动子区域的 ORF 截断、沉默突变、编码变化）一起呈现。

通过检测痘病毒基因组的单核苷酸多态性，病毒学家可以可视化与特定基因组集相关的单核苷酸多态性模式。例如，很容易证明哪些单核苷酸多态性与包含天花的分支有独特的联系 [40,41]。“查找差异（*Find Differences*）”功能允许用户选择一个或多个病毒作为参考或目标集。查询“查找存在于 A 病毒组但不存在于 B 病毒组的单核苷酸多态性（*find SNPs present in virus group A, but absent from virus group B*）”。可以将搜索设置为“容忍（*tolerate*）”错误，形式为假阴性 / 阳性匹配，这可以通过最近的额外自发突变发生。结果以表格和图表的形式显示，这些表格和图表有助于突出与不同进化事件相关的 SNP 组之间的模式。下面的练习描述了 O1L 基因中可能与 VARV 宿主范围相关的单核苷酸多态性的鉴定 [41]。

3.9.1　VARV O1L 基因单核苷酸多态性模式的鉴定。

（1）打开本章标题 3.1 中所述的 VOCs；如果工具已打开，转到“选择（*select*）”菜单，点击“清除全部（*clear all*）”删除任何以前的搜索参数。

（2）多重选择一组具有代表性的正痘病毒；确保包括 TATV-DAH68（NC_008291）、CMLV-CMS（AY009089）和 VARV-UK1946-Harvey（DQ441444）。通过单击“工具（*Tools*）”菜单下的“逐个碱基（*Base-By-Base*）”来显示这些序列。

（3）在 BBB 中，单击“编辑（*Edit*）> 标记所有序列（*Mark All Sequences*）”以突出显示所有序列。然后单击“工具（*Tools*）> 用 MAFTT 将所选序列比对（*Align selection with MAFFT*）”。根据需要在 BBB 中手动编辑比对。

（4）序列对齐完成后（相对缓慢），选择“高级（*Advanced*）> 参见高级 / 实验工具（*See Advanced/Experimental Tools*）> 查找差异（*Find Differences*）”。多重选择 TATV-CMLV-VARV 作为列表下的一个组，在所选组中查找“所有相同（*all the same*）”的单核苷酸多态性；多项选择其他列表下的所有其他单核苷酸，在其余病毒中查找“所有不同

（*all different*）”的单核苷酸多态性。单击“确定（OK）”。

（5）生成所有所需 SNP 位置的日志。添加这些位置作为注释，以突出显示 BBB 窗口中的 SNP。

（6）在 BBB 窗口中，在“报告（*Reports*）> 可视化总结（*Visual Summary*）”下，缩放并扫描以在比对中找到约 21 000 bp 处的一组 SNPs。在主 BBB 窗口中滚动到此区域。打开“显示 / 隐藏翻译（*show/hide translation*）”（左侧栏），发现这些单核苷酸多态性对应于 TATV-CMLV-VARV 中的左转录 O1L 基因。

（7）重复步骤（4）中的另一轮“查找差异（*Find Differences*）”；此次将公差参数设置为 2。用另一种颜色标记单核苷酸多态性。O1L 序列中的单核苷酸多态性数量应增加 20 个以上的单核苷酸多态性。

（8）重复步骤（4）中的另一轮“查找差异（*Find Differences*）”；这次只比较 TATV、CMLV 和 VARV，以阐明这些病毒在物种形成后的事件。用另一种颜色标记单核苷酸多态性。

3.10 痘病毒全基因组组装

基因组测序和组装是所有同源基因组学工作的基础。近年来，随着下一代测序技术（next-generation sequencing, NGS）的迅速发展，成本大大降低，样品制备也更容易，测序仪的使用也越来越多，使得研究人员可以相对容易地对完整的痘病毒基因组进行测序。同样地，现在可以在普通台式计算机上处理和组装从痘病毒基因组读取的序列。例如，本节所描述的是使用 3.2 GHz Intel Core i5 处理器，内存为 16 GB 的电脑进行的。下面我们将介绍使用一系列免费软件［命令行（cpmmamd line, CL）和 GUI 程序的组合］来组装痘病毒基因组的方法。

本文介绍了一种由 3 个部分组成的痘病毒基因组组装方法。第一，我们描述了一个用于识别和去除污染物的预装配质量控制（quality control, QC）操作规程。第二，我们提供了两个样本脚本，用于使用两个不同的汇编程序进行汇编：SPADES（St. Petersburg genome Assembler，圣彼得堡基因组汇编程序）[15] 和 MIRA（Mimicking Intelligent Read Assembly，模拟智能读取汇编程序）[14]；这两个汇编程序可以彼此单独使用，也可以并行使用，以比较生成的片段重叠群。第三，提出了解决装配失败的建议，并检查了装配基因组的有效性。关键步骤列在本章 3.10.1 中，相关命令行命令见表 2-3。

3.10.1 原始序列读取的预组装质量控制

（1）通过将原始读取的 FASTQ 序列文件提交给分类程序（http://taxonomer.iobio.io/）来识别 DNA 污染的任何主要来源 [42]。这个元基因组网络工具追踪原始数据，追溯到它们的源生物 / 病毒，并在饼状图中说明分布情况。

（2）对于步骤（1）中确定的主要污染源，从 NCBI 下载相应的参考基因组 FASTA 文件（见注释 12）。目标是在尝试组装之前删除这些污染的读取。

- 人类参考基因组可从以下网址下载：https://www.ncbi.nlm.nih.gov/projects/genome/guide/human/index.shtml。
- 其他有机体可在 NCBI 数据库中搜索“基因组（Genome）”，网址：https://www.ncbi.nlm.nih.gov/projects/genome/。根据有机体的不同，参考基因组可以作为完整的基因组或基因组的支架存在，或者根本没有可用的基因组。在后一种情况下，可找出最近亲缘的基因组。

（3）使用 Burrows-Wheeler Aligner 程序从污染物基因组创建一个数据库。相应的 CL 命令列在表 2-3 中，应与下面的子步骤交叉引用。

A. 将污染物 FASTA 序列索引到数据库中（快速的过程）。这将创建一系列数据库文件。

B. 将原始读长比对到数据库（缓慢的过程）以生成 SAM 文件（见注释 13 和注释 14）。

表 2-3　使用的 CL 命令和工具清单，与本章标题 3.10.1 下列出的步骤交叉引用

<table>
<tr><td>A</td><td>bwa index RefGenome.fasta</td></tr>
<tr><td>B</td><td>bwa mem RefGenome.fasta R1.fastq R2.fastq > ref_aln-pe.sam</td></tr>
<tr><td>C</td><td>head ref_aln-pe.sam</td></tr>
<tr><td>D</td><td>samtools view –bS ref_aln-pe.sam > ref_aln-pe.bam</td></tr>
<tr><td>E</td><td>samtools view –bT RefGenome.fasta ref-pe.sam > ref_aln-pe.bam</td></tr>
<tr><td>F</td><td>samtools flagstat ref_aln-pe.bam</td></tr>
<tr><td>G</td><td>samtools sort ref_aln-pe.bam ref_sorted</td></tr>
<tr><td>H</td><td>samtools view -S -f0x4 ref_sorted.bam | wc –l</td></tr>
<tr><td>I</td><td>samtools view -b -f 4 ref_sorted.bam > ref_unmapped.bam</td></tr>
<tr><td>J</td><td>bamutils
tofastq -unmapped -read1 ref_unmapped.bam >& ref_unmapped_R1.fastq bamutils
tofastq -unmapped -read2 ref_unmapped.bam >& ref_unmapped_R2. fastq</td></tr>
<tr><td>K</td><td>expr $(cat ref_unmapped_R1.fastq | wc -l) /
4 expr $(cat ref_unmapped_R2.fastq | wc -l) / 4</td></tr>
<tr><td>L</td><td>fastqutils properpairs ref_unmapped_R1.fastq ref_unmapped_R2.fastq processed_R1.fastq
processed_R2.fastq</td></tr>
<tr><td>M</td><td>expr $(cat processed_R1.fastq | wc -l) / 4
expr $(cat processed_R2.fastq | wc -l) / 4</td></tr>
<tr><td>N</td><td>[(From step N: R1 # + R2 #) x average read length) / (expected virus length)]</td></tr>
</table>

请注意，提供的脚本使用任意文件名；相应地修改文件（见注释 15 和 16）。

（4）从 SAM 文件中，通过提取“未比对到（*unmapped*）”污染源的唯一（*only*）读长来剔除痘病毒的读长（reads）。

C. 检查输入 SAM 文件是否存在接头文件。如果读取的序列名开头有 @，则存在接头。

D. 如果存在接头文件，则可使用表 2-3 中的命令 D 转换为 BAM 文件。

E. 如果接头不存在，则使用命令 E 转换为 BAM 文件。

F. 检索比对到的 BAM 文件的基本统计信息（见注释 14）。将重点放在读长数量上来交叉检查下面子步骤 K（快速）中处理过的文件与预质量控制文件。

G. 对 BAM 文件进行排序。这是下游处理（相对缓慢）所需的技术步骤。

H. 从已排序的 BAM 文件中，计算“未比对到（*unmapped*）”参考基因组的读长数。

I. 只提取“未比对到（*unmapped*）”的读长。

J. 将文件从 BAM 转换为 FASTQ。

K. 计算已处理文件中提取的读长数。

L. 如果使用双末端测序数据，则使用 NGSUtils 工具中的 fastqutils 功能对提取的读长数据进行配对，并删除单例数据。

M. 计算最终的质量控制后的文件中的读长次数，以了解净化过程的程度。

N. 计算平均读取覆盖率，以评估质量控制过程的程度。

3.10.2 从头序列组装

在这一部分中，我们描述了两个免费的 CL 基因组组装工具，并提供了从一组任意配对的双末端 Illumina 读数运行最基本的从头测序基因组组装的样本协议。SPAdes 基于 De-Bruijn Graph（DBG）算法，而 MIRA 使用重叠布局共识（Overlap Layout Consensus, OLC）算法。汇编程序可以使用由 Illumina、IonTorrent 和 Pacbio 排序的读取。MIRA 还运行 Roche（454）序列读取，并对基本调用质量执行自己的质量控制以及序列标记的修剪。作者发现，SPAdes 通常比 MIRA 运行得稍快，占用的内存较少。虽然基准测试并没有显示一个汇编程序比其他程序更好 [43]，但基于 DBG 的 SPADES 在 Illumina 数据上可能工作得更好，而基于 OLC 的 MIRA 在 IonTorrent 数据上工作得更好。但是，目前 SPAdes 和 MIRA 都只能在 macOS 电脑上运行。官方汇编手册概述了对各种参数、选项和定制的更详细描述。

在不同的组装器上运行痘病毒基因组组装的样本命令：

（1）从 http://cab.spbu.ru/software/spades/ 安装最新版本的 spades（3.13）。从 https://sourceforge.net/projects/mira assembler/ 安装最新版本的 MIRA（4.0.2）。

（2）可选：将成对的双末端读取文件放入与汇编工具相同的文件夹中（如果不将工具添加到用户的系统路径中，则是必需的）（见注释 17）。

（3）在 CL 窗口中，使用“cd”将目录从根目录更改为读取文件所在的文件夹。

在 SPAdes（St. Petersburg genome Assembler，圣彼得堡基因组汇编程序）中：

（a）在 CL 窗口中，使用下面的命令运行 SPAdes 组装以完成：

```
spades.py -1 R1.fastq -2 R2.fastq -m 14
--careful -o SPAdes
```

其中，spades.py 是运行汇编程序的 python 脚本；R1.fastq 和 R2.fastq 是双末端测序读取文件；--careful 是用于最小化不匹配和索引的参数；-o 是输出文件前缀；-m 指定为此任务分配的内存（以 GB 为单位）（见注释 16）。

在 MIRA（Mimicking Intelligent Read Assembly，模拟智能读取程序集）上：

（a）在同一文件夹中，创建一个文本文件（称为以 .conf 扩展名结尾的清单文件），该文件是为双末端 Illumina 读取文件的从头组装而定制的（见注释 18）：

```
project = DeNovoAssembly
job = genome,denovo,accurate
parameters = -NW:cmrnl = no-GE:not = 4
readgroup = SomePairedEndIlluminaReads
data = R1.fastq R2.fastq
technology = solexa
template_size = autorefine
segment_placement = ---> <---
```

（b）在同一个工作目录中，使用以下命令运行 MIRA 组装以完成操作：

```
mira Manifest.conf
```

其中，mira 调用 MIRA 汇编程序；Manifest.conf 是在步骤（3）中创建的清单文件的名称，应该位于工作目录中（见注释 16）。

3.10.3　失败组装的故障排除和成功组装的验证

由于各种因素的影响，基因组组装可能并不总是成功的，甚至还可能完不成组装。以下是一些故障排除和验证组装基因组的指导。

（1）基因组组装是一个内存非常密集的过程，对于台式计算机来说可能需要处理得太多。如果无法切换到更好的计算站，请尝试减少输入文件的大小，如下所示：① 缩短读长的名称可以显著减小文件大小（见注释 20）；② 重复质量控制步骤（见本章标题 3.10.1）以清除任何二次污染物；③ 原始读长可以根据对 FASTQ 文件结构的最新的知识，从基本调用质量中筛选。请注意，对原始数据的任何操作都应保存到新文件中，以避免损坏文件（例如，不完整的读长信息、中断的双端测序读长）。

（2）样本来源不好，文库制备不好，往往会产生许多短的、不连续的重叠片段。应通过异常引物标签检查这些缺陷是否终止[44]。

（3）应仔细检查痘病毒基因组大小的初步序列（130~360 kb）。Tanoti 是一个基于

BLAST 引导的参考短读长比对工具，可用于将原始读长比对到已组装的痘病毒基因组上；创建的 SAM 文件可在 Tablet 程序[45]中可视化显示，用于检查可疑连接的覆盖范围，或进行手动基础调用以调整 / 更正预处理最终基因组的同源序列。组装后的基因组也可以用 JDotter 和 BBB 进行检测。点图显示插入缺失标记（不相交的对角线）、重复和重新排列的区域。

3.11 系统进化树

系统进化树代表同源 DNA 和蛋白质序列之间的进化关系。然而，有几种情况可能会降低进化树的准确性：① 平行而非垂直的序列排列；② 替代其他同源序列的重组事件；③ 包括含有多个插入缺失的区域，会降低精确度；④ 包含具有非常不同核苷酸组成的序列。对于痘病毒，使用来自基因组中最保守核心的大约 75 kb 的基因是很有效的，这一区域编码的蛋白质的串联也很有效。较小的比对计算要快得多，我们通常使用 RNA 聚合酶亚单位 RPO147 或大约 7 种蛋白质的串联进行快速试验。如果进化树需要高度多样性的病毒，那么最好使用蛋白质序列，而如果病毒非常相似，DNA 序列就更具辨别力。同样，如果一个图的目的是比较正痘病毒，那么包含富含 G+C 的基因组就不会得到任何结果；事实上，通过添加这种需要许多索引来创建对齐的不同序列；MSA 的质量可能会降低。最终，用户必须选择一个有意义的数据集来优化比对速度和准确性。

RAxML[19]是一个快速、高性能的命令执行程序，可用于为脊索动物痘病毒生成最大似然（maximum-likehood, ML）系统进化树。ML 分析是一个计算密集的过程，也是最严格的系统发育方法之一。它为输入的 MSA 建立了每一个可能的树，然后使用一个替换模型来计算每个系统发生分支的概率，返回发生概率最高的树。注意，RAxML 将间隙视为丢失的数据，用户应该检查间隙周围的对齐，因为对齐算法经常在这些区域中出错。

（1）根据计算机规范安装 RAxML，下载地址：https://cme.h-its.org/exelixis/software.html。

（2）为特定的蛋白质组确定合适的替代模型：

raxmlHPC-PTHREADS-AVX2 –p 12345 –m PROTGAMMA-AUTO –s MSA.fasta –n AUTO

其中，PTHREADS-AVX2 是根据计算站的处理器类型专门确定的，并且计算机之间会有所不同；-p 是用于故障排除的随机数；-m PROTGAMMAAUTO 是在速率异质性的 γ 模型下确定适当的替换模型；-s 是以 FASTA 或 PHYLIP 格式显示的 MSA 文件的名称；-n 指定输出文件的名称。

（3）使用步骤（2）中的已验证模型运行最大似然系统发育分析：

raxmlHPC-PTHREADS-AVX2 -f a -p 12345 -s MSA. fasta -x 54321 -# 1000 -m PROTGAMMALG -n out-put –T 4

其中，在 -f 选项下指定“a”将打开快速引导分析；-p 和 -x 是用于故障排除的两个不同随机数；-# 指定要进行的引导复制数；-m 指定步骤（2）标识的最佳模型（例如 LG）；-n 指定输出文件；-T 指定要使用的线程数。

结果是用 Newick 格式编写的（带有引导标签），在此之前 bipartitionsBranchlables 文件可以在 MEGA 工具[46]中可视化。虽然 MEGA 可以使用图形用户界面（GUI）显示树，但其运行的最大似然性分析要比 RaxML 慢得多。

矩形系统进化树是一种常见的树，通常有一个推测的或任意的根（一个决定最早的共同祖先的节点），通常由一个叫作“外群”的远近相关序列构成。当没有推断出根（共同祖先）时，使用辐射系统进化树。后者是脊索动物痘病毒系统进化树的首选格式，因为它不表示决定进化方向的祖先根。应该记住，无论这些替换的位置如何，系统进化树代表平均的遗传差异。一个基因可能有几个区域受到不同的突变限制。为了充分分析这些差异及其含义（同义与非同义变化，或功能上类似的氨基酸替换），需要检查实际的 MSA。

3.12　数据提示警报

随着新测序技术的发展，DNA 测序的成本已经大大降低，当前 NCBI 数据库已经积累了超过 4 亿个全基因组序列（whole-genome sequences, WGS），是 15 年前的 2 800 倍。VOCs 数据库从 2004 年的 30 个痘病毒序列增长到 2012 年的 114 个基因组，到 2017 年已达到了 350 多个基因组。然而，许多预测的基因还没有进行功能注释。目前，还存在 500 个假设性蛋白质家族。同样地，1/3 的 NCBI 蛋白质序列没有标注功能，1/10 被注释为保守假定蛋白[47]。值得注意的是，与研究痘病毒的小组一样，研究远缘相关生物体（而非痘病毒）中的同源蛋白的研究人员可能也会发现痘病毒蛋白质的功能。因此，除了实时跟踪最新的研究文献，还必须了解数据库中新添加的内容。幸运的是，已经有几个通知系统得到了开发，可为研究人员提供各种新数据产生的“警报”。

关于序列数据，可以将 NCBI 配置为在新序列与用户定义的查询搜索词匹配时向用户发送电子邮件提醒（https://ncbiinsights.ncbi.nlm.nih.gov/2013/11/14/set-ting-up-automatic-ncbi-searches-and-new-record-alerts/）。例如，在搜索 NCBI 核苷酸数据库时，以下查询检索所有完整的痘病毒基因组：痘病毒科（poxviridae）[微生物（Organism）] 和（AND）完整的 [标题（Title）] 和（AND）基因组 [标题（Title）]。然后，用户可以将其输入 NCBI 搜索框中，然后按“创建警示（*Create Alert*）”按钮设置此特定搜索词的电子邮件警告。查询可以修改或限制为通过搜索词脊索动物痘病毒亚科（chordopoxvirinae）[微生物（Organism）] 针对 NCBI 蛋白质数据库仅查找脊索动物痘病毒亚科蛋白质序列。PDB 包与蛋白质数据库（Protein Data Bank, PDB）中的 3D 结构遵循相同的原理。

同样，有几种方法可以提供新文献通知。首先，大多数科学期刊都通过电子邮件向用户发送新期刊的目录。其次，富集站点摘要（Rich Site Summary, RSS）源提供从各种源（Web 博客、日志内容、PubMed 搜索）到 RSS 阅读器如 Feedly（https://feedly.com/）的更新。最后，社交媒体工具 Twitter 可以设置为在发布符合特定关键字的新文章时进行广播；例如，我们已经建立了 Twitter 账户（@pox_papers），当关键字“poxvirus”出现在 PubMed 论文中时进行推送。

最后，互联网可通过在线研究主题博客和论坛将许多研究人员聚集在一起。生物信息学家似乎是一个特别愿意合作且作用巨大的研究小组，许多生物信息学博客证明了他们愿意分享知识和专长。如果你有一个生物信息学问题，那么在 Biostars 论坛（https://www.biostars.org）上查询相关主题可能就可以得到很有价值的答案。如果自己找不到答案，可以写出相应的问题，总会有人给你提供答案。

4 注 释

（1）2017 年关于病毒数据库的全面综述[48]。

（2）VBRC（https://4virology.net/）以前是痘病毒生物信息学资源中心（Poxvirus Bioinformatics Resource Center, PBRC；http:// www.poxvirus.org）和病毒生物信息学资源中心（Viral Bioinformatics Resource Center, VBRC；http://www.biovirus.org）的一部分。

（3）目前的台式计算机都有足够的“马力”来运行基本的生物信息学工具；如果再购买额外的随机存取存储器和第二台计算机屏幕（用于显示数据和结果）会更有用。本章中描述的大部分软件都可以使用：① 简单的 WWW（例如，NCBI 中的 NBLAST）接口，该接口将请求发送到远程计算机，并在 WWW 浏览器中显示结果；② 简单命令程序；③ 一种 Java 客户机服务器格式，由于 Java 是一种多平台、平台无关、面向对象的编程语言，其中本地客户机程序比 WWW 接口复杂得多，并且只能连接到远程服务器以从数据库下载信息或卸载计算密集型计算。

（4）SQL 代表结构化查询语言（*structured query language*）数据库。

（5）下载 JavaWeb 启动很简单，只需几分钟。当 JavaWebstart 第一次将 VOCs、VGO 或 JDotter 的 Java 客户端下载到用户的本地机器时，默认情况下会显示一个警告窗口，通知用户允许该程序安装在用户的计算机上会有潜在危险。这是因为软件与计算机上的大多数其他程序一样，可以写入硬盘。默认警告消息还包括有关软件来源和开发人员的信息，以允许用户确定软件是否来自可靠的站点。我们建议您接受该软件。VBRC 站点在防火墙后面是安全的，以防止潜在的黑客篡改这些文件。我们的团队每天都以与外部用户完全相同的方式使用该软件；因此，我们能够快速检测到该软件的任何问题。

（6）用户定义的输入文件的结果示例是一个简单格式的文本文件，定义要在 VGO 序列图上绘制的框的位置、长度和颜色。我们经常使用它以图形方式显示由启动子预测程序生成的其他钝器文本文件的结果。

（7）小于 65 个密码子的小 ORF 通常没有注释，因为这些小 ORF 由于尺寸小而编码功能蛋白较少见。然而，如果在其他物种中存在保守的同源序列，假定基因真实存在的可能性就会增加。

（8）使用控制或命令（Apple）键进行多项选择。

（9）屏幕上显示的项目少时，滚动速度更快。为了使得速度达到最快，除非需要，否则不要显示起始 / 终止密码子，也不要再在滚动前放大。

（10）标注的病毒基因以深蓝色显示在比例尺上方（转录到右侧）和下方（转录到左侧）。

（11）TTTTTNT (T_5NT) 序列是早期痘病毒基因的转录停止信号。

（12）基因组文件将以 .fasta 文件或 .fna 文件的形式下载。FASTA 文件格式是任何序列读取的标准文件类型，而 FNA 文件指定核酸。对于下游处理，只要将文件重命名为 .fasta 扩展名，就可以将 FNA 文件更改为 FASTA 格式。

（13）序列文件，如 FASTQ read 文件、SAM（序列比对 / 图谱）和 BAM（二进制比对 / 图谱）文件，大小可以在 100 MB 至 10 GB。这些文件通常太大，文本编辑器无法处理，应该在 CL 窗口或名为 BAMseek 的 GUI 程序中打开。

（14）请点击 https://samtools.github.io/hts-specs/SAMv1.pdf 阅读更多关于 SAM/BAM 文件格式和位标志的信息。

（15）通过在每个命令之间添加两个符号（&&）可以将与同一协议相关的命令简化为一个管道。这样，只有在上一个命令成功运行时，程序才会运行。苹果电脑用户还可以将连接的命令作为 bash 脚本（带有 .sh 文件扩展名）保存在目录中，其中包含所有需要的文件，并在终端中使用命令“./name-of-bash-file.sh”执行。

（16）要在命令行进程上保留日志，请添加“>&log. txt”保存标准输出（在输出到 CL 窗口的过程中生成的任何文本）到名为 log.txt 的文本文件的命令末尾。在另一个选项卡中，可以使用命令“tail–f log.txt”实时跟踪日志文件。

（17）对于命令行程序的频繁使用，用户应熟悉将不同文件夹设置为用户系统路径的方法，从而从 CL 窗口调用生物信息学程序，而无须将读取的文件放入工具文件夹，或每次指定程序的路径到完整的文件夹。

（18）包含“*-NW:cmrnl=no*”的参数会由于读取名称大小超过 40 个字符而覆盖程序集中，从而导致的常见停机。指定“-GE:not=4”会要求计算机并行运行组装过程（如果允许，可以在多个线程中运行 4 个线程），以提高效率。

（19）在 CL 窗口中使用“sed”—替换命令—或者在 MIRA 中使用“rename_prefix=”参数。

（20）如果使用成对的结束文件，需要区分 R1 和 R2 读取名，以避免下游程序集中可能发生的错误。在工作目录中，通过输入命令“perl rename.pl>R1.fastq”，在 CL 窗口中运行下面的示例脚本（rename.pl）；该脚本查找具有公共前缀的字符串，例如“@

NS500766:3:HHC7FBGX2:”；然后在每个搜索结果的末尾附加 1。在实际操作中，应通过运行“head R1.fastq”命令来检查不同的前缀，并且应对脚本进行修改和重复，以便 R2 读取相应的内容：

```
#!/usr/bin/perl
open (FILEHANDLE, "R1.fastq" );
while ($line=<FILEHANDLE>){
        if ($line =~ m/^\@NS500766:3:HHC7FBGX2:/) {
            $line =~ s/\n$/\/1\n/;
            print $line;
        }
        else {
            print $line;
            }
}
```

致 谢

感谢许多为病毒生物信息学资源软件做出了贡献的程序员、研究人员和学生们。这项工作得到了加拿大自然科学工程研究委员会的资助。C. Upton 博士、R. M. L. Buller 博士和 E. J. Lefkowitz 博士是痘病毒生物信息学资源中心的最初开发人员，他们为这些生物信息学软件的开发也做出了巨大贡献。

参考文献

[1] Goebel SJ, Johnson GP, Perkus ME, Davis SW, Winslow JP, Paoletti E. 1990. The complete DNA sequence of vaccinia virus. Virology, 179:247–266.

[2] Bennett M, Tu SL, Upton C, McArtor C, Gillett A, Laird T et al. 2017. Complete genomic characterisation of two novel poxvruses (WKPV and EKPV) from western and eastern grey kangaroos. Virus Res, 242:106–121.

[3] Laird MR, Langille MGI, Brinkman FSL. 2015. GenomeD3Plot: a library for rich, interactive visualizations of genomic data in web applications. Bioinformatics, 31:3348–3349.

[4] Upton C, Slack S, Hunter AL, Ehlers A, Roper RL. 2003. Poxvirus orthologous clusters: toward defining the minimum essential poxvirus genome. J Virol, 77:7590–7600.

[5] Upton C, Hogg D, Perrin D, Boone M, Harris NL. 2000. Viral genome organizer: a system for analyzing complete viral genomes. Virus Res, 70:55–64.

[6] Sonnhammer E, Durbin R. 1995. A dot-matrix program with dynamic threshold control suited for genomic DNA and protein sequence analysis (Reprinted from Gene Combis, vol 167, pg GC1-GC10, 1996). Gene, 167:GC1–GC10.

[7] Brodie R, Roper RL, Upton C. 2004. JDotter: a Java interface to multiple dotplots generated by dotter. Bioinformatics, 20:279–281.

[8] Sievers F, Higgins DG. 2014. Clustal Omega, accurate alignment of very large numbers of sequences. Methods Mol Biol, 1079:105–116.

[9] Katoh K, Misawa K, Kuma K, Miyata T. 2002. MAFFT: a novel method for rapid multiple sequence alignment based on fast Fourier transform. Nucleic Acids Res, 30:3059–3066.

[10] Edgar RC. 2004. MUSCLE: a multiple sequence alignment method with reduced time and space complexity. BMC Bioinformatics, 5:113.

[11] Hillary W, Lin S-H, Upton C. 2011. Base-By- Base version 2: single nucleotide-level analysis of whole viral genome alignments. Microb Inform Exp, 1:2.

[12] Tcherepanov V, Ehlers A, Upton C. 2006. Genome Annotation Transfer Utility (GATU): rapid annotation of viral genomes using a closely related reference genome. BMC Genomics, 7:150.

[13] Soding J, Biegert A, Lupas AN. 2005. The HHpred interactive server for protein homology detection and structure prediction. Nucleic Acids Res, 33:W244–W248.

[14] Chevreux B. 2007. MIRA: an automated genome and EST assembler.

[15] Bankevich A, Nurk S, Antipov D, Gurevich AA, Dvorkin M, Kulikov AS et al. 2012. SPAdes: a new genome assembly algorithm and its applications to single-cell sequencing. J Comput Biol, 19:455–477.

[16] Li H, Durbin R. 2009. Fast and accurate short read alignment with Burrows-Wheeler transform. Bioinformatics, 25:1754–1760.

[17] Li H, Handsaker B, Wysoker A, Fennell T, Ruan J, Homer N et al. 2009. The sequence alignment/map format and SAMtools. Bioinformatics, 25:2078–2079.

[18] Breese MR, Liu Y. 2013. NGSUtils: a soft-ware suite for analyzing and manipulating next-generation sequencing datasets. Bioinformatics, 29:494–496.

[19] Stamatakis A. 2006. RAxML-VI-HPC: Maximum likelihood-based phylogenetic analyses with thousands of taxa and mixed models. Bioinformatics, 22:2688–2690.

[20] Altschul SF, Madden TL, Schaffer AA, Zhang J, Zhang Z, Miller W et al. 1997. Gapped BLAST and PSI-BLAST: a new generation of protein database search programs. Nucleic Acids Res, 25:3389–3402.

[21] Madden T. 2013. The BLAST sequence analysis tool.

[22] Satheshkumar PS, Moss B. 2009. Characterization of a newly identified 35-a mino-acid component of the vaccinia virus entry/fusion complex conserved in all chordopoxviruses. J Virol, 83:12822–12832.

[23] Satheshkumar PS, Moss B. 2012. Sequence-divergent chordopoxvirus homologs of the O3 protein maintain functional interactions with components of the vaccinia virus entry-fusion complex. J Virol, 86:1696–1705.

[24] Da Silva M, Upton C. 2005. Host-derived pathogenicity islands in poxviruses. Virol J:2, 30.

[25] Upton C. 2000. Screening predicted coding regions in poxvirus genomes. Virus Genes, 20:159–164.

[26] Da Silva M, Upton C. 2005. Using purine skews to predict genes in AT-rich poxviruses. BMC Genomics, 6:22.

[27] Boratyn GM, Schaeffer AA, Agarwala R, Altschul SF, Lipman DJ, Madden TL. 2012. Domain enhanced lookup time accelerated BLAST. Biol Direct, 7:12.

[28] Papadopoulos JS, Agarwala R. 2007. COBALT: constraint-based alignment tool for multiple protein sequences. Bioinformatics, 23:1073–1079.

[29] Kelley LA, Sternberg MJE. 2009. Protein structure prediction on the Web: a case study using the Phyre server. Nat Protoc, 4:363–371.

[30] Kim DE, Chivian D, Baker D. 2004. Protein structure prediction and analysis using the Robetta server. Nucleic Acids Res, 32:W526–W531.

[31] Zhang Y. 2008. I-TASSER server for protein 3D structure prediction. BMC Bioinformatics, 9:40.

[32] O'Dea MA, Tu S-L, Pang S, De Ridder T, Jackson B, Upton C. 2016. Genomic characterization of a novel poxvirus from a flying fox: evidence for a new genus? J Gen Virol, 97:2363–2375.

[33] Pettersen EF, Goddard TD, Huang CC, Couch GS, Greenblatt DM, Meng EC et al. 2004. UCSF chimera–A visualization system for exploratory research and analysis. J Comput Chem, 25:1605–1612.

[34] Bairoch A. 1993. The prosite dictionary of sites and patterns in proteins, its current status. Nucleic Acids Res, 21:3097–3103.

[35] de Castro E, Sigrist CJA, Gattiker A, Bulliard V, Langendijk-Genevaux PS, Gasteiger E et al. 2006. ScanProsite: detection of PROSITE signature matches and ProRule-associated functional and structural residues in proteins. Nucleic Acids Res, 34:W362–W365.

[36] Marchler-Bauer A, Derbyshire MK, Gonzales NR, Lu S, Chitsaz F, Geer LY et al. 2015. CDD: NCBI's conserved domain database. Nucleic Acids Res, 43:D222–D226.

[37] Notredame C, Higgins DG, Heringa J. 2000. T-Coffee: a novel method for fast and accurate multiple sequence alignment. J Mol Biol, 302:205–217.

[38] Subramanian AR, Kaufmann M, Morgenstern B. 2008. DIALIGN-TX: greedy and progressive approaches for segment-based multiple sequence alignment. Algorithms Mol Biol, 3:6.

[39] Rissman AI, Mau B, Biehl BS, Darling AE, Glasner JD, Perna NT. 2009. Reordering contigs of draft genomes using the Mauve Aligner. Bioinformatics, 25:2071–2073.

[40] Hoen AG, Gardner SN, Moore JH. 2013. Identification of SNPs associated with variola virus virulence. BioData min, 6:3.

[41] Smithson C, Purdy A, Verster AJ, Upton C. 2014. Prediction of Steps in the Evolution of Variola Virus Host Range. PLoS One, 9:e91520.

[42] Flygare S, Simmon K, Miller C, Qiao Y, Kennedy B, Di Sera T et al. 2016. Taxonomer: an interactive metagenomics analysis portal for universal pathogen detection and host mRNA expression profiling. Genome Biol, 17:111.

[43] Juenemann S, Prior K, Albersmeier A, Albaum S, Kalinowski J, Goesmann A et al. 2014. GABenchToB: a genome assembly benchmark tuned on bacteria and benchtop sequencers. PLoS One, 9:e107014.

[44] Smithson C, Imbery J, Upton C. 2017. Re-assembly and analysis of an ancient variola virus genome. Viruses, 9:E253.

[45] Milne I, Bayer M, Stephen G, Cardle L, Marshall D. 2016. Tablet: visualizing next-generation sequence assemblies and mappings. Methods Mol Biol, 1374:253–268.

[46] Tamura K, Stecher G, Peterson D, Filipski A, Kumar S. 2013. MEGA6: molecular evolutionary genetics analysis version 6.0. Mol Biol Evol, 30:2725–2729.

[47] Sivashankari S, Shanmughavel P. 2006. Functional annotation of hypothetical proteins—a review. Bioinformation, 1:335–338.

[48] McLeod K, Upton C. 2017. Virus databases. Reference Module in Biomedical Sciences. Elsevier.

第三章　简单快速制备用于 PCR 克隆和分析的痘病毒 DNA

Rachel L. Roper

摘　要：本章描述了如何从痘病毒感染的细胞、噬斑或原始病毒储存液中简单、快速和经济地制备模板 DNA 用于 PCR 扩增。这项技术稳定可靠，只需要用离心机、去污剂和蛋白酶处理。所得到的 DNA 模板制备适用于 PCR 扩增，然后用于病毒筛选、克隆、转染和 DNA 测序等。

关键词：DNA 纯化；PCR；病毒制备；病毒筛选；克隆；DNA 测序；痘苗；改良安卡拉痘苗病毒（Modified vaccinia Ankara, MVA）；痘病毒

1　前　言

痘病毒在全世界范围内对人和动物引起疾病。据估计，天花在 20 世纪曾造成约 5 亿人死亡，但到 1980 年，通过世界卫生组织领导的全球疫苗接种计划，天花已从自然界中被根除 [1]。由于痘苗病毒活疫苗的安全性不佳，美国民众的疫苗接种已经停止，但由于生物战 / 生物恐怖主义的担忧，实验室工作人员、第一反应者和美国军事人员继续接种疫苗。大多数现存的感染人类的痘病毒是人畜共患病的，主要通过啮齿类动物传播，包括猴痘，2003 年在美国中西部暴发，据报道有 80 多例病例 [2,3]。猴痘病毒（Monkeypox virus）在非洲流行，病死率为 10%[2,4]。牛痘病毒（Cowpox virus）和半口疮病毒（Orf virus）也会感染人类，但这些感染很少致命 [5]。据我们所知，传染性软疣病毒（Molluscum contagiosum virus）仅感染人类，在世界范围内很常见，并且正在成为一种性传播疾病。此外，每年在动物种群中都会发现新的痘病毒，一些人畜共患病的痘病毒似乎正在全世界范围内出现 [8]，如南美洲的坎塔加洛 [9,10]，非洲的塔纳波克斯（而且在欧洲和美国的旅行者中也检测到）[11,12]，还有在印度出现的水牛痘病毒（buffalopox virus）[13]。因此，继续研究并开发诊断安全有效的痘病毒疫苗和治疗方案仍然是值得做的事情。

痘病毒也常被用作传染病和癌症治疗中的重组疫苗载体 [14-16]。黏液瘤病毒，通常感

染兔子，已成为一种潜在的人类癌症溶瘤治疗方法 [17]。迄今为止，唯一一种在人类身上证明有效的艾滋病毒疫苗使用的是金丝雀痘载体，并于 2016 年进入国家卫生研究院赞助的 2b/3 阶段临床试验 [18]。痘苗病毒（vaccinia virus, VACV）等痘病毒适合作为载体，因为它们很容易在各种动物和细胞类型中培养成高滴度，而且即使在干燥时也非常稳定，还能够适应大片段 DNA 插入其基因组，并诱导强大的 B 细胞和 T 细胞免疫 [19]。VACV 是最常用的痘病毒疫苗载体，但其使用受到潜在毒力的限制，特别是在免疫受损的宿主中。改良的安卡拉疫苗（VACV-MVA）毒株的减毒程度更大，但其复制能力和免疫原性可能受到限制 [19~23]。浣熊痘病毒（Raccoonpox vrius, RCNV）是一种自然发生的减毒北美痘病毒，在进化上作为一种疫苗载体平台，其溶瘤治疗很有潜力 [24,25]。我们最近报道，在免疫功能受损或怀孕的小鼠模型中，RCNV 的毒性较小，比 VACV 安全得多 [25-27]。不同的痘病毒可能在不同的临床策略中有不同的效用。

随着各种各样的痘病毒研究的进展，人们通常希望通过聚合酶链反应（polymerase chain reaction, PCR）快速筛选重组病毒或扩增基因，以便从未感染的痘病毒（原始储备制剂、噬斑或感染细胞）中克隆。本章描述了从接种疫苗病毒感染细胞中制备模板 DNA 用于聚合酶链反应的简单、快速、稳定、经济和可重复的方案，无须进行广泛的 DNA 纯化。尽管有许多化学程序和商用纯化柱可用于 DNA 纯化；然而，这些试剂中一些常用的化学物质为有害物质，纯化柱套件也很昂贵。PCR 的主要优点是可以从未分离的 DNA 中扩增出特定的序列。据估计，每一个受痘苗病毒感染的细胞内含有大约 10 000 份痘病毒基因组，因此在一个细胞中就会存在大量的模板 DNA[28]。然而，仅仅溶解受感染的细胞并不能始终如一地产生可作为 PCR 模板的产物，因为细胞含有已知的和未知的 PCR 扩增抑制剂。本文所述的方案提供了在不到 1 h 内通过 3 个简单步骤去除、变性或降解 PCR 细胞抑制剂的方法。第一，在细胞溶解后离心去除细胞碎片。成功地从离心分离的被感染细胞的上清液中扩增 DNA 是可能的，但是从病毒感染细胞或细胞颗粒的整个粗制备中扩增 DNA 是不可能的。第二，需要与 PCR 兼容的清洁剂（如 NP-40 或 IGEPAL）、Tween 20、Tritonx-100 等 [29]。清洁剂可作用于从模板 DNA 释放结合蛋白、变性 DNase 或结合 dNTPs 或阳离子的蛋白，或破坏病毒颗粒（尽管可能存在大量胞质病毒 DNA）。第三，蛋白酶 K 用于降解抑制蛋白，可能是那些与 DNA 紧密结合的蛋白。蛋白酶 K 必须热失活，从而不会降解 PCR 扩增所需 *Taq*（或其他 DNA 聚合酶）。该技术产生的 PCR 产物可用于 DNA 克隆、转染分析、DNA 测序以及重组病毒基因组的筛选和分析 [30-34]。该技术已成功应用于痘苗病毒、MVA、兔痘病毒、牛痘病毒、黏液瘤病毒和鼠痘病毒，表明该技术广泛适用于不同属的痘病毒 [30-36]。

这里我们描述了两种方案。第一种是从原始病毒库（反复冻融溶解的受感染细胞）中制备用于 PCR 扩增的模板，这种病毒储液通常在痘病毒实验室中会出现。其他地方详细描述了制备原始痘苗病毒储液的方法（见注释 1 和注释 2）。第二种描述了直接从受感染的组织培养物中通过直接抽吸细胞和从受感染的细胞区域提取培养基（或琼脂糖）来制备模板的方法。这使得重组病毒在扩增过程中能够快速筛选出来。该技术已成功应用于在细胞培养箱中培养 8 h 的病毒，从液体培养基或琼脂糖塞中提取的单个噬斑也已通过该方法成功地进行了 PCR 扩增。当病毒是从新感染的细胞而非从原始病毒库制备时，首先添加清洁剂和蛋白酶 K 以破坏细胞并释放病毒 DNA，然后进行离心步骤以去除细胞碎片。这项技术的另一个优点是，在不影响病毒在孔内生长的情况下，可以检测受感染孔中一小部分区域内的病毒核酸。

我们通过讲解该技术的一个应用实例，描述该方法在构建、筛选和分析含有癌症相关蛋白间皮素（mesothelin）基因的重组 MVA 病毒中的应用[37]。利用间皮素基因特异性引物或跨插入位点扩增（见图 3-1），分析含有或不含有免疫抑制性 A35 基因、MVA 间皮素基因（MVA Meso）和 MVA 间皮素 ΔA35 缺失基因（MVA Meso ΔA35）[35,38] 的亲本 MVA 和重组 MVA，以便在质粒（PLW44）和重组病毒中检测到不同大小的插入片段。在亲本 MVA 病毒中未检测到间皮素基因插入。该技术为分析痘病毒基因组提供了一种快速简便的方法。

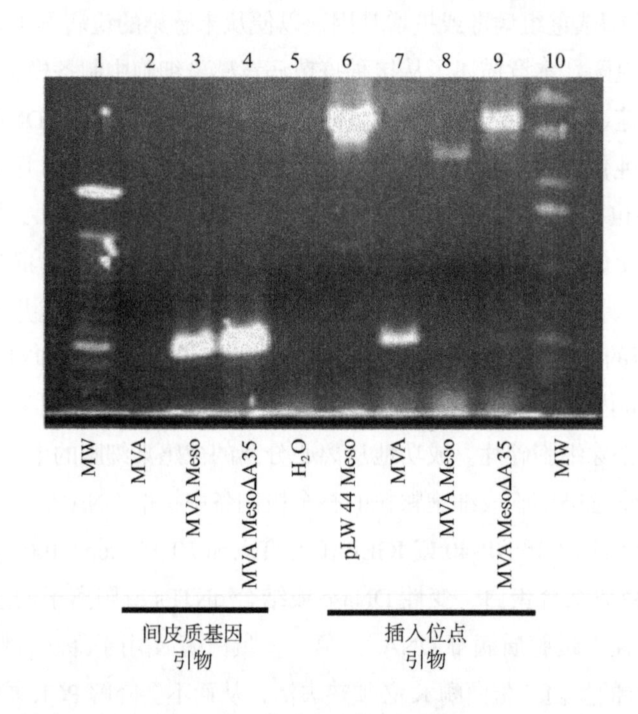

图 3-1　重组病毒基因组分析用粗病毒液的 DNA 扩增示例

从感染的 BHK 细胞中制备了野生型亲本 MVA、克隆到基因组中的间皮基因重组 MVA 和无 A35 基因的 MVA Meso（MVA MesoΔA35）的原始病毒液。按照本章标题 3.1 的说明制备 PCR 模板。在标准反应条件下，使用间皮素基因特异性引物（2~4 泳道）或跨插入位点扩增的引物（5~9 泳道）用 *Taq* 进行 PCR 扩增。注意，在质粒（pLW44 Meso）和重组病毒（MVA Meso 和 MVA MesoΔA35）中检测到不同大小的插入片段。在亲本 MVA 病毒中未检测到预期的间皮素基因插入（第 2 和第 7 泳道）。阴性对照水不含模板 DNA（5 号泳道）。PCR 产物在 0.8% 琼脂糖凝胶上进行分析，并在凝胶成像（Gel Doc）上进行成像。

2 材　料

确保所有试剂都是无菌的、纯的和 PCR 等级的，因为该材料最终将用作 PCR 反应的模板。细胞培养基不需要特殊的纯度。

（1）清洁剂溶液：2 × PCR 缓冲液，0.9% NP40（或 IGEPAL），0.9% Tween，20 mmol/L Tris–HCl（pH 值 8.3），3 mmol/L $MgCl_2$；100 mmol/L KCl（储存于 −20℃）。

（2）5 mg/mL 蛋白酶 K（储存于 −20℃）。

（3）37℃或 45℃水浴。

（4）94℃加热块。

3 方　法

3.1　粗病毒制备物的纯化（图 3−1）

请记住，最终产物将用作 PCR 模板。因此，请对所有塑料进行高压灭菌，并使用无菌溶液和设备避免污染。

（1）将病毒粗制剂在微量离心机（14 000 × *g*）中离心 10 s，使细胞碎片颗粒化。只要有足够 10 μL 的上清液的体积即可（见注释 2），管内粗病毒制剂的量就不重要。

（2）取下 10 μL 上清液，倒入新鲜的微滤管中。

（3）加入 10 μL 清洁剂溶液（见注释 3~ 注释 5）。

（4）加入 1.2 μL 蛋白酶 K 溶液混合。

（5）在 37℃下培养 30 min 至 1 h，或在 45℃下培养 30 min（参见注释 6）。

（6）将蛋白酶 K 在 94℃下加热灭活 10 min（见注释 7）。

（7）在微滤离心管中离心 5 s，将反应混合物收集到管底部。

（8）按照标准的 PCR 方案，在 100 μL 的 PCR 反应中使用 10 μL 病毒制剂（见注释 8 和注释 9）。

3.2　从受感染孔中提取病毒

请记住，最终产物将用作 PCR 模板。因此，请对所有塑料进行高压灭菌，并使用无菌溶液和设备避免污染。

（1）在吸取 10 μL 培养基和细胞的同时，从细胞感染区刮取细胞进入微量移液管尖端，并将其加到微量离心管中。或者，在琼脂糖塞中选择 1 个噬斑，放入 30 μL 培养基或 10 mmol/L Tris（pH 值 9.0）中。

（2）旋涡并将 10 μL 移到微量离心管中，保留剩余样品用于病毒扩增。

（3）在管中加入 10 μL 清洁剂溶液（见注释 3~ 注释 5）。

（4）加入 1.2 μL 蛋白酶 K 溶液。

（5）在 37℃下培养 30 min 至 1 h，或在 45℃下培养 30 min（参见注释 6）。

（6）将蛋白酶 K 在 94℃下加热灭活 10 min（见注释 7）。

（7）将微量离心管（14 000 × g）离心 10 s，去除细胞碎片。

（8）用移液管吸取 10 μL 该上清液，按照标准的 PCR 方案用于 100 μL 的 PCR 反应体系中（见注释 8 和注释 9）。

4 注 释

（1）该技术已用于几种常用于正痘病毒生长的哺乳动物细胞系，例如痘苗病毒或 MVA 生长的 HeLa、BS-C-1 和 BHK 细胞。虽然还有许多细胞没有被筛选，但目前被检测的所有细胞株本技术均可使用。

（2）就本报告而言，粗制病毒储液被定义为病毒感染细胞，其浓缩量约为病毒扩增过程中细胞生长量的 10 倍（例如，在 1 个 T75 培养瓶中生长的 20 mL 培养物可制成 2 mL 粗制病毒储液，或者 1 个 6 孔板的 1 个孔中制备 100 μL 的粗制病毒储液），并冻融 3 次以破坏细胞。理想情况下，每个细胞都被感染。粗制病毒储液可在培养基［例如 MEM 培养基（minimum essential media）］中重新悬浮，10% 胎牛血清的存在不干扰这些方案。在执行这个 PCR 准备方案之前，不要对粗制病毒储液进行超声波处理，因为超声波会破坏 DNA。

（3）洗涤剂溶液可以用 NP-40（现在有时很难购买）或以 IGEPAL 制成。如果需要另一种清洁剂，2%Triton X-100 溶液在 2 × PCR 缓冲液中的效果与 0.9% NP40/IGEPAL 和 0.9% Tween 20 在大多数情况下（但不是所有情况下）的效果相同。应特别注意避免引入 SDS 或其他已知的 PCR 反应或聚合酶抑制剂。

（4）可使用市售的 PCR 缓冲液配制洗涤剂溶液。对于本方案，清洁剂溶解在 2 × 浓度的 PCR 缓冲液中，因此当清洁剂与受感染的细胞制备物混合时，PCR 缓冲液的最终浓度为 1 × 浓度，并且将被直接加入到 PCR 反应中。使用者在准备 PCR 反应时应考虑到这一点，以免添加过多的 10 × PCR 缓冲液。

（5）为了同时分析多个反应，在使用前立即按适当比例制备洗涤剂和蛋白酶 K 的混合物，将混合物等分到微量离心管中，然后添加病毒样品。但是，要注意使用的设备。因为准备的病毒材料将在 PCR 反应中作为模板。因此，应严格避免任何方式的污染。

（6）蛋白酶消化的时间长短似乎并不重要。已知的工作时间和温度已作为指南提供。

（7）通常，清洁剂和蛋白酶 K 溶液在 45℃水浴中孵育，热灭活步骤在 94℃加热块中孵育；但是，只要保持所需温度，任何一种加热方法都可以。注意不要让水污染水浴中的微量离心管边缘，并确保微量离心管与加热块壁之间有良好的接触。还要确保 94℃的蛋白酶 K 热失活持续 10 min。较低的孵育温度或较短的时间都可能导致剩余的活性蛋白酶

K 消化 PCR 聚合酶并抑制扩增。

（8）模板制备量：本方法制备的病毒 DNA 模板 10 μL 用于 100 μL 的 PCR 反应，5 μL 用于 50 μL 的 PCR 反应。在多数情况下，1 μL 也被发现是足够的模板。

（9）用这种方法制备的样品在几天内（储存在 4℃）用于 PCR 时效果最好。为了测试引物和 PCR 反应条件，可以使用引物对纯化病毒 DNA 或适当的质粒作为阳性对照模板。如果没有 PCR 产物，尝试在每个 PCR 反应中使用较少的模板混合物。随着 PCR 产物的减少，通常使用更多的模板混合物会增加抑制性污染物。在本操作方案中，最常见的问题是缺少某些步骤。如果省略任何步骤，该过程将不起作用。每个步骤都已经过测试，并且是该方案所必需的。

参考文献

[1] Mahalingam S, Damon IK, Lidbury BA. 2004. 25 years since the eradication of smallpox: why poxvirus research is still relevant. Trends Immunol, 25:636–639.

[2] Chen N, Li G, Liszewski MK, Atkinson JP, Jahrling PB, Feng Z et al. 2005. Virulence differences between monkeypox virus isolates from West Africa and the Congo basin. Biochemistry, 340:46–63.

[3] McCollum AM, Damon IK. 2013. Human Monkeypox. Oxford University Press. Clin Infect Dis cit,703.

[4] Lederman ER, Reynolds MG, Karem K, Braden Z, Learned-Orozco LA, Wassa-Wassa D et al. 2007. Prevalence of antibodies against orthopoxviruses among residents of Likouala region, Republic of Congo: evidence for monkeypox virus exposure. Am J Trop Med Hyg, 77:1150–1156.

[5] Lewis-Jones S. 2004. Zoonotic poxvirus infections in humans. Curr Opin Infect Dis, 17:81–89.

[6] Molino AC, Fleischer AB, Feldman SR. 2004. Patient demographics and utilization of health care services for molluscum contagiosum. Pediatr Dermatol, 21:628–632. Blackwell Science Inc.

[7] Senkevich TG, Koonin EV, Bugert JJ, Darai G, Moss B. 1997. The genome of molluscum contagiosum virus: analysis and comparison with other poxviruses. Biochemistry, 233:19–42.

[8] Shchelkunov SN. 2013. An increasing danger of zoonotic orthopoxvirus infections. PLoS Pathog, 9:e1003756. (G F Rall, Ed.) Public Library of Science.

[9] Damaso CR, Esposito JJ, Condit RC, Moussatché N. 2000. An emergent poxvirus from hu-

mans and cattle in Rio de Janeiro State: Cantagalo virus may derive from Brazilian smallpox vaccine. Biochemistry, 277:439–449.

[10] Oliveira DB, Assis FL, Ferriera PCP, Bonjardim CA, de Souza Trindade G, Kroon EG et al. 2013. Group 1 vaccinia virus zoonotic out- break in Maranhao State, Brazil. Am J Trop Med Hyg, 89:1142–1145.

[11] Dhar AD, Werchniak AE, Li Y, Brennick JB, Goldsmith CS, Kline R et al. 2004. Tanapox infection in a college student. N Engl J Med, 350:361–366.

[12] Stich A, Meyer H, Köhler B, Fleischer K. 2002. Tanapox: first report in a European traveller and identification by PCR. Trans R Soc Trop Med Hyg, 96:178–179.

[13] Kolhapure RM, Deolankar RP, Tupe CD, Raut CG, Basu A, Dama BM et al. 1997. Investigation of buffalopox outbreaks in Maharashtra State during 1992-1996. Indian J Med Res, 106:441–446.

[14] Campbell CT, Gulley JL, Oyelaran O, Hodge JW, Schlom J, Gildersleeve JC. 2013. Serum antibodies to blood group A predict survival on PROSTVAC-VF. Clin Cancer Re,s 19:1290–1299. American Association for Cancer Research.

[15] Hui EP, Taylor GS, Jia H, Ma BB, Chan SL, Ho R et al. 2013. Phase I trial of recombinant modified vaccinia Ankara encoding Epstein-Barr viral tumor antigens in nasopharyngeal carcinoma patients. Cancer Res, 73:1676–1688.

[16] Gómez CE, Nájera JL, Krupa M, Esteban M. 2008. The poxvirus vectors MVA and NYVAC as gene delivery systems for vaccination against infectious diseases and cancer. Curr Gene Ther, 8:97–120.

[17] Rahal A, Musher B. 2017. Oncolytic viral therapy for pancreatic cancer. J Surg Oncol, 116(1):94–103.

[18] Rerks-Ngarm S, Pitisuttithum P, Nitayaphan S, Kaewkungwal J, Chiu J, Paris R et al. 2009. Vaccination with ALVAC and AIDSVAX to prevent HIV-1 infection in Thailand. N Engl J Med, 361:2209–2220.

[19] Tscharke DC, Karupiah G, Zhou J, Palmore T, Irvine KR, Haeryfar SM et al. 2005. Identification of poxvirus CD8+ T cell deter minants to enable rational design and characterization of smallpox vaccines. J Exp Med, 201:95–104.

[20] Belyakov IM, Earl P, Dzutsev A, Kuznetsov VA, Lemon M, Wyatt LS et al. 2003. Shared modes of protection against poxvirus infection by attenuated and conventional smallpox vaccine viruses. Proc Natl Acad Sci USA, 100:9458–9463.

[21] Earl PL, Americo JL, Wyatt LS, Eller LA, Whitbeck JC, Cohen GH et al. 2004. Immunogenicity of a highly attenuated MVA smallpox vaccine and protection against monkeypox.

Nature, 428:182–185.

[22] Graham JH, Graham VA, Bewley KR, Tree JA, Dennis M, Taylor I et al. 2013. Assessment of the protective effect of Imvamune and Acam2000 Vaccines against aerosolized monkey-pox virus in cynomolgus macaques. J Virol, 87:7805–7815.

[23] Guzman E, Cubillos-Zapata C, Cottingham MG, Gilbert SC, Prentice H, Charleston B et al. 2012. Modified vaccinia virus Ankara-based vaccine vectors induce apoptosis in dendritic cells draining from the skin via both the extrin-sic and intrinsic caspase pathways, preventing efficient antigen presentation. J Virol, 86:5452–5466.

[24] Evgin L, Vaha-Koskela M, Rintoul J, Falls T, Le Boeuf F, Barrett JW et al. 2010. Potent oncolytic activity of raccoonpox virus in the absence of natural pathogenicity. Mol Ther, 18:896–902.

[25] Jones GJB, Boles C, Roper RL. 2014. Raccoonpox virus safety in immunocompromised and pregnant mouse models. Vaccine, 32:3977–3981.

[26] Fleischauer C, Upton C, Victoria J, Jones GJ, Roper RL et al. 2015. Genome sequence and comparative virulence of raccoonpox virus: the first North American poxvirus sequence. J Gen Virol, 96:2806–2821.

[27] Roper RL. 2017. Poxvirus Safety analysis in the pregnant mouse model, vaccinia, and raccoonpox viruses. Methods Mol Biol, 1581:121–129.

[28] Joklik WK, Becker Y. 1964. The replication and coating of vaccinia DNA. J Mol Biol, 10:452–474.

[29] Erlich HA (ed). 1989. PCR technology: principles and applications for DNA amplification. M Stockton Press, New York.

[30] Sung TC, Roper RL, Zhang Y, Rudge SA, Temel R, Hammond SM et al. 1997. Mutagenesis of phospholipase D defines a superfamily including a trans-Golgi viral pro tein required for poxvirus pathogenicity. EMBO J, 16:4519–4530.

[31] Roper RL, Moss B. 1999. Envelope formation is blocked by mutation of a sequence related to the HKD phospholipid metabolism motif in the vaccinia virus F13L protein. J Virol, 73:1108–1117.

[32] Roper RL, Wolffe EJ, Weisberg A, Moss B. 1998. The envelope protein encoded by the A33R gene is required for formation of actin-containing microvilli and efficient cell to cell spread of vaccinia virus. J Virol, 72:4192–4204.

[33] Wolffe EJ, Katz E, Weisberg A, Moss B. 1997. The A34R glycoprotein gene is required for induction of specialized actin-containing microvilli and efficient cell-to-cell transmission of vaccinia virus. J Virol, 71:3904–3915.

[34] Roper RL, Payne LG, Moss B. 1996. Extracellular vaccinia virus envelope glycoprotein encoded by the A33R gene. J Virol, 70:3753–3762.

[35] Rehm KE, Roper RL. 2011. Deletion of the A35 gene from Modified Vaccinia Virus Ankara Increases Immunogenicity and Isotype Switching. Vaccine, 29:3276–3283.

[36] Roper RL. 2004. Rapid preparation of vaccinia virus DNA template for analysis and cloning by PCR. Methods Mol Biol, 269:113–118.

[37] Zervos E, Agle S, Freistaedter AG, Jones GJ, Roper RL. 2016. Murine mesothelin: characterization, expression, and analysis of growth and tumorigenic effects in a murine model of pancreatic cancer. J Exp Clin Cancer Res, 35:39.

[38] Rehm KE, Jones GJB, Tripp AA, Metcalf MW, Roper RL. 2010. The poxvirus A35 protein is an immunoregulator. J Virol, 84(1):418–425.

第四章　表达荧光蛋白的重组痘苗病毒的构建与分离

N. Bishara Marzook，Timothy P. Newsome

摘　要： 表达荧光蛋白的痘苗病毒重组体具有多种应用，如鉴定受感染的细胞、有效筛选遗传修饰毒株以及研究病毒复制和传播的分子特性。由于荧光显微镜对荧光蛋白和病毒荧光融合蛋白的检测对细胞不会造成损害，因此，可以用来描述活细胞中蛋白质的定位和追踪病毒颗粒的细胞内运动。本章介绍了许多构建质粒的方法以及荧光重组病毒的后续产生和重组病毒的分离。

关键词： 荧光蛋白；荧光显微镜；重组痘苗病毒

1　前　言

疫苗病毒（vaccinia virus, VACV）的许多特性使其能够进行基因修饰，特别是对于表达荧光蛋白病毒的产生。宿主细胞质中复制是 VACV 复制的一个特点 [1,2]，而最流行的产生重组 VACV 的方法是利用病毒在细胞质中复制这一特点进行高度的同源重组。通过精心设计携带病毒基因组同源区域的质粒，同源重组可用于促进外源 DNA（被感染细胞中的反式感染）插入复制病毒 DNA 中 [3]。由于 VACV 有一个大的双链 DNA 基因组，其能够稳定地接受大量（高达 25 kb）的外源 DNA 插入，而不会发生实质性的衰减 [4,5]。

重组荧光 VACV 的首次应用是一种在强病毒启动子下表达绿色荧光蛋白（green fluorescent protein, GFP）的病毒，可使感染细胞在感染后 1 h（h postinfection, hpi）即可见 [6,7]。人们很快认识到包膜病毒（wrapped virus，WV）是病毒复制过程中产生的两种成熟感染形式之一，可以通过将 GFP 与 WV 特异性病毒膜蛋白融合进行标记 [8-10]。对这些病毒的分析使得跟踪活的、受感染的细胞中的病毒颗粒成为可能，并产生了对细胞内病毒活动性的最佳理解模型之一 [11,12]。重组病毒的成功可能得益于 VACV 的大颗粒尺寸和缺乏刚性二十面体或螺旋对称的衣壳结构。很明显，许多 VACV 基因可以被替换来表达病毒荧光融合蛋白，且对感染性和复制的影响最小，这对宿主 – 病原体互作的许多方面都是有价值的研究试剂[13-15]。该技术的最新创新包括用超高分辨率显微镜成像病毒颗粒结构[16-18]，在活细胞[19]中观察VACV重组以及为病毒基因表达[20]的所有阶段开发报告程序。

用于产生荧光VACV的成功策略是多种多样的，并且在某种程度上取决于应用。我们概述了设计荧光病毒构建和应用最佳选择和筛选策略的一些方法。我们讨论荧光蛋白的选择、多通道成像的考虑、可用的启动子范围以及选择病毒基因作为蛋白质融合的靶点。我们比较了荧光病毒形成的噬斑的亮度，这些荧光病毒使用不同强度的内源性或工程启动子来驱动荧光蛋白和病毒－荧光融合蛋白的表达。

2 材 料

（1）标准细胞培养耗材和移液管。

（2）100 mm × 21 mm 细胞培养皿，6孔和24孔细胞培养板。

（3）细胞刮刀。

（4）加湿培养箱，37℃，5% CO_2。

（5）细胞系：BS-C-1细胞（ATCC CCL-26），HeLa细胞（ATCC CCL-2）细胞（见注释1）。

（6）补充4 mmol/L谷氨酰胺、0.2 μg/mL青霉素、0.2 μg/mL链霉素和20% FBS（2 × MEM）的2 × Eagle最低必需培养基。

（7）高糖完全Eagle最低必需培养基（MEM），补充2 mmol/L谷氨酰胺、0.1 μg/mL青霉素、0.1 μg/mL链霉素，10% FBS用于细胞生长（MEM），0%FBS用于感染（无血清培养基或SFM）。

（8）磷酸盐缓冲液（Phosphate-buffered saline, PBS）。

（9）2%低熔点（Low-melting-point, LMP）琼脂糖溶于水中，高压灭菌。

（10）羧甲基纤维素（Carboxymethycellulose, CMC）。

（11）GPT选择试剂：500 × 霉酚酸（12.5 mg/mL），100 × 氨基蝶呤溶液（25 mg/mL黄嘌呤，1.5 mg/mL次黄嘌呤，0.2 mg/mL氨基蝶呤，1 mg/mL胸腺嘧啶，0.08 mol/L NaOH）。

（12）转染试剂如脂质体2000（Lipofecta mine 2000，Invitrogen）。

（13）液氮。

（14）结晶紫，0.5%（*W/V*）溶于20%甲醇溶液中。

3 方 法

利用标准同源重组产生的重组病毒的重组率因多种因素而不同：同源重组区域的大小、插入片段的大小、用于转染的线性或环形质粒、转化效率和插入位置[21,22]。在最佳条件下，重组病毒可能以10^{-4}~10^{-3}[3]的频率产生（见注释2）。为了便于使用标准重组拯救荧光病毒，该方法整合了筛选和选择策略。

通过表达易于检测的标记物可有助于重组病毒的筛选，例如通过如β-半乳糖苷酶[23,24]

或荧光[6,7]的筛选即可鉴定重组病毒。筛选并不会增加所需重组病毒的重组频率，但有助于从用于其产生的亲本系中鉴定重组病毒。在某些情况下，表达荧光蛋白或病毒荧光融合蛋白的病毒所形成的噬斑发出的荧光可用于成功筛选重组病毒。这取决于所用特定荧光蛋白的亮度和稳定性以及启动子的强度（合成的或内源性的）。在所需病毒亮度不足的情况下，可在重组病毒拯救的中间阶段，使用瞬时显性选择法（Transient-do minant selection, TDS；见本章标题 3.3.3）[25]表达荧光蛋白的第二开放阅读框。

选择法用于在存在生物化学选择标记的情况下，通过优先生长重组病毒而非亲本毒株来拯救重组病毒。大肠杆菌黄嘌呤鸟嘌呤磷酸核糖转移酶基因（*gpt*）使核苷酸前体黄嘌呤和次黄嘌呤在存在嘌呤合成抑制剂霉酚酸（mycophenolic acid, MPA）的情况下得到利用[26]。表达 *gpt* 的重组病毒能够在 MPA 选择下形成斑块[3]。*gpt* 选择可用于选择整个 VACV 基因组的插入，不同于基于仅适用于克隆到胸苷激酶位点的 ΔTK 病毒的选择方案[27]。通过设计好重组载体，可以使用 TDS 方法，以便在重组病毒恢复的最后阶段切除 *gpt* 基因[25]（其他选项见注释 3）。

随着特定病毒突变株生长的减弱，就可以有效地选择拯救出回复突变的重组病毒，这些病毒将显示改变的噬斑形态并超过亲本毒株，这大大有助于分离和随后的纯化[3,28]。虽然这是一种有效的荧光重组病毒分离策略，但仅适用于与生长表型减弱以及突变株和救援结构的可用性相关的基因座。例如，B5 表达的缺失导致小噬斑表型，通过 B5-GFP 的表达恢复，并应用于产生 pB5R-GFP 荧光重组病毒[10]。

本文所述的方法对产生重组 VACV 西储株（Western Reserve, WR）进行了优化，且适用于其他 VACV 菌株（李斯特、MVA、哥本哈根）和其他正痘病毒（牛痘病毒和鼠痘病毒）[29-32]。

3.1　质粒构建

由于重组 VACV 的产生依赖于基因的同源重组，因此必须仔细设计质粒载体，设计时应考虑到所使用的病毒背景以及荧光基因插入的位置，因为二者都将影响随后使用的噬斑选择策略（见本章标题 3.5）。所有质粒都具有 pBS SKII 骨架，包含多克隆位点（multiple cloning site, MCS）、氨苄西林抗性基因以及 T7 和 T3 启动子。这里我们概述了同源序列、荧光基因和选择标记（如果有）的各种排列结构（见图 4-1 和图 4-2）。能够产生重组的 VACV 的策略有多种，有一些一般性的思路是每个策略都应考虑到的。

3.1.1　N 端或 C 端标记

要从内源性位点产生表达融合蛋白的重组 VACV，必须选择将荧光蛋白连接到病毒靶基因的 N 端或 C 端的位置。其目的是尽可能地降低其对内源基因及其邻近基因功能的干扰。如果荧光病毒融合蛋白的定位是为了反映未标记蛋白的定位，这一点很重要。荧光病毒融合蛋白挽救内源性蛋白的功能也是至关重要的，特别是当它在病毒复制中具有重要作用或是必不可少的时候。附加一个大约 20 kDa 的蛋白质可能会干扰病毒蛋白质与结合伙伴的结合或组装成衣壳结构的能力。如果连接部位深入蛋白质的三维结构，则可能会影响正确的折叠。在大多数情况下，靶蛋白的结构是未知的，但通过寻找跨膜结构域等特征可以避免常见的缺陷。例如，InterPro（http://www.ebi.ac.uk/interpro/）等在线生物信息学分析程序在 F1 的 C 端（204~221 残基）识别跨膜结构域，这一预测由揭示线粒体靶向序列的结构 - 功能分析证实[33]。其跨膜结构域的位置指导了在 N 端标记 F1 的策略（见图 4–2），并生成 pB5R-GFP[10] 和 pA36-YFP[34]。在没有可识别的结构特征的情况下，建议尝试单独标记两端，然后确定可行性（见注释 4）。在蛋白质的模块化结构域具有良好特征的情况下，在保持蛋白质功能的同时，也可以在结构域之间整合 GFP[35]。

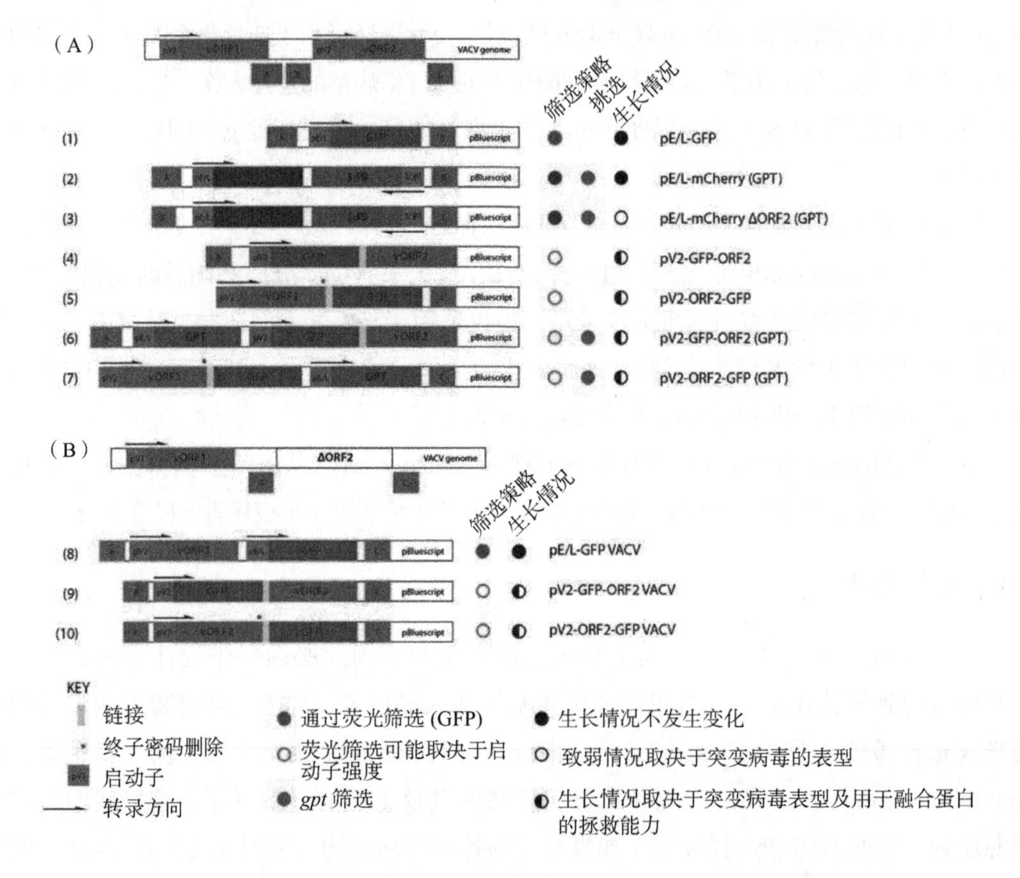

图 4–1　重组病毒的构建示意图

（A）可通过筛选荧光（策略 1、策略 4、策略 5）的噬斑或与 *gpt* 表达的生化选择（策略 2、策略 3、策略 6、策略 7）一起从亲本毒株（未经修饰）中产生荧光重组 VACVs。当使用强的合成启动子（策略 1~3）或内源性启动子高度活跃（策略 4、策略 5、策略 6、策略 7；例如 A3L、F13L）时，荧光筛选可以获得重组病毒。如果内源性启动子强度弱（F1L）或未知，那么选择重组病毒会比较费事。（B）荧光重组 VACV 可通过拯救显示生长减弱和小噬斑表型的突变株而产生。拯救生长缺陷可用于选择插入转基因（策略 8）或用荧光开放阅读框的红外融合替换内源性基因。病毒荧光融合蛋白恢复基因功能的能力对于策略 4、策略 5、策略 6、策略 7、策略 9、策略 10 至关重要。

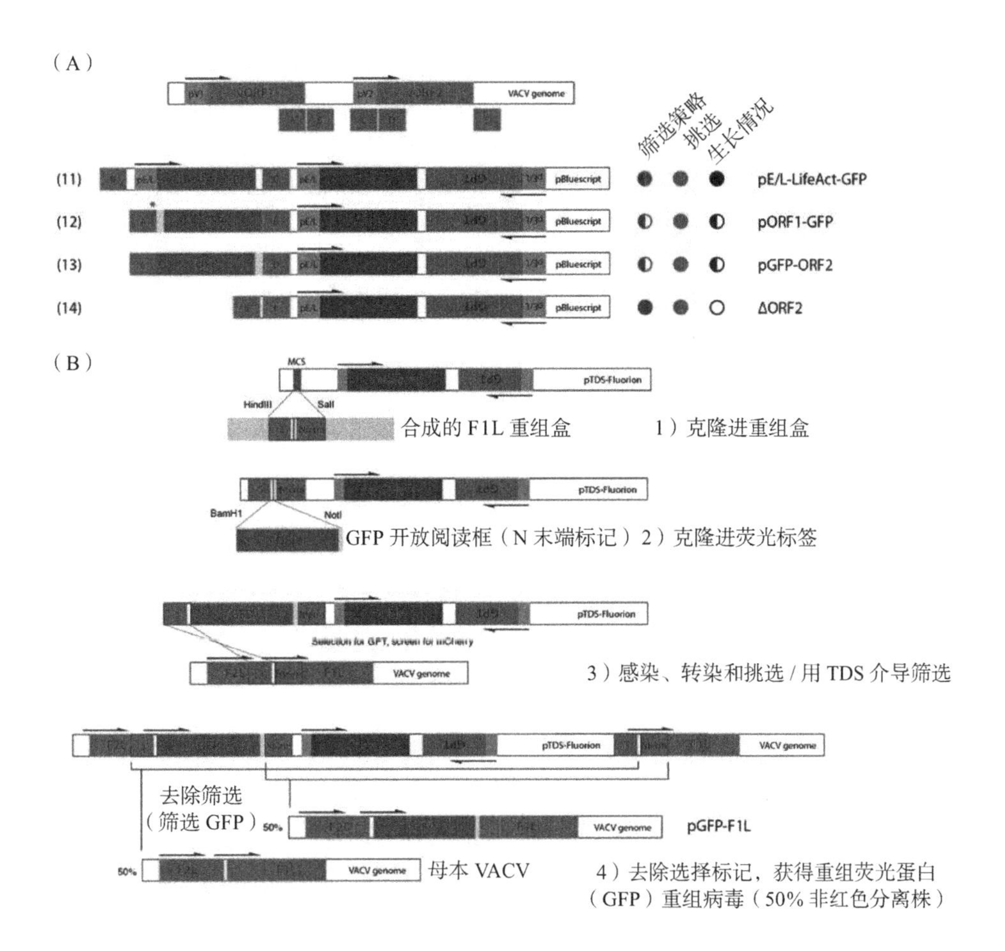

图 4-2 重组病毒的构建示意图

（A）强筛选（mCherry）和选择（*gpt*）可以结合 TDS 方法来恢复表达荧光转基因（策略 11）的重组病毒，删除病毒基因（策略 14），或者用荧光 ORF（策略 12，策略 13）的内融合替换内源性基因。TDS 的一个优点是所产生的重组病毒具有被切除的筛选和选择基因。（B）用于产生 N 末端带 GFP 标记的 F1L 重组病毒（pGFP-F1，策略 13）的 TDS-Fluorion 载体的示例。产生重组质粒需要两个克隆步骤：首先，合成左、右同源臂并克隆到 TDS 荧光载体（策略 1）中；其次，在框中（策略 2）添加所需的荧光蛋白。表达 mCherry 和 *gpt* 的 TDS 中间体用于筛选 / 选择（策略 3）。这些是 5′或 N 端区域的单个重组事件的产物（见注释 10）。在去除选择标记后，由于重复序列的重组而从病毒基因组中去除 TDS-Fluorion 序列将导致近似相等的频率，恢复为亲本毒株（在 5′区域重组）或分解为 pGFP-F1（在 N 端区域重组）。

进一步需要考虑的问题是，将编码荧光蛋白的 ORF 插入 VACV 基因组中，有可能破坏邻近基因和内部 ORF 的启动子元件。VACV 基因组高度紧凑，病毒 ORF 存在于两条链上，通常只有小的基因间区。有重叠 ORF 的例子，一个基因的启动子位于另一个基因的 ORF 中。早期和晚期启动子元件通常位于 VACV 基因的起始密码子附近，可以通过保守序列识别[36,37]。在 F1L 的例子中，F2L ORF 只终止 F1L 起始密码子上游的 11 个核苷酸（见图 4-3）。在这种情况下，在 F2L 的 C 端融合可能干扰 F1L 的表达。为了标记 F13L 的 C 末端，我们复制了 18 个核苷酸以确保 F12L 的表达不被破坏（见图 4-4）。尽管存在一个重复的序列确实会增加基因组不稳定的风险，但在我们的手中，这种病毒保持了同插入 GFP 一样的稳定性，这可能是因为重复序列比较小，低于有效重组所需的尺寸 [21]，因此依然能够保持稳定。

3.1.2 链接的设计

通常会在病毒蛋白和荧光标记的融合处加入一个编码短氨基酸序列的链接序列。链接序列通过将两个功能模块（荧光蛋白和病毒蛋白）分开，从而不改变标记蛋白的活性。我们的标准链接序列由 5 种氨基酸（N- 末端标记：GGRSG；C- 末端标记：GSAAA；见图 4-3 和图 4-4）和 1 个 *Not*Ⅰ限制酶位点组成，以便克隆和模块化操作。尽管我们已经成功地使用了这种链接序列，但维持蛋白质折叠和功能可能需要更长的、结构化的链接序列 [38,39]。

（A）

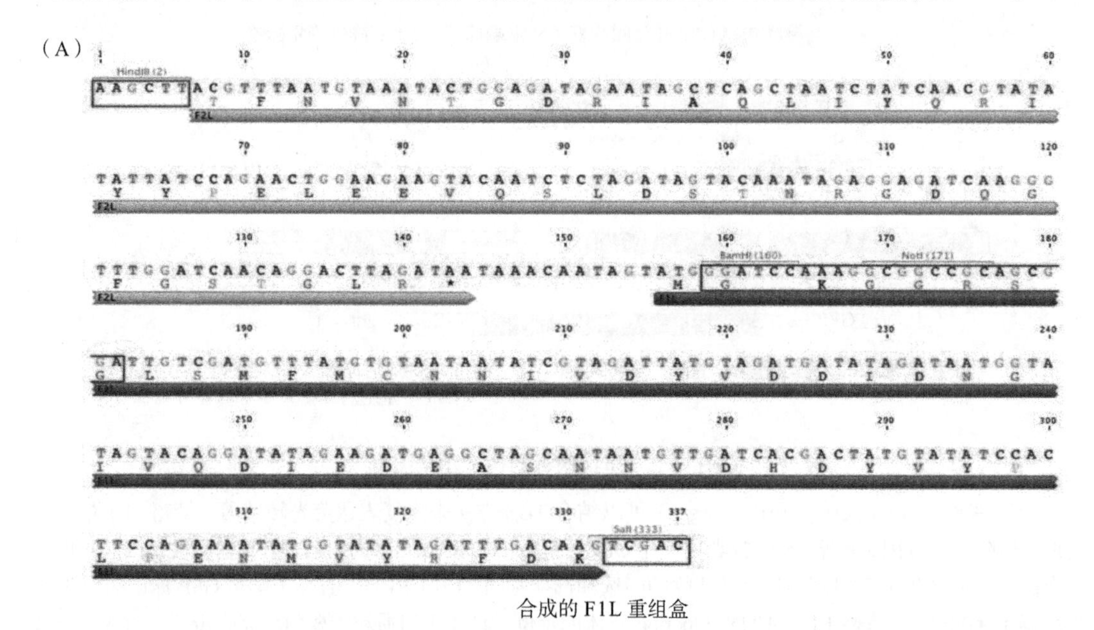

合成的 F1L 重组盒

（B）

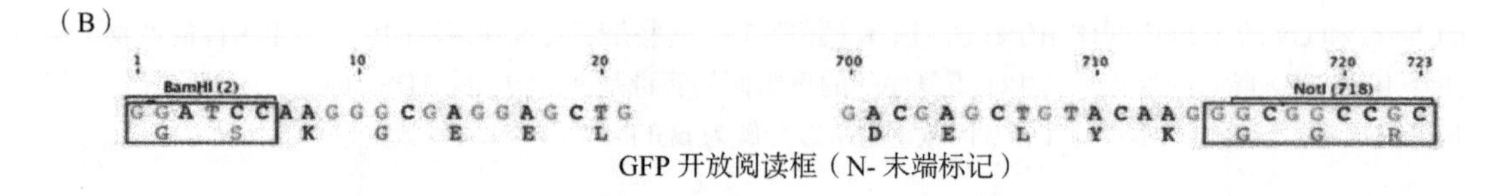

GFP 开放阅读框（N- 末端标记）

图 4-3 荧光重组病毒的 pGFP-F1L 重组质粒构建

（A）围绕 F1L ORF 起始密码子的基因组区域按合成 DNA 排序，包括左臂（31 175~31 024，登录号 AY243312.1）和右臂（31 023~30 874）。该序列被修改为包括 5′和 3′克隆位点（*Hind*Ⅲ和 *Sal*Ⅰ），该克隆位点允许将该序列克隆到 TDS 荧光载体中。如有必要，在不改变任何 ORF 的情况下（如密码子第 3 位的替换，在这种情况下不需要），从内部序列中去除 *Hind*Ⅲ和 *Sal*Ⅰ位点。在 F1L 的 ATG 起始密码子后立即添加链接序列 / 克隆位点，使其可允许插入荧光标记 ORF。由此产生的融合 ORF 将在位置 2 添加 1 个 G 残基，并在荧光标记和 F1 的 N 端之间添加 1 个由 GGRSG 组成的链接序列。（B）通过 *Bam*HⅠ和 *Not*Ⅰ位点可将 GFP ORF 克隆为 N 端融合。红色框表示从基因组序列或标签 ORF 修改的序列。

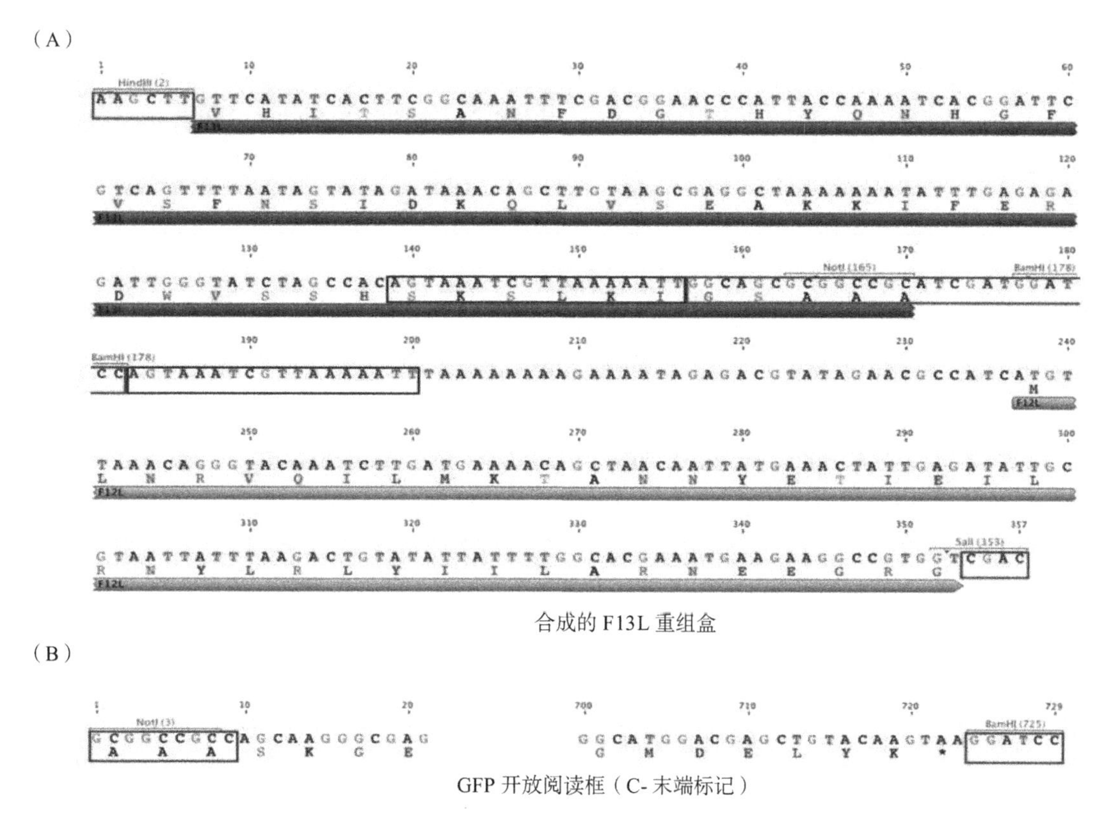

合成的 F13L 重组盒

GFP 开放阅读框（C- 末端标记）

图 4-4　荧光重组病毒的 pF13L-GFP 重组质粒构建

（A）围绕 F13L ORF 终止密码子的基因组区域作为合成 DNA，包括左臂（40 983~40 834）和右臂（40 851~40 681）。该序列被修改为包含 5' 和 3' 克隆位点（*Hind*Ⅲ和 *Sal*Ⅰ），允许该序列被克隆到 TDS-Fluorion 载体中。删除 F13L 终止密码子，并添加一个链接序列 / 克隆位点，允许 RF 插入荧光标记 ORF。由此产生的融合 ORF 将在 F13 的 C 端与荧光标记之间添加一个由 GSAAA 组成的链接序列。复制一个小序列（40 851~40 834，黑色框），以确保 F12L 的启动子元件在 F13L 的 3' 端修饰后不会被破坏。（B）利用 *Sal*Ⅰ和 *Bam*HⅠ位点可以克隆 GFP ORF 作为 C 端融合。在 *Bam*HⅠ位点的前面添加了一个终止密码子。从基因组序列或标记 ORF 修改的序列用红色框起来。

3.1.3　选择荧光蛋白

增强型 GFP（Enhanced GFP, EGFP）是最常见的荧光蛋白，因为其亮度、光稳定性和折叠速度都非常好[40]。可以将 GFP 与 mRFP 或 mCherry（具有优良光谱质量的 mRFP 衍生物）结合，使用高光谱分离同时成像即可形成双成像[41]。使用 Venus（一种提高亮度、化学稳定性和折叠能力的 FYP 突变体）[42]、mCherry 和 TagBFP[20] 重组病毒即可实现 3 通道成像。令人惊讶的是，尽管 mCherry 和 GFP 两种蛋白质的大小和折叠相似，最近发现却表明，标记 F13 到 mCherry 导致了 GFP 融合病毒中未发现的病毒包裹缺陷[43]。因此，需要谨慎选择新的荧光蛋白，因为可以获得诸如 mScarlet[44] 和超折叠 GFP[45] 等改良变体。

3.2 外源性荧光基因的表达

从病毒基因组中驱动荧光蛋白的强表达，可用于标记受感染的细胞，可视化受感染细胞的细胞组分，并促进突变病毒的恢复。

3.2.1 选择插入位点

可将编码荧光蛋白（如 EGFP 和 mRFP）的基因整合到 VACV 基因组的中性基因组区域，该区域将接受插入而不会对表型产生影响（见图 4-1A，策略 1）。可用于该目的的位点包括 A11R 和 A12L 基因之间的 122 815*122 817[29]，J4L 和 J5R 基因之间的 82 854*82 555，K7R 和 F1L 基因之间的 30 343*30 344[20]（数字指的是 VACV WR 株基因组序列号 AY243312.1 中序列所在的位置；* 标记的是插入位点）。在这些情况下，插入位点位于基因间区，两个基因的 3′端在一起，最大限度地减少了破坏启动子元件的可能性。与左右基因间区区域相对应的同源区可通过 PCR 扩增，并用标准分子技术克隆到质粒载体中。大约 300 bp 臂足以产生重组，而同源臂大小为 200 bp 或更小时，重组频率显著下降[21]。

3.2.2 启动子的选择

外源性荧光基因的表达可由合成的早 / 晚启动子（pE/L）驱动，该启动子在整个复制周期中产生高转录表达。在某些情况下，可能需要使用早期、中期或晚期启动子[20]将转基因表达限制在复制周期的特定阶段，或者通过改变间隔区[47]来调节插入基因的表达水平。

3.2.3 插入基因的修饰

还可以在感染过程中对荧光插入基因进行修饰，使其定位于亚细胞结构，并允许其在活细胞成像中显示，例如添加 Lifeact，这是一种与 F-actin[48]结合的 17 个氨基酸长肽。当 Lifeact 与 GFP 在阅读框内融合，并在 pE/L 下表达时，被感染细胞的肌动蛋白细胞骨架被标记，然后就能进行高分辨率成像（见图 4-5）。

3.2.4 重组病毒高效拯救策略

荧光重组病毒的拯救可通过共表达可选标记物（见图 4-1A，策略 2）或拯救病毒斑生长表型（见图 4-1B，策略 8）来辅助完成。我们已使用拯救 ΔF13L 病毒的生长来拯救重组病毒[28]，并且成功地用 ΔA36R 和插入的 pE/L Lifeact-GFP 的重组盒来靶向 A36R 基因座（见图 4-5）拯救出重组病毒[49]。在这两种情况下（F13L 和 A36R），插入的目标是终止密码子后的基因 5′端。

（A）

（B）

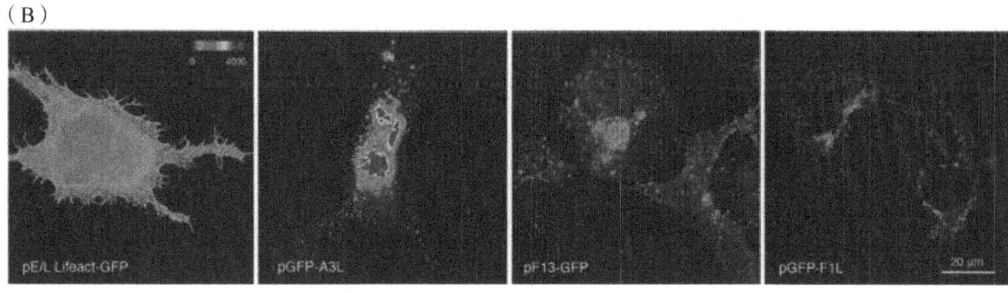

图 4-5　细胞显微照片

（A）用 CMC-MEM 覆盖 BS-C-1 细胞单层上，病毒感染后 3 dpi 形成斑块的显微照片。（B）用指定病毒感染病毒固定（4.7% 多聚甲醛 10 min）的细胞显微照片。所有图像均采用相同的设置（A：50 ms 曝光，10 倍物镜；B：20 ms 曝光，60 倍油浸物镜），尼康 Eclipse Ti-E 倒置显微镜，ANDOR Zyla sCMOS 相机，470 nm LED 光源（100%）。像素饱和度用彩虹标度表示（0~4 096）。

荧光蛋白的强表达可用于促进特定基因被破坏的病毒的恢复，通常与 *gpt* 等可选择标记物结合使用。在这些情况下，左右臂的设计使得双重组将会删除包括部分 ORF 的特定序列（见图 4-1A，策略 3）。同样地，必须注意相邻基因的启动子元件不会被破坏，因为一旦相邻基因的启动子被破坏，突变分析结果会被干扰而变得复杂。如果需要移除选择和筛选标记，那么采用 TDS 方法将允许移除选择介质后移除标记（见图 4-2A，策略 14）。

3.3　病毒蛋白质的荧光标记

最常用的 VACV 实验室毒株 WR（NCBI 登录号 AY243312）编码 223 种蛋白质包括参与 DNA 转录和复制的蛋白质（http://www.viprbrc.org）、调节宿主反应的毒力因子以及构成毒力本身的各种结构蛋白。荧光标记病毒蛋白可用于追踪单个病毒颗粒或识别病毒蛋白定位和/或功能。在内源性位点内的编码框内融合荧光蛋白 ORF 具有明显优点，如其表达受本源启动子的控制，编码蛋白不必与内源性蛋白竞争。如果研究中的基因丢失与突变表型有关，那么融合 ORF 拯救该表型的能力可以很容易被检测出来。对于基本基因，荧光标记的重组病毒只有在表达的融合 ORF 挽救基因功能的情况下才能恢复。用于产生这些病毒的技术和质粒与本章标题 3.2.1 中所述的技术和质粒共同使用，除了以插入中性基因组区域为目标外，质粒载体必须仔细设计，以便荧光基因在末端插入框架中的内源性位点。根据所使用的亲本病毒和病毒选择方法不同，质粒载体的设计也会有所不同。

3.3.1 荧光筛选

如果标记的病毒蛋白大量表达，则可以根据融合蛋白的荧光轻易地选择重组噬斑（见图 4–1A，策略 4 和 5）。荧光蛋白的亮度和噬斑的可视化水平也将决定这种方法的成功程度。如果噬斑是用荧光显微镜识别的，由于人眼的敏感性，GFP 和 mCherry 将是最容易筛查的。在较短的波长范围（天蓝色，Tag-BFP）发射光谱荧光蛋白或弱表达融合蛋白可以有效地利用敏感 CCD 相机结合荧光显微镜进行筛选。用这种方法构建了重组 VACV pYFP-A3[34]、pGFP-E2[50] 和 pRFP-A3[51]。由于仅对荧光进行筛选并不会增加重组病毒被拯救的频率，因此我们强烈建议在标记仅表达中等或微弱的 VACV 基因时，或者在表达水平未知的情况下，使用选择或拯救生长缺陷的方法进行病毒的筛选。

3.3.2 菌斑表型和选择

如果具有生长缺陷的突变病毒可以作为目标基因的靶标，那么将对荧光病毒的拯救具有极大的帮助（见图 4–1B，策略 9 和 10）。荧光重组病毒会表现出一个改变后的噬斑表型，并且会比亲本毒株更具有生长优势。这些特性不仅有利于重组病毒的鉴定，而且对重组病毒的纯化也有很大的帮助。该方法的局限性在于，它只适用于当突变株可用且存在生长缺陷的情况。通过该策略 pGFP-F12L[50]、pB5R-GFP[10]、pA36RYdF-YFP[34]、pA36R-YFP 以及 pF13L-GFP[8] 都得到成功构建。原则上，选择标记的表达可用于提高荧光重组病毒的拯救率，但实际上很少被用到（见图 4–1A，策略 6 和 7）。

3.3.3 通过 TDS 进行 GPT 选择和荧光筛选

我们开发了一种方法，将强筛选基因（mCherry）和选择标记（*gpt*）与模块化的 TDS 载体相结合，从而简化重组载体的生成和重组荧光病毒的有效分离的过程[52]（见图 4–2B）。TDS 的使用导致荧光病毒不会保留筛选或选择标记，因此可以进一步对重组病毒进行修饰以表达其他荧光基因融合或包含功能缺失修饰的基因。这种方法利用了 DNA 合成成本不断降低的优势。在插入位点周围设计了左右臂的同源性，并引入了一些修饰，例如小的重复以避免干扰邻近基因的启动子，或消除内部限制位点（见图 4–3 和图 4–4）（见注释 5）。左臂和右臂的大小可根据 DNA 合成的成本和重组频率的最佳长度来选择。为了构建 pGFPF1L 和 pF13L-GFP，我们分别合成了约 150 bp 的左右同源结构臂。将合成的 DNA 克隆到 TDS 荧光载体中之后（见图 4-6），再添加一个模块化荧光标记。因此，可将重组载体的构建分为两个简单的克隆步骤。

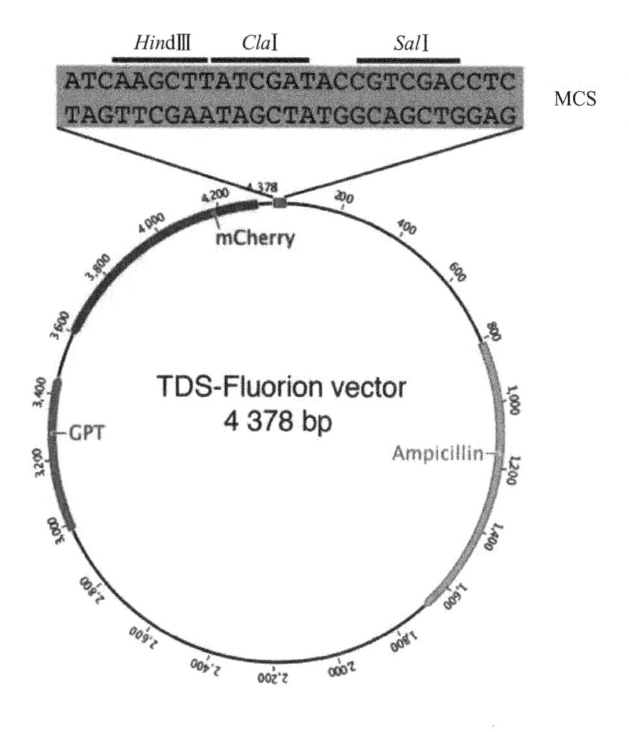

图 4-6　TDS-Fluorion 载体

可利用 TDS 结合 mCherry 筛选和 *gpt* 选择构建用于拯救荧光病毒的重组质粒（见注释 11）。可利用 *Hin*dⅢ和 *Sal*Ⅰ限制性内切酶将合成的 DNA 片段克隆到 MCS 中。

3.4　感染 / 转染

一旦选择了所需的重组策略并构建了重组载体，即可将质粒 DNA 转染到受感染的细胞中，使其于病毒 DNA 之间的重组发生在宿主细胞质中（见注释 6）。根据所选择的目的基因和策略决定在此步骤中使用亲本毒株。

（1）在感染前 24 h 将 BS-C-1 或 HeLa 细胞接种 6 孔板，使其在感染当天达到约 70% 融合。将细胞置于 37℃的 CO_2 培养箱中的 MEM 培养（见注释 7）。

（2）在无血清的培养基中制备稀释的亲本病毒感染液（6 孔板每孔加 500 μL），使其 MOI<1。

（3）吸出 6 孔板中的培养基，用温 PBS 洗涤细胞，然后用无血清的培养基稀释的亲本病毒感染液感染细胞。轻轻摇动培养板以确保均匀覆盖细胞，并防止干燥。

（4）感染后 1 h（h postinfection, hpi）吸出培养板中的感染培养基，每个孔加入 2 mL MEM。

（5）在 1.5 mL 的离心管中制备转染混合物。对于 1 个孔的转染量，每个管中加入 100 μL 无血清培养基，然后分别将 3 μg 质粒 DNA 和 1 μL 脂质体 2000 添加到两个单独的管中（或根据制造说明），轻轻混匀后静置 5 min，然后将稀释后的脂质体加入稀释后的 DNA 中，混合，静置 20 min。

（6）细胞在感染 MEM 中孵育不超过 1 h 时，逐滴向每个孔中加入转染混合物。在 37℃下孵育。

（7）感染后 24 h，吸取培养基并刮取无血清培养基中的细胞。收集在无菌的 1.5 mL 离心管中。

（8）将收集到的病毒感染液在液氮 /37℃水浴中进行 3 次交替冻融循环，以裂解细胞并释放细胞内病毒颗粒。可直接将该裂解液用于噬斑分析或储存于 −80℃。

3.5 噬斑筛选及纯化

病毒噬斑分析的基本原理是对病毒储液进行连续稀释，以便在给定的稀释度下，由单个病毒形成的单个病毒噬斑在细胞单层中可识别。在本章标题 3.4 的步骤（8）之后，细胞裂解物中包含有亲本病毒和重组病毒的混合物。因此，需要对这种裂解液进行噬斑分析，以收取由重组病毒形成的噬斑。下面提供了进行噬斑分析的基本方法以及与所需噬斑选择方法相关的特定技术。我们强烈建议读者参考本书第一版（译者注：此书译本见张强、吴国华、颜新敏、赵志荀译《痘病毒学及痘苗病毒实验操作指南》，中国农业科学技术出版社，北京，2017）第 2 章与第 3 章中所用方法的详细建议 [3]。

（1）在 MEM 中将 BS-C-1 细胞铺进 6 孔板，使其在感染当天融合 90%。

（2）在 MEM 中将 HeLa 细胞铺入 12 孔板，当分离出噬斑时（3~5 d 内），使其约 90% 融合。

（3）在 500 μL 的无血清培养基中制备 10 倍稀释的细胞病毒裂解液系列稀释液（从本章标题 3.4 收获的病毒液）。

（4）吸出细胞培养板中的 MEM，将每个稀释液添加到一个孔中（确保稀释液达到 10^{-6} 或 10^{-7}），并在 37℃的 CO_2 培养箱中静置 1 h。30 min 后可轻轻摇动培养板，以确保病毒颗粒均匀分布。在微波炉中熔化 2% LMP 琼脂糖，在 45℃水浴中冷却，制备琼脂糖覆盖层。接种 1 h 后，吸出细胞培养板中的 MEM 并用 PBS 洗涤细胞 2 次。

（5）将等量温热（不烫）的 2% LMP 琼脂糖和 2 × MEM 混合，在凝固前小心地加入 2 mL 到每个孔中。冷却 5 min，然后在 37℃的 CO_2 培养箱中培养 3~5 d。如果使用 GPT 选择方法，请参阅本章标题 3.5.3。

（6）至少在感染 3 d 后，在倒置显微镜下观察噬斑，并选择稀释度最高但仍分布均匀的孔。

（7）按照本章标题 3.5.1、3.5.2 和 3.5.3 的程序选取最合适的噬斑。一旦选择了 10 个以上的噬斑，就可以使用 1 mL 移液枪头来挑取。直接在所选噬斑的顶部刺穿琼脂糖，然后向下推到培养皿的底部，取出一个琼脂糖塞，分离受感染的细胞。将塞子放入 500 μL 的无血清培养基中，上下吹吸枪头数次，将所有细胞排到培养基中。

（8）在液氮 /37℃水浴中冻融所有采集的样品 3 次。

（9）用收集的样品感染 24 孔板中的 HeLa 细胞。如上所述，在加入 500 μL 的含有一个单独选择的噬斑的培养基之前，将细胞培养板中的培养基抽吸出，并用 PBS 洗涤细胞。细胞培养 48 h，以允许从菌斑中获得的病毒扩增。

（10）刮去 24 孔板各孔中的细胞。只需继续进行两个成功的分离物完全放大培养和显示荧光。

（11）使用这两个分离株重复步骤（1）至步骤（10）至少 2~3 次，或直到获得纯的重组病毒储液（所有噬斑都是荧光的）为止。

3.5.1　通过荧光筛选

用荧光显微镜观察所选样品，用合适的光源和滤光片鉴别荧光噬斑。表达高水平 mCherry 或 GFP 融合蛋白的重组病毒应该肉眼可见。弱荧光斑或表达 Cerulean/Tag-BFP 的噬斑可能需要通过 CCD 摄像机或更高的放大率来识别，以提高灵敏度（见注释 8）。

3.5.2　通过生长缺陷拯救

如果重组病毒是通过生长优势恢复的，例如通过修复生长缺陷，选择显示类似于 VACV WR 株噬斑的形态。为了鉴定重组（拯救）噬斑，必须同时产生对照噬斑（突变亲本病毒，VACV WR 株）进行比较。噬斑大小的筛选应与荧光筛选同时进行（见本章标题 3.5.1）。

3.5.3　通过 TDS 和代谢选择 / 荧光筛选

将 GPT 选择试剂添加到培养基中，从而抑制不表达 *gpt* 的病毒的生长。在 TDS 荧光载体中，*gpt* 与 mCherry 会同时表达。为了利用 TDS 分离重组病毒，从包含整个质粒的任一同源臂处的单个重组事件中分离出重组病毒，并对其进行筛选。

在 *gpt* 选择下，在噬斑选择和扩增后将中间分离株纯化为克隆性毒株（*gpt* 耐药，mCherry 阳性）（见注释 9）。执行步骤（1）至步骤（11）（见本章标题 3.5），修改为在进行噬斑分析或放大所选噬斑前 24 h 将 GPT 选择试剂添加到生长培养基中。当扩增噬斑时，GPT 选择试剂也包含在琼脂糖覆盖层中；当在 HeLa 细胞中扩增所选噬斑时，GPT 选择试剂包含在恢复培养基中。重复这些经修改的步骤（1）至步骤（11）（见本章标题 3.5），直到中间体（抗 *gpt*，mCherry 阳性）纯净为止。确认 mCherry 的表达（如本章标题 3.5.1 所示）。

一旦纯化出重组病毒，即可在没有 *Gpt* 选择压力的情况下放大中间培养物，步骤（9）

至步骤（10）（见本章标题 3.5）。这将允许通过两个复制序列之间的重组事件从病毒基因组中切除 TDS 荧光载体。大约一半的 mCherry 阴性毒株将表达所需的荧光融合蛋白。按照说明执行步骤（1）至步骤（11）（见本章标题 3.5），筛选所需融合蛋白的荧光和强 mCherry 表达的缺失病毒（如本章标题 3.5.1）。

3.6 病毒的扩增

一旦完成足够的噬斑纯化，扩大病毒储存液以供进一步使用。请参考 Kotwal 等的研究[53]。

3.7 重组病毒的鉴定及分析

需要通过分子手段进一步验证重组病毒，以确保基因组携带预期的修饰。应制备病毒基因组[54]，并将其用作扩增新融合 ORF 和发生重组的边界的 PCR 模板。然后对这些 PCR 产物进行测序。

还必须评估重组病毒的复制动力学。这可通过对亲本病毒和重组病毒进行噬斑分析来实现。

（1）使用 MEM 培养基将 BS-C-1 细胞铺到 6 孔板中，使其在感染当天达到约 90%。

（2）在 500 μL 的无血清培养基中制备 10 倍稀释的纯扩增病毒系列稀释液。

（3）将等量的 CMC 和 2 × MEM 混合，再加入 20% FBS，每个孔中加入 2 mL 混合液。在 37℃的 CO_2 培养箱中培养 3~5 d，具体时间取决于亲本和 / 或重组 VACV 毒株的预期复制率。

（4）吸出每个孔中的 CMC-MEM 混合物，用 PBS 冲洗 3 次。

（5）用结晶紫将细胞固定并染色 10 min，然后用 PBS 清洗至少 3 次。

（6）使用扫描仪（高分辨率凝胶扫描仪）对斑块进行成像。

（7）使用图像分析工具，如用 ImageJ 软件分析并计数，比较亲本病毒和重组体的噬斑大小，然后进行统计分析（GraphPad Prism 软件）。

最后，重组荧光病毒可以通过免疫荧光分析、观察细胞或病毒标记物的共定位、活细胞显微成像及其他一系列实验进行进一步分析。

4 注 释

（1）我们使用 HeLa 细胞，是因为它们显示出比 BS-C-1 细胞更好的转染效率。HeLa 细胞被用于细胞转染和感染的步骤。BS-C-1 细胞（或 CV-1；ATCC CCL-70）能够形成较好的细胞单层，常被用于噬斑分析。

（2）最近的研究表明，使用 CRISPR-Cas9 基因组编辑方法[55]可以大大提高这些效率。

（3）一个小的 GFP-bsd 融合蛋白既可以作为荧光分型筛选标记物，也可以在蛋白合成阻滞剂杀稻瘟菌素 [29] 存在的情况下选择噬斑生长。

（4）在某些情况下，在两端标记一个基因可能不会破坏基因的功能。我们已经成功地在 N 端和 C 端标记了 F12（Dodding 等的研究 [50] 和未发表的观察结果），结果显示 F12 没有发生明显的衰减。

（5）许多供应商（如 www.genscript.com/; sg.idtdna.com/）提供定制的 DNA 合成。如果重组盒以线性片段的形式排列，则确保在每个末端添加几个核苷酸，以便限制性内切酶能够有效地消化片段。

（6）虽然我们已经成功地转染了质粒 DNA，但有证据表明，在转染前对 DNA 进行线性化可以提高重组效率 [21]。

（7）我们建议重复进行这些步骤，并且至少从每个复制片段中选择一个重组病毒，确保这两个分离的毒株来自不同的重组，这样就可以获得预想的完全正确的重组病毒。这一点很重要，因为在选定的重组病毒中，偶尔会发生异常重组事件或模板突变。

（8）在 6 孔板中显示弱荧光的重组病毒可能很难识别为噬斑。如果在这一阶段没有发现荧光病毒，则可以通过感染接种在载玻片上的 HeLa 细胞来检测从噬斑中扩增的病毒。在 8 hpi 时，固定感染细胞，然后将其安装在载玻片上，并通过荧光显微镜观察，以确定荧光融合蛋白的成功表达。

（9）所需要的荧光病毒融合蛋白的表达可以在这些中间分离的病毒中检测到，这取决于质粒是如何整合的。大约 50% 的重组会产生一种表达全长融合蛋白的中间体。如果病毒蛋白被标记为 mCherry，那么这个信号不太可能在 pE/L 表达的背景下被解析。在去除 *gpt* 选择后，应该不会对识别融合蛋白造成任何障碍。

（10）无论重组事件发生在左臂（5′）还是右臂（N-端），都不会影响最终的重组病毒；这将产生一个略有不同的 TDS 中间体，它表达一个截短的 GFP-F1（编码 F1 的前 50 个残基，如上所述）或一个全长的 GFP-F1 融合蛋白（未描述）。

（11）由于 mCherry 和 *gpt* 由同样的启动子（pE/L）驱动表达，而它们的表达方向是相反的，因此质粒稳定，不易缺失。

参考文献

[1] Ball LA. 1987. High-frequency homologous recombination in vaccinia virus DNA. J Virol, 61:1788–1795.

[2] Ball LA. 1995. Fidelity of homologous recombination in vaccinia virus DNA. Virology, 209:688–691.

[3] Lorenzo MM, Galindo I, Blasco R. 2004. Construction and isolation of recombinant vaccinia

virus using genetic markers. Methods Mol Biol, 269:15–30.

[4] Smith GL, Moss B. 1983. Infectious poxvirus vectors have capacity for at least 25 000 base pairs of foreign DNA. Gene, 25:21–28.

[5] Moss B. 1996. Genetically engineered poxviruses for recombinant gene expression, vaccination, and safety. Proc Natl Acad Sci USA, 93:11341–11348.

[6] Lorenzo MM, Blasco R. 1998. PCR-based method for the introduction of mutations in genes cloned and expressed in vaccinia virus. Biotechniques, 24:308–313.

[7] Do minguez J, Lorenzo MM, Blasco R. 1998. Green fluorescent protein expressed by a recombinant vaccinia virus permits early detection of infected cells by flow cytometry. J Immunol Methods, 220:115–121.

[8] Geada MM, Galindo I, Lorenzo MM, Perdiguero B, Blasco R. 2001. Movements of vaccinia virus intracellular enveloped virions with GFP tagged to the F13L envelope protein. J Gen Virol, 82:2747–2760.

[9] Hollinshead M, Rodger G, Van Eijl H, Law M, Hollinshead R, Vaux DJ et al. 2001. Vaccinia virus utilizes microtubules for movement to the cell surface. J Cell Biol, 154:389–402.

[10] Ward BM, Moss B. 2001. Visualization of intracellular movement of vaccinia virus virions containing a green fluorescent protein-B5R membrane protein chimera. J Virol, 75:4802–4813.

[11] Leite F, Way M. 2015. The role of signalling and the cytoskeleton during Vaccinia Virus egress. Virus Res, 209:87–99.

[12] Ward BM. 2004. Pox, dyes, and videotape: making movies of GFP-labeled vaccinia virus. Methods Mol Biol, 269:205–218.

[13] Carter GC, Rodger G, Murphy BJ, Law M, Krauss O, Hollinshead M et al. 2003. Vaccinia virus cores are transported on microtubules. J Gen Virol, 84:2443–2458.

[14] Dobson BM, Procter DJ, Hollett NA, Flesch IE, Newsome TP, Tscharke DC. 2014. Vaccinia virus F5 is required for normal plaque morphology in multiple cell lines but not replication in culture or virulence in mice. Virology, 456–457:145–156.

[15] Schmidt FI, Bleck CK, Reh L, Novy K, Wollscheid B, Helenius A et al. 2013. Vaccinia virus entry is followed by core activation and proteasome-mediated release of the immunomodulatory effector VH1 from lateral bodies. Cell Rep, 4:464–476.

[16] Horsington J, Turnbull L, Whitchurch CB, Newsome TP. 2012. Sub-viral imaging of vaccinia virus using super-resolution microscopy. J Virol Methods, 186:132–136.

[17] Humphries AC, Dodding MP, Barry DJ, Collinson LM, Durkin CH, Way M. 2012. Clathrin potentiates vaccinia-induced actin polymerization to facilitate viral spread. Cell Host

Microbe, 12:346–359.

[18] Gray RD, Beerli C, Pereira PM, Scherer KM, Samolej J, Bleck CK et al. 2016. VirusMapper: open-source nanoscale mapping of viral architecture through super-resolution microscopy. Sci Rep, 6:29,132.

[19] Paszkowski P, Noyce RS, Evans DH. 2016. Live-cell imaging of vaccinia virus recombination. PLoS Pathog, 12:e1005824.

[20] Dower K, Rubins KH, Hensley LE, Connor JH. 2011. Development of Vaccinia reporter viruses for rapid, high content analysis of viral function at all stages of gene expression. Antiviral Res, 91:72–80.

[21] Yao XD, Evans DH. 2001. Effects of DNA structure and homology length on vaccinia virus recombination. J Virol, 75:6923–6932.

[22] Coupar BE, Oke PG, Andrew ME. 2000. Insertion sites for recombinant vaccinia virus construction: effects on expression of a foreign protein. J Gen Virol, 81:431–439.

[23] Chakrabarti S, Brechling K, Moss B. 1985. Vaccinia virus expression vector: coexpression of beta-galactosidase provides visual screening of recombinant virus plaques. Mol Cell Biol, 5:3403–3409.

[24] Panicali D, Grzelecki A, Huang C. 1986. Vaccinia virus vectors utilizing the beta-galactosidase assay for rapid selection of recombinant viruses and measurement of gene expression. Gene, 47:193–199.

[25] Falkner FG, Moss B. 1990. Transient dominant selection of recombinant vaccinia viruses. J Virol, 64:3108–3111.

[26] Boyle DB, Coupar BE. 1988. A do minant selectable marker for the construction of recombinant poxviruses. Gene, 65:123–128.

[27] Byrd CM, Hruby DE. 2004. Construction of recombinant vaccinia virus: cloning into the thymidine kinase locus. Methods Mol Biol, 269:31–40.

[28] Blasco R, Moss B. 1995. Selection of recombinant vaccinia viruses on the basis of plaque formation. Gene, 158:157–162.

[29] Wong YC, Lin LC, Melo-Silva CR, Smith SA, Tscharke DC. 2011. Engineering recombinant poxviruses using a compact GFP-blasticidin resistance fusion gene for selection. J Virol Methods, 171:295–298.

[30] Roscoe F, Xu RH, Sigal LJ. 2012. Characterization of ectromelia virus deficient in EVM036, the homolog of vaccinia virus F13L, and its application for rapid generation of recombinant viruses. J Virol, 86:13501–13507.

[31] Alejo A, Saraiva M, Ruiz-Arguello MB, Viejo-Borbolla A, de Marco MF, Salguero FJ et al.

2009. A method for the generation of ectromelia virus (ECTV) recombinants: in vivo analysis of ECTV vCD30 deletion mutants. PLoS One, 4:e5175.

[32] Lorenzo MM, Sanchez-Puig JM, Blasco R. 2017. Vaccinia virus and Cowpox virus are not susceptible to the interferon-induced anti- viral protein MxA. PLoS One, 12:e0181459.

[33] Stewart TL, Wasilenko ST, Barry M. 2005. Vaccinia virus F1L protein is a tail-anchored protein that functions at the mitochondria to inhibit apoptosis. J Virol, 79:1084–1098.

[34] Arakawa Y, Cordeiro JV, Schleich S, Newsome TP, Way M. 2007. The release of vaccinia from infected cells requires RhoA-mDia mod-ulation of cortical actin. Cell Host Microbe, 1:227–240.

[35] Rodger G, Smith GL. 2002. Replacing the SCR domains of vaccinia virus protein B5R with EGFP causes a reduction in plaque size and actin tail formation but enveloped virions are still transported to the cell surface. J Gen Virol, 83:323–332.

[36] Davison AJ, Moss B. 1989. Structure of vaccinia virus late promoters. J Mol Biol, 210:771–784.

[37] Davison AJ, Moss B. 1989. Structure of vaccinia virus early promoters. J Mol Biol, 210:749–769.

[38] Chen X, Zaro JL, Shen WC. 2013. Fusion protein linkers: property, design and functionality. Adv Drug Deliv Rev, 65:1357–1369.

[39] Klein JS, Jiang S, Galimidi RP, Keeffe JR, Bjorkman PJ. 2014. Design and characterization of structured protein linkers with differing flexibilities. Protein Eng Des Sel, 27:325–330.

[40] Day RN, Davidson MW. 2009. The fluorescent protein palette: tools for cellular imaging. Chem Soc Rev, 38:2887–2921.

[41] Shaner NC, Campbell RE, Steinbach PA, Giepmans BN, Palmer AE, Tsien RY. 2004. Improved monomeric red, orange and yellow fluorescent proteins derived from Discosoma sp. red fluorescent protein. Nat Biotechnol, 22:1567–1572.

[42] Nagai T, Ibata K, Park ES, Kubota M, Mikoshiba K, Miyawaki A. 2002. A variant of yellow fluorescent protein with fast and efficient maturation for cell-biological applications. Nat Biotechnol, 20:87–90.

[43] Carpentier DCJ, Hollinshead MS, Ewles HA, Lee SA, Smith GL. 2017. Tagging of the vaccinia virus protein F13 with mCherry causes aberrant virion morphogenesis. J Gen Virol.

[44] Bindels DS, Haarbosch L, van Weeren L, Postma M, Wiese KE, Mastop M et al. 2017. mScarlet: a bright monomeric red fluorescent protein for cellular imaging. Nat Methods, 14:53–56.

[45] Pedelacq JD, Cabantous S, Tran T, Terwilliger TC, Waldo GS. 2006. Engineering and char-

acterization of a superfolder green fluorescent protein. Nat Biotechnol, 24:79–88.

[46] Chakrabarti S, Sisler JR, Moss B. 1997. Compact, synthetic, vaccinia virus early/late promoter for protein expression. Biotechniques, 23:1094–1097.

[47] Di Pilato M, Sanchez-Sampedro L, Mejias-Perez E, Sorzano CO, Esteban M. 2015. Modification of promoter spacer length in vaccinia virus as a strategy to control the antigen expression. J Gen Virol, 96:2360–2371.

[48] Riedl J, Crevenna AH, Kessenbrock K, Yu JH, Neukirchen D, Bista M et al. 2008. Lifeact: a versatile marker to visualize F-actin. Nat Methods, 5:605–607.

[49] Marzook NB, Latham SL, Lynn H, McKenzie C, Chaponnier C, Grau GE et al. 2017. Divergent roles of beta- and gamma-actin isoforms during spread of vaccinia virus. Cytoskeleton (Hoboken), 74:170–183.

[50] Dodding M, Newsome TP, Collinson L, Edwards C, Way M. 2009. An E2-F12 complex is required for IEV morphogenesis during vaccinia infection. Cell Microbiol, 11:808–824.

[51] Weisswange I, Newsome TP, Schleich S, Way M. 2009. The rate of N-WASP exchange limits the extent of Arp2/3 complex dependent actin-based motility. Nature, 458:87–91.

[52] Marzook NB, Procter DJ, Lynn H, Yamamoto Y, Horsington J, Newsome TP. 2014. Methodology for the efficient generation of fluorescently tagged vaccinia virus proteins. J Vis Exp,:e51151.

[53] Kotwal GJ, Abrahams MR. 2004. Growing poxviruses and deter mining virus titer. Methods Mol Biol, 269:101–112.

[54] Roper RL. 2004. Rapid preparation of vaccinia virus DNA template for analysis and cloning by PCR. Methods Mol Biol, 269:113–118.

[55] Yuan M, Zhang W, Wang J, Al Yaghchi C, Ahmed J, Chard L et al. 2015. Efficiently editing the vaccinia virus genome by using the CRISPR-Cas9 system. J Virol, 89:5176–5179.

第五章　利用互补细胞系制备痘苗病毒基因缺失突变体

Amber B. Rico，Annabel T. Olson，Matthew S. Wiebe

摘　要： 本章介绍了如何结合产生互补细胞系和产生病毒缺失突变体这两种技术来快速构建痘病毒分析的新工具。具体地说，制备和利用表达目标痘病毒基因的互补细胞株对于产生必需基因被破坏的痘病毒突变体至关重要。在未感染的情况下，互补细胞对痘苗基因的鉴定也很有价值。这里，我们详细介绍了分离痘苗病毒缺失突变体的过程。缺失突变体的产生包括复制病毒 DNA 和转染 DNA 之间的同源重组，然后在提供的反式缺失基因的互补细胞系上进行选择和筛选。最后，通过聚合酶链反应、测序和功能性检测确认重组病毒的缺失。

关键词： 痘苗；缺失突变体；互补细胞；荧光；必需基因

1　前　言

痘苗病毒单基因缺失突变体为识别单个痘苗病毒蛋白的功能提供了强大而直接的工具。这种突变体可以通过利用在受感染细胞中发生在复制病毒基因组和包含遗传标记的被转染 DNA 片段之间的重组产生，该标记的两侧与要删除的区域序列同源 [1-5]。尽管重组产物在子代病毒群体中最初并不常见，但通过选择和空斑纯化可以有效分离缺失突变体。然而，这种方法的一个重要要求是，目的基因不能发挥重要的功能，因为失去必要的基因会破坏痘苗病毒的复制能力，并阻止生长和随后分离缺失突变体。一种规避重要基因丢失导致的高适应度成本的方法是使用温敏点突变体或药物诱导的转基因 [6-11]。多年来，利用这些技术构建的突变体为了解病毒基因的功能提供了许多见解。然而，有时温度敏感突变体固有的条件致死率和诱导启动子的丢失 [12-14] 引入了这样一种可能性，即这些突变体不表现出真正的空表型，而是由于不完全抑制而表现为中间表型。为了解决这些问题，另一种方法是使用细胞系来表达病毒蛋白，从而在分离和扩增重组缺失病毒时补充必要的功能。利用互补细胞系，已经开发出多种方法来产生必需基因的缺失突变体 [12-21]。这些方法都依赖于产生一个互补细胞系，该细胞系提供了被删除的必要基因。除此之外，方法可以有很大的不同。重要的是，尽管这些方法是为了破坏病毒的必需基因而开发的，但这项技术对于产生对病毒有任何适应性成本的缺失突变体是有价值的。此外，在未感染的情况下，利用互补细胞系研究痘苗蛋白可以获得重要的见解[22,23]。

自 Sutter[20] 等进行最初的互补实验以来，已经描述了适合这种方法的基因选择的指南或基因属性，我们将进一步阐述。

（1）基因功能的丧失可能会阻止病毒复制，或出现较高的适应度代价。

（2）这种基因是早期需要的，其数量可以通过细胞表达获得。另外，如果蛋白质产物稳定，且在抑制宿主基因表达后没有迅速降解，则中晚期基因也可以采用这种方法。

（3）被删除的基因必须对细胞无毒。如果是毒性基因的情况下，诱导表达系统可能被用来分离缺失突变体。

上述基因属性既不详尽也不全面，但应该可以作为一个通用的准则，以确定何时可以用互补细胞系来删除必要的基因。

在此，我们描述了用来产生互补的细胞系和痘苗病毒缺失突变体的策略。其中的实验过程将对以下步骤进行详细说明：① 利用慢病毒转导建立互补细胞系以获得稳定的基因表达；② 用痘苗病毒感染互补细胞系，并用同源重组质粒导入以产生缺失病毒；③ 在互补细胞系上通过筛选荧光噬斑分离并富集重组缺失病毒；④ 通过 PCR 反应确认痘苗病毒基因缺失。

2 材 料

（1）含有编码经密码子优化 ORF 的目的基因（gene of interest, GOI）/ 被删除基因的慢病毒转移载体。

（2）*Bam*HⅠ内切酶。

（3）慢病毒构建系统［pHAGE-HYG-MCS（pTransfer），pVSVG，pREV 和 pGag/Pol］。

（4）293T 细胞。

（5）不含钙镁离子的杜氏磷酸盐缓冲液（Dulbecco's phosphate-buffered saline, DPBS）。

（6）胰蛋白酶 EDTA 溶液：0.05% 胰蛋白酶，0.53 mmol/L EDTA。

（7）细胞生长培养基：添加 10% 胎牛血清（fetal bovine serum, FBS）、100 μg/mL 青霉素和 100 μg/mL 链霉素的 DMEM。

（8）1 mol/L 丁酸钠，无菌过滤。

（9）0.5 mol/L HEPES，pH 值 7.4，无菌过滤。

（10）添加 5 mmol/L 丁酸钠的细胞生长培养基（见注释 1）。

（11）添加 10 mmol/L HEPES 的细胞生长培养基（见注释 2）。

（12）杜尔贝科改良伊格尔培养基（Dulbecco's modified Eagle's medium, DMEM）。

（13）脂质体 2000（Lipofecta mine 2000）。

（14）转染培养基：DMEM，添加 10% FBS。

（15）10 mL 注射器。

（16）0.45 μmol/L 无菌过滤器。

（17）10 mg/mL 聚凝胺。

（18）CV-1 细胞。

（19）痘苗病毒。

（20）同源重组质粒（见本章标题 3.3）。

（21）一次性无菌细胞刮刀。

（22）装有 1.5 mL 和 15 mL 离心管的台式离心机。

（23）10 mmol/L Tris，pH 值 9.0，无菌过滤。

（24）杯角超声波破碎仪。

（25）结晶紫固定剂：0.1% 结晶紫，3.7% 甲醛。

（26）倒置荧光显微镜，带适当的滤光片。

（27）GeneJET 基因组 DNA 纯化试剂盒（Thermo Scientific 公司产品）。

（28）聚合酶链反应（polymerase chain reaction, PCR）仪器和试剂。

（29）PCR 引物。

（30）其他用品：细胞培养板、细胞培养皿、移液管、离心管、移液枪头、CO_2 培养箱、水浴锅。

3 方 法

3.1 互补细胞系的建立

在制备痘苗病毒必需基因缺失病毒之前，必须设计一个表达该待删除的痘苗病毒基因的细胞株，以在本方案的重组和纯化阶段提供基因。目前已采用多种方法建立互补细胞系，包括传代、稳定、诱导的基因表达。本文详细介绍了慢病毒转导稳定表达基因的方法。许多质粒系统被设计用来产生不能复制的慢病毒。目前的方案使用第三代包装系统，其中所有必要的基因都被提供在 4 个不同的质粒上，在处理慢病毒时应注意防止产生具有复制能力的病毒[24]。在这方面，第三代包装系统被认为比第二代系统更安全。我们建议使用 CV-1 或 BSC40 细胞作为亲代细胞系来构建互补细胞系，因为它们对痘苗病毒感染具有高度的敏感性和转导能力。

（1）利用带有 *Bam*HI限制性位点的引物，将拟从密码子优化结构中删除的痘苗基因扩增产生互补基因，并将产物克隆到噬菌体-pHAGE-HYG-MCS 或其他慢病毒转移载体的

*Bam*HⅠ位点（见注释 3）。

（2）慢病毒产生前约 24 h，将 293T 细胞接种于 10 cm 培养皿中（见注释 4），37℃的 CO_2 培养箱中孵育 20~24h，直至细胞达到 80%~90% 融合。

（3）转染质粒组装慢病毒。在 1.5 mL 离心管中，将 25 μL 脂质体 2000（Lipofectamine 2000）稀释到 500 μL DMEM 中。在另外一个 1.5 mL 离心管中，将 10 μg pHAGE-HYG- 补充基因或 pHAGE-HYG-MCS、1 μg pVSVG、0.5 μg pREV 和 0.5 μg pGag/Pol 稀释到 500 μL DMEM 中。在室温下单独孵育 5 min。我们假设质粒在转染前是超螺旋和高度纯化的。

（4）将脂质体与 DNA 结合，室温孵育 20 min。

（5）在孵育 20 min 期间，从培养 293T 细胞的 10 cm 培养皿中吸出细胞生长培养基，然后小心地加入 9 mL 转染培养基。

（6）加入 1 mL Lipofecta mine：DNA 混合物［见上述步骤（4）］，滴入培养 293T 细胞的 10 cm 培养皿中。

（7）转染后约 24 h，在病毒细胞培养安全柜中，从被转染的 293T 细胞 10 cm 培养皿中抽出培养基，加入 10 mL 添加了丁酸钠的细胞生长培养基。

（8）在加入丁酸钠补充的细胞生长培养基约 8 h 后，将转染的 293T 细胞从 10 cm 培养皿中抽出，置于病毒细胞培养安全柜中，用预热的 DPBS 轻轻洗涤细胞 1 次。

（9）加入 5 mL 添加了 HEPES 的细胞生长培养基。

（10）大约 24 h 后，添加了 HEPES 的细胞生长培养基，从 10 cm 培养皿中收集含有慢病毒转染 293 T 细胞，使用 0.45 μmol/L 过滤器过滤净化（见注释 5）。

（11）加 10 mg/mL 聚凝胺到过滤后的慢病毒溶液中，使其终浓度为 8 μg/mL。按照 1 mL 的量将全部液体分装到 1.5 mL 离心管中，立即使用或在 –80℃保存，直到需要时使用。

（12）将 CV-1 细胞铺到成 6 孔板（35 mm 孔）。将细胞置于 37℃的 CO_2 培养箱中孵育 20~24 h，直至细胞 80% 融合（见注释 6）。

（13）从孔中抽出细胞生长培养基，用 1 mL 慢病毒替换［见上述步骤（11）］。在 37℃的 CO_2 培养箱中培养 16 h。

（14）吸入含有慢病毒的培养基，用 2 mL 细胞生长培养基代替。在 37℃的 CO_2 培养箱中培养 24 h。

（15）将转导的 CV-1 细胞分成两个 10 cm 的培养皿，每个 10 cm 的培养皿由 35 mm 孔的细胞导入（见注释 7）。在标准细胞生长培养基中维持 1 个 10 cm 的培养皿。在含有潮霉素的细胞生长培养基中维持 1 个 10 cm 的培养皿（见注释 8），37℃ CO_2 培养箱中培养。

（16）允许进行潮霉素选择几天的时间，必要时分细胞（见注释 9）。根据细胞生长的需要，继续在潮霉素中传代 CV-1 细胞系。

3.2 痘苗病毒基因在补充细胞系中的表达的鉴定

潮霉素筛选后，如果可能，用 Western blot 分析证实互补蛋白在 CV-1 细胞系中的稳定表达。为了评价蛋白质的表达，我们采集了 CV-1 互补细胞，并用 Western blot 检测其对免疫球蛋白的互补性。可以使用抗痘苗蛋白本身的抗体，或者在已标记表位的痘苗结构的情况下，可以使用这些抗体。在理想条件下，互补细胞系产生的蛋白质量应等于或高于野生型感染期间的水平。因此，如果有目标痘苗蛋白的抗体，应同时分析受感染细胞的裂解液，以确定互补细胞的表达量是否与受感染细胞相等。如果没有抗体可用，可以选择验证 mRNA 的表达。如果已知病毒蛋白的活性（例如，病毒激酶已知底物的磷酸化），则可使用功能性分析来测量病毒蛋白的活性。这些分析的详细描述在其他来源文献中都有记载。

3.3 感染 / 转染程序

复制的病毒基因组与转染导入的质粒 DNA 之间会发生同源重组。对于同源重组，必须设计具有与被删除基因周围区域相同侧翼序列的质粒载体（见注释 10）。在质粒的侧翼序列之间，我们建议插入荧光蛋白的编码序列，用于噬斑纯化过程中作为重组病毒的指示物（见注释 11）。有多种病毒启动子可用于表达标记基因[25,26]。我们已经成功地利用了 Bertholet 等和 Wittek 等最初描述的 P11 晚期启动子[27,28]。在本节中，互补细胞被感染，然后用含有遗传标记的线性化质粒转染，质粒位于痘苗启动子下，启动子两侧的序列与将要删除的基因周围的序列同源（见图 5－1）。

（1）在感染前约 24 h，将 CV-1 互补细胞系铺到 6 孔板的 2 个孔中（见注释 12）。将细胞置于 37℃的 CO_2 培养箱中培养 20~24 h，直到细胞完全融合。

（2）解冻病毒，超声处理 2 次，每次超声 15 s，暂停 30 s。

（3）准备病毒培养液（500 μL / 孔）在 DMEM 稀释病毒，使其感染复数（multiplicity of infection, MOI）为每个细胞 0.03 空斑形成单位。

（4）从孔中抽出细胞生长培养基，加入稀释好的病毒液感染细胞。将培养板置于 37℃的 CO_2 培养箱中，每隔 10 min 摇 1 次，摇 30 min。

（5）从孔中吸出病毒接种培养基，加入 2 mL 细胞生长培养基代替。在 37℃的 CO_2 培养箱中孵育 3 h。

（6）转染前约 30 min，准备转染样品。在 1.5 mL 离心管中，将 5 μL 脂质体 2000（Lipofectamine 2000）稀释到 150 μL DMEM 中。在另外一个 1.5 mL 离心管中，将 1 μg 线性化同源重组质粒 DNA 稀释到 150 μL DMEM 中。在室温下单独孵育 5 min。

（7）将脂质体与 DNA 结合，室温孵育 20 min。

（8）从感染的 CV-1- 互补细胞系培养皿中吸出细胞生长培养基，加入 1.7 mL 转染培养基。

（9）增加 300 μL Lipofectamine：DNA 混合物［见上述步骤（7）］病毒感染 CV-1- 互补细胞。在 37℃的 CO_2 培养箱中培养 6 h。

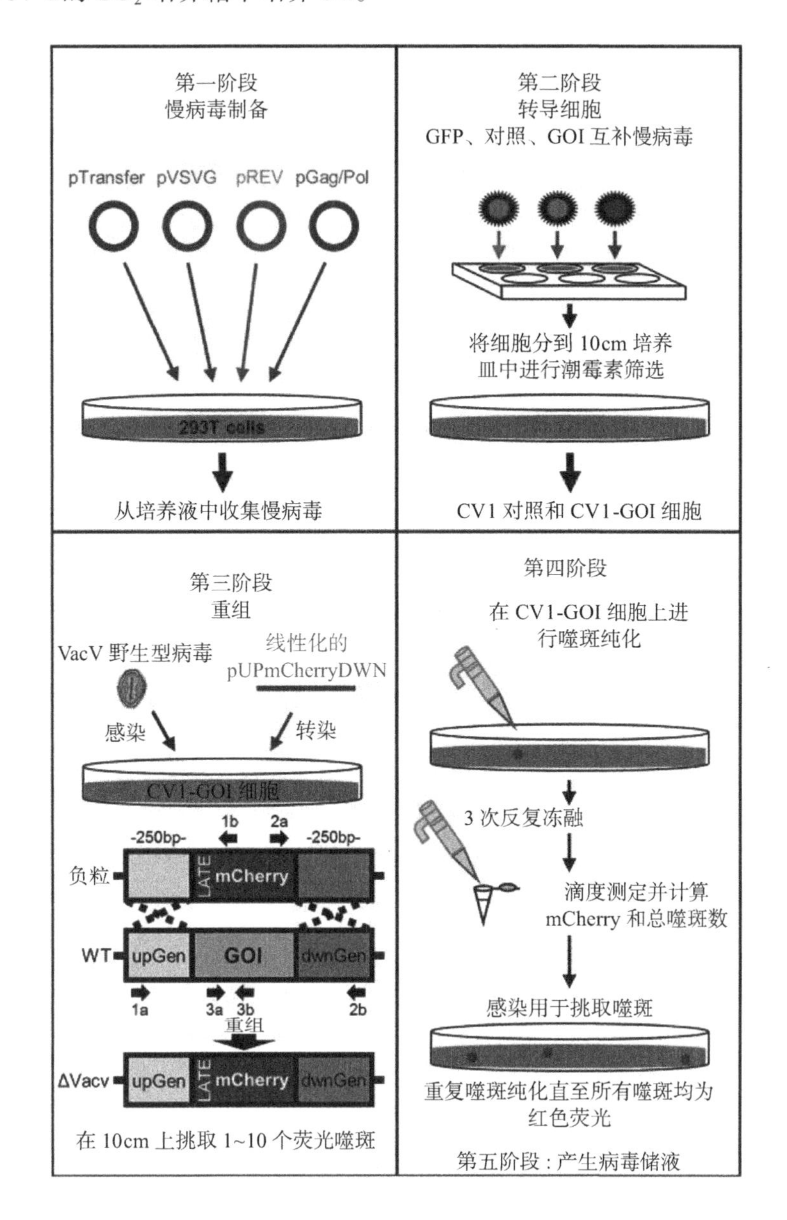

图 5-1　从必需基因中删除的痘苗病毒的生成过程的 5 个阶段

第一阶段（STAGE 1）是在 293T 细胞中产生慢病毒，使目的基因在细胞系中稳定表达。第二阶段（STAGE 2）利用慢病毒转导 CV-1 细胞，稳定表达痘苗病毒所需要的 GOI，去除必要的 GOI。CV1-GOI- 互补细胞的第三阶段（STAGE 3）重组步骤发生于 mCherry 基因侧面相同的序列，以取代 WT 痘苗病毒基因组中的 GOI。第四阶段（STAGE 4）包括在 CV1-GOI 互补细胞上进行噬斑纯化，直到观察到 100/100 个空斑中有代表纯群体的 mCherry 荧光。第五阶段（STAGE 5）是最后一步，以制备 GOI 敲除痘苗病毒储液。

（10）从感染后转染的 CV-1- 补充细胞系培养物中抽出转染培养基，加入 2 mL 细胞生长培养基。在 37℃的 CO_2 培养箱中培养 48 h。

（11）用细胞刮刀将感染的转染细胞从孔中取出，转移至无菌的 15 mL 离心管中。

（12）在 4℃条件下，在 500 × *g* 转速离心感染和转染细胞 10 min，吸出上清液。将沉淀悬浮在 200 μL 10 mmol/L Tris（pH 值 9.0）中，并转移到 1.5 mL 离心管中。

（13）将收集到的细胞冻融裂解，置于 –80℃保存 10 个月，37℃水浴中解冻，释放出子代病毒。经过反复 3 次冻融。将子代病毒可保存在 –80℃，直到进行滴度测定和噬斑纯化。

3.4 噬斑纯化

子代病毒［见本章标题 3.3 中步骤（13）］包含亲本病毒和重组病毒的混合种群（<0.1% 的总病毒）。为了分离重组病毒，进行了多轮噬斑纯化，以完全清除亲本病毒。此处描述的噬斑分离方案涉及荧光蛋白（mCherry）检测，但有许多适合的噬斑分离标记物（见注释 13）。当经过几轮的噬斑纯化时，荧光噬斑与总噬斑的比率应该增加，直到所有噬斑都是荧光的（见图 5–1）。如果该基因是必需的，那么对亲本（非互补）的 CV-1 细胞进行噬斑分析可能很有用，以确保通过噬斑纯化程序完全清除野生型病毒。

（1）滴定前约 24 h，在 12 孔板中铺入互补细胞 CV-1。将细胞在 37℃的 CO_2 培养箱中培养 20~24 h，直到细胞完全融合。

（2）解冻子代病毒［见本章标题 3.3 中步骤（13）］，然后进行 2 次超声，每次 15 s，第一次超声之后在冰上静息 30 s 后再进行第二次超声。

（3）对子代病毒进行 10 倍的连续稀释，使稀释液浓度达到 10^{-8}~10^{-5}。

（4）从 12 孔板中吸出细胞生长培养基，每孔加入 250 μL 的相应的系列稀释液。在 37℃的 CO_2 培养箱中放置 30 min，每 10 min 摇动 1 次培养皿。

（5）从培养皿中吸出病毒接种物，每孔加入 1 mL 新的细胞生长培养基。在 37℃的 CO_2 培养箱中培养 48 h（见注释 14）。

（6）在固定培养板之前，观察 mCherry 表达与总噬斑数的比较可能很有用（见注释 15）。重组率的概念（见注释 16），可作为指导，了解噬斑开始分离时，噬斑形成单位数量。

（7）去除细胞生长培养基，加入 1 mL 结晶紫固定液 / 孔，对细胞进行染色。在室温下培养 30 min。

（8）从孔中取出结晶紫染液，冲洗，对噬斑计数，计算该粗制备物中病毒的滴度。

（9）在开始噬斑分离前约 24 h，用 CV-1 互补细胞系培育数个 15 cm 的培养皿。将细胞在 37℃的 CO_2 培养箱中培养 20~24 h，直到细胞完全融合。

（10）进行 2 次超声，每次 15 s，第一次超声之后在冰上静息 30 s 后再进行第二次超声。

（11）将 DMEM（每个培养皿 5 mL）中子代病毒［见本章标题 3.3 中步骤（13）］稀释至每个 15 cm 培养皿约 5 000 噬斑形成单位（pfu）。

（12）从培养皿中吸出细胞生长培养基，加入病毒稀释液。在 37℃的 CO_2 培养箱中放置 30 min，每 10 min 摇动 1 次培养皿。

（13）从培养皿中吸出病毒接种物，用 25 mL 细胞生长培养基替换。在 37℃的 CO_2 培养箱中培养 48 h。

（14）使用倒置荧光显微镜检查 15 cm 培养皿中的荧光（见注释 17）。标记荧光噬斑的位置（见注释 18）（见图 5-2）。

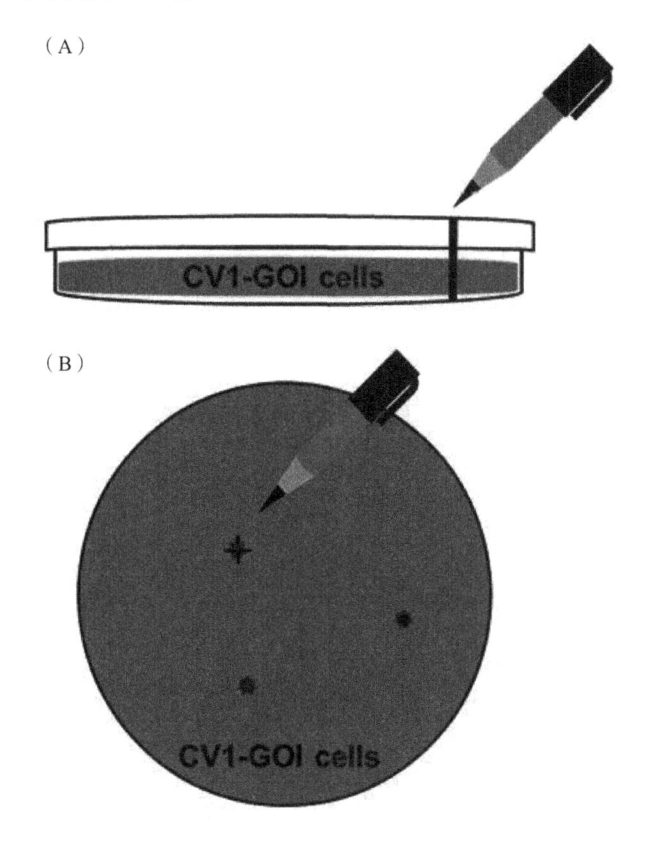

图 5-2　噬斑挑取技术

（A）在进行噬斑标记和噬斑挑取时，在培养皿上盖和底板上做好标记，以确定培养皿盖子的方向。（B）在荧光显微镜下观察时，在盖子上画上“十”字或圆点，作为 mCherry 荧光噬斑的参照。在用于病毒的生物安全柜内的挑选噬斑时即可使用这些参考标记。

（15）为了获得含有重组病毒的噬斑，用无菌 100 μL 移液枪尖吸取培养基并快速刮除标记的噬斑（见注释 19）。将移液管尖端浸入含有 100 μL 10 mmol/L Tris pH 值 9.0 的离心管中。上下吹打数次。

（16）通过将采集的噬斑反复冻融释放重组病毒，将其置于 −80℃下 10 个月，然后在 37℃水浴中解冻。冻融 3 次。病毒可立即使用或在 −80℃下冷冻。

（17）在下一轮噬斑纯化前约 24 h，用 CV-1 互补细胞系接种数个 10 cm 培养皿。将细胞在 37℃的 CO_2 培养箱中培养 20~24 h，直到细胞完全融合。

（18）超声处理病毒［见上文步骤（16）］2 次，每次 15 s，在两次超声处理周期之间，将病毒离心管放置在冰上停 30 s。

（19）从培养皿中吸出细胞生长培养基，然后分别将含有 1 μL、5 μL 或 10 μL 悬浮病毒在 2 mL DMEM 中稀释，加入到不同的 10 cm 培养板。置于 37℃的 CO_2 培养箱中，每隔 10 min 摇 1 次，摇 30 min。

（20）从培养皿中吸出病毒接种物，用 10 mL 细胞生长培养基替换。在 37℃的 CO_2 培养箱中培养 48 h。

（21）用倒置的荧光显微镜检查 10 cm 的培养皿中的荧光斑。标记荧光噬斑的位置，记录荧光噬斑和非荧光斑块的相对数量，以监测富集情况。

（22）为了收集含有重组病毒的噬斑，用 100 μL 枪头迅速刮噬斑。然后将枪头插入含有 100 μL 10 mmol/L Tris（pH 值 9.0）的离心管中，用枪头吹打几次排除刮取物。

（23）将收集到的噬斑冻至 −80℃，可放置 10 个月，然后在 37℃水浴中解冻，释放重组病毒。3 次冻融。病毒可立即使用或冷冻在 −80℃。

（24）重复步骤（16）至步骤（33）3~5 次，或根据需要直到荧光噬斑达到 100% 为止（见注释 20）。

3.5 缺失病毒生成物的筛选

经过 4~6 轮噬斑纯化后，利用设计用于扩增缺失位点及其邻近 DNA 的引物，通过 PCR 扩增和分析推测的缺失病毒，以确认基因缺失（见注释 21）（见图 5−1，第三阶段）。

（1）在小规模扩大病毒之前约 24 h，将 CV-1- 补充细胞传到 35 mm 培养皿中。将细胞置于 37℃的 CO_2 培养箱中培养 20~24 h，直到细胞完全融合。

（2）将重组病毒从最终的纯化的噬斑中解冻，并进行 2 次超声处理，每次 15 s，中间在冰上停 30 s。

（3）在 500 μL DMEM 中稀释 50 μL 重组病毒。

（4）从 35 mm 皿中吸出细胞生长培养基，加入重组病毒稀释液接种细胞。置于 37℃的 CO_2 培养箱中，每隔 10 min 摇 1 次，摇 30 min。

（5）从孔中吸出重组病毒接种物，用 2 mL 细胞生长培养基代替。在 37℃的 CO_2 培养箱中培养 48 h。

（6）用细胞刮刀将感染细胞从 35 mm 皿中取出，转移到无菌的 15 mL 离心管中。

（7）用 0.5 mL DPBS 冲洗培养皿 1 次，并将冲洗液加入离心管中。

（8）在 4℃条件下以转速为 500 × *g* 离心感染的细胞 10 min。用 1 mL DPBS 将细胞沉淀悬浮。

（9）在 4℃条件下以转速为 500 × *g* 离心感染的细胞 10 min。用 1 mL 10 mmol/L Tris（pH 值 9.0）将细胞沉淀悬浮，然后转移到 1.5 mL 离心管中。

（10）将收集的细胞置于 −80℃冻融 10 min，然后 37℃水浴中解冻，释放重组病毒。经过反复 3 次冻融。重组病毒可以保存在 −80℃，直到进一步扩大。

（11）使用 Gene JET 基因组 DNA 纯化试剂盒，根据制造商的使用说明从 200 μL 受感染的细胞溶解产物纯化 DNA［见上文步骤（10）］（见注释 22）。

（12）使用 200 ng 纯化的 DNA 作为模板，在缺失位点两边使用痘苗病毒特异性引物进行 PCR 反应（见图 5-1）。

（13）用琼脂糖凝胶电泳分析 PCR 产物。

（14）经 PCR 对重组病毒进行扩增确认推测缺失病毒后，可得到大量缺失病毒[29]的病毒库。

完成这些方案后，一个强大的系统就可以在有感染和无感染的情况下进一步分析病毒基因。

4　注　释

（1）丁酸钠是一种组蛋白脱乙酰酶，可通过增加病毒基因的表达来提高慢病毒的滴度。

（2）慢病毒的产生对酸碱度很敏感。在培养基中加入 HEPES 以缓冲酸碱度。

（3）许多供应商都提供基因合成服务，基因合成还可进行基因修改，如密码子优化和表位标记序列的添加等。作者已经使用 Operon 和 GenScript 两家公司的服务，构建了标记的密码子优化痘苗病毒基因的表达结构。或者，通过聚合酶链反应可以直接从纯化的痘苗病毒 DNA 中扩增出与被删除基因相对应的 DNA。我们建议进行密码子优化结构，因为以我们的经验，密码子优化以后会增加痘苗病毒蛋白的表达。此外，如果使用基因合成服务，我们建议在疫苗基因的两端添加限制性位点，以便可以很容易地将该基因从载体中切除并连接到慢病毒转移载体中。

（4）用 1 个 10 cm 培养皿培养的 293T 细胞就可产生足够的慢病毒，用于转导 5 个 35 mm 的孔（6 孔板），并可在 1 年内使用。相应地对慢病毒制剂进行规模化，确保每种制剂中都包括用于 MCS-HYG 对照慢病毒（不含病毒 GOI 的转移载体）。根据我们的经验，细胞需要大约每 6 周转导 1 次，因此每构建 2 个 10 cm 的培养皿产生的病毒储液应足够 1 年的使用。

（5）慢病毒研究应遵循适当的生物安全程序。

（6）包括 1 个未转染的孔和下述每个慢病毒的孔慢病毒包膜噬菌体 -HYG 互补基因结

构、MCS-HYG 控制慢病毒和荧光 -HYG 控制慢病毒（如果有）。未转染的孔将用于确定选择完成的时间。利用 pHAGE-HYG- 互补基因结构构建互补细胞系。MCS-HYG 对照细胞和荧光 HYG 对照细胞将用于确定在没有毒性基因的情况下细胞的转导和选择速率。这些对照有助于确定痘苗病毒基因单独表达时是否对细胞有毒。

（7）将使用 1 个 10 cm 的培养皿开始进行潮霉素筛选。1 个 10 cm 培养皿将用于不含潮霉素的细胞传代。未经处理的培养皿的目的是监测补充细胞系的潜在毒性，与潮霉素的选择无关。如果未发现毒性，可省略该培养皿。

（8）对于每一个转导的细胞系，在选择前应进行潮霉素杀死曲线，以确定合适的潮霉素浓度。哺乳动物细胞的典型潮霉素工作浓度范围为 100~500 μg/mL，对于 CV1 细胞，我们使用 200 μg/mL。

（9）应继续选择，直到非转导培养皿中的所有细胞在 3~4 d 从潮霉素中死亡，直到转导细胞完全恢复并达到 100% 融合；此时转导细胞已准备好使用。恢复时间依赖于基因，但通常在 1~2 周。在某些情况下，疫苗基因表达时可能对细胞有毒。在这种情况下，可以使用瞬时或诱导结构。

（10）我们通常在被删除基因的每个侧翼使用 200~300 bp 的同源序列。

（11）本方案中的基因标记 mCherry 可置于多种病毒启动子的控制之下。

（12）一个孔作为病毒感染的重组阴性对照。另一个孔将同时感染病毒并与载体进行同源重组。

（13）整合遗传标记有助于分离重组痘苗病毒。标记可以分为两种类型：允许检测和选择重组体的标记。允许检测重组的遗传标记包括荧光分子和 β- 半乳糖苷酶。可选择的遗传标记包括那些对重组病毒提供耐药性或允许病毒在特定细胞系中传播 / 复制的标记。

（14）用光学显微镜监测噬斑大小，当噬斑达到适当尺寸（>1 mm）时固定噬斑。

（15）这一阶段的典型滴度为亲本野生型病毒约 10^8 个 /mL 噬斑形成单位（pfu），重组 mCherry 表达病毒约 10^5 个 /mL 噬斑形成单位。如果没有观察到荧光斑，在感染的情况下，互补细胞系可能无法对缺失的基因进行互补。在这种情况下，这种基因缺失的方法可能是不合适的。重新进行细胞蛋白表达测定。或者，重组率可能低于先前预期。扩大到更大的细胞板或增加转染的同源重组质粒的数量可以帮助解决这个问题。

（16）重组率可以通过比较光显微镜下可见的总噬斑数与荧光显微镜下可见的总噬斑数的比率来确定。

（17）光镜下可见数千个野生型噬斑，现阶段荧光镜下仅可见 1~10 个。荧光噬斑代表重组子代病毒。如果 5 000 个平板中没有荧光斑，每个平板上的病毒数量（在 50 000~500 000 个噬斑形成单位）会增加。应使用荧光斑最少的板。这一步的目标是在仍有荧光噬斑的情况下尽可能地分离斑块。

（18）为了准确标记重组荧光噬斑在培养板上的位置，在板的侧面画一条线，表示板盖和底部的方向。接下来，在与荧光板中心相对应的板盖区域上放置一个点。如果可能，选择荧光噬斑，在噬斑挑取过程中与野生型病毒噬斑很好地分离。

（19）在病毒生物安全柜中进行病毒中噬斑的分离，将板盖放在板底部下方，对齐板侧面的方向标记，并用移液枪尖头吸取标记的噬斑。如有可能，应选择4~6个重组噬斑。

（20）应进行噬斑的纯化，直到在光学显微镜下可见的总噬斑数量与在荧光显微镜下可见的总噬斑数量相等，例如，观察到100个荧光噬斑应存在相同数量的噬斑。随着纯化的进行，可能使用较小的细胞培养皿更好。

（21）可以进行多种PCR反应来检测痘苗病毒基因是否已被删除并被荧光标记替代。作者定期进行以下无PCR产物的反应测试：3a+3b、1a+3b和3a+2b。额外的反应是寻找PCR产物的存在：1a+1b和2a+2b。最后，进行产物大小反应，1a+2b；对于这个反应，预期一个相当于荧光标记物大小的产物+500个侧翼核苷酸，而不是一个被删除基因大小的产物+500个侧翼核苷酸。如果删除的痘苗病毒基因和荧光标记的大小相似，PCR产物可能需要限制性消化或测序来进一步确认。

（22）将此小规模扩大的其余部分存液储存在−80℃。在确认基因已被删除后，用于大规模纯化缺失病毒。

参考文献

[1] Mackett M, Smith GL, Moss B. 1982. Vaccinia virus: a selectable eukaryotic cloning and expression vector. Proc Natl Acad Sci, 79(23):7415–7419.

[2] Blasco R, Moss B. 1991. Extracellular vaccinia virus formation and cell-to-cell virus transmission are prevented by deletion of the gene encoding the 37 000-Dalton outer envelope protein. J Virol, 65(11):5910–5920.

[3] Blasco R, Cole NB, Moss B. 1991. Sequence analysis, expression, and deletion of a vaccinia virus gene encoding a homolog of profilin, a eukaryotic actin-binding protein. J Virol, 65(9):4598–4608.

[4] Mackett M, Smith GL, Moss B. 1984. General method for production and selection of infectious vaccinia virus recombinants expressing foreign genes. J Virol, 49(3):857–864.

[5] Roper RL, Wolffe EJ, Weisberg A et al. 1998. The envelope protein encoded by the A33R gene is required for formation of actin-containing microvilli and efficient cell-to-cell spread of vaccinia virus. J Virol, 72(5): 4192–4204.

[6] Chernos VI, Belanov EF, Vasilieva NN. 1978. Temperature-sensitive mutants of vaccinia virus. I. Isolation and preliminary characterization. Acta Virol, 22(2):81–90.

[7] Condit RCMA. 1981. Isolation and preliminary characterization of temperature-sensitive

mutants of vaccinia virus. Virology, 113(1):224–241.

[8] Rempel RE, Anderson MK, Evans E et al. 1990. Temperature-sensitive vaccinia virus mutants identify a gene with an essential role in viral replication. J Virol, 64(2):574–583.

[9] Evans ETP. 1992. Characterization of vaccinia virus DNA replication mutants with lesions in the D5 gene. Chromosoma, 102(1):S72–S82.

[10] da Fonseca FG, Wolffe EJ, Weisberg A, Moss B. 2000. Effects of deletion or stringent repression of the H3L envelope gene on vaccinia virus replication. J Virol, 74(16):7518–7528.

[11] Szajner P, Weisberg AS, Moss B. 2004. Evidence for an essential catalytic role of the F10 protein kinase in vaccinia virus morphogenesis. J Virol, 78(1):257–265.

[12] Meng X, Wu X, Yan B, Deng J, Xiang Y. 2013. Analysis of the role of vaccinia virus H7 in virion membrane biogenesis with an H7-deletion mutant. J Virol, 87(14):8247–8253. https://doi.org/10.1128/JVI.00845-13.

[13] Maruri-Avidal L, Weisberg AS, Bisht H, Moss B. 2013. Analysis of viral membranes formed in cells infected by a vaccinia virus L2-deletion mutant suggests their origin from the endoplasmic reticulum. J Virol, 87(3):1861–1871. https://doi.org/10.1128/JVI.02779-12.

[14] Boyle KA, Greseth MD, Traktman P. 2015. Genetic confirmation that the H5 protein is required for vaccinia virus DNA replication. J Virol, 89:6312–6327.

[15] Warren RD, Cotter CA, Moss B. 2012. Reverse genetics analysis of poxvirus intermediate transcription factors. J Virol, 86(17):9514–9519. https://doi.org/10.1128/JVI.06902-11.

[16] Kolli S, Meng X, Wu X, Shengjuler D, Cameron CE, Xiang Y. 2015. Structure-function analysis of vaccinia virus H7 protein reveals a novel phosphoinositide binding fold essential for poxvirus replication. J Virol, 89(4):2209–2219. https://doi.org/10.1128/JVI.03073-14.

[17] Hyun SI, Weisberg A, Moss B. 2017. Deletion of the vaccinia virus I2 protein interrupts virion morphogenesis, leading to retention of the scaffold protein and mislocalization of membrane- associated entry proteins. J Virol, 91(15): e00558–e00517. https://doi.org/10.1128/JVI.00558-17.

[18] Meng X, Rose L, Han Y, Deng J, Xiang Y. 2017. Vaccinia virus A6 is a two-domain protein requiring a cognate N-terminal domain for full viral membrane assembly activity. J Virol, 91(10): e02405–e02416.https://doi. org/10.1128 /JVI. 02405-16.

[19] Maruri-Avidal L, Weisberg AS, Moss B. 2013. Direct formation of vaccinia virus membranes from the endoplasmic reticulum in the absence of the newly characterized L2-interacting protein A30.5. J Virol, 87(22):12313–12326. https://doi.org/10.1128/JVI.02137-13.

[20] Sutter G, Ramsey-Ewing A, Rosales R, Moss B. 1994. Stable expression of the vaccinia virus K1L gene in rabbit cells complements the host range defect of a vaccinia virus mutant. J

Virol, 68(7):4109–4116.

[21] Olson AT, Rico AB, Wang Z, Delhon G, Wiebe MS. 2017. Deletion of the vaccinia virus B1 kinase reveals essential functions of this enzyme complemented partly by the homologous cellular kinase VRK2. J Virol, 91(15):e00635–e00617. https://doi.org/10.1128 / JVI. 00635-17.

[22] Borrego B, Lorenzo MM, Blasco R. 1999. Complementation of P37 (F13L gene) knockout in vaccinia virus by a cell line expressing the gene constitutively. J Gen Virol, 80(Pt.2): 425–432. https:// doi.org/10.1099/0022-1317-80-2-425.

[23] Holzer GW, Falkner FG. 1997. Construction of a vaccinia virus deficient in the essential DNA repair enzyme uracil DNA glycosylase by a complementing cell line. J Virol, 71(7):4997–5002.

[24] Schambach A, Zychlinski D, Ehrnstroem B, Baum C. 2013. Biosafety features of lentiviral vectors. Hum Gene Ther, 24(2):132–142. https://doi.org/10.1089/hum.2012.229.

[25] Chakrabarti S, Sisler JR, Moss B. 1997. Compact, synthetic, vaccinia virus early/late promoter for protein expression. Biotechniques, 23(6):1094–1097.

[26] Davison AJ, Moss B. 1990. New vaccinia virus recombination plasmids incorporating a synthetic late promoter for high level expression of foreign proteins. Nucleic Acids Res, 18(14):4285–4286.

[27] Bertholet C, Drillien R, Wittek R. 1985. One hundred base pairs of 5′ flanking sequence of a vaccinia virus late gene are sufficient to temporally regulate late transcription. Proc Natl Acad Sci U S A, 82(7):2096–2100.

[28] Wittek R, Hanggi M, Hiller G. 1984. Mapping of a gene coding for a major late structural polypeptide on the vaccinia virus genome. J Virol, 49(2):371–378.

[29] Cotter CA, Earl PL, Wyatt LS, Moss B. 2017. Preparation of cell cultures and vaccinia virus stocks. Curr Protoc Protein Sci, 89:5.12.1–5.12.18. https://doi.org/10.1002/cpps.34.

第六章　利用 CRISPR 编辑痘苗病毒基因

Carmela Di Gioia，Ming Yuan，Yaohe Wang

摘　要：CRISPR/CAS9 是一个 RNA 介导的靶向基因组编辑系统，可以对活细胞中的基因组进行精确的靶向修饰。本章中，我们描述了如何使用这种方法来有效地编辑痘苗病毒基因组，从而使目标基因特异性插入目标位点。

关键词：CRISPR；Cas9；基因组；编辑；同源重组；痘苗病毒

1　前　言

痘苗病毒（Vaccinia virus，VACV）是一种属于痘病毒科的大型双链 DNA 病毒。与这个家族的其他成员一样，VACV 利用自身的酶在细胞质中进行复制，用于转录和复制 DNA，DNA 最终被包裹，产生各种形式的病毒，病毒最终从细胞中释放出来。自其用于根除天花以来，VACV 已被开发为传染病疫苗和癌症免疫治疗的载体，特别是用于创造肿瘤靶向复制溶瘤 VACV[1-4]。这种病毒特异性靶向肿瘤细胞并诱导抗肿瘤作用的能力依赖于某些病毒基因的缺失和治疗基因的插入。这是通过同源重组实现的，该方法为一种基于修复供体载体将目的基因转化到预先感染的哺乳动物细胞的策略。但是，只有 1%~5% 的重组病毒含有外源 DNA，其余的是随机插入的突变病毒[5]。为了提高 DNA 同源重组的效率，CRISPR-CAS9 系统显示出了在单链引导 RNA（sgRNA）的指导下诱导基因组特定部位双链断裂的良好结果[6]。如图 6-1 所示，Cas9/sgRNA 复合物可以识别并切割哺乳动物细胞中 5′-NGG-3′ PAM 序列之前的一个位点，使 CRISPR-Cas9 系统成为在 CV-1 细胞中产生突变 VACV 的有效工具[8]。

2　材　料

2.1　gRNA 的克隆、CAS9 和修复供体载体的构建

（1）纯化的痘苗病毒基因组。

（2）供体载体。

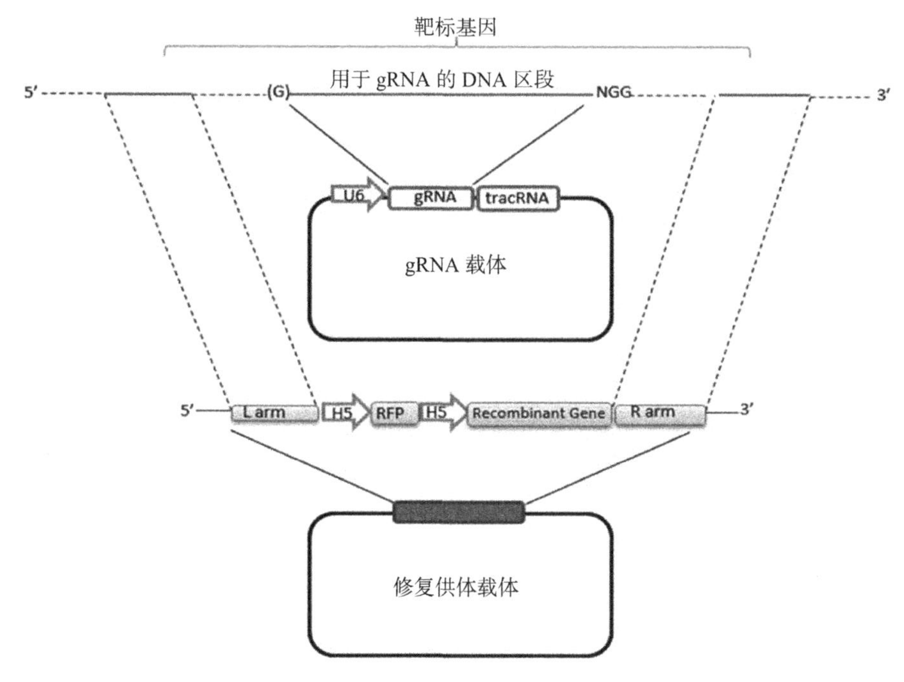

图 6–1　用于构建突变体痘苗病毒的 gRNA 载体和修复供体载体构建

在启动子处使用 U6 将 gRNA 靶区的 DNA 序列克隆到 gRNA 载体中。修复供体载体的构建包含左臂和右臂，与原始疫苗病毒的区域互补；RFP 和重组基因，通常由两个单独的启动子（本例中为 H5 启动子）转录。

（3）PCR 试剂：PCR master 预混液，Millipore 超纯水。

（4）琼脂糖凝胶：琼脂糖粉，1 × Tris/ 硼酸盐 /EDTA 缓冲液，Millipore 超纯水，GelGreen。

（5）人源密码子优化的 CAS9 基因。

（6）gRNA oligos。

（7）1 × 退火缓冲液：10 mmol/L Tris，pH 值 7.5~8.0，50 mmol/L NaCl，1 mmol/L EDTA。

（8）哺乳动物表达克隆载体。

（9）携带氨苄西林耐药基因和 *LacZ* 基因的细菌表达克隆载体。

（10）DNA 纯化试剂盒。

（11）连接试剂：T4- 连接酶，连接缓冲液。

（12）感受态细胞。

（13）含 100 μg/mL 氨苄西林琼脂糖平板。

（14）含 100 μg/mL 氨苄西林 LB 培养基。

（15）0.1 mmol/L IPTG，40 μg/mL X-Gal 。

（16）酶切反应：限制酶、酶切缓冲液。

2.2 转染质粒到 CV1 细胞中以及病毒的产生

（1）细胞培养箱：37℃，5% CO_2。

（2）CV1 细胞。

（3）杜尔贝科改良伊格尔培养基（Dulbecco's modified Eagle's medium, DMEM）。

（4）细胞培养基：含有 5% 胎牛血清，青霉素 100 U/mL，链霉素 100 U/mL 的 DMEM。

（5）VACV 骨架病毒（Lister 株）。

（6）PBS。

（7）胰蛋白酶。

（8）转染试剂。

（9）细胞刮刀。

（10）细胞培养瓶，6 孔板，冻存管。

3 方 法

3.1 gRNA、Cas9 构建体克隆及修复供体载体

（1）设计 1 个靶向目标序列靶位点的导向 RNA（gRNA）（见注释 1）。

（2）在 PCR 管中进行 25 μL 体系的退火反应，含有每条 gRNA DNA 链各 50 μmol/L（见注释 2）。

（3）在 PCR 仪上退火 gRNA 寡核苷酸。反应条件为加热至 95℃，保持温度 2 min，经 45 min 梯度降温冷却至 25℃，然后冷却至 4℃，即可用于连接。

（4）对 PCR 管进行短暂离心，将所有盖子上的水分甩下来。

（5）在 10 μL 连接体系中，加入 T4 连接酶和 DNA 连接缓冲液，将 1 μL 退火后的 gRNA 寡聚核苷酸与 gRNA 克隆载体于 23℃条件下连接 15~30 min。

（6）随后用所产生的连接产物来转化可在含氨苄西林琼脂板上生长的感受态细胞。对照使用除了插入片段之外的全部连接液来转化。经过一整夜的培养后，将含有所需插入物的培养板与应显示较少菌落的对照板进行比较。

（7）从培养板中挑选菌落，并在 3 mL 含有氨苄西林的 LB 中培养过夜。

（8）使用质粒小量提取试剂盒提取质粒。

（9）使用适当的限制酶，应用标准酶切反应确认插入物的存在。

（10）Sanger 测序用于确认插入物的正确顺序。

（11）如上文步骤（4）至步骤（7）所述构建 CAS9 表达载体（见注释 3）。

（12）产生修复供体载体：以 VACV 基因组为模板，通过 PCR 扩增靶序列的左右臂，使其与靶区重叠达 50 bp；选择的限制性酶位点附着在每个 PCR 产物的末端，以备后续

克隆（见注释 4）。

（13）通过聚合酶链反应（PCR）扩增标记基因 RFP（或 GFP）、治疗基因和左臂、右臂，其中一条 DNA 的 3′ 端有 1 个锤头（见注释 5）。H5 启动子序列分别整合到标记基因和重组基因中。所选的限制性酶位点附着在每个 PCR 产物的末端，以便于其下游克隆到 DNA 供体载体中（见图 6–1）。

（14）通过琼脂糖凝胶电泳检测 DNA 片段的大小，按照制造商的指示使用商业凝胶 DNA 提取试剂盒纯化 PCR 产物。

（15）按照制造商提供的使用说明，将纯化的 PCR 片段连接到商品化的 T-A 克隆载体中（见注释 6）。

（16）在 3 mL 含氨苄西林的 LB 肉汤中培养阳性菌落过夜。

（17）根据制造商的说明，使用质粒小量提取试剂盒提取质粒。

（18）在适当的温度下用特异性酶切纯化的质粒 1 h。检测消化后的质粒，确保插入物大小合适，然后通过 Sanger 测序确认质粒中插入片段的正确序列。

（19）在确认克隆质粒中插入片段的序列正确后，使用选定的限制性酶从克隆质粒中消化插入片段，并按照上述步骤（4）至步骤（7）所述将其克隆到消化后的 DNA 供体载体中。

（20）将质粒转化到合适的大肠杆菌感受态细胞中扩大，并根据制造商的说明使用质粒小提试剂盒纯化质粒。

3.2　通过同源重组在 CV–1 细胞中产生突变痘苗病毒

（1）CV-1 细胞在细胞培养液中生长，达到 80%~90% 的融合时消化细胞传代培养（见注释 7）。

（2）将 CV-1 细胞铺到 6 孔板中，每个孔用 2 mL 细胞培养基，细胞含量为每孔 3×10^5 细胞。

（3）24 h 后，用转染试剂盒将 0.5 μg Cas9 质粒和 0.5 μg gRNA 转染进入 CV-1 细胞。

（4）在组织培养箱中培养 24 h。

（5）用 2 mL 新鲜细胞培养基代替转染培养基。

（6）加入 100 μL 在 DMEM 中稀释至 2×10^5 pfu/mL 的痘苗病毒稀释液到转染后的 CV-1 细胞中，摇晃使其分布均匀（见注释 8）。

（7）病毒感染 2 h 后，使用转染试剂将 1.0 μg 的修复供体载体转入 CV-1 细胞。

（8）将细胞培养板置于细胞培养箱中孵育 24 h。

3.3　修饰病毒的纯化

（1）用细胞刮刀将转染的 CV-1 细胞刮到培养基中。

（2）将细胞收集到细胞冻存管中，然后将其储存在 -80℃，以备将来使用或进行步骤（3）（见注释 9）。

（3）将 CV-1 细胞接种到 15 个 6 孔板中，每个孔中加入 2 mL 细胞培养液，含有 3×10^5 CV-1 细胞（见注释 10）。

（4）将步骤（2）的感染细胞裂解液在 37℃水浴中解冻 3 min（见注释 11）。

（5）为感染 6 孔板中的细胞，每个 6 孔板稀释 1 μL 感染细胞溶解产物到 3 mL DMEM 中，然后每个孔中加入 0.5 mL 病毒稀释液（见注释 12）。

（6）在细胞培养箱中培养 48 h。

（7）在荧光显微镜下，用 10 × 物镜筛选 RFP 阳性噬斑（见图 6-2）。

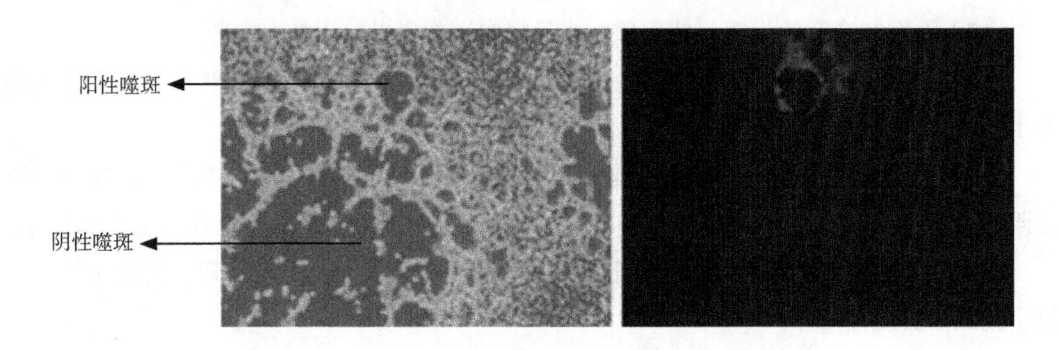

图 6-2　表达 RFP 噬斑的筛选

（8）在荧光显微镜下，在平板底部的位置用记号笔圈出表达 RFP 的噬斑（见注释 13）。

（9）准备含有 200 μL DMEM 的冻存管。

（10）从含有阳性噬斑的孔中吸出所有培养基。

（11）使用 200 μL 枪头，调节体积为 30 μL，然后加入 10 μL 到冻存管中（见注释 14）。

（12）手持移液枪按钮，用枪尖端划取标记的噬斑。

（13）松开移液管按钮，将分离的细胞转移到冻存管中。

（14）每个噬斑重复步骤（11）至步骤（13）3 次，并将冻存管保存在 -80℃，以备将来使用（见注释 15）。

（15）将每个噬斑接种到 6 孔板的 1 个孔中，6 孔板的每个孔中已含有 2 mL 的细胞培养液和 3×10^5 个 CV-1 细胞。

（16）24 h 后，将步骤（14）的冻存管放入 37℃的水浴中解冻 3 min。

（17）6 孔板的每个孔中加入 0.5 μL 感染细胞溶解产物。

（18）将细胞培养板置于细胞培养箱中孵育 48 h（见注释 16）。

（19）选择并收集荧光阳性噬斑，如步骤（7）至步骤（14）所示。

（20）重复步骤（15）至步骤（19），直到由 1 个阳性噬斑形成的所有噬斑均为 RFP

阳性，如图 6-3 所示，然后进入步骤（21）。

（21）将 RFP 阳性噬斑收集到冻存管中，并储存于 -80℃（见注释 17）。

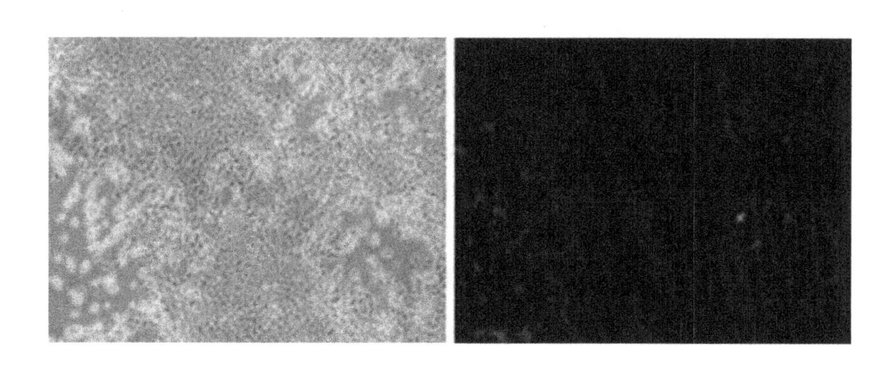

图 6-3　纯的突变体 VACV

当所有受感染的细胞都表达 RFP 标记物时，就可以认为突变体 VACV 是纯的。

3.4　采用 PCR 方法验证 VACV 的修饰突变体

（1）在 2 mL 细胞培养液中，接种 6 孔板的 1 个孔，3×10^5 CV1 细胞。

（2）在细胞培养箱中培养 24 h。

（3）在 37℃水浴中解冻本章标题 3.3 中步骤（21）的 RFP 阳性噬斑 3 min。

（4）向 6 孔板的 1 个孔中加入 100 μL 溶解产物，感染 24 h（见注释 18）。

（5）用细胞刮板收集感染细胞，收集 1 mL 刮下来的细胞病毒液到 1.5 mL 离心管中，将剩余的 1 mL 细胞病毒液加到冻存管中（见注释 19）。

（6）取 1.5 mL 离心管，300 × *g* 离心 3 min。

（7）取出上清液，将细胞沉淀保存在步骤（8）中立即使用，或将细胞沉淀保存于 -80℃，以备使用（见注释 20）。

（8）按照商业 DNA 提取试剂盒的说明，从步骤（8）收集的细胞颗粒中提取 VACV DNA。

（9）执行 25 μL PCR 反应扩增基因，重组 DNA 区域生成目标修饰基因，而 A52R 为对照基因（见注释 21）。

（10）用 1% 琼脂糖凝胶分析 PCR 产物。

（11）如果跨越目标基因的 DNA 区域为阴性，而 A52R 为阳性，则突变病毒在目标基因中被正确修饰。

（12）使用已建立的方法从 CV-1 细胞中扩增已正确修饰的突变病毒。

4 注　释

（1）用于 gRNA 设计的工具，如 http://crispr.dfci.harvard.edu/ssc/，将帮助找到在目标位置诱导双链断裂（double-strand bleak, DSB）的正确序列。DSB 周围的序列被用来促进与修复供体载体的配对，从而导致同源重组的发生。上面提到的网站很简单：插入计划删除的基因，然后选择 2 个或 3 个推荐的 gRNA（选择得分较高的）。

（2）退火缓冲液成分（1×）：10 mmol/L Tris, pH 值 7.5~8.0, 50 mmol/L NaCl, 1 mmol/L EDTA。

（3）任何哺乳动物表达克隆载体都可以插入缺少核定位信号的 CAS9 基因。

（4）左右臂的序列长度为 500~600 bp。

（5）与 GFP 相比，RFP 提供的背景较少。可以设计成使用 Cre-Lox 系统来切除 RFP 基因插入物。

（6）使用携带 LacZ 和氨苄西林抗性基因的细菌质粒，即可通过蓝白筛选系统鉴定重组克隆。

（7）从培养皿中吸出培养基。用 PBS 清洗 3 次。加入足够覆盖培养瓶表面的胰蛋白酶 EDTA。将培养瓶置于 37℃、5%CO_2 的培养箱中 5 min。用血球计数板将细胞重新悬浮在新培养基中并计数细胞。

（8）将 VACV 骨架稀释至 2×10^5 pfu/mL 的浓度。

（9）刮取 0.5 mL 或 1 mL 含细胞溶解物到 1.5 mL 的冻存管中。

（10）可在修复供体载体转染的同一天，参照本章标题 3.3 中步骤（2）立即接种 15 个或者更多的 6 孔板。

（11）使用前，确保子标题 3.3 中步骤（2）中的冻存管，即使在收集当天使用也需要进行冻融。反复冻融可使细胞破裂然后释放出病毒到细胞裂解液中。

（12）由于每块板细胞裂解液的体积不同，所以用于获得所需最佳噬斑数量可能会因病毒产量而不同。每块板加入 1 μL 通常可获得足够的分开的噬斑。如果感染过多病毒，则需要继续进一步稀释。

（13）6 个阳性噬斑应足以在所需的基因组区域找到含有重组基因的正确突变病毒。

（14）200 μL 的枪尖最适合用于刮取噬斑。

（15）吸取噬斑后不需要弹出培养基，因为有些培养基通过毛细血管作用使表面湿润。

（16）对步骤（7）中挑取到的每个阳性噬斑重复相同的操作。

（17）在噬斑纯化过程中，将每一步获得的细胞溶解物储存在 −80℃。

（18）感染时间从 24 h 至 48 h 不等，这取决于细胞溶解液中的病毒浓度，50% 的细胞应呈圆形，易于分离，荧光显微镜下呈阳性时即可。病毒浓度的测定可能需要一个粗略的滴定步骤：用不同体积的病毒感染 6 孔板上的 CV-1 细胞。

（19）在将细胞装进离心管验证 VACV 修饰情况时，可将冻存管储存在 -80℃。

（20）如果不立即进行下一步，请将细胞沉淀存储在 -80℃。

（21）PCR 设置：首先将 DNA 在 94℃变性 2 min，然后 94℃变性 30 个循环 15 s，52℃退火 15 s，72℃延伸 30 s。这些设置可能根据不同重组基因使用的引物略有不同。

参考文献

[1] Cooney EL, Collier AC, Greenberg PD, Coombs RW, Zarling J, Arditti DE et al. 1991. Safety of and immunological response to a recombinant vaccinia virus vaccine expressing HIV envelope glycoprotein. Lancet, 337:567–572.

[2] Di Paola RS, Chen Y, Bubley GJ, Stein MN, Hahn NM, Carducci MA et al. 2014. A national multicenter phase 2 study of prostate- specific antigen (PSA) pox virus vaccine with sequential androgen ablation therapy in patients with PSA progression: ECOG 9802. Eur Urol, 68(3):372–373.

[3] Guo ZS, Bartlett DL. 2004. Vaccinia as a vector for gene delivery. Expert Opin Biol Ther, 4:901–917.

[4] Moss B. 2013. Reflections on the early development of poxvirus vectors. Vaccine, 31:4220–4222.

[5] Nakano E, Panicali D, Paoletti E. 1982. Molecular genetics of vaccinia virus: demonstration of marker rescue. Proc Natl Acad Sci U S A, 79:1593–1596.

[6] Cong L, Ran FA, Cox D, Lin S, Barretto R, Habib N et al. 2013. Multiplex genome engineering using CRISPR/Cas systems. Science, 339:819–823.

[7] Jinek M, Chylinski K, Fonfara I, Hauer M, Doudna JA, Charpentier E. 2012. A programmable dual-RNA-guided DNA endonuclease in adaptive bacterial immunity. Science, 337:816–821.

[8] Yuan M, Zhang W, Wang J, Al Yaghchi C, Ahmed J, Chard L et al. 2015. Efficiently editing the vaccinia virus genome by using the CRISPR-Cas9 system. J Virol, 89:5176–5179.

第七章 RNAi 介导的痘病毒蛋白质缺失

Caroline Martin，Samuel Kilcher

摘　要： RNA 干扰（RNA interference, RNAi）可以使细胞或病毒蛋白质的短暂、有针对性的减少。以前，靶向细胞因子的小干扰 RNA（small interfering RNA, siRNA）筛选成功地识别出 VACV 以及其他病毒，如艾滋病毒感染所需的一些宿主基因。在这一章中，我们概述了如何在 96 孔板上利用 RNAi 揭示痘病毒基因的功能。此外，我们还描述了两种不同的高通量方法，即流式细胞技术和自动显微镜，通过这两种方法可评估在早期和/或晚期病毒基因启动子下编码荧光报告蛋白的工程化 VACV 的感染水平。

关键词： siRNA；高通量筛选；痘病毒基因；蛋白质缺失；转染

1　前　言

生命的中心法则是，基因信息以 DNA 的形式存储，并以 RNA 作为中间产物转化为功能蛋白。然而，并非所有在植物、真菌或动物中发现的 RNA 都编码蛋白质：短非编码 RNA 是一种进化上保守的基因表达调节因子，并且在细胞抵御细胞内病原体方面也起着关键作用（见综述 [1]）。这种所谓的 RNA 干扰（RNA interference, RNAi）在转录后以一种特异性靶向序列的方式使基因沉默（见综述 [2]）。双链 RNA（double-stranded RNA, dsRNA）由细胞编码并表达（microRNA），或外源性引入细胞，由细胞核酸酶切分器加工并切割成短的单链 RNA（single-stranded RNA, ssRNA）片段。在外源 RNA 的情况下，这些片段长约 23 个核苷酸，被称为短干扰 RNA（short interfering RNA, siRNA）。然后将 ssRNA 加载到 RNA 诱导沉默复合物（RNA-induced silencing complex, RISC）中，作为其互补靶 mRNA 的引导链。一旦靶 mRNA 结合，将被 RISC 亚单位 Argonaute 直接切割或在加工体（p 体）中被降解。因此，RNAi 使细胞能够调节内源性蛋白质水平，并保护自身免受外源性、致病性 RNA 表达的影响。

利用这一细胞调控机制，RNAi 被开发成一种强大的工具，允许沉默任何已知编码 mRNA 序列的细胞或病毒蛋白。由于 RNAi 诱导短暂的蛋白质消耗，它允许沉默那些不能通过基因删除研究或从正向基因筛选中识别的重要基因。细胞 RNAi 是由合成的 siRNA

序列触发的，这些序列被设计为特异性结合病毒或细胞 mRNA 的互补寡核苷酸（20~25 个核苷酸）。

以前，siRNA 筛选靶向细胞因子成功地鉴定了 VACV[3,4] 和其他病毒，如艾滋病毒[5,6] 感染所需的宿主基因。为了能够使用 RNAi 解析 VACV 基因的功能，我们开发了一个定制的 siRNA 库，该库针对 80 个早期病毒基因，每个基因有 3 个不同的 siRNA[7]。利用这一点，我们成功地确定了 VACV 脱壳因子[8]。在本章中，我们描述了如何使用流式细胞技术和基于显微镜的感染评分分析来进行 VACV 靶向 RNAi 的筛选。这里我们并未对筛选数据集进行分析，因为这在很大程度上取决于用户定义的实验设置和分析参数。重要的是，只要有 RNAseq 数据或转录组数据集可用，RNAi 介导的病毒基因沉默可以扩展到其他大型 DNA 病毒，如单纯疱疹病毒和巨细胞病毒等。

2　材　料

2.1　一般材料

（1）磷酸盐缓冲盐液（Phosphate-buffered saline, PBS）。

（2）配有 96 个孔板插入件和转子的离心机。

（3）多通道移液器。

（4）生物安全 2 级无菌层流安全柜。

2.2　细胞培养材料

（1）保持低传代数的细胞（如 HeLa、BSC40、A549）。

（2）细胞培养基：DMEM、10% 胎牛血清（FBS）、1 × 谷氨酰胺、1 × 青霉素 / 链霉素、Hela 和 A549 的 1 × 非必需氨基酸、BSC40 细胞还应加入 1 × 丙酮酸钠。

（3）显微镜观察：黑色 96 孔板，组织培养用（Greiner-Bio One 或 Perkin 和 Elmer 产品）。用于细胞计数：透明的 96 孔平底细胞培养板。

2.3　siRNA 文库

（1）靶向病毒早期基因的 siRNAs，这些 siRNA 带有 3′dTdT 悬臂的双链 RNA 链（编码链和反义链），由 Sigma-Aldrich 公司设计合成[8]（见注释 1 和注释 2）。

（2）无菌、无核酸酶的水。

（3）用于 96 孔板的铝箔胶带封板膜。

2.4　反向转染

（1）转染培养基：无任何添加的 DMEM，称为 DMEM (−)。

（2）转染试剂 Lipofectamine RNAiMAX（Invitrogen 公司产品）。

2.5 病毒

（1）报告病毒（依赖于检测，如表达荧光素酶或表达 GFP 的 VACV）（见注释 3）。

（2）用于病毒生产和滴度测定的 BSC40 细胞。

（3）感染培养基：DMEM(−)。

2.6 流式细胞分析

（1）胰蛋白酶 – EDTA 溶液：0.25% 胰蛋白酶，0.02% EDTA。

（2）淬灭缓冲液：含 5% 胎牛血清的 PBS 溶液。

（3）固定液：含 4% 甲醛的 PBS 溶液。

（4）细胞计数仪（最好可装载 96 孔板）。

2.7 免疫荧光和显微镜分析

（1）通透 – 封闭缓冲液：含 5% FBS 和 0.1% Triton X-100 的 PBS。

（2）DNA 染料：Hoechst 33342（Invitrogen 产品）。

（3）一抗。

（4）荧光基团偶联的二抗。

（5）固定液：含 4% 甲醛的 PBS 溶液。

3 方 法

除另有说明外，所有程序均需在室温（room temperature RT）层流罩中的无菌条件下进行。细胞在 37℃、5% 的 CO_2 下在加湿培养箱中生长。除非另有规定，否则所有细胞培养试剂（1 × PBS、胰蛋白酶和培养基）在使用前均预热至 37℃。所有体积均适用于 96 孔板的 1 个孔。任何显示的感染复数（multiplicities of infection, MOI）都是基于 BSC40 细胞上测定的 VACV 滴度。通过优化转染方案和最终 siRNA 浓度，可以达到病毒蛋白最高的消耗效率和最小的细胞毒性。

3.1 细胞传代

为了达到转染时 90% 的融合，在反向转染前 24 h 将细胞分传至 50% 的融合（见注释 4）。

3.2 反向转染

（1）在冰上解冻稀释的 siRNA 储液（133 nmol/L，15 μL）1 h（见注释 5）。应事先

制备好 133 nmol/L 储存库，并存储在 −80℃（或 −20℃）中。

（2）离心 96 孔板收集孔底的液体（600 × g，4℃，5 min），然后小心拆卸密封铝板。

（3）短暂涡旋 RNAiMAX 溶液。

（4）准备 RNAiMAX 转染试剂混合物：加入 0.15 μL RNAiMAX 到 15 μL 预冷的 DMEM (−)，孵育 5 min（见注释 6 和注释 7）。

（5）将 15 μL 转染试剂混合添加到 15 μL 稀释好的 siRNA 中（见注释 8）。

（6）轻轻拍打板子的四边，混合溶液（见注释 9）。

（7）孵育 45 min 后，可以消化分离宿主细胞，准备接种。

（8）用 15 mL PBS 冲洗 15 cm 细胞培养皿 1 次。

（9）抽吸 PBS，加入 5 mL 胰蛋白酶 –EDTA 溶液。

（10）37℃孵育 1~2 min，轻轻拍打培养皿的两侧，使细胞分离。

（11）加入 10 mL 细胞培养液，使胰蛋白酶消化液冷却，并小心地上下滴入细胞悬液中。

（12）测定细胞浓度。

（13）用培养基稀释细胞悬液，使细胞最终浓度为 2 500~20 000 细胞 / 70 μL（见注释 10）。

（14）当 RNAiMAX /siRNA 转染混合物（30 μL）已经孵育了 1 h 后，加入 70 μL 细胞悬液（见注释 11）。

（15）小心轻拍板的两侧，以确保细胞均匀分散（见注释 12）。

（16）置于 37℃培养箱中 20 h（见注释 13）。

3.3　感染

（1）将病毒稀释到感染中所需的 MOI（每孔以 100 μL 的量计算，见注释 14）。

（2）吸出 siRNA 转染液（见注释 15）。

（3）加入病毒接种物，置于 37℃培养箱中培养 1 h。

（4）吸出病毒培养液（见注释 15），加入 150 μL 细胞培养基，把培养板放入培养箱。我们将这个时间点定义为感染后 t = 0 h（hpi）。

3.4　分析

在预期的感染时间之后，即可对样本进行处理和分析。分析方法取决于检测方法、使用的报告病毒类型、所需的读出参数和要分析的样本数量。在接下来的几节中，我们将介绍两种不同的高通量方法（流式细胞技术和自动显微镜），它们在评估早期和 / 或晚期病毒基因启动子下编码荧光报告蛋白（见表 7–1）的基因工程修饰的 VACV 的感染水平各有优缺点。

表 7–1　流式细胞技术与自动显微镜分析 RNAi 筛选的优缺点比较

方法	优点	缺点
流式细胞技术	+ 分析简单，数字数据量小 + 样品制备快速	– 当需要额外染色时，对板不实用 – 没有空间 / 形态信息 – 通过蛋白水解或离子螯合分离细胞可能会干扰 / 分裂潜在的细胞表型，从而干扰抗体染色
自动显微镜分析	+ 空间 / 形态信息容易获取 + 快速的样品制备和简单的免疫荧光染色是可能的 + 细胞潜在毒性易于量化（细胞脱离和细胞丢失） + 底片可以在成像前储存数周	– 需要广泛和 / 或详细的图像分析 – 数据量大

3.4.1　流式细胞技术分析

（1）用 200 μL PBS 清洗细胞 1 次（见注释 16）。

（2）加入 80 μL 胰蛋白酶 – EDTA（见注释 17 和注释 18），置于 37℃培养箱中孵育 5 min 消化细胞（见注释 19）。

（3）每孔加入 40 μL 淬灭缓冲液。

（4）每孔加入 40 μL 固定液。

（5）室温下在黑暗中孵育皿培养 15 min。

（6）现在可以通过流式细胞仪进行分析样品。将板子避光存放在 4℃（见注释 20）。

（7）如果样品需要储存 2 d 以上和 / 或可能由于细胞仪管对 PFA 敏感，则将样品转移到带有“V”形孔的 96 孔板上。在 4℃下以 600 × *g* 的速度离心板 10 min，以收集孔底的细胞。

（8）小心地吸取上清液，并在 120 μL 淬灭缓冲液中重新悬浮颗粒（关于再悬浮体积，见注释 17）。

3.4.2　自动显微镜分析

（1）用 200 μL PBS 清洗细胞 2 次（见注释 16）。

（2）加入 60 μL 固定液。

（3）在室温下在黑暗中孵育皿培养 15 min（见注释 21）。

（4）用 200 μL PBS 洗涤 2 次（见注释 16）。

（5）加入 80 μL 渗透封闭缓冲液。

（6）在室温下避光孵育皿培养 30 min。

（7）加入 50 μL 含稀释一抗的渗透封闭缓冲液。

（8）按照制造商的建议进行孵育（见注释 22）。

（9）用 200 μL PBS 洗涤 2 次。

（10）加入 50 μL 荧光基团结合的二抗，稀释于封闭缓冲液中。如有需要，在抗体溶液中添加 DNA 染色剂（如 DAPI 或 Hoechst）（见注释 22 和注释 23）。

（11）在室温下避光孵育皿培养 1 h。

（12）用 200 μL PBS 洗涤 3 次。

（13）用自动显微镜获取图像，或在黑暗中 4℃温度下将平板储存在 150 μL PBS 中。

3.5　总则

3.5.1　用于筛选的 siRNA 平板的稀释和排列

（1）对于长期储存，siRNAs 应在高浓度（10 mmol/L）下保持在 −20℃或 −80℃。为了制备稀释的 siRNA 板进行筛选，将储存的 siRNA 储液（10 mmol/L）在冰上解冻 1 h（见注释 24）。

（2）离心（600 × *g*，4℃，5 min）96 孔板，收集孔底液体，然后小心拆下铝板密封件。

（3）将 DMEM（−）中的原始 siRNA 储液稀释至所需的最终浓度（见注释 25）。

（4）我们在 96 孔板中观察到筛分时的板反应，这主要是由于与中间的孔相比，板边缘处的孔温不均匀。为了最小化和解释这种依赖板位置的影响，我们使用如图 7–1 所示的布局。96 孔板的最外 1 个孔未经处理。在实验过程中，为了避免板内孔中温度梯度大，这些孔中填充了培养基。考虑到任何其他位置依赖效应，我们在板上的多个位置设置了含有阴性或阳性对照物的孔（见注释 26 和图 7–1）。

3.5.2　siRNA 敲降效率测定

可以通过 3 种不同的方法进行 siRNA 敲降效率的测定，每种方法各有优缺点（见表 7–2）。

（1）Western Blot：沉默上述目的基因。为了获得足够的蛋白质，根据抗体和靶标，应扩大到更大的孔中培养。按照标准操作流程收集细胞并处理 SDS-PAGE 的样品。对 siRNA 敲降样品中的病毒蛋白水平进行印迹，并与非靶向 siRNA 对照样本（例如，AllStars 阴性对照 siRNA）中的蛋白质水平进行比较。

（2）免疫荧光：如上文所述，在 96 孔板中进行显微镜检查目的基因沉默。感染表达目的蛋白标记的病毒或本章标题 3.4.2 中的目的蛋白染色。通过量化荧光显微镜图像或相对于非靶向对照 siRNA 样品测量荧光强度，测定 siRNA 处理样品中的蛋白质水平。

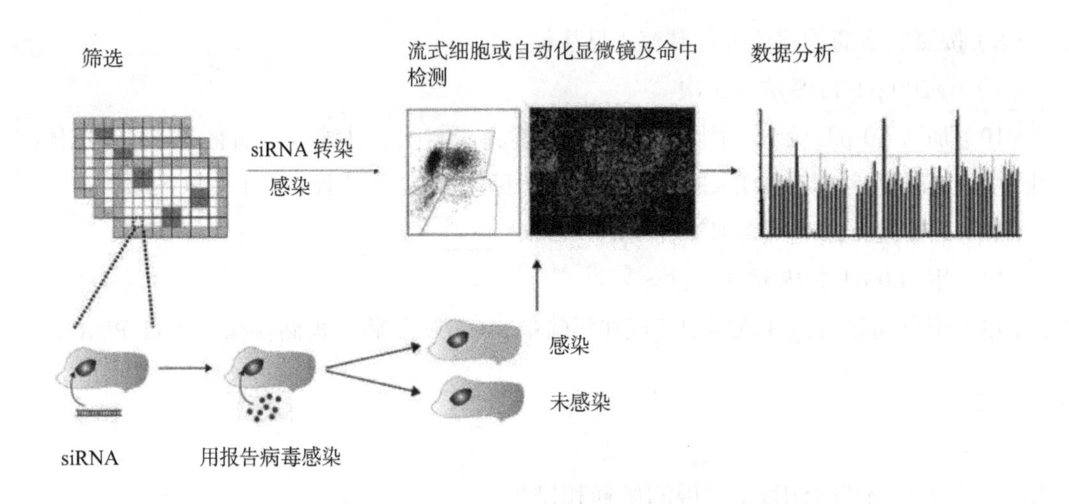

图 7-1　96 孔板 siRNA 筛选工作流程示意

用靶向靶标病毒蛋白的 siRNAs 反向转染细胞，并在所需的时间内培养。将转染细胞感染报告病毒，感染持续时间取决于检测结果。在所需的感染时间之后，样品准备好进行处理和分析。分析方法取决于实验类型、使用的报告病毒类型、所需的读出参数和要分析的样本数。我们建议用两种不同的高通量方法（流式细胞技术和自动显微镜）来评估感染水平。一旦测量了相关参数，就可以进行数据分析。

表 7-2　免疫荧光、蛋白质印迹分析和晚期病毒基因表达水平作为 siRNA 敲降效率读数的优缺点比较

方法	优点	缺点
免疫荧光	+ 直接检测目的蛋白 + 可以以 96 孔的形式使用荧光分光计或红外板阅读器进行读数	– 需要将蛋白质融合到可检测的肽序列或提供特定的抗体 – 不适合低丰度蛋白质
蛋白质印迹分析	+ 直接检测目的蛋白	– 需要将蛋白质融合到可检测的肽序列或提供特定的抗体 – 需要的样本量更大
晚期病毒启动子活性分析	+ 不需要额外的实验	– 需要报告病毒

（3）晚期病毒基因表达水平：痘病毒基因表达遵循严格调控的时间级联，其中某些早期病毒基因的表达严格要求基因组脱壳、复制和表达中期基因和晚期基因。这类早期基因的缺失将导致晚期基因表达的关闭，可用于间接确定 siRNA 的敲降效率：为此，如上文所述，对靶向 siRNA，如靶向病毒脱壳因子 D5 或病毒 DNA 聚合酶 E9 的 siRNA 进行了转染。然后，用该病毒感染细胞，这种病毒在晚期病毒启动子下表达荧光报告蛋白。当您的对照样本中晚期病毒基因表达达到最大值时（如果是 VACV，则为 8 hpi），收集样本，并按照本章标题 3.4.1 的说明进行流式细胞仪分析。将 D5 或 E9 敲降样品的荧光强度与非靶向 siRNA 对照进行比较。没有晚期基因表达则表明 siRNA 介导的蛋白质成功缺失。

3.5.3　细胞毒性分析

我们期望靶向病毒 mRNAs 的 siRNAs 不会引起显著的细胞毒性。因此，感染前的任何真核细胞毒性都是 siRNA 介导的脱靶效应的强有力指标。我们建议使用以下方法进行毒性评估（见注释 27）。

（1）显微镜检查：按上述方法转染细胞（使用显微镜 96 孔板）。用 siRNA 孵育细胞到所需时间，但不感染细胞。如本章标题 3.4.2 所述对细胞核进行染色（可省略抗体染色）。对样本进行拍照并量化细胞核。细胞核丢失表明细胞脱落和 / 或存在细胞毒性。

（2）细胞毒性检测试剂盒：如上文所述反向转染细胞（使用显微镜 96 孔板）。用 siRNA 孵育细胞到所需时间，但不感染细胞。使用商品化细胞毒性检测试剂盒（如 Pierce LDH cytotoxicity assay kit），并遵循制造商的说明进行细胞毒性分析。

4　注　释

（1）为了获得早期基因的评分，必须在至少一项 VACV 转录组研究中检测到相应的转录本并将其分类 [7,9,10]。

（2）靶向中、晚期病毒转录本也应该是可能的，因为这些基因的转录发生在病毒 DNA 复制之后，转录本丰度显然将会更高 [11]。为了补偿 mRNA 丰度的增加，可能需要调整 siRNA 的浓度。此外，几个晚期的 VACV 基因是由读过的转录本所产生。因此，靶向一个转录本可能影响多个基因的表达 [10]。

（3）为了对不同阶段的 VACV 感染进行评分，我们使用了在早期、中期或晚期病毒启动子控制下表达荧光报告基因的重组 VACV。也可以使用其他报告系统，例如重组 VACV，在病毒启动子 [12] 的控制下表达荧光素酶。

（4）我们发现，siRNA 转染在低传代数（<15）的细胞中最有效，这些细胞在转染前几天没有完全融合时进行分裂。

（5）最优的方法是在每次实验前直接制备稀释的储存液。然而，我们发现在重复之间使用小等份的储存液稀释的重现性更好。小份分装后应只冻融 1 次。我们建议在 96 孔板中准备 15 μL 小份分装的稀释储液库。–80℃保存，2 个月内使用。

（6）为了最大限度地减小移液枪枪头插入的误差，需要为所有的孔批量准备 RNAi-MAX 转染混合物，而不是单独准备。

（7）我们发现，如果 RNAiMAX 孵育时间小于 5 min 或大于 10 min，siRNA 转染效率会降低。

（8）为确保溶液的最佳混合，将 96 孔板向内倾斜，然后直接添加 15 μL 转染溶液到预先用枪吹打过的 siRNA 溶液中。

（9）不要用移液枪上下吸打，否则会产生气泡。

（10）要接种的细胞数量取决于细胞类型、感染时所需的融合和 siRNA 预孵育时间（见注释 13）。对于 HeLa 细胞，我们建议接种 2 500 个细胞，预孵育 48 h（感染时亚融合），或接种 20 000 个细胞，预孵育 20 h（感染时融合）。

（11）为了确保溶液之间的最佳混合，将 96 孔板向内倾斜，并直接将 70 μL 细胞悬液添加到 RNAiMAX/siRNA 溶液中。不要用移液枪上下吹打，因为可能会产生气泡并使细胞聚集。相反，应当轻轻地拍打盘子的两边。

（12）如果遇到细胞生长不均匀的情况，在放入培养箱前，使培养皿在 RT 的层流中停留 45 min 可能会有所帮助。

（13）我们发现最佳 siRNA 预孵育时间随检测方法的不同而不同（以细胞毒性最小的最大敲除效率为定义）。因此，该参数需要针对每个试验进行优化。在大多数情况下，最佳时间为 20~48 h。

（14）所需的 MOI 取决于检测方法。我们发现更高的 MOI 需要更高的 siRNA 浓度（例如，最终 siRNA 浓度为 40 mmol/L，有效地抑制病毒早期基因的 MOI 最高可达 20）。我们建议使用尽可能低的 MOI，以确保有效的病毒基因沉默，而不会有脱靶风险的影响。

（15）将 96 孔板向内倾斜，并在孔下部使用多孔抽吸器，以防止吸入细胞，并确保完全吸出转染混合物。为防止交叉污染，通过从试剂库中抽吸无菌超纯水或无菌 PBS，在不同条件下清洗抽吸器尖端。

（16）受感染的细胞聚集在一起，很容易与培养板分离。为防止细胞损失，沿孔壁小心添加 PBS。抽吸时见注释 15。

（17）胰蛋白酶和 / 或乙二胺四乙酸（EDTA）、5% FBS 终止液和 4% PFA 固定液的体积需要适应细胞仪的规格（分析所需的最小体积）。以 2 : 1 : 1 的比例添加 3 种溶液，以获得 1.25% FBS 和 1% PFA 的最终浓度。

（18）如果不能使用胰蛋白酶和 / 或乙二胺四乙酸（EDTA），可以使用无蛋白酶螯合溶液改变细胞本身的分离：对于 10 × 柠檬酸盐溶液，在超纯水中溶解 1.35 mol/L NaCl 和 0.15mol/L $NaC_6H_7O_7$，并通过 0.2 μmol/L 滤膜无菌过滤溶液。请注意，这种分离方法比胰蛋白酶消化效率低。

（19）完全分离细胞所需的培养时间取决于细胞密度、使用的 96 孔板类型和细胞类型。轻敲板以分离细胞。为防止分离的细胞结块，应尽量缩短胰蛋白酶的孵育时间。

（20）由于储存会增加细胞聚集，因此应尽快对板进行分析。此外，随着时间的推移，PFA 可能导致某些荧光团猝灭。

（21）如果抗体染色需要甲醇固定，则使用 60 μL 冷（−20℃）甲醇替代。在黑暗中 4℃下孵育 10 min。由于甲醇本身会渗透真核细胞，因此不再需要进一步的渗透步骤。

（22）如果抗体孵育过程中可轻轻摇晃板，则可使用较小体积（例如 30 μL）。

（23）如果不需要信号放大，可以使用荧光团直接耦合的一抗并直接进行步骤（9）。

（24）siRNA 库（在 ddH_2O 中稀释到 10 mmol/L）可根据需要在 −20℃下储存。应保持在最低限度的反复冻融。一旦 siRNA 在 DMEM (−) 中稀释，则需要将其储存于 −80℃（见注释 5）。

（25）为了尽量减少移液误差，将每个 siRNA 样品稀释到更大的体积，然后将其直接放入 96 孔板中（见注释 5）。确保使用校准的移液枪来吸取小体积的 siRNA。为了达到最佳混合效果，将 DMEM（−）预铺在 96 孔“U”形底板中，添加 siRNA，然后小心地敲击底板。

（26）为了检测 siRNA 转染本身引起的任何非特异性效应，我们使用了不与任何细胞或病毒 mRNA 序列互补的干扰 siRNA 序列（例如，Allstars 阴性对照 siRNA，Qiagen 公司产品）。为了控制 siRNA 的转染效率，我们使用 siRNA 来沉默细胞内的管家基因并诱导细胞死亡（例如，Allstars 死亡阳性对照 siRNA，Qiagen 公司产品）。在阳性对照组中至少 48 h 观察细胞死亡。对照 siRNA 的浓度应与靶向病毒转录物的 siRNA 浓度相同。

（27）病毒感染会干扰细胞基因表达和正常细胞代谢。因此，我们建议使用毒性试验，而不是细胞活性试验来测量 siRNA 毒性。

参考文献

[1] Agrawal N, Dasaradhi PVN, Mohmmed A, Malhotra P, Bhatnagar RK, Mukherjee SK. 2003. RNA interference: biology, mechanism, and applications. Microbiol Mol Biol Rev, 67(4):657–685.

[2] Rana TM. 2007. Illuminating the silence: understanding the structure and function of small RNAs. Nat Rev Mol Cell Biol, 8(1):nrm2085.

[3] Mercer J, Snijder B, Sacher R, Burkard C, Bleck CK, Stahlberg H et al. 2012. RNAi screening reveals proteasome- and Cullin3- dependent stages in Vaccinia virus infection. Cell Rep, 2(4):1036–1047.

[4] Sivan G, Martin SE, Myers TG, Buehler E, Szymczyk KH, Ormanoglu P et al. 2013. Human genome-wide RNAi screen reveals a role for nuclear pore proteins in poxvirus morphogenesis. Proc Natl Acad Sci U S A, 110(9):3519–3524.

[5] Nguyen DG, Wolff KC, Yin H, Caldwell JS, Kuhen KL. 2006. ‘UnPAKing’ human immunodeficiency virus. (HIV) replication: using small interfering RNA screening to identify novel cofactors and elucidate the role of group I PAKs in HIV infection. J Virol, 80(1):130–137.

[6] Börner K, Hermle J, Sommer C, Brown NP, Knapp B, Glass B et al. 2010. From experimental setup to bioinformatics: an RNAi screening platform to identify host factors involved in HIV-1 replication. Biotechnol J, 5(1):39–49.

[7] Assarsson E, Greenbaum JA, Sundström M, Schaffer L, Hammond JA, Pasquetto V et al. 2008. Kinetic analysis of a complete poxvirus transcriptome reveals an immediate-early class of genes. Proc Natl Acad Sci U S A, 105(6):2140–2145.

[8] Kilcher S, Schmidt FI, Schneider C, Kopf M, Helenius A, Mercer J. 2014. siRNA screen of early poxvirus genes identifies the AAA+ ATPase D5 as the virus genome-Uncoating factor. Cell Host Microbe, 15(1):103–112.

[9] Rubins KH, Hensley LE, Bell GW, Wang C, Lefkowitz EJ, Brown PO et al. 2008. Comparative analysis of viral gene expression programs during poxvirus infection: a transcriptional map of the Vaccinia and Monkeypox genomes. PLoS One, 3(7):e2628.

[10] Yang Z, Bruno DP, Martens CA, Porcella SF, Moss B. 2010. Simultaneous high-resolution analysis of vaccinia virus and host cell transcriptomes by deep RNA sequencing. Proc Natl Acad Sci, 107(25):11513–11518.

[11] Sebring ED, Salzman NP. 1967. Metabolic properties of early and late Vaccinia virus messenger ribonucleic acid. J Virol, 1(3):550–558.

[12] Laliberte JP, Moss B. 2014. A novel mode of poxvirus superinfection exclusion that prevents fusion of the lipid bilayers of viral and cellular membranes. J Virol, 88(17):9751–9768.

第八章　用瞬时互补法分析痘苗病毒基因产物的结构和功能

Nouhou Ibrahim, Paula Traktman

摘　要：痘病毒是一种大型复杂的 dsDNA 病毒，极为罕见的是该病毒仅在受感染细胞的细胞质内复制。最臭名昭著的痘病毒是天花的病原——天花病毒；如今，无论是作为病原体，还是作为重组疫苗和溶瘤疗法，痘病毒仍然具有生物医学意义。痘苗病毒是实验分析的典型痘病毒。195 kb 的 dsDNA 基因组包含了 200 个以上的基因，这些基因编码参与病毒入侵、基因表达、基因组复制和成熟、病毒装配、病毒排出和免疫逃逸等过程的蛋白质。

分子遗传学分析在许多病毒基因产物的结构和功能研究中起着重要的作用。对温度敏感的突变体在这方面尤其有用；诱导重组和缺失突变体也是目前研究的重要工具。一旦在特定基因产物的抑制、缺失或失活后观察到表型，瞬时互补技术就成为进一步研究的核心。

简单地说，瞬时互补是指某一特定病毒基因的多种等位基因在受感染细胞内的瞬时表达，评估这些等位基因中可以“补充”或“拯救”内源性等位基因缺失所导致的表型。这一分析有助于识别翻译后修饰的关键区域、基序和位点。亚细胞定位和蛋白质 – 蛋白质相互作用也可以在这些研究中进行评估。我们开发了一个可靠的工具箱，其中包含编码不同时间类别的病毒启动子的载体，并使用了多种表位标记，极大地增强了这种实验方法在痘病毒研究中的实用性。

关键词：痘苗病毒；瞬时补充；分子遗传学；条件致死突变体；结构和功能

1　前　言

痘病毒概述。痘苗病毒是典型的痘病毒，是一种具有 195 kb 基因组的大型包膜 dsDNA 病毒。线性基因组具有共价闭合的发夹末端，编码约 200 个基因；这一庞大的基因库使病毒能够在受感染细胞的细胞质中单独复制。在痘苗病毒的生命周期中表达了 3 种类型的时间调控基因：分别为早期基因（编码 DNA 复制所需要的基因）、中期基因和晚期基因（编码病毒粒子形态发生所需要的基因）[1]。单轮感染可产生大量的子代病毒粒子，其中绝大多数仍留在细胞质内，作为具有感染性的成熟病毒粒子（mature virions, MV），被一层膜包围。这些病毒粒子只有在细胞被破坏时才会被释放。少数病毒粒子从高尔基体或晚期核内体获得两个额外的膜，运输到细胞表面，并进行胞外释放。在释放过程中，一个额外的膜被保留在质膜内，因此细胞外病毒粒子（extracellular virions, EV）代表 MV 再被一层额外膜包围。虽然有些 EV 仍与细胞表面结合，但大多数介导近端向邻近细胞传播，远端通过体外培养或感染宿主传播[2,3]。

在培养过程中，通过收集细胞、释放细胞内和细胞相关病毒，并对新的单层 BSC40 细胞进行滴定（噬斑分析）来评估一轮感染的病毒产量（单步生长曲线）。形成的噬斑数量（噬斑形成单位或 pfu）提供了感染性病毒数量的数据。噬斑本身是由病毒从最初感染的细胞传播到周围的细胞而形成的，这种传播由 EVs 介导。

在过去的 35 年里，痘病毒研究领域取得了巨大的进步。第一个完整的基因组序列是在 1990 年报道的[4]，许多研究定义了早期、中期和晚期启动子的特征[1,5-7]。这种关于疫苗基因表达的知识和重组 DNA 技术的进步，使得能够构建表达载体支持病毒基因产物在受感染细胞内的表达。如本报告所述，这些载体是利用瞬时互补进行病毒蛋白质结构 / 功能分析的基础。此外，这些进展还推动了痘苗病毒作为外源性细胞蛋白表达载体的发展[8,9]。

痘病毒遗传学和瞬时互补概述。对痘病毒蛋白质的结构及其在感染周期中的作用的基础研究，在很大程度上依赖于瞬时互补技术。本试验的基本目标是评估野生型或突变病毒蛋白对内源性等位基因突变引起的表型进行补充（挽救）的能力[10-14]。已经用这种分析方法鉴定和阐明了病毒蛋白质的多种特征，如结构域和基序、翻译后修饰、蛋白质 - 蛋白质和蛋白质 -DNA 相互作用[10-14]。

用于瞬时补充分析的大多数工具箱包括野生型（wild-type, WT）痘苗病毒、感兴趣的病毒突变体和质粒，使一系列等位基因能够在痘苗病毒不同时间阶段启动子的调节下表达。两个温度敏感（temperature-sensitive, *ts*）突变株是最有价值的遗传工具之一：分别是最大和最具特征的 Condit 收集毒（Condit collection）[15] 和 Dales 收集毒（Dales collection）。后一个集合最近已被比对并与 Condit 集合集成，便于使用[16,17]。这些突变体为痘苗病毒的正向遗传分析奠定了基础。通过比较许可（31.5℃）和非许可（39.7℃）条件，可以评估特定基因产物失活的影响[18-25]。*ts* 突变体在表型的严重程度上各不相同，“缺失”病毒可能较难研究。然而，*ts* 病毒对于多功能蛋白质的研究非常有用，因为不同的突变等位基因可能会破坏蛋白质的不同活性[20,26-28]。

最近，可用于该领域的反向遗传工具包括可诱导重组物，其中基因由 *lac* 或 *tet* 操纵子的成分调节，使其可分别用 IPTG 或四环素 / 多西环素诱导[11,13,22,29-32]。这些重组蛋白在阐明大量中、晚期病毒蛋白的作用方面发挥了重要作用。需要注意的一点是，由于这些基因在完整的病毒核内被转录，所以诱导性重组子不容易为早期病毒基因所构建。早期基因的抑制需要高水平的 *lac*I 或 *tet*R 抑制因子的包裹，这似乎并不可行。第二个需要注意的点是，可诱导的重组物可能有些丢失，这可能是非常低水平所需的基因产物（如酶）的问题。

第三组被用于瞬时互补分析的病毒是缺失病毒，对于那些丢失后表现出可辨别表型但对病毒复制不致命的基因是有用的。为了产生缺失病毒，将内源性目的基因替换为报告基因（例如，GFP）或可选择标记（如 NEO）。最近，互补细胞系的发展使涉及基本病毒基因的缺失病毒的构建和分离成为可能。在完全没有目的基因产物的情况下观察到的表型可能更严重，更容易研究，这可以使用诱导重组或 *ts* 突变体 [19,30,33-36]。例如，对 H7 缺失病毒的分析显示，在 H7 诱导病毒感染期间，短新月形膜缺失；在这种情况下，可诱导重组体的某种渗漏表型和缺失突变体的绝对表型是互补的，但又不完全相同 [30,34]。利用互补细胞系和缺失病毒，评估了各种 H7 等位基因支持病毒复制的能力 [37]。同样，对多功能 H5 蛋白的功能分析也得益于使用 *ts* 突变体和缺失病毒对不同表型的分析 [20,35,38]。尽管缺失病毒提供了最严格的基因工具来评估蛋白质功能，但利用 *ts* 突变体进行时间执行点研究的能力可以揭示特定蛋白质在不同感染阶段的不同作用 [13,20,28,38]。在某些情况下，*ts* 突变体不可用，诱导性重组不可行；使用 vΔi3（一种缺失 I3 ORF 的 VACV 病毒），我们的实验室证实，痘苗病毒单链 DNA 结合蛋白在病毒复制中起着至关重要的作用 [19]。

建立瞬时性补充分析的注意事项。由于 ts 突变体 Condit 集合和大多数可诱导和缺失病毒的都是由痘苗病毒西储株（Westem Reserve, WR）中产生的 [1,17]，所以该菌株在基因分析中使用得最多。*ts* 突变体的 Dales 集合是在 IHD 株中产生的，在这种情况下应该使用 WT IHD 做比较。携带不同时间类别启动子的各种质粒可用于痘苗病毒的瞬时表达 [39]。我们的实验室使用了携带两种不同的合成早期 / 晚期启动子 [13,14,31] 的 pJS4，和携带 1 个强大的晚期启动子（来自 ATI 基因）的 pUC1246[12,31,40]，以及携带 1 个中间启动子（来自 G8 基因）的 pINT[35]。Pint 质粒已成功用于早期（H5、I3、D5）[10,35,41] 和晚期基因（F10、F18、A14、A17、I2）的 pUC1246 和 pJS4 的瞬时互补分析 [11-14,31]。

每个瞬时互补实验的对照包括空质粒和含有目的基因 WT 拷贝的质粒。细胞必须在允许和不允许的条件下感染突变病毒，以建立病毒产量的最高和最低水平。平行培养皿应在非许可条件下感染，用空质粒或编码 WT 蛋白的质粒转染。然后必须对条件进行优化，以确保后两种条件下病毒产量的最大差异（>10 倍，最佳为 100 倍）。如下文所述，可以改变的条件包括感染复数（multiplicity of infection, MOI）、使用的表达质粒、通过转染应用的 DNA 量、使用的转染试剂和转染时间。一旦确定了最佳条件，就可以生成编码各种等位基因的质粒并进行测试。这个系统包括来自不同毒株的等位基因、截断等位基因、内部缺失等位基因、聚类电荷到丙氨酸突变体、拟磷酸盐等。

在评估生物功能的保留 / 丧失时，验证各种突变蛋白的稳定表达和积累是很重要的。因此，瞬时互补试验需要对目的蛋白质具有特异性的抗体或使用表位标记。虽然表位标签有助于这些检测，但选择一个不破坏蛋白质功能的最佳标签是至关重要的。对于每个检测，表位标记的性质（即大小、电荷）及其在目的蛋白质上的位置（如 N′ - 末端还是 C′ -

末端）都是重要的变量。表位标签可能会破坏蛋白质定位，蛋白质：蛋白质相互作用或酶的活性，但我们和其他人已经成功地使用了表位标签，如 3XFLAG、V5 和 HA，这些标签都具有很好的商业抗体。

在本章的其余部分，我们提供了一个关于建立和使用瞬时互补来评估痘苗病毒感染细胞内病毒蛋白质结构和功能的概述（见图 8-1）。此技术的名称概括了两个重要特性。第一，从转染质粒中表达的蛋白被评估其补充突变病毒和恢复“WT 样”表型的能力，例如病毒产量的产生。第二，这种质粒携带的蛋白质只在单轮感染 / 转染过程中短暂表达：这是一种功能性分析，不涉及缺陷病毒基因组的任何持久变化。因此，在瞬时互补试验中产生的病毒必须在允许的条件下定量。

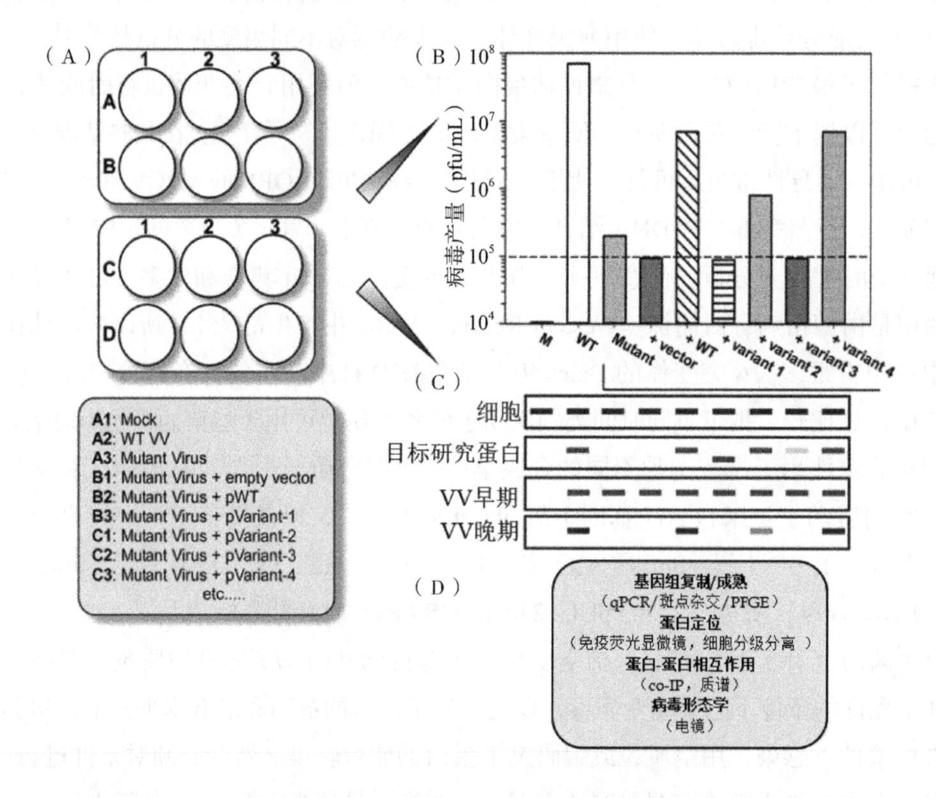

图 8-1　瞬时互补：病毒突变体的分析

（A）BSC40 细胞的融合单层在 6 孔细胞培养皿中生长。细胞为未感染（mock）、感染 WT 痘苗病毒（VV）（+ 对照）或在非许可条件下感染目的突变病毒（A 行）。额外的孔（B 行和 C 行）为用突变病毒感染，并用空载体或编码 WT 目的蛋白的质粒或一组变体进行转染。在 18 hpi 时，收集细胞；进行噬斑分析。（B）以确定病毒产量（允许条件）和免疫印迹分析。（C）以监测相关蛋白质以及其他早期和晚期病毒蛋白质的积累。还可以进行进一步的分析，如分析基因组复制或病毒形态发生，或分析蛋白质定位或蛋白质：蛋白质相互作用。（D）数据分析：质粒携带的 WT 蛋白与突变表型互补，提高病毒产量约 100 倍，恢复晚期蛋白质积累。变体 4（Variant 4）也是如此。变体 1（Variant 1，轻微截断）不补足；既不恢复病毒产量，也不恢复晚期蛋白质积累。变体 2（Variant 2）显示病毒产量的显著但减少的互补性；晚期蛋白质积累，但程度较小。变体 3（Variant 3）不会积累，并编码不稳定的蛋白质。

2 材 料

（1）痘苗病毒西部储备（Western Reserve, WR）株。

（2）温度敏感突变病毒（temperature-sensitive, *ts*）。

（3）诱导重组病毒：异丙基-β-D-硫代半乳糖苷（Isopropyl-β-D-thiogalactopyranoside, IPTG）或四环素（tetracycline, TET）依赖的病毒。

（4）删除病毒。

（5）超螺旋 DNA 质粒制备：pInt、pJS4 和 pUC1246。

（6）BSC40 细胞。

（7）吸附转染培养基：无血清 DMEM。

（8）细胞生长培养基：添加 5% 胎牛血清的 DMEM。

（9）磷酸盐（Phosphate-buffered saline, PBS）。

（10）Lipofectamine 2000。

（11）Lipofectamine® LTX。

（12）6 孔细胞培养板。

（13）1.5 mL 离心管。

（14）37℃，5% CO_2 可加湿的培养箱。

（15）杯状超声波处理器。

（16）0.1% 结晶紫，含 3.7% 甲醛。

（17）免疫印迹分析材料。

3 方 法

本文介绍的方法是一种通用的顺式互补方法。一旦感染病毒提供了驱动转染病毒基因表达的必要因素，突变病毒就会发生互补，导致内源性等位基因丢失病毒产生表型的短暂“拯救”。多种细胞系可用于瞬时互补。我们的标准细胞系是 BSC40 细胞系，这是一种非洲绿色猴肾上皮细胞系，可高度允许痘苗病毒感染（见注释 1）。对于每一个瞬时补充实验，都应进行 3 次生物学复制，以确保数据的可重复性，还应评估补充活性的变化是否达到统计学意义。

3.1 感染

（1）在 6 孔细胞培养板中接种 BSC40 细胞，第 2 天 90% 融合（见注释 2 和注释 3）。在 37℃的 5% CO_2 可加湿培养箱中培养。

（2）病毒接种物的制备：BSC40 细胞接种后 18~24 h，将 WT 病毒和所选的 *ts* 突变病毒解冻，置于冰上。超声 2 次，每次 15 s，两次超声之间在冰上放置 30 s 以上。

（3）稀释病毒储液：稀释每种病毒，制备1个接种物，在500 μL无血清DMEM中按照MOI为每个细胞3~5 pfu病毒进行稀释。从培养物中去除细胞生长培养基并添加病毒接种物（见注释4）。

（4）在5% CO_2增湿培养箱中培养30 min，每10 min摇动1次。使用的温度取决于所研究的病毒，尽管大多数*ts*感染将在39.7℃进行，大多数其他感染将在37℃进行（见注释5）。

（5）吸取病毒接种物，加入1.0 mL添加了5% FBS的DMEM，在5% CO_2加湿培养箱中培养。使用的温度取决于具体的实验（见注释6）。

3.2 转染用DNA的制备

（1）在吸附病毒接种物的同时，将转染样品置于1.5 mL离心管中。

（2）在1.5 mL离心管中将1 μg质粒DNA稀释到200 μL无血清DMEM中，并加入1 μL Plus试剂。室温孵育5 min（见注释7）。

（3）加入7.5 μL Lipofectamine试剂到200 μL DNA : Plus试剂混合溶液中。室温孵育30 min（见注释8）。

（4）将含有DNA的混合物：脂质体混合物滴入适当的孔中，旋转混合（见注释9）。

（5）39.7℃孵育18 h（见注释10）。

3.3 下游实验

感染/转染实验完成后，收集的样本可用于各种实验分析（见图8-1）。包括病毒产量的测定（在许可条件下进行的噬斑测定）、病毒DNA积累的分析（例如，Southern、PFGE）、病毒蛋白的积累、加工和翻译后修饰的分析（免疫印迹，^{32}P标记）、蛋白质-蛋白质相互作用分析（免疫共沉淀），病毒形态发生分析（电子显微镜）。

4 注 释

（1）我们推荐使用BSC40细胞系，因为它广泛用于痘病毒研究。该细胞系耐受31.5℃、37℃和39.7℃。该细胞系也形成扁平的单层膜，是噬斑测定的最佳细胞系。也可以尝试使用其他细胞系（如CV-1和HeLa），尽管最佳条件可能不同。

（2）我们优化了35 mm组织培养皿或6孔板的培养形式。融合单分子层（90%融合，约1×10^6细胞/孔）用于瞬时互补实验。当后续研究需要更多的细胞时，也可以使用6 cm培养皿的BSC40细胞（3×10^6细胞/培养皿）。

（3）重要的是包括以下非转染对照以建立基线：未感染、WT感染和*ts*感染细胞。使用*ts*突变病毒，阳性对照组为31.5℃，阴性对照组为39.7℃。

（4）当使用不同大小的培养板或培养皿时，病毒的接种量必须调整。对于60 mm的培养皿，我们建议用 1 mL 感染液吸附，之后用 4 mL 培养基进行培养；对于 10 cm 的培养皿，我们建议用 2 mL 感染液吸附，用 10 mL 培养基进行培养。

（5）如有可能，应在 39.7℃（非容许温度）下对 *ts* 突变病毒进行实验。然而，在研究参与 DNA 复制的早期蛋白质时，可能有必要在允许的温度下开始感染，以确保感染足以发生互补 [10]。当使用诱导或缺失病毒时，培养温度为 37℃。

（6）在某些情况下，利用培养温度的上移或下移来评估 *ts* 突变体的执行点 [20,28,35,38]。DeMasi 和 Traktman（2000）报道，在 6 hpi 时，将 *ts*H5- 4 感染的 BSC40 细胞从 31.5℃转移到 39.7℃足以阻断病毒形态发生 [20]。H5 蛋白对 DNA 复制（早期事件）和病毒粒子形态发生（晚期事件）都是必不可少的，但 *ts*H5-4 仅在病毒粒子形态发生方面表现出缺陷。

（7）除了上述注释 3 中概述的对照之外，包括一个在非许可条件下感染并转染空载体的培养皿非常重要。转染常常会降低病毒的产量，因此，将实验样本与该对照进行比较非常重要。

（8）我们建议通过改变试剂量、DNA 量和转染时间来优化转染条件（例如，在吸附 30 min 后，或在 3 hpi 下）。如果最初的结果不令人满意，我们也建议尝试其他的转染试剂。当测试同一基因的几个突变等位基因（靶向突变、截断）时，评估这些蛋白质的积累，因为一些突变蛋白质可能不稳定且不积累。

（9）在某些情况下，转染试剂可能对细胞有毒性，因此应去除培养基，并在转染后 5~7 h 用新鲜生长培养基重新培养细胞。

（10）如果评估病毒产量，本实验的总培养时间通常为 18 h。但是，可以在不同的时间收集样品，用于不同的下游分析。例如，病毒产量的评估需要 18~24 h 的培养，而 10 h 足以评估 Southern 斑点杂交的 DNA 积累和免疫印迹分析的蛋白质积累。

致　谢

本文所述的部分工作得到了 NIH 向 P.T. 提供的项目（R01 AI21758 和 R01 AI107123）资助。感谢特拉克特曼（Traktman）实验室成员所提出的很好的建议。感谢痘病毒领域的许多成员，特别是 Richard Condit、Bernard Moss 和 Geoffrey Smith，他们的实验室为痘病毒研究的遗传分析工具的开发做出了贡献。由于篇幅所限，有许多科学家的重要工作在此没有被引用，我们也向他们表示歉意。

参考文献

[1] Moss B. 2013. Poxviridae. In: Knipe DM, Howley PM (eds) Fields virology, vol 2, 6th edn. Lippincott Williams & Wilkins, Philadelphia, PA, pp 2129–2159.

[2] Smith GL, Vanderplasschen A, Law M. 2002. The formation and function of extracellular

enveloped vaccinia virus. J Gen Virol, 83(Pt 12):2915–2931.

[3] Condit RC, Moussatche N, Traktman P. 2006. In a nutshell: structure and assembly of the vaccinia virion. Adv Virus Res, 66:31–124.

[4] Goebel SJ, Johnson GP, Perkus ME, Davis SW, Winslow JP, Paoletti E. 1990. The complete DNA sequence of vaccinia virus. Virology, 179(1):247–263.

[5] Davidson AJ, Moss B. 1989. Structure of vaccinia virus early promoters. J Mol Biol, 210:749–769.

[6] Davison AJ, Moss B. 1989. Structure of vaccinia virus late promoters. J Mol Biol, 210(4):771–784.

[7] Yang Z, Reynolds SE, Martens CA, Bruno DP, Porcella SF, Moss B. 2011. Expression profiling of the intermediate and late stages of poxvirus replication. J Virol, 85(19):9899–9908. https://doi.org/10.1128/JVI.05446-11.

[8] Carroll MW, Moss B. 1997. Poxviruses as expression vectors. Curr Opin Biotechnol, 8(5):573–577.

[9] Moss B, Flexner C. 1989. Vaccinia virus expression vectors. Ann N Y Acad Sci, 569:86–103.

[10] Boyle KA, Arps L, Traktman P. 2007. Biochemical and genetic analysis of the vaccinia virus d5 protein: multimerization-dependent ATPase activity is required to support viral DNA replication. J Virol, 81(2):844–859.

[11] Mercer J, Traktman P. 2003. Investigation of structural and functional motifs within the vaccinia virus A14 phosphoprotein, an essential component of the virion membrane. J Virol, 77(16):8857–8871.

[12] Nichols RJ, Stanitsa E, Unger B, Traktman P. 2008. The vaccinia virus gene I2L encodes a membrane protein with an essential role in virion entry. J Virol, 82(20):10,247–10,261.

[13] Punjabi A, Traktman P. 2005. Cell biological and functional characterization of the vaccinia virus F10 kinase: implications for the mechanism of virion morphogenesis. J Virol, 79(4):2171–2190.

[14] Wickramasekera NT, Traktman P. 2010. Structure/function analysis of the vaccinia virus F18 phosphoprotein, an abundant core component required for virion maturation and infectivity. J Virol, https://doi.org/10.1128/ JVI.00399-10.

[15] Lackner CA, D’Costa SM, Buck C, Condit RC. 2003. Complementation analysis of the Dales collection of vaccinia virus temperature-sensitive mutants. Virology, 305(2):240–259.

[16] Condit RC, Motyczka A. 1981. Isolation and preliminary characterization of temperature-sensitive mutants of vaccinia virus. Virology, 113(1):224–241.

[17] Condit RC, Motyczka A, Spizz G. 1983. Isolation, characterization, and physical mapping of temperature—sensitive mutants of vaccinia virus. Virology, 128(2):429–443.

[18] Traktman P, Caligiuri A, Jesty SA, Liu K, Sankar U. 1995. Temperature-sensitive mutants with lesions in the vaccinia virus F10 kinase undergo arrest at the earliest stage of virion morphogenesis. J Virol, 69(10):6581–6587.

[19] Greseth MDCM, Bluma MS, Traktman P. 2018. Isolation and characterization of vΔI3 confirm that Vaccinia virus SSB plays an essential role in viral replication. J Virol, 92(2). https://doi.org/10.1128/JVI.01719-17.

[20] DeMasi J, Traktman P. 2000. Clustered charge-to-alanine mutagenesis of the vaccinia virus H5 gene: isolation of a do minant, temperature-sensitive mutant with a profound defect in morphogenesis. J Virol, 74(5):2393–2405.

[21] Punjabi A, Boyle K, DeMasi J, Grubisha O, Unger B, Khanna M, Traktman P. 2001. Clustered charge-to-alanine mutagenesis of the vaccinia virus A20 gene: temperature-sensitive mutants have a DNA-minus phenotype and are defective in the production of processive DNA polymerase activity. J Virol, 75(24):12,308–12,318.

[22] Unger B, Traktman P. 2004. Vaccinia virus morphogenesis: A13 phosphoprotein is required for assembly of mature virions. J Virol, 78(16):8885–8901.

[23] Ansarah-Sobrinho C, Moss B. 2004. Role of the I7 protein in proteolytic processing of vaccinia virus membrane and core components. J Virol, 78(12):6335–6343.

[24] Szajner P, Weisberg AS, Moss B. 2001. Unique temperature-sensitive defect in vaccinia virus morphogenesis maps to a single nucleotide substitution in the A30L gene. J Virol, 75(22):11,222–11,226.

[25] Wang S, Shuman S. 1995. Vaccinia virus morphogenesis is blocked by temperature-sensitive mutations in the F10 gene, which encodes protein kinase 2. J Virol, 69(10):6376–6388.

[26] Ishii K, Moss B. 2001. Role of Vaccinia virus A20R protein in DNA replication: construction and characterization of temperature-sensitive mutants. J Virol, 75(4):1656–1663.

[27] Li J, Pennington MJ, Broyles SS. 1994. Temperature-sensitive mutations in the gene encoding the small subunit of the vaccinia virus early transcription factor impair promoter binding, transcription activation, and packaging of multiple virion components. J Virol, 68(4):2605–2614.

[28] Mercer J, Traktman P. 2005. Genetic and cell biological characterization of the vaccinia virus A30 and G7 phosphoproteins. J Virol, 79(11):7146–7161.

[29] Wolffe EJ, Moore DM, Peters PJ, Moss B. 1996. Vaccinia virus A17L open reading frame encodes an essential component of nascent viral membranes that is required to initiate morphogenesis. J Virol, 70(5):2797–2808.

[30] Satheshkumar PS, Weisberg A, Moss B. 2009. Vaccinia virus H7 protein contributes to the formation of crescent membrane precursors of immature Virions. J Virol, https://doi.

org/10.1128/JVI.00877-09.

[31] Unger B, Mercer J, Boyle KA, Traktman P. 2013. Biogenesis of the vaccinia virus membrane: genetic and ultrastructural analysis of the contributions of the A14 and A17 proteins. J Virol, 87(2):1083–1097. https://doi. org/10.1128/JVI.02529-12.

[32] Traktman P, Liu K, DeMasi J, Rollins R, Jesty S, Unger B. 2000. Elucidating the essential role of the A14 phosphoprotein in vaccinia virus morphogenesis: construction and characterization of a tetracycline-inducible recombinant. J Virol, 74(8):3682–3695.

[33] Maruri-Avidal L, Weisberg AS, Bisht H, Moss B. 2013. Analysis of viral membranes formed in cells infected by a vaccinia virus L2-deletion mutant suggests their origin from the endoplasmic reticulum. J Virol, 87(3):1861–1871. https://doi.org/10.1128/JVI.02779-12.

[34] Meng X, Wu X, Yan B, Deng J, Xiang Y. 2013. Analysis of the role of vaccinia virus H7 in virion membrane biogenesis with an H7-deletion mutant. J Virol, 87(14):8247–8253. https://doi.org/10.1128/JVI.00845-13.

[35] Boyle KA, Greseth MD, Traktman P. 2015. Genetic confirmation that the H5 protein is required for Vaccinia virus DNA replication. J Virol, 89(12):6312–6327. https://doi. org/10.1128/JVI.00445-15.

[36] Olson ATRA, Wang Z, Delhon G, Wiebe MS. 2017. Deletion of the Vaccinia virus B1 kinase reveals essential functions of this enzyme complemented partly by the homologous cellular kinase VRK2. J Virol, 91(15). https://doi. org/10.1128/JVI.00635-17.

[37] Kolli S, Meng X, Wu X, Shengjuler D, Cameron CE, Xiang Y, Deng J. 2015. Structure-function analysis of vaccinia virus H7 protein reveals a novel phosphoinositide binding fold essential for poxvirus replication. J Virol, 89(4):2209–2219. https://doi. org/10.1128/JVI.03073-14.

[38] D'Costa SM, Bainbridge TW, Kato SE, Prins C, Kelley K, Condit RC. 2010. Vaccinia H5 is a multifunctional protein involved in viral DNA replication, postreplicative gene transcription, and virion morphogenesis. Virology, 401(1):49–60.https://doi.org/10.1016/j. virol.2010.01.020.

[39] Moss B. 1991. Vaccinia virus: a tool for research and vaccine development. Science, 252(5013):1662–1667.

[40] Rempel RE, Anderson MK, Evans E, Traktman P. 1990. Temperature-sensitive vaccinia virus mutants identify a gene with an essential role in viral replication. J Virol, 64(2):574–583.

[41] Greseth MD, Boyle KA, Bluma MS, Unger B, Wiebe MS, Soares-Martins JA, Wickramasekera NT, Wahlberg J, Traktman P. 2012. Molecular genetic and biochemical characterization of the vaccinia virus I3 protein, the replicative single-stranded DNA binding protein. J Virol, 86(11):6197–6209. https://doi. org/10.1128/JVI.00206-12.

第九章　正痘病毒科病毒的抗病毒药物初步筛选和体外验证

Douglas W. Grosenbach，Dennis E. Hruby

摘　要：治疗正痘病毒病的抗病毒药物缺乏，代表了一种未满足的医疗需求，特别是由于天花病毒（天花的病原体）作为生物战或生物恐怖主义的病原体的威胁（Henderson，283:1279–1282，1999）。除天花病毒外，猴痘、牛痘和痘苗病毒都是与人类健康有关的正痘病毒（Lewis Jones，17:81–89，2004）。使用密切相关的痘苗病毒进行的天花疫苗接种不再向公众提供，导致全球人口不仅对天花病毒敏感，而且对猴痘、牛痘和痘苗病毒也越来越敏感。正痘病毒具有相似的生命周期（Fenner 等，世卫组织，日内瓦，1988），具有显著的核苷酸和蛋白质同源性，在免疫学上对该属内的其他物种具有交叉保护作用，是高度成功的痘苗病毒疫苗的基础。这些相似性也为使用更安全的病毒（如牛痘和痘苗）筛选天花病毒和猴痘病毒等危险病原体的抗病毒药物奠定了基础。本文介绍了利用痘苗病毒作为一种相对安全的替代物，在体外对潜在的正痘病毒抗病毒药物进行初步筛选和鉴定的方法。它们包括病毒细胞病变效应（cytopathic effect, CPE）分析中的候选鉴定，以及抑制分析中抗病毒活性的评估，以确定平均有效（或抑制）浓度（EC_{50} 或 IC_{50}）。这些分析用于特科维利马（ST-246）的鉴定和早期特征鉴定（Yang 等，79:13139–13149，2005）。在识别和表征抗病毒活性的初始步骤之后，应进行额外的体外研究，包括特异性测试（对其他正痘病毒和其他病毒）、单周期生长曲线、添加时间测定、细胞毒性测试和药物靶标的鉴定。

关键词：抗病毒；药物开发；药物筛选；正痘病毒；CPE 分析；EC_{50} 分析；体外

1　前　言

1.1　正痘病毒

正痘病毒是一种大型（约 200 nm × 400 nm）DNA 病毒，仅在宿主细胞的细胞质内进行复制[1,2]。正痘病毒的生命周期很复杂：进入细胞时，约 200 kb 基因组以一种时间调控的方式表达，以产生早期、中期和晚期基因。病毒粒子的组装与晚期蛋白的产生相一致，大约在感染后 4 h，并持续到感染后 24~72 h 细胞裂解。第一个感染性病毒粒子，称为成熟病毒（mature virus, MV），形成核心，由基因组、包装酶和辅助因子以及许多结构蛋白组成；浓缩；并被脂质膜包裹。病毒的 MV 形式具有完整的传染性，但直到裂解后才从细胞中释放出来。在组织培养系统中，MVs 代表产生的大多数病毒粒子，但根据种类、毒株和宿主细胞的不同，一些 MVs 进一步被附加的膜包裹，并以非溶解的方式从细胞中释放出来[2]。这些病毒的多种包膜形式可能在疾病中具有更大的意义，因为它们与病毒在体内和体外的细胞间传播和长期传播有关[3]。在单层细胞培养中，如果感染复数（multiplicity of infection, MOI）足够低（即 $<10^{-4}$ pfu/ 个细胞），但随着 MOI 趋近于 1，高效的感染将在 72 h 内导致整个单层膜的破坏。这是本文描述的细胞病变效应（cytopathic effect, CPE）和平均有效浓度（mean effective concentration, EC_{50}）测定的基础，用于初步鉴定具有抗病毒活性的化合物。

天花病毒、猴痘病毒、牛痘病毒和痘苗病毒都属于与人类健康有关的正痘病毒属成员[4,5]。其他种类的病毒，如兔痘病毒和鼠痘病毒，是动物宿主适应的病毒，不会引起人类疾病，尽管它们经常被用作动物模型系统中的替代病毒，用于研究正痘病毒疾病和开发天花的治疗方法[6]。在本文所述的方法中，痘苗病毒（vaccinia virus, VACV）被用作模型的正痘病毒，正如被用作活病毒天花疫苗（超过 200 年）一样，它在体内和体外都有很好的特性。尽管并不是所有正痘病毒内的潜在抗病毒靶点在物种间都是 100% 保守的，但对 VACV 的抗病毒活性可能代表了对所有正痘病毒种的抗病毒活性。VACV 是一种常用的实验室病毒，处理该病毒需要符合生物安全 2 级标准。个人防护装备应包括护目镜、手套和防护服，如实验服。建议使用 VACV 或其他正痘病毒的实验室工作人员接种天花疫苗，因为该疫苗对所有正痘病毒具有交叉保护作用。

1.2 CPE 分析

CPE 法是一种非常直接的评估化合物是否具有抗病毒作用的方法。如果要测试少量化合物，可以手动执行所述的方法，但是可以用于高通量的机器人测试[7]。

如果以足够高的 MOI 接种，VACV 将会在感染后 72 h 内破坏细胞单层。在以下描述的系统中，在 96 孔板中生长到约 90% 融合的 VeroE6 细胞，以 MOI 从 0.05~0.1 pfu/ 个细胞范围接种 VACV。在使用该检测方法（见本章标题 4）之前，应对感染复数进行优化，以确保在感染后 72 h 内约 90% 的单层细胞被破坏。进行测试的抗病毒活性化合物被溶解于二甲基亚砜（dimethyl sulfoxide, DMSO），并以相对较高的浓度（下述分析用的是 5 μmol）加入细胞。DMSO 在细胞培养基中稀释后的最终浓度不应超过 0.05%。可按任何顺序添加化合物或病毒，但应注意避免未感染的对照孔被病毒污染或将化合物结转到未经处理的孔中。仅用 DMSO 处理未感染和感染的对照孔，分别作为完整单层（0% CPE）和破坏单层（100% CPE）的标准。培养 72 h 后，固定细胞单层，用结晶紫染色，以 570 nm 波长分光光度法扫描，定量测定在有化合物存在的情况下，相对于对照组而言，实验组中的单层细胞破坏或保存的程度。考虑到本实验中使用的化合物浓度较高，只有那些对病毒诱导的 CPE 具有 >50% 抑制作用的化合物才需要在以下描述的 EC_{50} 实验中进行进一步评估。

1.3　EC_{50} 分析

一旦在 CPE 试验中确定了候选抗病毒药物，则应进一步确定病毒对该化合物的敏感性水平。用不同浓度的化合物处理受感染的细胞，以确定平均有效浓度（mean effective concentration, EC_{50}），这是相对于未经处理（DMSO 处理）的病毒感染对照孔，抑制 CPE 50% 的化合物浓度。该方法的建立与 CPE 方法非常相似：在 96 孔板上生长至 90% 融合的 VeroE6 细胞，以 MOI 范围为 0.05~0.1 pfu/ 个细胞接种 VACV。在以下描述的方法中，通常利用 96 孔板使用浓度从 0.001 5 ~5 μmol 的 8 个稀释化合物添加到感染细胞。未感染孔和感染对照孔分别作为 0% CPE 和 100% CPE 的标准。孵育 72 h 后，细胞固定，染色，如上所示扫描，定量测定不同浓度化合物存在时 CPE 抑制水平。为了确定 EC_{50}，使用曲线绘制软件（如 Microsoft Excel 的 XLFit 插件程序）对数据进行分析。

1.4　抗病毒化合物的体外进一步鉴定

本文描述的方法并不详尽，在初步鉴定候选抗病毒化合物时应进行大量的后续检测。这里不提供这些检测的全部细节，我们仅对相关实验进行简要描述。首先，它将需要确定化合物的细胞毒性：细胞毒性浓度均值（mean cytotoxic concentration, CC_{50}）实验的设计和实施与 EC_{50} 实验非常相似，但是化合物浓度范围的评估通常是远高于测试来确定 EC_{50} 范围。一旦确定了 CC_{50}，治疗指标可以计算为 CC_{50}/EC_{50}。一个可接受的治疗指标将基于使用药物治疗疾病的风险效益比。该化合物还应进行特异性测试。这些测试应包括评估对其他正痘病毒和与痘病毒无关的病毒种类的抗病毒活性。该化合物的作用机理可以用单周期生长曲线和添加时间测定法来研究。如果细胞以相对较高的 MOI（5~10 pfu/ 个细胞）感染以确保同步感染，VACV 将完成其完整的复制周期，并在细胞内和培养基中产生较高的病毒滴度。该化合物的作用可通过在感染后不同时间点对病毒进行采样和滴度测定，以 24 h 以上的病毒产量来定量。通常情况下，感染 6h 或 8 h 后每隔 1 h 进行 1 次病毒取样，一直取样到 24 h。在感染后添加药物实验中，在感染前、感染后不同的时间点添加了化合物，同步建立了 24 h 感染类似一步生长曲线。在感染后 24 h，细胞相关病毒和释放到培养基中的病毒被滴定，这将提示受到影响的化合物病毒复制的步骤。这种方法也可以用来研究化合物对基因表达、蛋白质生产水平和时间调控的影响。该化合物的病毒靶点也应该被确定。最直接的方法是产生对化合物具有抗药性的病毒。在存在次优浓度（即 <EC_{50}）的化合物的情况下，病毒的低 MOI 传播随着每个传播途径的增加而增加，可能产生抗药性病毒。介导抗性的基因突变（潜在编码靶蛋白）可通过标记拯救技术进行鉴定，该技术涉及将野生型病毒感染细胞与耐药病毒的基因组区域或单个基因一起转染，并鉴定拯救耐药病毒的基因。可见野生型病毒存在抑制浓度的化合物。

2 材 料

（1）2 级生物安全柜（Biological Safety Cabinet, BSC）。

（2）（37 ± 1）℃水浴锅。

（3）（37 ± 1）℃，5% ± 1%CO_2 培养箱。

（4）涡旋振荡器。

（5）杯形超声波破碎仪。

（6）PBS（1 ×）。

（7）辅助移液管。

（8）使用数据采集软件，可在 570 nm 范围内扫描 96 个孔板的微型板阅读器。

（9）带 XLfit 曲线拟合软件包的 Microsoft Excel 或其他曲线拟合软件应用程序。

（10）微量移液管。

（11）8 孔或 12 孔多通道移液管。

（12）Vero E6 细胞（少于 50 代）。

（13）无菌 96 孔带盖细胞培养板。

（14）50 mL 无菌聚丙烯锥形离心管。

（15）无菌血清移液管。

（16）无菌微量移液枪尖。

（17）固定用浸渍容器。

（18）抹布和吸水材料。

（19）70% 和 100% 乙醇。

（20）二甲基亚砜（Dimethyl sulfoxide, DMSO）。

（21）杜尔贝科改良伊格尔培养基（Dulbecco's modified Eagle medium. DMEM）+ 谷氨酸 ™。

（22）200 × 目标化合物储液（即 1 000 μmol/L、300 μmol/L、100 μmol/L、30 μmol/L、10 μmol/L、3 μmol/L、1 μmol/L 和 0.3 μmol/L）。

（23）100 × 青霉素 / 链霉素（penicillin/streptomycin, PEN/STREP）溶液储液。

（24）溶于水中的 50% 戊二醛溶液（*W/V*）。

（25）2.3% 结晶紫溶液（*W/V*，市售 2.3% 结晶紫、0.1% 草酸铵一水合物和 20% 乙醇）。

（26）0.1% 结晶紫 / 乙醇溶液（198 mL 1 × PBS 中加入 41 mL 无水乙醇和 11 mL

2.3% 结晶紫溶液)。

(27)平板接种培养基：DMEM+GLANTAX™ 补充 10% FBS 和青霉素 / 链霉素溶液，在培养基中稀释至 1 倍。

(28)培养板中添加含 1.0% 二甲基亚砜(*V/V*)的培养基。

(29)胎牛血清(fetal bovine serum, FBS；热灭活)。

(30)无菌一次性试剂瓶。

(31)适合细胞培养的胰蛋白酶 /EDTA 溶液。

(32)VACV 工作储液。

(33)无菌贮存器。

3 方 法

3.1 CPE 分析

本方法概述了评估化合物抑制 VACV 诱导的细胞病变效应(cytopathic effect, CPE)能力的试验。这种分析被描述为手动进行，但是可以被扩展为机器人设置，促进大化合物库的高通量筛选。有关概述分析设置的平板图，请参见图 9-1。用 Vero E6 细胞单层接种在 96 孔板上进行测定。将化合物溶解于 DMSO 中，在培养基中稀释，并以 5 μmol/L 的最终浓度添加到细胞培养物中。然后，细胞受到多重感染的 VACV 感染，导致感染后 72 h 内单层的破坏(如果未经处理)。72 h 后，将培养物固定并用结晶紫染色，用 570 nm 的吸光度定量分析病毒诱导的 CPE。与 DMSO 处理的对照孔相比，如果化合物对抑制了 VACV 诱导的 CPE 的抑制值约大于或等于 50%，则化合物得分为“命中”。所有的步骤都应在无菌的 2 级生物安全柜中进行。

3.1.1 96 孔板接种细胞：CPE 和 EC_{50} 分析通用

(1)在实验前 1 d，取 96 孔细胞培养板，每孔细胞数为 1.25×10^4 个 Vero E6。优化用于制种板的细胞数量，因为这将决定它们在试验当天的融合程度(见注释 1)。制种板的数量将取决于要筛选的化合物的数量。以下描述的方法可以根据每次检测所需的板数进行调整。

(2)准备接种培养板。所需培养基的体积将取决于每次分析所需的培养板数量。

(3)按照标准细胞培养程序，使用细胞培养用的胰蛋白酶 EDTA 溶液对细胞进行胰蛋白酶消化。

(4)使用台盼蓝染色排除法和血细胞仪进行细胞计数。

(5)用平板接种培养基(不含 DMSO)将细胞稀释至 7.14×10^4 个 /mL，并将稀释后的细胞加入无菌培养板中进行细胞接种。细胞稀释到该浓度取决于为接种培养板优化的细胞密度(见注释 1)。

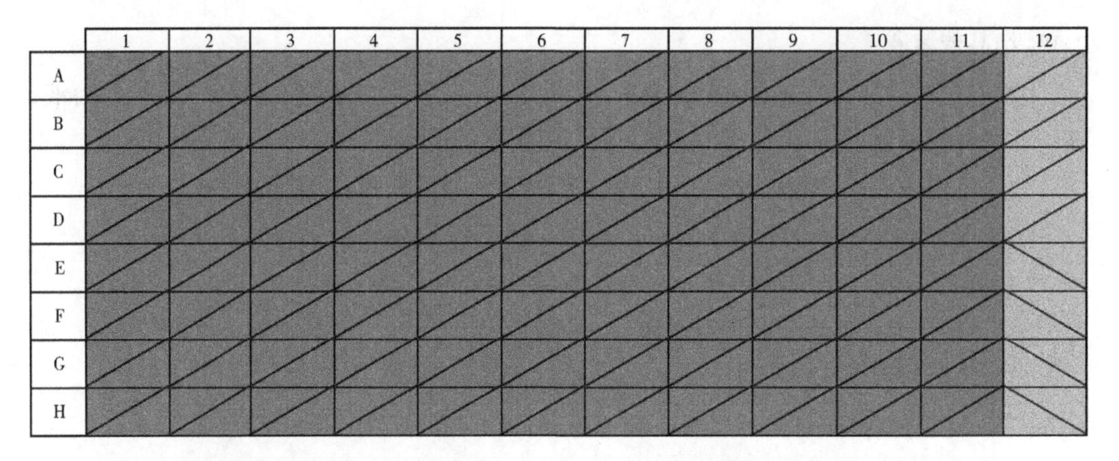

步骤：（1）A1–H12 在分析前 20 ~23 h，用 1.25×10^4 Vero E6 细胞接种所有的孔；

（2）A1–H11 每个孔中加入 75 μL 2 ×（10 μmol/L 接种培养基）复合溶液；

（3）A12–H12 每个孔中加入 75 μL 接种培养基（含 1% 二甲基亚砜）；

（4）A11–H11 A12–D12 每孔加 75 μL 稀释病毒接种液；

（5）E12–H12 每个孔中加入 75 μL 接种培养基（不含 DMSO）；

（6）通过在 37℃、5% CO_2 下旋转培养皿，轻轻搅拌 72 h。

图 9–1　CPE 分析板设置

（6）使用多通道移液枪，在 96 孔板的每个孔中添加 175 μL 稀释细胞悬浮液（等于 1.25×10^4 细胞 / 孔）。轻敲板的侧面，确保细胞均匀分布。

（7）在（37 ± 1）℃和 5% ± 1% 的 CO_2 条件下培养 20 ~23 h。

（8）潜伏期结束后，在后续步骤之前，通过显微镜检查目视检查细胞单层，以确保细胞在使用时大于 90% 的融合。如果融合率低于 90%，或者细胞分布不均，则不要继续进行检测。如有必要，调整细胞浓度和培养条件，以确保在接种细胞后 20 ~23 h 融合度达到 90% 以上。

3.1.2　药物的准备

（1）准备培养板接种培养基（含 1% DMSO），倒置混合。可根据执行该程序所需的体积相应地调整体积。

（2）以 200 × 100% 二甲基亚砜（1 000 μmol/L 稀释到 1% DMSO 中）的复合储存溶液为起始，在培养板接种培养基（不含 DMSO）中制备 2 × 10 μmol/L 的复合工作储备溶液。制备 10 μmol/L 工作储备溶液，在培养基中稀释后，最终浓度为 5 μmol/L，向 10 mL 培养板接种培养基（不含 DMSO）中加入 100 μL 浓度为 1 000 μmol/L 复合溶液。使用当天制备药物稀释液。

3.1.3　药物的添加

（1）通过逐盘倾斜并继续下一步，小心地从分析板的每个孔中取出培养皿。

（2）对于样品孔，在 A1 孔至 H11 孔中添加 75 μL 适当的培养板接种培养基，并添加 2 × 浓度（10 μmol/L）的化合物。在每个孔中添加不同的化合物进行初步筛选，在筛选时加入 1 式 3 份。

（3）对于对照孔，向 A12 孔至 H12 孔添加 75 μL 培养板接种培养基（含 1% DMSO）。

（4）如果不是所有孔都使用，则在剩余的孔中添加 75 μL 的培养板接种培养基（不含 DMSO）。

（5）将板置于含 5% ± 1% CO_2 和（37 ± 1）℃的培养箱中孵育 1 ~1.5 h 。

3.1.4　感染用 VACV 的制备

（1）从冷冻库（冰箱 -70℃或以下）中取出 VACV 工作储液，在（37 ± 1）℃水浴中对管进行解冻，然后放在湿冰上。在 2 级生物安全柜中进行以下步骤。

（2）一旦解冻，每个病毒短暂涡旋振荡 3 ~5 s。

（3）在装有冰水的杯状超声波破碎仪中，在 39%~41% 的振幅范围内对每种病毒进行（30 ± 2）s 的声波处理，然后立即放在湿冰上，直到病毒可以被稀释。

（4）用 70% 乙醇在冰上喷洒消毒病毒管表面，然后用吸水纸吸干。

（5）用总体积为 50 mL 的培养板接种培养基稀释预先确定的最佳病毒量（见注释 2）。

（6）短暂涡旋，贴上标签，放在湿冰上，直到准备好用于感染细胞才能取出。

3.1.5　VACV 感染

（1）药物在 5% ± 1% 的 CO_2 和（37 ± 1）℃的培养箱中孵育 1 ~1.5 h 后，用 70% 乙醇喷淋 50 mL 病毒制备液（冰上放置）表面消毒然后干燥。

（2）使用无菌储液器和多通道移液枪，将 75 μL 病毒稀释液从 A1 孔到 H11 孔、从 A12 孔到 D12 孔接种病毒［见本章标题 3.1.4，步骤（6）］。

（3）在 E12 孔到 H12 孔增加 75 μL 培养板接种培养基（不含 DMSO），作为未感染对照孔。

（4）将培养板放置在含 5% ± 1% 的 CO_2 和（37 ± 1）℃培养箱中孵育（72 ± 2）h。

3.1.6　培养板的固定及染色

（1）在 1 × PBS 中稀释 50% 溶液 1：10，新鲜制备 5% 戊二醛溶液 1 000 mL。用手用力搅拌几秒钟。体积可按比例调整，以获得该程序所必需的适当体积。在 IIA2 或 IIB2

级生物安全柜中准备溶液。如果是在IIB2级生物安全柜中制备的，请佩戴装有适当化学药筒的呼吸器。

（2）制备0.1%结晶紫/乙醇溶液。体积可按比例调整，以获得该程序所必需的适当体积。溶液可以是现配的，也可以是在细胞染色前4 d内配制的。

（3）孵育结束后［见本章标题3.1.4，步骤（4）］，最多取出5个培养板为1组，每次从培养板中倒出1组培养基。

（4）在IIA2或IIB2级生物安全柜中固定。如果准备在IIA2级生物安全柜中固定，则应戴上配备有适当化学药筒的呼吸器。

（5）用多通道移液枪，每孔加入250 μL 5%戊二醛溶液。

（6）在室温下将细胞单层固定30~45 min。

（7）将戊二醛溶液一次性倒入1组具有大开口的适当容器中。轻敲吸收材料上的板，直到流出量最小。

（8）1次1组，用多通道移液枪将150 μL 0.1%结晶紫/乙醇溶液小心地添加到每个孔中。染色可在IIA2或IIB2级生物安全柜中进行。

（9）在室温下对培养板染色30 min至1 h。

（10）小心地倒出污点，并彻底拍打吸水材料。确保充分去除多余的污迹，且不在板底部。经常更换手套，以尽量减少结晶紫对培养板的污染。

（11）让培养板在吸收性材料上倒置风干，让多余的结晶紫排出。

（12）一旦板完全风干，使用带有适当数据采集软件的微型板阅读器读取570 nm处的光密度。

3.2 EC_{50}分析

量效曲线是在一系列化合物浓度存在的情况下通过测量病毒诱导的细胞病变效应产生的。有关概述分析设置的平板图，请参见图9-2。在该方法中，用8种化合物浓度生成适合于从病毒诱导的CPE计算EC_{50}的抑制曲线。在添加到细胞培养基之前，在DMSO中制备药物稀释液。DMSO在细胞培养基中的最终浓度不应超过0.5%（见注释3）。细胞单层在多重感染（约0.05 pfu/个细胞）下被VACV感染，在感染后72 h内摧毁约90%的单层细胞。感染后72 h，固定并终止检测，用结晶紫染色单层，观察CPE水平。病毒诱导的细胞病变效应是通过测量570 nm的吸光度来量化的。使用曲线拟合软件计算EC_{50}值，生成量效曲线。从该曲线可以计算出抑制50%病毒诱导的CPE的化合物浓度。所有步骤均应采用无菌技术在2级生物安全柜中进行。

3.2.1 细胞接种96孔板（见本章标题3.1.1）

此程序与CPE分析相同。使用的平板数量将取决于该分析中筛选的化合物数量。

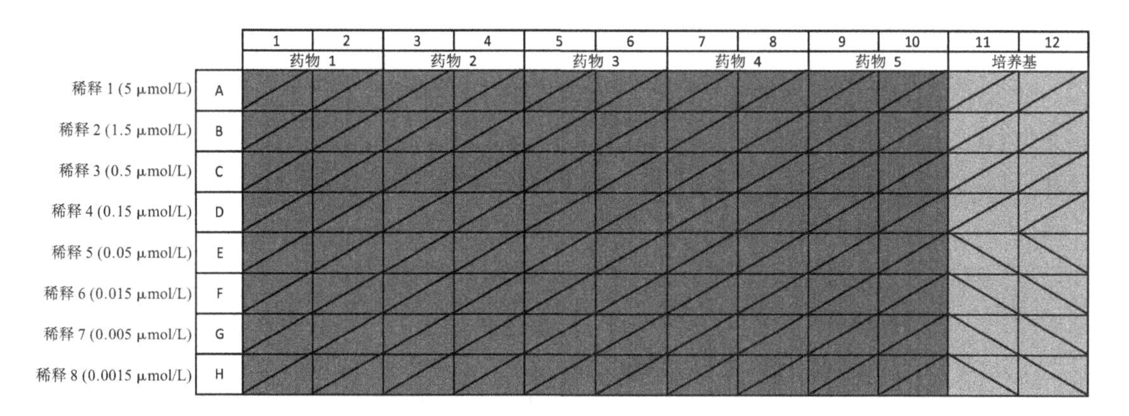

步骤：(1) A1–H12 在分析前 20 ~23 h，用 1.25×10^4 Vero E6 细胞接种所有的孔；

(2) A1–H11 每个孔中加入 75 μL 2 × 药物溶液（用含 1% DMSO 平板接种培养基配制）；

(3) A12–H12 每个孔中加入 75 μL 培养板接种培养基（含 1% DMSO）；

(4) A1–H10 A11–D12 每孔加入 75 μL 稀释的病毒接种液；

(5) E11–H12 每个孔中加入 75 μL 培养板接种培养基（不含 DMSO）；

(6) 通过旋转轻轻混合，并在 37℃、5% CO_2 下培养 72 h。

图 9-2　EC_{50} 分析培养板设置

3.2.2　药物制备

（1）准备培养板接种培养基（含 1% DMSO），倒置混合。可根据执行该程序所需的体积相应地调整体积。

（2）使用 200 × 1 000 μmol/L、300 μmol/L、100 μmol/L、30 μmol/L、10 μmol/L、3 μmol/L、1 μmol/L 和 0.3 μmol/L 的化合物浓度在培养板接种培养基（不含 DMSO）中制备 2 × 化合物溶液。根据表 9-1 所示的样品体积制备每个剂量浓度。体积可按比例调整，以形成执行该程序所需的适当体积。在使用当天制备化合物稀释液。

3.2.3　药物添加

（1）小心地将培养板接种培养基从每个平板上吸出，然后继续下一步，从待测试平板的每个孔中吸出。

（2）对于复合样品孔，如表 9-1 所示，每 2 × 复合稀释液（共 8 份）添加 75 μL，1 式 2 份，从 A 行至 H 行 / 第 1 列至第 10 列（第 1 列、第 2 列、第 3 列、第 4 列、第 5 列、第 6 列、第 7 列、第 8 列、第 9 列和第 10 列）。在 A 行到 H 行中，从最高到最低添加 8 种稀释液。每个板可评估 5 种化合物。

（3）对于对照孔，在 A 行至 H 行 / 第 11 列和第 12 列中添加 75 μL 的培养板接种培养基（含 1% DMSO）。

（4）尚若有孔未被使用，可向该未使用的孔中加入 75 μL 培养板接种培养基（不含

DMSO）以维持细胞生长。

（5）将培养板放置在（37 ± 1）℃ 含有 5% ± 1% CO_2 的培养箱中，每块培养板孵育 1~1.5 h 。

表 9-1 用于 EC_{50} 分析的化合物的制备

化合物终浓度（1× 浓度培养基）	化合物浓度（2× 浓度）	化合物体积（2× 浓度）	培养基体积（2× 浓度）
5 μmol/L	10 μmol/L	100 μL（1 000 μmol/L）	10 mL
1.5 μmol/L	3 μmol/L	100 μL（300 μmol/L）	10 mL
0.5 μmol/L	1 μmol/L	100 μL（100 μmol/L）	10 mL
0.15 μmol/L	0.3 μmol/L	100 μL（30 μmol/L）	10 mL
0.05 μmol/L	0.1 μmol/L	100 μL（10 μmol/L）	10 mL
0.015 μmol/L	0.03 μmol/L	100 μL（3 μmol/L）	10 mL
0.005 μmol/L	0.01 μmol/L	100 μL（1 μmol/L）	10 mL
0.001 5 μmol/L	0.003 μmol/L	100 μL（0.3 μmol/L）	10 mL

在 EC_{50} 分析中评估的化合物，以 1 000 μmol/L 的浓度溶解在 DMSO 中作为储备稀释液。在 DMSO 中进一步稀释该化合物以产生 300 μmol/L、100 μmol/L、30 μmol/L、10 μmol/L、3 μmol/L、1 μmol/L 和 0.3 μmol/L 的浓度。通过向 10 mL 培养基中添加 100 μL 上述稀释液，将这些化合物稀释到培养板接种培养基（不含 DMSO）中。这导致介质中化合物浓度为 2 倍。化合物以 2 倍的浓度添加到细胞中。

3.2.4 VACV 感染液的制备（见本章标题 3.1.4）

用于 EC_{50} 分析的 VACV 的制备方法与用于 CPE 分析的 VACV 的制备方法相同。

3.2.5 VACV 的感染

（1）药物孵育后，用 70% 乙醇在冰上喷洒 50 mL 病毒液，对其表面进行消毒，然后干燥。

（2）使用无菌储液槽和多通道移液管，使用每孔 75 μL 病毒液感染以下孔。

（3）对于含有化合物（即 A1 至 H10）的孔，每个孔添加 75 μL 的 VACV。

（4）对于不含化合物的感染对照孔，在 A 行至 D 行 / 第 11 列和第 12 列中对每个孔添加 75 μL 的 VACV。

（5）对于不含化合物的未感染对照孔，在 E 行至 H 列 / 第 11 列和第 12 列的孔中添加 75 μL 的培养板细胞接种培养基（不含 DMSO）。

（6）轻轻混匀并在（37 ± 1）℃下，含 5% ± 1% 的 CO_2 培养板培育（72 ± 2）h。

3.2.6　培养板的固定及染色

培养板的固定和染色板如 CPE 分析所述（见本章标题 3.1.6）。完成程序后，使用曲线拟合软件计算 EC_{50}。未受感染的对照孔在 570 nm 处的光密度为 0%CPE，而仅用 DMSO 处理的感染对照孔则为 100% CPE。复合处理孔的中间值应拟合到曲线上。探索各种曲线拟合参数以确定最佳拟合。EC_{50} 是抑制 50% 病毒 CPE 的化合物浓度。

4　注　释

（1）细胞的生长速度取决于细胞类型、传代次数和特定的培养条件。在所述的分析中，感染当天的最佳细胞密度应接近 90%。这允许在试验的 72 h 内有一些生长，但也确保在感染后 72 h 有足够数量的细胞被染色以进行结晶紫染色。为确保在感染当天达到 90% 的融合度，应在使用分析前优化细胞接种密度。试着接种 96 孔板，密度为 5×10^3~1.5×10^4 个细胞 / 孔不等，培养 24 h，用显微镜观察，估计融合程度。一旦确定细胞接种密度在接种后 24 h 产生约 90% 的融合，即可对一些孔进行胰蛋白酶化，并进行细胞计数以确定每个孔的细胞数。这样，在随后的分析中就更容易计算感染所需的病毒数量，因为每个孔的细胞数量将被标准化。BSC-40 或 BS-C-1 细胞也适用于所述方法，但细胞接种密度和生长条件需要调整。

（2）重要的是，不受阻碍的感染会在 72 h 内造成约 90% 的细胞单层破坏。如果单层只被部分破坏，那么在完全保存的健康单层（0% CPE）和病毒完全不被抑制的单层（100% CPE）之间存在非常窄的分光光度值范围。不同的 VACV 毒株具有不同的复制效率，在使用分析前必须根据经验进行测定。在上述方法中，感染的目标 MOI 为 0.05~0.1 pfu/ 个细胞，如果用 50 μL 病毒接种单个孔，其浓度通常在 1×10^4~2×10^4 pfu/mL。为了优化 MOI，建议探索 0.01~0.2 的 MOI。使用未感染的对照孔设定完整健康单层细胞的基线，并使用较高的 MOI 感染（0.2 pfu/ 个细胞）完全破坏细胞单层。可以用分光光度法测定介于中间的破坏细胞单层。

（3）DMSO 是一种很好的溶剂，未经稀释的 DMSO 常被用于溶解最疏水和亲水的化合物。一旦将溶解于 DMSO 中的化合物添加到细胞培养基中，就会稀释 DMSO，并且化合物的溶解液可能会发生改变。因此，注意观察在加入细胞培养后是否形成沉淀。如果形成沉淀，则不能再增加培养基中 DMSO 的浓度，以尝试溶解或保持化合物的溶解性。浓度大于 0.5% 的 DMSO 具有细胞毒性，将会混淆 CPE 和 EC_{50} 分析的结果，因为决定了由病毒引起的 CPE 水平及其病毒受目标化合物的抑制水平。如果所需浓度的化合物不溶于含有 0.5%DMSO 的细胞培养基中，则可能需要另一种溶剂。

参考文献

[1] Fenner F, Henderson DA, Arita I, Jezek Z, Ladnyi ID. 1988. Smallpox and its eradication. WHO, Geneva.

[2] Smith GL, Vanderplasschen A, Law M. 2002. The formation and function of extracellular enveloped vaccinia virus. J Gen Virol, 83(Pt 12):2915–2931.

[3] Payne LG. 1980. Significance of extracellular enveloped virus in the in vitro and in vivo disse mination of vaccinia. J Gen Virol, 50(1):89–100.

[4] Henderson DA. 1999. The looming threat of bioterrorism. Science, 283(5406):1279–1282.

[5] Lewis-Jones S. 2004. Zoonotic poxvirus Infections in humans. Curr Opin Infect Dis, 17(2):81–89.

[6] Chapman JL, Nichols DK, Martinez MJ, Raymond JW. 2010. Animal models of orthopoxvirus infection. Vet Pathol, 47(5):852–870.

[7] Yang G, Pevear DC, Davies MH, Collett MS, Bailey T, Rippen S, Barone L, Burns C, Rhodes G, Tohan S, Huggins JW, Baker RO, Buller RL, Touchette E, Waller K, Schriewer J, Neyts J, DeClercq E, Jones K, Hruby D, Jordan R. 2005. An orally bioavailable antipoxvirus compound (ST-246) inhibits extracellular virus formation and protects mice from lethal orthopoxvirus challenge. J Virol, 79(20):13139–13149.

第十章　用 RNA 测序法分析痘苗病毒转录组

Shuai Cao，Yongquan Lin，Zhilong Yang

摘　要：使用下一代测序（next-generation sequencing, NGS）技术的 RNA 测序（RNA-sequencing, RNA-Seq）是同时分析痘苗病毒和宿主细胞的全转录本的强大工具。在这里，我们描述了一种用于分析病毒感染的 HeLa 细胞中痘苗病毒转录组的 RNA 序列方法，并且特别关注疫苗病毒在样本制备、测序和数据分析方面的具体情况，但我们的方法可以修改为分析其他感染不同痘病毒的细胞或组织的转录物。

关键词：RNA-Seq；转录组；痘苗病毒；痘病毒；基因表达

1　前　言

转录组包括所有物种的给定细胞、细胞群、组织或有机体中的 RNA。通过转录组信息，被转录的基因及其数量基因，信息对于理解基因组信息的整体表达方式至关重要。RNA 测序（RNA-sequencing, RNA-Seq）已成为获取转录组信息的标准方法。与之前深度测序时代广泛应用的微阵列相比，RNA-Seq 具有许多优点包括：低或无背景干扰；单核苷酸水平的分辨率；转录本的数字量化；更广泛的微分表达式；对检测低水平[1]表达的转录本更敏感。RNA-Seq 还提供了一个独特的优势，在分析细胞内病原体 / 宿主相互作用（如病毒感染）时，它可以同时获得病原体和宿主细胞的转录组。

作为一组大型 DNA 病毒，痘病毒编码数百个 ORF。这些 ORF 以三级级联形式表达，具有早期、中期和晚期转录物[3]。转录组分析将 VACV 基因的全基因组时间表达分为 3 个阶段是至关重要的[2,4-8]。由于痘病毒越来越多地被用作疫苗载体和抗肿瘤溶瘤剂[9-14]，转录组分析可以成为检测病毒和插入外源基因在受感染宿主的培养细胞和组织中表达的一个很好的工具。更重要的是，转录组分析也反映了宿主基因内源性表达的变化，为同时分析宿主对感染的反应提供了极好的机会。获得以上信息必须在实验设计中包括适当的对照和生物重复。同样地，转录组分析可以提供病毒和宿主基因表达信息，以研究痘病毒复制机制的各个方面。

多个NGS平台可用于RNA-seq，并且多个商业或免费的软件可用于分析RNA-seq数据。在此，我们描述了一个基于Illumina平台用于VACV感染的HeLa细胞中总mRNAs分析的工作流程，并概述了我们通常用于分析序列读取的工作流程。整个过程从细胞培养和VACV感染开始，接着是mRNA提取、文库构建、质量评估、测序和数据分析（见图10-1）。值得注意的是，许多用于RNA序列分析的步骤均可以在其他地方找到大量通用信息。我们特别关注那些特定于VACV的方面，并在此对其描述得更为详细。而对于那些普通RNA-seq常见的步骤，我们只提供较少的细节或概述了程序。

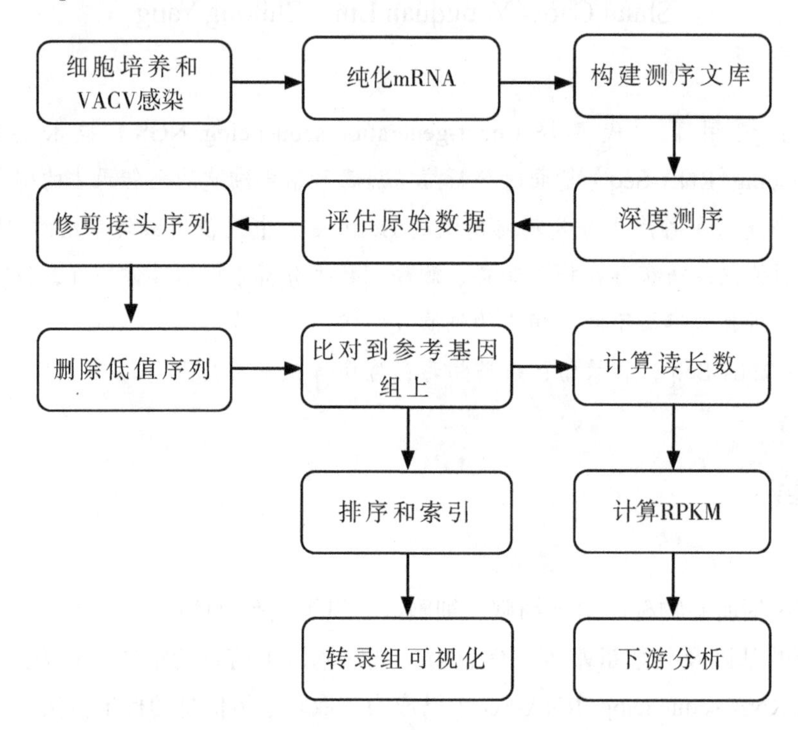

图10-1 利用RNA-Seq分析VACV转录组的工作流程

2 材 料

2.1 细胞培养

（1）HeLa细胞（ATCC CCL-2）。

（2）杜尔贝科改良伊格尔培养基（Dulbecco's modified Eagle medium, DMEM），含10%胎牛血清（fetal bovine serum, FBS）、2 mmol/L L-谷氨酰胺、100 U/mL青霉素、100 μg/mL链霉素。

（3）磷酸盐缓冲液（phosphate-buffered saline, PBS）。

（4）胰蛋白酶/EDTA。

（5）T-175 细胞培养瓶、T-25 细胞培养瓶（或其他具有类似表面积的培养板 / 培养皿）。

2.2　VACV 感染

（1）纯化的 VACV 西储株（VACV Western Reserve, VACV-WR；ATCC）。

（2）VACV 感染培养基：DMEM（2.5% FBS，2 mmol/L L- 谷氨酰胺，100 U/mL 青霉素，100 μg/mL 链霉素）。有关细胞培养和 VACV 制备、纯化和滴定，请参见其他地方描述的方法[15]。

2.3　总 RNA 提取

（1）DynaBeads mRNA Direct 试剂盒，Thermo Fisher Scientific 公司产品，货号 61011。

（2）DynaMag-2 Magnetic rack，Life Technologies 公司产品，货号 12321D。

（3）无核酸酶水。

2.4　测序文库的构建及纯化（见注释 1）

（1）NEB 下一代用于 Illumin 的超定向 RNA 文库制备试剂盒（NEBNext Ultra Directional RNA Library Prep Kit for Illumina），新英格兰 BioLabs 公司产品，货号为 E7420S。

（2）磁性架，无核酸酶水。

（3）Agencourt AMPure® XP 磁珠，Beckman Coulter 公司产品，货号 A63880。

（4）放线菌素 D（0.1 μg/μL）。

3　方　法

3.1　准备 HeLa 细胞用于 VACV 感染

（1）HeLa 细胞在 37℃、5% CO_2 培养箱中培养并维持在 T-175 培养瓶中（含 10% FBS、2 mmol/L L- 谷氨酰胺、100 U/mL 青霉素和 100 μg/mL 链霉素）。

（2）当细胞融合时，吸出培养基，在 37 ℃下用 5 mL 的预加热 1 × PBS 清洗细胞单层表面。

（3）倒出 PBS，向培养瓶中加入 3~5 mL 胰蛋白酶 /EDTA。轻轻摇动培养瓶，让胰蛋白酶 /EDTA 完全覆盖细胞单层表面。在 37℃条件下，1~2 min 内将 HeLa 细胞从培养瓶中分离。

（4）从培养瓶中消化下细胞后，加入 5 mL DMEM（10% FBS）以中和胰蛋白酶活性。通过移动移液管连续轻轻地上下吹打将 HeLa 细胞分离成单个细胞。

（5）将含有溶液的细胞转移到无菌的 15 mL 离心管中，以 1 000 × *g* 离心 5 min，收集细胞颗粒。

（6）吸弃管内的上清液。使用 1 mL 新鲜 DMEM（10% FBS）重新悬浮细胞。用血细胞计数仪（或其他装置）来计数细胞。

（7）将 HeLa 细胞接种到 T-25 培养瓶（或另一个具有类似表面积的培养皿）中，密度为 1.0×10^6 个细胞 / 瓶。继续在 37℃的 5% CO_2 培养箱中培养细胞。正常情况下，HeLa 细胞将生长到 95% 汇合度，并在 24 h 内准备进行 VACV 感染。

3.2 VACV 感染

（1）用 MOI 为 5 的 VACV 感染在 T-25 培养瓶中培养的 HeLa 细胞，每个孔用 2 mL 的感染培养基，然后在 37℃的 5% CO_2 培养箱中孵育 1 h。在孵育期间轻轻摇动培养瓶 1~2 次（见注释 2）。

（2）孵育 1 h 后，用 5 mL 新鲜的 VACV 感染培养基替换含 VACV 的培养基。继续在 37℃的 5% CO_2 培养箱中培养培养皿，直到提取 mRNA（见注释 3）。

3.3 mRNA 的分离和纯化（基于 Dynabeads mRNA 直接提取试剂盒；见注释 4）

在本章标题 3.3 和 3.4 中保持无 RNA 酶的环境非常重要（见注释 5）。

（1）通过用胰蛋白酶消化并于 1 000 × g 离心 5 min，制备约 3.0×10^6 个 HeLa 细胞。

（2）用 1 mL 冷的 PBS 冲洗细胞沉淀，再次离心收集细胞。

（3）将 1.25 mL 裂解 / 结合缓冲液加到每个细胞沉淀中，在冰上用移液管上下吹打几次，使细胞完全溶解。

（4）转移 250 μL Dynabeads Oligo $(dT)_{25}$ 到 1.5 mL 的无 RNA 酶的离心管中，置于磁力架上。

（5）当离心管内的液体变得澄清后，吸出上清，然后用 250 μL 裂解 / 结合缓冲液清洗磁珠。当离心管内的液体变得澄清后，吸出裂解 / 结合缓冲液。

（6）将磁珠和细胞裂解物在室温下孵育 3~5 min。

（7）将离心管放在磁性架子上，待上清澄清后取出上清液。

（8）用 1 mL 洗涤缓冲液 A 洗涤磁珠。

（9）用 1 mL 洗涤缓冲液 B 清洗磁珠。

（10）将磁珠风干 5 min（见注释 6）。

（11）用 25 μL 无核酸酶水洗脱磁珠中的总 mRNA。

（12）测量洗脱的 mRNA 的质量和浓度（见注释 7）。

（13）进行下一步或将 mRNA 存储在 −80℃直到构建测序库。

3.4　测序文库的构建与纯化（操作程序基于商品化的 NEBNext Ultra Directional RNA Library Prep Kit for Illumina 试剂盒）

（1）将 10~100 ng 纯化的 mRNA 与随机引物混合在第一链合成缓冲液中。

（2）将混合物在 94℃下孵育 7~15 min，随机将 mRNAs 分解成更小的 RNA 片段。将混合物放置在冰上，直到进入下一步。孵育时间越长，产生的片段就越短（见注释 9）。

3.4.1　RNA 片段及复制的引发（见注释 8）

3.4.2　第一链 cDNA 的合成

（1）在 10 μL 的 RNA 片段混合物（前一步）和随机引物中加入 1 μL 的 ProtoScript II 反转录酶，合成 cDNA（即第一链 cDNA）。

（2）加入 0.5 μL 的 RNA 酶抑制剂和 5 μL 的放线菌素 D，防止 RNA 降解，减少假反义链合成[16]。

（3）使用无核酸酶水使最终体积达到 20 μL。

（4）对于第一链 cDNA 合成，按照以下程序运行热循环：在 25℃下 10min，42℃ 下 15min，70℃下 15min，然后在 4℃下保持。

3.4.3　第二链 cDNA 的合成

（1）在 20 μL 的第一链 cDNA 合成产物（前一步）中加入 8 μL 的 10 × 第二链合成反应缓冲液、4 μL 的第二链合成酶混合物和 48 μL 的无核酸酶水，使总体积达到 80 μL。

（2）在 16℃下孵育混合物 1 h（见注释 10）。

3.4.4　双链 cDNA 的纯化（基于 Beckman Coulter 公司产品 Agencourt® AMPure® XP 磁珠）

（1）将 144 μL（1.8 ×）AMPure® XP 磁珠添加到 80 μL 的 dscDNA 产物中（从上一步骤获得），并通过移液管上下吹打至少 10 次充分混合（见注释 11）。

（2）在室温下孵育 5 min，使 dscDNAs 附着在磁珠上。

（3）将试管放在磁架上，使磁珠与上清液分离。

（4）当离心管内的液体变得澄清后，小心清除上清液。

（5）将离心管保持在磁架上，用 200 μL 80% 乙醇清洗磁珠表面 2 次。

（6）风干磁珠 5 min。

（7）加入 60 μL 10 mmol/L Tris-HCl 重新悬浮磁珠并洗脱 dscDNA。

（8）把离心管放回磁架上。

（9）当溶液澄清时，将 55.5 μL 含有 dscDNA 的上清液转移到新的离心管中。继续下一步或在继续之前将 dscDNA 存储于 −80℃。

3.4.5 dscDNA 的 3′末端的腺苷酸化

（1）最后一步加入 6.5 μL 10 × NEB 下一代末端修复反应缓冲液（NEBNext End Repair Reaction Buffer）和 3 μL NEB 下一代末端制备酶混合物（NEBNext End Prep Enzyme Mix）至 55.5 μL 纯化的 dscDNA 中，使总体积达到 65 μL。

（2）在 PCR 仪中孵育混合物，条件如下：20℃孵育 30 min，65℃孵育 30 min，保持 4℃孵育直到下一步。在这一步，腺苷酸将被添加到 dscDNA 的 3′ 钝末端。

3.4.6 接头连接

（1）将 15 μL 的连接酶预混液（NEB Ligase Master Mix）、1 μL 的接头（NEBNext Adaptor，1.5 μmol/L）和 2.5 μL 的无核酸酶水添加到 65 μL 的腺苷酸化的 dscDNA 中（从上一步获得）。总体积为 83.5 μL。

（2）在 20℃下孵育 15 min。在此步骤中，可以将不同样品制备的腺苷酸 dscDNA 连接到具有不同序列的接头上，这些接头在并行分析多个样品时充当条形码来识别序列读长的起点。

3.4.7 接头连接后用 AMPure® XP 磁珠纯化 dscDNA

（1）如本章标题 3.4.4 所述，添加 100 μL（1.0 ×）AMPure® XP 磁珠以纯化 dscDNA。

（2）用 100 μL10 mmol/L Tris–HCl 从磁珠中洗脱 dscDNA。

（3）重复本章标题 3.4.7 的操作，再次纯化连接产物；用 19 μL 的 10 mmol/L Tris–HCl 洗脱最终纯化的连接产物。

3.4.8 通过 PCR 进行文库富集

（1）将 17 μL 最后一步的纯化产物转移到新的 PCR 管中。

（2）添加 3 μL NEBNext USER 酶、25 μL NEBNext Q5 热启动 HiFi PCR 预混液、2.5 μL Index（X）引物和 2.5 μL 通用 PCR 引物。

（3）运行 PCR 程序如下：37℃ 15 min；98℃ 30 s；98℃ 10 s；65℃ 75 s，循环 12~15 次；65℃ 5 min；保持 4℃直到下一步（见注释 12）。

3.4.9 用 AMPure® XP 磁珠纯化 PCR 产物

（1）如本章标题 3.4.4 所述，将 45 μL（0.9 ×）AMPure® XP 磁珠添加到 50 μL 的 PCR 富集的 cDNA 文库中进行 PCR 产物纯化。

（2）用 20 μL 的 10 mmol/L Tris-HCl 洗脱磁珠中的 dscDNA，并在 -80℃下储存，直到测序步骤。

3.5　测序

由于测序一般都是在核心或商业设备中进行，所以我们不详细讨论这一步。使用您的设备评估测序库的质量，并使用 Illumina 平台（例如 Hi-Seq 4000 或 2500）进行测序。

3.6　数据分析

RNA-Seq 的原始数据将以 .fastq 格式（一种基于文本的高通量生物测序数据格式）保存在 1 个或多个文件中。原始数据文件可以从排序工具的服务器上下载到您自己的计算机 / 集群的硬盘驱动器上进行分析。通过将测序读序列比对到感兴趣的参考基因组，mRNA 的相对丰度可以通过单端测序的每千碱基转录本读序列（Reads Per Kilobase per Million mapped reads, RPKM）或配对端测序的每千碱基转录本读序列（Fragments Per Kilobase per Million mapped reads, FPKM）片段来显示。原始数据中除了 mRNAs 产生的信息外，还包含一些库构建过程中产生的与 mRNA 无关的序列，如 rRNAs、tRNAs 和 cDNA 库接头产生的序列；这些会使数据分析复杂化。除接头之外，rRNA 和 tRNA 序列有时被过度呈现，在比对到参考基因组之前，应该从原始数据中将其删除。比对步骤完成后，数据解释可能需要进一步处理，包括计算读长数、计算 RPKM、寻找差异表达的基因，以及在浏览器上可视化转录组。在这里，我们提供了一个管线来分析针对 VACV 感染病毒 mRNA 的 RNA-Seq 数据（见图 10-1）。我们仅描述分析工具，而不描述脚本，因为脚本可能会随着软件的新版本而更新，并且在使用不同的计算机系统时可能略有不同。此外，在不同的实验中可以使用不同的参数。一般来说，这些都在相应的软件手册中进行了描述。对于不熟悉计算机编程语言和环境的人，请咨询生物信息学专家。此外，Galaxy 是一个在线数据分析网站，其在友好的界面上为 RNA-Seq 数据分析的每一步都集成了许多有用的工具（见本章标题 3.7）。

3.6.1　软件、工具及参考序列

软件和工具包括 FastQC、Trimmomatic、Bowtie、Tophat、FeatureCounts、Excel、Mochiview 和 SAMtools，VACV 基因组注释文件（NC_006998.1），包含 rRNA 和 tRNA 序列的 Bowtie（短序列拼接至模板基因组的工具）索引文件。

3.6.2　从测序机构服务器下载 RNA-Seq 数据

原始排序数据采用 .fastq 格式。将数据保存在本地计算机的硬盘上。

3.6.3 使用 FastQC 对原始数据进行质量评估

原始数据的一般质量（以 .fastq 格式）可以在 FastQC 中进行评估，FastQC 有命令行版本和 GUI 版本。例如，在这个步骤中，可以评估读长的长度和质量分数、是否存在接头序列以及是否存在过多的 rRNA 和 tRNA 序列。FastQC 以 .fastq 文件作为输入。分析结果显示在 .html 文件中。在结果中可以观察到适配序列的存在以及过量的 rRNA 和 tRNA 序列（如果有）。通常，在此步骤中不需要进一步操作，除非读长的长度意外得短或读长质量低。FastQC 更常被用作一种工具来显示过度呈现的序列或剩余的接头序列（见后面的步骤）。

3.6.4 使用 Trimmomatic 剔除 Trim 接头序列

原始数据将包含构建序列库时生成的许多接头序列。Trimmomatic 将它们从 RNA 序列数据中删除，因为它们不包含真正的信息。软件使用 JAVA 环境来读取 .fastq 或 .fastq.gz 文件，并删除接头序列，将干净的读长保存到新的 .fastq 文件中，并给出摘要。大多数常见的接头序列都打包在软件中。

3.6.5 使用 Bowtie 移除过度呈现的 rRNA 和 tRNA 序列

RNA 序列数据中过度呈现的 rRNA 和 tRNA 序列的数量可能不同。最丰富的超代表序列通常来自 rRNA。要删除这些序列，可以使用 bowtie 将总的序列读长比对到包含 rRNA 和 tRNA 序列的 Bowtie 索引。与 rRNA 和 tRNA 序列不匹配的序列将保存为新文件。输入文件包括 .fastq 文件和引用索引文件。输出文件包括存储未比对到 rRNA 或 tRNA 以供进一步分析序列的 .fastq 文件和存储 rRNA 和 tRNA 匹配序列的 .aln 文件。

Bowtie 使用索引文件作为引用，但不直接使用序列文件。可以使用 Bowtie-build 生成 Bowtie 索引文件。引用序列文件通常用作输入。输出文件将存储在一个包含 4 个名为 *.ebwt 的文件和 2 个名为 *. rev.*.ebwt 的文件的文件夹中。

3.6.6 利用 Tophat 比对到 VACV 基因组

Tophat 可以处理大的基因组和复杂的注释（如人类基因组数据），能比 Bowtie 更好地处理连接。输入文件是从本章标题 3.6.5 生成的 .fastq 文件中将读长的内容比对到 VACV 基因组参考文件（.gtf 和 VACV 的索引文件）。输出数据将存储在 .bam 文件中。

3.6.7 读取读长数并用 Featurecounts 计算 RPKM

本步骤统计比对到单个 VACV 开放阅读框的读长数。FeatureCounts 既可以用作软件，也可以用作 R 中的包。它使用上一步中的 .bam 文件作为输入，使用 .gtf 文件（带有 VACV 基因组注释）作为参考。由于 VACV 基因组具有反向末端重复序列（Inverted terminal repeats, ITRs），因此必须允许 1 个读长被比对到至少 2 个基因组位置，这样才能比对 ITRs 中开放阅读框的读长。输出是 1 个 .txt 文件，包含几列信息，包括基因名、基因长度、比对到它的读长数等。该 .txt 文件可以在 Excel 中打开，并转换为 Excel 文件。根据定义，RPKM 可用以下公式计算：A 基因的 RPKM= 比对到 A 基因的读长数 ×（A 基因的长度 /1 000）×（总读长数 /1 000 000）。

3.6.8 用 Mochiview 实现转录体可视化

转录组分析结果可以用 Mochiview 或其他基因组浏览器可视化。由于 VACV 基因组的正链和负链都编码病毒基因，因此在定位后必须根据正链或负链来分离读长。SAM-tools 可以实现这一点，还可以对比对结果进行排序和索引。然后 .bam 文件将转换为 .wig 文件。.wig 文件可以在 Mochiview 中打开，并可视化 VACV 基因组上的分布和读长丰度。Mochiview 还采用多种其他格式，可以显示多个特征。图 10-2 是我们在感染后期分析全基因组 VACV 转录组的结果的一个例子。

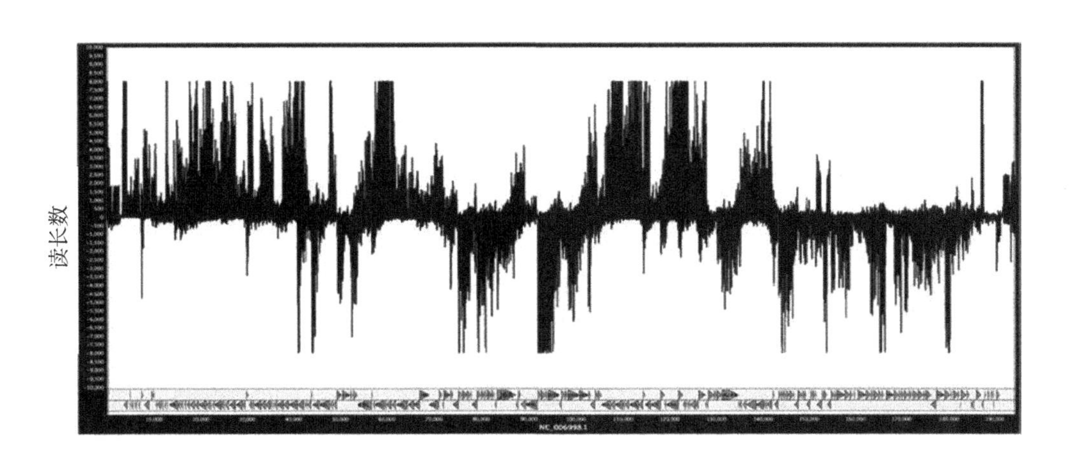

图 10-2 Mochiview 中 VACV 转录组的可视化

图片显示了一个在感染后期的全基因组转录组。每个核苷酸的读长数都显示在了带有 ORF 注释的 VACV 基因组上。线上方的读长比对到上（右）链，线下方的计数比对到下（左）链 DNA 基因组。由于读长数过高，最高的读长偏离了刻度。

3.6.9 宿主细胞转录组分析

可以同时分析宿主细胞转录组。如果实验设计了适当的对照和生物学重复，可以通过差异基因表达分析研究不同条件下宿主细胞对 VACV 感染的反应（见注释 14）。整个过程类似于 VACV 读长的分析，只不过相应地使用了宿主基因组注释文件。

3.7 用 Galaxy 分析 RNA-Seq 数据

RNA-Seq 数据也可以使用 Galaxy（http://www.usegalaxy.org）进行分析。以下我们简要地描述分析的过程。

（1）从测序服务器下载 RNA-Seq 数据，格式为 .fastq 格式。

（2）上传 RNA-Seq 数据到 Galaxy 网站。

点击“获取数据（Get Data）”，以 .fastq 格式将 RNA-Seq 数据上传到您的 Galaxy 用户账户。上传的文件将显示在网页右侧栏的历史记录栏下。Galaxy 网站上有很多工具可以进行 RNA-Seq 数据分析，例如 FastQC、Cutadapt、Tophat 和 Cufflinks。Galaxy 网站对这些功能都有非常详细的解释。

（3）原始数据的质量控制。

在 FastQC 中可以直观地看到 RNA-Seq 数据的一般质量。点击“FastQC”上的“C”，选择要分析的数据文件，点击“Execute”。分析结果将显示读长、接头序列和过多的重复序列的长度和质量。

（4）删除接头序列。

点击“Cutadapt”函数，选择 RNA-Seq 数据，输入接头序列，点击“Execute”。新生成的文件是没有接头序列的 RNA-Seq 数据；这一点可以通过“FastQC”来确认。

（5）比对到带注释的基因组。

点击“TopHat”，修整接头后选择 RNA-Seq 数据，选择参考基因组，点击“Execute”。比对将生成一个 .bam 格式的文件。

（6）计数读长并计算 RPKM。

单击“Cufflinks”并选择比对步骤生成的 .bam 格式文件。接下来，选择一个参考基因组注释文件来计算可以比对到某个基因上的读长数量。Cufflinks 还可以计算每百万分位转录本的千碱基读数（RPKMs），从而估算 mRNA 的相对丰度，并检测 RNA-Seq 样本中基因表达的显著差异。

4 注 释

（1）其他操作方案和商品化试剂盒亦可用于序列库的构建。重要的是要选择一个保持链特异性信息的基因，因为 VACV 的开放阅读框间隔非常近，转录读长范围很广，几乎所有的核苷酸都会被转录[2,7]。

（2）MOI 为 5 可确保几乎所有细胞同步感染。如果使用悬浮 HeLa S3 细胞，则 MOI 应为 20。

（3）每个样本需要约 100 ng 的 mRNA。从 3.0×10^6 HeLa 细胞（从 1 个 T-25 培养瓶或 6 孔板的 3 个孔中的细胞）中可以提取足够的 mRNAs。如果使用其他类型的细胞，根据可以提取 mRNA 的数量来确定所需的细胞数量。

（4）DynaBeads-mRNA 直接试剂盒可以用包裹 Oligo(dT) 的磁珠从样品中提取 mRNAs。如果需要其他类型的 RNA，则应使用其他的 RNA 提取方法，例如，基于 Trizol 的方法提取总 RNA。

（5）提取的 RNA 的质量对 RNA 序列分析至关重要。用于处理 RNA 的工作区域应足够干净。在 RNA 提取和序列文库构建过程中，应尽可能清除工作表面的灰尘和气溶胶。用于 RNA 提取和序列文库构建的所有移液管、离心管和水都应不含核酸酶。如有可能，将样品放置在冰上。用 Nanodrop 2000 或 Bioanalyzer 生物分析仪测定 RNA 的浓度，以确定 RNA 的质量。A260/280 和 A260/230 应在 2.0 和 2.2 左右。A260/280 的读数太低通常表示收集的 RNA 受到蛋白质或酚类的污染，而 A260/230 的读数低则表示受到胍盐的污染，而受到污染的 RNA 可能会影响到 cDNA 的构建。

（6）在空气干燥磁珠时，不要让磁珠完全干燥。找到磁珠颜色从“湿棕色”变为“半湿棕色”的点。此时，磁珠将要干燥，并准备好进入下一步。完全干燥的磁珠可能会影响洗脱和 mRNA 或 cDNA 的产生。

（7）260 nm/280 nm（A260/280）在 2.0 左右和 260 nm/230 nm（A260/230）处的吸收率为 2.2 左右表明 RNA 的质量好。

（8）如果需要额外的 RNA spike-in（用于校准应用程序中 RNA 序列读长的测量，如比较不同样本的读长），则应在此步骤之前添加。

（9）可以采用多种方式破碎 RNA，例如超声波物理剪切或 *RNase* Ⅲ消化。

（10）最后一步用于第一链 cDNA 合成的 RNA 模板链将被 RNase H 降解，产生 RNA 片段，作为 DNA 聚合酶 I 的引物，合成第二链 cDNA 冈崎片段。冈崎片段通过 DNA 连接酶连接成完整的第二链 cDNA，第一链和第二链 cDNA 形成双链 cDNA（double-stranded cDNA, dscDNA）。利用尿嘧啶（U）代替胸腺嘧啶（T）合成第二链 cDNA，以确保对每个接头条形码只扩增和测序第一链 cDNA。

（11）AMPure® XP 磁珠比率定义为（商业产品中）再悬浮磁珠的体积与 cDNA 样本的体积。例如，“1 ×”表示再悬浮的珠子和 cDNA 样品的体积相等。

（12）在 cDNA 文库浓缩步骤中，建议的 PCR 循环数为 12~15。如果产量足以产生足够的 DNA 测序量，则尽量减少 PCR 循环数。较少的 PCR 循环数可减少由 PCR 扩增产生的假象。

（13）软件和其他索引或注释文件的来源。

FastQC 下载地址：

http://www.bioinformatics.babraham.ac.uk/projects/download.html#fastqc。

Trimmomatic 下载地址 [17]：

http://www.usadellab.org/cms/uploads/supplementary/Trimmomatic/Trimmomatic-0.36.zip 。

Bowtie 下载地址 [18]：

https://sourceforge.net/projects/bowtie-bio/files/bowtie/1.2.1.1。

Tophat 下载地址 [19]：

https://ccb.jhu.edu/software/tophat/tutorial.shtml，Tophat 依赖于 Bowtie；请按照网站说明进行安装。

Featurecounts 下载地址 [20]：

http://sourceforge.net/projects/subread/files/ subread-1.5.3/。

Mochiview 下载地址 [21]：

http://www.johnsonlab.ucsf.edu/mochiview-downloads。

SAMtools 下载地址 [22]：

https://sourceforge.net/projects/samtools/files/。

计算机环境可能会要求 Java、Perl 或 Python：

JAVA：https://www.java.com/en/download/win10.jsp；

Perl：https://www.perl.org/get.html；

Python：https://www.python.org/。

VACV 基因组序列文件可从下面网页下载：

https :/ /www.ncbi.nlm.nih.gov/nuccore/NC_006998.1?report fasta。

VACV 基因组注释文件可从下面网页下载：

ftp://130.14.250.10/genomes/Viruses/Vaccinia_virus_ uid15241/NC_006998.gff。

使用下面网页中的脚本将 .gff 文件转换为 .gtf 文件：

https://github.com/vipints/GFFtools-GX/blob/master/gff_to_gtf.py。

人类基因组序列文件可从下面网页下载 [23]：

ftp://ftp.ensembl.org/pub/release-96/fasta/homo_sapiens/dna/。

人类基因组注释文件可从下面网页下载 [23]：

ftp://ftp.ensembl.org/pub/release-96/gtf/homo_sapiens/。

预定义的 rRNA 和 tRNA 序列文件由 Bowtie tRNA 序列生成：

http://gtrnadb.ucsc.edu/genomes/eukaryota/Hsapi19/hg19-tRNAs.fa。

人类核糖体 DNA 序列：

https://www.ncbi.nlm. nih.gov/nuccore/555853/。

人类 5S DNA 序列：

https://www.ncbi.nlm.nih.gov/ nuccore/23898/。

（14）可以使用多个软件程序分析表达差异，例如 Cufflinks 中的 Cuffdiff（如 Galaxy 数据分析中所述）[24]。http://cole-trapnell-lab.github.io/cufflinks/releases/v2.2.1/。

参考文献

[1] Wang Z, Gerstein M, Snyder M. 2009. RNA-Seq: a revolutionary tool for transcriptomics. Nat Rev Genet, 10:57–63.

[2] Yang Z, Bruno DP, Martens CA, Porcella SF, Moss B. 2010. Simultaneous high-resolution analysis of vaccinia virus and host cell transcriptomes by deep RNA sequencing. Proc Natl Acad Sci U S A, 107:11513–11518.

[3] Moss B. 2013. Poxviridae: the viruses and their replication. Knipe DM, Howley PM (eds) Fields Virology, 2:2129–2159.

[4] Yang Z, Moss B. 2015. Decoding poxvirus genome. Oncotarget, 6:28513–28514.

[5] Yang Z, Martens CA, Bruno DP, Porcella SF, Moss B. 2012. Pervasive initiation and 3′ -end formation of poxvirus postreplicative RNAs. J Biol Chem, 287:31050–31060.

[6] Yang Z, Maruri-Avidal L, Sisler J, Stuart CA, Moss B. 2013. Cascade regulation of vaccinia virus gene expression is modulated by multistage promoters. Virology, 447:213–220.

[7] Yang Z, Reynolds SE, Martens CA, Bruno DP, Porcella SF, Moss B. 2011. Expression profil-ing of the intermediate and late stages of poxvirus replication. J Virol, 85:9899–9908.

[8] Bengali Z, Satheshkumar PS, Yang Z, Weisberg AS, Paran N, Moss B. 2011. Drosophila S2 cells are non-permissive for vaccinia virus DNA replication following entry via low pH-dependent endocytosis and early transcription. PLoS One, 6:e17248.

[9] Albelda SM, Thorne SH. 2014. Giving onco-lytic vaccinia virus more BiTE. Mol Ther, 22:6–8.

[10] Chan WM, McFadden G. 2014. Oncolytic poxviruses. Annu Rev Virol, 1(1):191–214.

[11] Draper SJ, Heeney JL. 2010. Viruses as vaccine vectors for infectious diseases and cancer. Nat Rev Microbiol, 8:62–73.

[12] Altenburg AF, Kreijtz JH, de Vries RD, Song F, Fux R, Rimmelzwaan GF, Sutter G, Volz A. 2014. Modified vaccinia virus Ankara (MVA) as production platform for vaccines against influenza and other viral respiratory diseases. Viruses, 6:2735–2761.

[13] Izzi V, Buler M, Masuelli L, Giganti MG, Modesti A, Bei R. 2014. Poxvirus-based vaccines for cancer immunotherapy: new insights from combined cytokines/co-stimulatory molecules delivery and “uncommon” strains. Anti Cancer Agents Med Chem, 14:183–189.

[14] Moss B. 2013. Reflections on the early development of poxvirus vectors. Vaccine, 31:4220–4222.

[15] Earl PL, Cooper N, Wyatt LS, Moss B, Carroll MW. 2001. Preparation of cell cultures and vaccinia virus stocks. Curr Protoc Mol Biol Chapter, 16:Unit16.

[16] Head SR, Komori HK, LaMere SA, Whisenant T, Van Nieuwerburgh F, Salomon DR et al. 2014. Library construction for next-generation sequencing: overviews and challenges. BioTechniques, 56:61–64, 66, 68, passim.

[17] Bolger AM, Lohse M, Usadel B. 2014. Trimmomatic: a flexible trimmer for Illumina sequence data. Bioinformatics, 30:2114–2120.

[18] Langmead B, Trapnell C, Pop M, Salzberg SL. 2009. Ultrafast and memory-efficient alignment of short DNA sequences to the human genome. Genome Biol, 10:R25.

[19] Trapnell C, Pachter L, Salzberg SL. 2009. TopHat: discovering splice junctions with RNA-Seq. Bioinformatics, 25:1105–1111.

[20] Liao Y, Smyth GK, Shi W. 2014. feature-Counts: an efficient general purpose program for assigning sequence reads to genomic features. Bioinformatics, 30:923–930.

[21] Homann OR, Johnson AD. 2010. MochiView: versatile software for genome browsing and DNA motif analysis. BMC Biol, 8:49.

[22] Li H, Handsaker B, Wysoker A, Fennell T, Ruan J, Homer N, Marth G, Abecasis G, Durbin R, 1000 Genome Project Data Processing Subgroup. 2009. The sequence alignment/ map format and SAMtools. Bioinformatics, 25:2078–2079.

[23] Yates A, Akanni W, Amode MR, Barrell D, Billis K, Carvalho-Silva D et al. 2016. Ensembl 2016. Nucleic Acids Res, 44:D710–D716.

[24] -Trapnell C, Roberts A, Goff L, Pertea G, Kim D, Kelley DR et al. 2012. Differential gene and transcript expression analysis of RNA-seq experiments with TopHat and Cufflinks. Nat Protoc, 7:562–578.

第十一章　痘苗病毒—感染细胞的核糖体图谱

Yongquan Lin，Wentao Qiao，Zhilong Yang

摘　要：核糖体谱分析是一种通过深度测序检测核糖体保护的 mRNA 片段来确定全基因组的 mRNA 翻译的方法。该方法可定量分析基因在翻译水平上的表达，精确定位核糖体在密码子水平上的表达。如果同时进行 RNA 测序（RNA-Sequencing RNA-Seq），也可以确定全基因组对 mRNA 翻译的调控。本章中，我们描述了可同时在感染痘苗病毒的细胞中执行核糖体分析和 RNA 测序分析的操作方案。

关键词：痘病毒；痘苗病毒；翻译；基因表达；核糖体分析；RNA 测序

1　前　言

核糖体是一种将 mRNA 的遗传信息解码成蛋白质的细胞器。一旦与 mRNA 结合，1 个核糖体分子可以保护 28~30 个核苷酸（nucleotide, nt）mRNA 序列不被核酸酶消化。为了测量受核糖体保护的 mRNA 片段，Weissman 及其同事开发了一种核糖体谱分析方法 [1,2]。与定量 mRNA 总水平的 RNA 测序（RNA-Sequencing, RNA-Seq）相比而言，核糖体谱测量的是处于主动翻译阶段的基因的表达，而这与蛋白质水平更密切相关 [1,2]。核糖体图谱还可以通过密码子水平的分辨率精确地确定 mRNA 上的核糖体结合位点，识别出主动翻译的 mRNA，并将其作为翻译调控元件 [1-3]。将 RNA-Seq 与核糖体分析相结合进行比较分析，可以计算出受核糖体保护的 mRNA 与总 mRNA 的比值，以及对任何单个 mRNA 的相对翻译效率 [4-7]。核糖体谱分析产生的大量信息为研究痘病毒，包括痘病毒原型——痘苗病毒（vaccinia virus, VACV）的基因表达提供了独特的优势。对于 VACV，ORF 是紧密间隔的，而复制后的 mRNA 通常包含大量的通读，因此通过确定 VACV 中的哪些区域被翻译，我们大大提高了解码整个 VACV 基因组的能力 [5,8,9]。此外，通过比较 VACV 感染，模拟感染细胞的核糖体图谱和 RNA-Seq 数据，可以揭示 VACV 感染对宿主细胞 mRNA 翻译的影响 [5]。

本章介绍了在 VACV 感染细胞中同时进行核糖体分析和 RNA 测序的方案（见图 11–1）。我们根据 Weissman 实验室 [2] 开发的原始方法制订了本方案，并且在许多步骤中，在需要时建议使用可用的工具包。整个过程包括细胞培养和感染、文库构建、深度测序和数据分析。与其他高通量方法类似，在开展进一步研究之前，应使用相应的常规方法对结果进行验证。

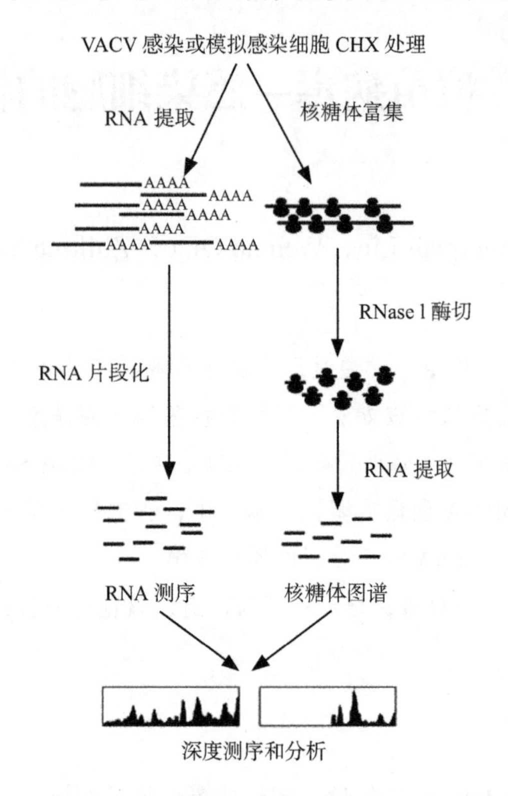

图 11-1　同时进行核糖体图谱和 RNA 测序分析示意图

HeLa S3 细胞感染了 VACV 或进行模拟感染。用环己酰亚胺处理细胞并在感染后指定时间收获。对于 RNA 测序，mRNAs 被纯化和片段化。对于核糖体分析，用 RNAse 处理 mRNAs，纯化核糖体保护片段（ribosome-protected fragments, RPF）。mRNA 和 RPFs 都被用于文库构建、测序和分析。

2 材　料

2.1　细胞培养及感染（见注释 1）

（1）HeLa S3 细胞［美国模式培养物保藏中心（American Type Culture Collection, ATCC），编号 CCL2.2］。

（2）VACV 西储株（Western Reserve, WR）（ATCC，VR-1354）。

（3）低限量 Eagle 培养基（S-MEM）。

（4）马血清。

2.2　文库构建

（1）* 表示该试剂在试剂盒 TruSeq Ribo Profile (Mammalian) Kit（Illumina）中提供。

（2）# 表示可以使用其他试剂（见注释 2）。

2.2.1　细胞裂解和 RNA 提取

（1）磷酸盐缓冲液（Phosphate-buffered saline, PBS）。

（2）5 × 哺乳动物多糖缓冲液 *#。

（3）100 mmol/L 二硫苏糖醇（Dithiothreitol, DTT）*。

（4）10% 十二烷基硫酸钠（Sodium dodecyl sulfate, SDS）*。

（5）10% Triton X-100*。

（6）DNase I（1 U/μL）*#。

（7）10% NP-40。

（8）50 mg/mL 环己酰亚胺（Cycloheximide, CHX）溶于乙醇中。

（9）不含核酸酶的水。

（10）哺乳动物细胞裂解缓冲液（1 × 哺乳动物多糖缓冲液、1% Triton X-100、1 mmol/L DTT、10 U/mL DNase I、0.1 mg/mL CHX 和 0.1% NP-40）。

（11）S-MEM，添加 0.1 mg/mL CHX。

2.2.2　核糖体保护的 RNA 片段及 mRNA 的纯化

（1）10 U/μL TruSeq Ribo Profile Nuclease*#。

（2）RNAse 抑制剂中的酶 SUPERase（Thermo Fisher 公司产品）。

（3）Illustra 微球蛋白 S-400 HR 柱（GE Healthcare 公司产品）。

（4）TruSeq Ribo Profile RNA 对照 *#。

（5）10% 十二烷基硫酸钠 *。

（6）糖原。

（7）5 mol/L 乙酸铵 *#。

（8）3 mol/L 乙酸钠（pH 值 5.2）。

（9）15% 聚丙烯酰胺 / 7~8 mol/L 尿素 /TBE 凝胶。

（10）变性凝胶上样染料。

（11）1 ng/μL，20/100 寡核苷酸分子梯度标记。

（12）SYBR Gold（Thermo Fisher 公司产品）。

（13）Tris 饱和酚 : 氯仿溶液（1 : 1）。

（14）氯仿。

（15）异丙醇。

（16）80%（体积比）乙醇溶液，现配现用。

（17）无核酸酶的水。

（18）蔗糖（可选，见注释 5）。

（19）$MgCl_2$（可选，见注释 6）。

（20）试剂盒 Ribo-Zero Magnetic Gold Kit（人 / 鼠 / 大鼠；Illumina 公司产品，可选，见注释 6）。

（21）超速离心缓冲液［含有 1× 哺乳动物多核糖体缓冲液、50%（体积比）蔗糖、0.5 mmol/L DTT、3.5 mmol/L $MgCl_2$、100 U/mL SUPERase In RNAse Inhibitor 和 0.1 mg/mL CHX］#。

2.2.3 RNA 修饰与反转录

（1）TruSeq 核糖体图谱 PNK 缓冲液 *#。

（2）TruSeq 核糖图谱 PNK*#。

（3）TruSeq 核糖体图谱 3′接头 *#。

（4）TruSeq 核糖体图谱连接缓冲液 *#。

（5）TruSeq 核糖图谱连接酶 *#。

（6）TruSeq 核糖体图谱 AR 酶 *#。

（7）100 mmol/L DTT*。

（8）TruSeq 核糖体图谱 RT 反应混合物 *#。

（9）EpiScript RT*#。

（10）TruSeq 核糖体外切酶谱 *#。

（11）TruSeq 核糖核酸酶谱混合 *#。

（12）TruSeq 核糖体图谱 CL 反应混合物 *#。

（13）环化酶 *#。

（14）ATP*#。

（15）氯化锰 *#。

（16）10% 十二烷基硫酸钠 *#。

（17）糖原。

（18）5 mol/L 乙酸铵 *#。

（19）3 mol/L 醋酸钠（pH 值 5.2）。

（20）10% 聚丙烯酰胺 / 7 ~8mol/L 尿素 /TBE 凝胶（Bio Rad 公司产品）。

（21）变性凝胶上样染料（Thermo Fisher 公司产品）。

（22）1 ng/μL 20/100 寡核苷酸分子梯度标记（IDT 公司产品）。

（23）SYBR 黄金（Thermo Fisher 公司产品）。

（24）Tris 饱和酚：氯仿溶液（1：1）。

（25）氯仿。

（26）异丙醇。

（27）新制备的 80%（*V/V*）乙醇。

（28）无核酸酶的水。

2.2.4 核糖体 RNA（rRNA）cDNA 的去除

（1）2 × SSC 缓冲液：0.3 mol/L 氯化钠，0.03mol/L 柠檬酸钠（pH 值 7.0）。

（2）Dynabeads MyOne Streptavidin C1（Thermo Fisher 公司产品）。

（3）minElute PCR 纯化试剂盒（QIAGEN 公司产品）。

（4）5′ - 生物素修饰的用 C6 间臂寡核苷酸（检查表 11-1 中的寡核苷酸序列，见注释 3）。

表 11-1 生物素修饰的核苷酸序列及体积

序列	100 μmol/L 储液体积（μL）
tcgtgggggcccaagtccttctgatcgaggccc	224.6
tcctcccggggctacgcctgtctgagcgtcgct	80.0
tccagtgcgccccgggcgggtcgcgccgtcgggcccgggg	60.0
ctgcataatttgtggtagtgggg	52.0
actcgccgaatcccggggccgagggag	44.0
ggggggatgcgtgcatttatcagatca	28.2
actgacccggtgaggcgggg	23.5
aggggctctcgcttctggcgccaagcgt	20.0
cgggaccggggtccggtgcggagtgcccttcgtcc	20.0
cggcggatctttcccgccccccgttcctcccgacccct	20.0
cgtgggggggccgggccacccctcccacggcgcgacc	20.0
agggggggtctcccccgcgggggcgcgccggcg	20.0
tcaccgcccgtccccgccccttgcctctcggc	20.0
cgcgcgcgcgggagggcgcgtgccccgccgcgcg	20.0
gaacttgactatctagaggaagtaaaagtcgt	17.6
agagcgaaagcatttgccaagaatgttttc	16.0
tccgccgagggcgcaccaccggcccgtctcgcc	12.0
gtgcgccgcgaccggctccgggacggctggg	11.5
tcccggggctacgcctgtct	10.5
cccagtgcgccccgggcgtcgtcgcgccgtcgggtcccggg	10.5
taaaccattcgtagacgacctgctt	10.0
ggctctcgcttctggcgcca	10.0
ttggtgactctagataacctcgggccgatcgcacg	10.0
gagccgcctggataccgcagctaggaataatggaat	10.0
ggggccgggccgcccctcccacggcgcg	10.0
gagcctcggttggccccggatagccgggtccccgt	10.0
tcgctgcgatctattgaaagtcagccctcgacaca	10.0

（续表）

序列	100 μmol/L 储液体积（μL）
aactttcgatggtagtcgccgtgcctaccatggtgacc	7.0
ggatggtttagtgaggccctcggatcggc	3.0
cggccgaggtgggatcccgaggc	2.0
ccgccacgcagttttatccggtaaagc	1.5
acgattaaagtcctacgtgatctgagt	1.3
ccccccgagtgttacagcccccc	1.1

2.2.5 PCR 扩增

（1）2 × Phusion MasterMix [新英格兰生物实验室（New England BioLabs, NEB）产品]。

（2）TruSeq 核糖体图谱上游 PCR 引物 *#。

（3）TruSeq 核糖体图谱 Index PCR 引物 *#。

（4）10% SDS*。

（5）糖原 *#。

（6）5 mol/L 乙酸铵 *#。

（7）3 mol/L 乙酸钠（pH 值 5.2）。

（8）8% 非变性聚丙烯酰胺凝胶。

（9）6 × 非变性上样缓冲液。

（10）10 bp DNA 梯度分子标记。

（11）SYBR Gold（Thermo Fisher 公司产品）。

（12）异丙醇。

（13）新制 80%（*V/V*）乙醇。

（14）无核酸酶水。

2.2.6 定量及质量控制

（1）2100 生物分析仪（安捷伦技术公司）。

（2）用于 Illumina 测序平台（Kapa Biosystems）的 KAPA 文库定量试剂盒。

2.3 数据分析

2.3.1 软件

（1）FastQC：从网页 http://www.bioinformatics.babraham.ac.uk/projects/download.html#-

fastqc 下载。

（2）FASTX Toolkit：从网页 http://hannonlab.cshl.edu/fastx_toolkit/index.html 下载。

（3）Bowtie：从网页 https://sourceforge.net/projects/bowtie-bio/files/bowtie/1.2.1.1 [10] 下载。

（4）Tophat：从网页 https://ccb.jhu.edu/software/tophat/tutorial.shtml [11] 下载。

（5）FeatureCounts：从网页http://sourceforge.net/projects/subread/files/subread-1.5.3/ [12] 下载。

（6）Mochiview：从网页http://www.johnsonlab.ucsf.edu/mochiview- downloads [13] 下载。

（7）SAMtools：从网页 https://sourceforge.net/projects/samtools/ files/ [14] 下载。

（8）EdgeR：从网页 https://bioconductor.org/packages/release/bioc/html/edgeR.html [15] 下载。

计算机环境可能需要 JAVA、Perl、Python 或 R：

（9）JAVA：https://www.java.com/en/download/。

（10）Perl：https://www.perl.org/get.html。

（11）Python：https://www.python.org/。

（12）R：https://www.r-project.org/。

2.3.2 参考文件

（1）VACV 基因组序列文件：https://www.ncbi.nlm.nih.gov/nuccore/NC_006998.1?re-port= fasta。

（2）VACV 基因组注释文件：ftp://130.14.250.10/genomes/Viruses/Vaccinia_virus_uid15241/NC_006998.gff。该 .gff 文件可通过下面网页脚本转换为 .gtf 文件：https://github.com/vipints/GFFtools-GX/blob/master/gff_to_gtf.py。

（3）人类基因组序列文件：ftp://ftp.ensembl.org/pub/release-96/fasta/homo_sapiens/dna/。

（4）人类基因组注释文件：ftp://ftp.ensembl.org/pub/release-96/gtf/homo_sapiens。

2.3.3 预定义过度呈现的重复序列（Overrepresented Sequences）

（1）转运RNA（tRNA）序列：http://gtRNAdb.ucsc.edu/genomes/eukaryota/Hsapi19/hg19-tRNAs.fa。

（2）人类 rRNA 序列：https://www.ncbi.nlm.nih.gov/nuccore/555853/。

（3）人类 5S RNA 序列：https://www.ncbi.nlm.nih.gov/nuccore/23898/。

3 方法

3.1 细胞培养及 VACV 感染

（1）在 37℃和 5% 的 CO_2 培养箱中用含 5% 马血清的 S-MEM 培养 HeLa S3 细胞。

（2）HeLa 细胞（1×10^7 细胞 /mL）以 20 作为感染复数的 VACV 感染 30 min，然后稀释 100 倍。有关基本细胞培养和病毒储液的制备、纯化和滴定的详细信息，请参阅参考文献 [16]。

3.2　测序文库构建

3.2.1　细胞裂解及 RNA 提取

（1）为每个样品制备 1 mL 哺乳动物裂解缓冲液（用于约 2×10^7 细胞）。每次使用前准备新的缓冲液，并将准备好的缓冲液冷却至 4℃。

（2）在所需收集时间之前，用含 0.1 mg/mL CHX 的培养基处理细胞 9 min。

（3）用 10 mL 冰冷 PBS 清洗细胞，补充 0.1 mg/mL CHX。

（4）用 800 μL 哺乳动物细胞裂解缓冲液裂解细胞，并用 25 号无菌针吹打裂解液 13 次使细胞完全裂解。将细胞溶解液转移到新的冰离心管中。

（5）在冰上孵育 10 min，每 2 min 轻轻摇动 1 次。

（6）在 4℃条件下，以 20 000 × *g* 离心力离心 10 min。将上清液转移到新的冷离心管中。应回收约 1 mL 澄清的裂解液（见注释 4）。

3.2.2　RNA 纯化：核糖体保护的 RNA 片段（Ribosome-Protected RNA Fragments, RPF）的纯化

（1）用无核酸酶水将收集的裂解液和 1 × 哺乳动物溶解缓冲液稀释 10 倍。以水为空白，用 Nanodrop 测量 A260 来评估核酸浓度。使用以下等式计算 A260/mL 的值：（A260 细胞裂解液 –A260 1 × 哺乳动物裂解缓冲液）× 10=A260/mL。该数值将用于计算下一步所需的 TruSeq 核糖核酸酶的量。

（2）在最终浓度为 5 U/A260 的 200 μL 澄清裂解液（见本章标题 3.2.1，步骤 6）中添加 TruSeq 核糖体图谱核酸酶。

（3）在室温下孵育 45 min，轻轻摇动。

（4）加入 15 μL SUPERase In RNAse 抑制剂，插入冰中以终止反应。

（5）每个样品制备 3 mL 1 × 哺乳动物多聚核糖体缓冲液。

（6）轻轻倒置重新悬浮 MicroSpin S-400 柱。确保树脂中没有气泡。

（7）打开管柱两端的盖子，移出液体。

（8）用 500 μL 1 × 哺乳动物多聚核糖体缓冲液洗涤柱 6 次。在前 5 次清洗期间，不要对色谱柱进行离心分离。最后一次清洗，室温下 600 × *g* 离心 4 min。

（9）立即将 100 μL 经核酸酶消化后的 RPF 样品［上述步骤（4）获得］装到色谱柱上，600 × *g* 离心 2 min，收集流过的样品。

[对于步骤（5）~ 步骤（9），可用超速离心分离作为替代方法；见注释 5]。

（10）加入 10 μL 10% SDS，在 65℃孵育 5 min。

（11）加入约 200 μL 的水，将体积调节至 300 μL。加入 300 μL Tris- 饱和酚 / 氯仿，在 4℃条件下以 17 900 × g 离心 15 min。

（12）用苯酚 / 氯仿执行 1 次步骤（11），然后用氯仿执行 1 次步骤（11）。

（13）加入 2 μL 糖原、670 μL 异丙醇和 70 μL 3 mol/L 乙酸钠（pH 值 5.2），然后在 −80℃下放置至少 2 h。

（14）在 4℃条件下以 20 000 × g 离心 30 min。弃上清液。

（15）用 80% 的新配制冰酒精清洗沉淀粒 1 次。风干。

（16）将沉淀溶解在 10 μL 无核酸酶水中。

（在此步骤后，可采用另一种方法去除 rRNA；见注释 6）。

（17）将等量的变性胶上样染料加入到 TruSeq 核糖体图谱 RNA 对照、样品以及梯度核酸分子量标记中。

（18）将样品和梯度核酸分子量标记在 95℃下加热 5 min，然后在冰上冷却。在变性过程中，保持 TruSeq 核糖体图谱 RNA 对照在冰上。

（19）每个样品各上样 15 μL，梯度核酸分子量标记上样 8 μL，TruSeq 核糖体图谱 RNA 对照上样 10 μL 到 15% 脲聚丙烯酰胺凝胶上进行电泳分离。

（20）将凝胶在 180 V 下运行，直到溴酚蓝到达底部（70 min）。

（21）将凝胶浸入 SYBR Gold 溶液（1∶10 000 稀释凝胶缓冲液中），在 4℃温和摇动 15 min。

（22）用暗场蓝光透射仪观察 RNA。

（23）以 TruSeq 核糖体图谱 RNA 对照为参考将凝胶（使用刀片）切割在 28~30 nt（见注释 7 和注释 8）。

（24）用无菌的 20 号针头刺穿底部（见注释 8）0.5 mL 的离心管，将每一凝胶转移到离心管中。在室温下 13 000 × g 离心 20 min 打碎凝胶。

（25）在每管中加入 400 μL 水、40 μL 5 mol/L 乙酸铵和 2 μL 10% SDS。

（26）在室温下轻轻摇动样品 2 h 或在 4℃下过夜。

（27）将凝胶悬液转移至 1.5 mL 过滤管（试剂盒中提供）。2 000 × g 离心 3 min。

（28）将溶液转移到新的 1.5 mL 离心管中。加入 2 μL 糖原和 700 μL 100% 异丙醇。在 −80℃下储存至少 2 h。

（29）在 20 000 × g 条件下离心 30 min，4℃。丢弃上清液。

（30）用新鲜的冰 80% 乙醇清洗沉淀 1 次。风干。

（31）将沉淀溶于 64.5 μL 水中，将对照 RNA 溶于 8 μL 水中。

3.2.3 基于 DynaBeads-mRNA DIRECT 试剂盒的总 mRNA 纯化和片段化

（1）使用前悬浮 DynaBeads® Oligo(dT)$_{25}$。

（2）将 250 μL 磁珠转移到无 RNAse 的 1.5 mL 离心管中。将离心管放在磁力架上，等待悬浮液澄清，然后吸弃上清液。

（3）用 250 μL 新鲜裂解 / 结合缓冲液清洗磁珠 1 次。

（4）将 950 μL 新鲜裂解 / 结合缓冲液和 300 μL 裂解液 [本章标题 3.2.1，步骤（6）] 加入磁珠中，充分混合。

（5）在室温下孵育 3~5 min。

（6）将离心管放在磁铁上，直到悬浮物清除，然后丢弃上清液。

（7）在室温下用 1 mL 洗涤缓冲液 A 洗涤磁珠 2 次。

（8）在室温下用 1 mL 洗涤缓冲液 B 洗涤磁珠 2 次。

（9）加入 20 μL 水，搅拌均匀，在 65℃下孵育 2 min。

（10）立即将离心管放在磁铁上，收集干净的上清液。在此步骤之后可以执行一个可选的 rRNA 去除步骤（见注释 6）。

（11）将 7.5 μL 的 TruSeq 核糖体图谱 PNK 缓冲液添加到每个 mRNA 样本中 [从上面的步骤（10）中获得]。在 94℃下加热 25 min，使 RNA 片段化，然后在冰上冷却。

3.2.4 RNA 修饰和反转录

在以下步骤中，除非另有说明，否则 RPF（见本章标题 3.2.2）和总 mRNA（见本章标题 3.2.3）样品应进行相同的处理。

RNA 样品的 PNK 处理

（1）在每个 mRNA 样本 [见本章标题 3.2.3，步骤（11）] 中，添加 44.5 μL 的水和 3 μL 的 TruSeq 核糖体图谱 PNK。

在每个 RPF 样品中 [见本章标题 3.2.2，步骤（31）]，添加 7.5 μL 的 TruSeq 核糖体图谱 PNK 缓冲液和 3 μL 的 TruSeq 核糖体图谱 PNK。

（2）充分混合样品，在 37℃下孵育 1 h。

（3）按照说明净化样品 [见本章标题 3.2.2，步骤（11）~ 步骤（15）]。将所有样品溶解在 8 μL 无核酸酶水中。

RNA 与 3′接头连接

（4）在所有样品和对照品中加入 1 μL 的 TruSeq 核糖体图谱 3′接头。在 65℃下加热 2 min，然后在热循环器中保持 4℃。阳性对照应为对照 RNA [见本章标题 3.2.2，步骤（31）]，阴性对照应为水。

（5）通过向每个样品中添加 3.5 μL 的 TruSeq 核糖体图谱连接缓冲液、1 μL 的 100mmol/L

DTT 和 1.5 μL 的 TruSeq 核糖体图谱连接酶来制备连接混合物。在 23℃下培养 2 h。

（6）加入 2 μL 的 TruSeq 核糖体图谱酶，去除多余的接头。搅拌均匀，在 30℃下孵育 2 h。

反转录及 cDNA 的纯化

（7）通过在每个样品中添加 4.5 μL 的 TruSeq 核糖体图谱反转录酶反应混合物、1.5 μL 的 100 mmol/L DTT、6 μL 的无核酸酶水和 1 μL 的 EpiScript RT 制备反转录混合物。在 50℃下培养 30 min。

（8）在每个样品中加入 1 μL 的 TruSeq 核糖核酸外切酶，并充分混合。在 37℃下培养 30 min，80℃培养 15 min，然后在 4℃下保持。

（9）在每个样品中加入 1 μL 的 TruSeq 核糖核酸酶混合物。搅拌均匀，在 55℃下孵育 5 min，然后放在冰上冷却。

（10）按照说明净化样品，见本章标题 3.2.2，步骤（11）~ 步骤（15）。将所有样品溶解在 7.5 μL 无核酸酶水中。

（11）制备脲 – 聚丙烯酰胺凝胶分离样品［见本章标题 3.2.2，步骤（17）和步骤（18）］。

（12）将 15 μL 样品和 8 μL 梯子负载到 10% 脲聚丙烯酰胺凝胶上。

（13）将凝胶在 180 V 下运行，直到溴酚蓝到达底部（45 min）。

（14）将凝胶浸入 SYBR Gold 溶液（按 1：10 000 稀释凝胶缓冲液中），在 4℃下轻轻摇动 15 min。

（15）用暗场蓝光透射仪观察 DNA。

（16）使用刀片切割对应于 mRNA 的样品的 80~100 nt 和 70~80 nt 的 RPF 样品和对照（见注释 7 和注释 8）。

（17）提取本章标题 3.2.2 的 DNA，步骤（24）~ 步骤（30），并将 cDNA 颗粒溶解在 10 μL 无核酸酶水中。

（18）为了进行单链 DNA 循环，通过在每个样品中添加 4 μL 的 TruSeq 核糖体图谱环化酶反应混合物、2 μL 的 ATP、2 μL 的 $MnCl_2$ 和 2 μL 的环化酶来制备环化酶混合物。在 60℃下培养 2 h，然后在冰上冷却或在 –20℃下储存。

3.2.5　去除 rRNA cDNA

（1）用 2 × SSC 缓冲液制备每种生物素标记的低聚物 100 μmol/L 储液。

（2）制备低聚物混合物（见 表 11–1 和注释 3）。

（3）用 10 μL 的 2 × SSC 缓冲液将每个样品体积调节到 30 μL。

（4）在每个样品中加入 3.35 μL 混合低聚物。

（5）在 94℃下加热 5 min，然后以 2.5℃ / min 的速度下降至室温。

（6）使用前将肌酮－链霉亲和磁珠重新悬浮。

（7）将 135 μL 的磁珠转移到 1.5 mL 试管中，用 200 μL 的 2 × SSC 缓冲液清洗磁珠 3 次。

（8）在 20 μL 的 2 × SSC 缓冲液中重新悬浮磁珠，将磁珠与杂交样品混合，在室温下缓慢旋转培养 15 min。

（9）将每根管子放在磁力架上 2 min，回收上清液。

（10）在每个反应中加入 250 μL 缓冲液（来自 MinElute PCR 纯化试剂盒）和 10 μL 3 mol/L 乙酸钠（pH 值 5.2），并充分混合。

（11）在 2 mL 收集管中放置 1 个 MinElute 柱。将样品加入柱中，以 17 900 × *g* 离心 1 min，倒掉离心管中液体。

（12）用 750 μL PE 缓冲液清洗 MinElute 柱。

（13）以最大速度离心空柱 1 min 干燥。

（14）在膜中心加入 50 μL 水洗脱 DNA。在室温下静置 1 min，然后以最大速度离心 1 min。收集的洗脱液将用作 PCR 模板。

3.2.6 PCR 扩增

（1）通过添加 9.5 μL 无核酸酶水、1 μL Truseq-Ribo-profile 正向 PCR 引物、1 μL 所选的 Truseq-Ribo-profile index PCR 引物、1 μL PCR 模板［见本章标题 3.2.5，步骤（14）］和 12.5 μL 2 × Phusion 预混物制备 PCR 混合物（见注释 9）。

（2）将样品置于热循环仪中，并运行以下程序：98℃下 30 s；9 个循环（见注释 9）94℃下 15 s，55℃下 5 s，65℃下 10 s，然后保持 4℃。

（3）将 PCR 产物与 5 μL 的 6 × 非变性上样缓冲液混合。

（4）将每一个样品全部连同 10 μL 的 10 bp DNA 梯度分子量标记上样到 8% 的非变性聚丙烯酰胺凝胶上。

（5）将凝胶在 200 V 下运行，直到溴酚蓝到达底部（30 min）。

（6）将凝胶浸入 SYBR Gold 溶液（以 1：10 000 稀释到凝胶电泳缓冲液中），在 4℃下温和摇动 15 min。

（7）用暗场蓝光透射仪观察 DNA。

（8）使用刀片切割所有样品中对应于 140~160 nt 的凝胶（见注释 7 和注释 8）。

（9）如本章标题 3.2.2 步骤（24）~ 步骤（30）中所述，提取 DNA。将 DNA 颗粒溶解在 25 μL 无核酸酶的水中。

3.3 定量、质量控制及深度测序

请与您的测序服务提供商合作，精确定量和评估您的测序库的质量。按照制造商的说明，您可以使用 Kapa 文库定量试剂盒和 / 或安捷伦 2100 生物分析仪系统进行分析。对于测序，可以使用 Illumina 平台的 MiSeq 或 HiSeq 系统，根据不同的项目设置测序深度和生物学重复。

3.4　数据分析（见注释 10）

一条典型的管道通常包括质量控制、删除过度呈现的序列、比对和定量。通常，这后面会有其他的下游分析，例如翻译效率分析、数据可视化、新的翻译单元标识等。一般来说，除非另有说明，RPF 可以与 RNA 序列样本一样以相同的方式进行分析。有多种方式和工具可以使用。这里，我们仅展示了已经实现的操作流程。我们不提供脚本，因为它们在相应软件的手册中提供，并且可以根据运行环境而变化。另外，不同项目的参数可能会有所不同。

（1）质量评估：FastQC 有一个命令行和一个图形用户界面（graphical user interface, GUI）版本。FastQC 需要输入 .fastq 文件或 .fastq.gz 文件，并将质量控制结果输出为 html 文件。结果中显示了接头序列和过度表示的序列。该质量控制步骤也应在接头删除和去除过度呈现的序列后执行。

（2）接头删除：FastX 工具包是一系列具有多个功能的命令行工具，用于下一代排序。 fastx_clipper 函数允许修剪 RNA 序列和核糖体分析读长接头。输入和输出文件都必须是 .fastq 文件。接头序列可在 TrueSEQ 库构建工具包手册中找到。

（3）删除过度呈现的序列：通常，一些 tRNA 和 rRNA 序列在数据中过度呈现，应在比对前删除。这可以通过使用 Bowtie 和输入文件（包括 .fastq 文件和引用索引文件）来实现。总序列读长应该比对到一个索引文件，其中包含所有过度呈现的序列（由 *Bowtie-build* 生成）。未比对的序列将保存在输出 .fastq 文件中，该文件将在下一步中使用。不需要的、过度呈现的序列将存储在 .aln 文件中。

（4）比对：然后使用 Tophat 将读长数据比对到 VACV 基因组（GenBank, NC_006998.1）或人类基因组（Ensembl，GRCh38 [17]）。Tophat 使用上一步的 .fastq 文件作为输入，并使用包含 VACV 基因注释和 VACV 基因组索引文件的 .gtf 文件作为参考。输出数据将存储在 .bam 文件中。

（5）读长的定量：蛋白质编码基因的读长通过特征计数进行定量。FeatureCounts 既可以用作独立软件，也可以用作 R 中的包，并使用上一步中的 .bam 文件作为输入，使用带有 VACV 基因注释的 .gtf 文件作为引用。由于 VACV 基因组中存在末端反向重复序列（inverted terminal repeats, ITRs），请允许读长被比对到 VACV 基因组中至少 2 个位点。计数结果被格式化为 .txt 文件，该文件将包含一个文件头，文件头具有制表符分隔的列。该文件可以用 R 或 Excel 打开，并且可以用 edgeR 计算 RPKMS（每千字节的读长 / 百万读长）。

（6）下游分析：从这里可以进行许多下游分析。例如，这些数据可用于分析差异基因表达（在 RNA 和翻译水平）或翻译效率，或识别翻译起始位点。然而，值得注意的是，尽管已知三尖杉酯和内酰胺霉素都会导致核糖体在细胞 mRNAs 的翻译起始区积累，但只有三尖杉酯会导致核糖体在复制后 mRNAs 上积累[2,5,18]。

3.5 数据可视化（见注释 10）

可视浏览器可用于可视化数据［如整合基因组学观察者（Integrative Genomics Viewer，IGV）[19] 或 Mochiview］。按照用户手册准备文件以可视化测序数据。

4 注释

（1）如果使用其他类型的细胞进行 VACV 感染，则应使用相应的细胞培养基，也可用重组病毒进行感染。在感染期间，可以添加各种药物处理，例如阿糖胞苷（AraC），该药物只允许 VACV 早期基因表达[20]。

（2）如果未使用 TruSeq 核糖体图谱（哺乳动物）试剂盒（Illumina 公司产品），则表 11-2 中列出了替代试剂。所需的寡核苷酸可根据 TruSeq 核糖体图谱（哺乳动物）试剂盒中所述的序列合成。

（3）根据在不同细胞类型和条件下发现的过度呈现的非 mRNA 序列的序列和数量，可以使用不同的寡糖核苷酸和比例。

（4）平常的操作只需要 500 μL。用液氮快速冷冻剩余的细胞裂解物，并作为备份储存于 -80℃。

（5）可采用基于超速离心的替代方法分离单体。如果使用以下方法，请跳过本章标题 3.2.2 的步骤（5）~步骤（10），然后执行以下步骤：

（a）对于每个样品，在冰上制备 1 mL 预冷的超离缓冲液。

（b）将 200 μL 裂解物［见本章标题 3.2.2，步骤（4）］添加到 1 mL 超离缓冲液中。在约 143 000 × *g* 下离心 4 h，4℃。

（c）用 100 μL 无核酸酶水重新悬浮沉淀，然后继续进行第本章标题 3.2.2 步骤（10）。

表 11-2 不使用 TruSeq 核糖体分析试剂盒（TruSeq Ribo Profile Kit）时的替代试剂

试剂盒所含试剂	替代试剂
5 × 哺乳动物多聚核糖体缓冲液	100 mmol/L Tris（pH 值 = 7.4），1.25 mol/L NaCl，75 mmol/L $MgCl_2$
DNase I（1 U/μL）	TURBO DNase（2 U/μL）（Thermo Fisher 公司产品）
TruSeq 核糖体图谱核酶（10 U/μL）	Ambion™ RNAse I, cloned, 100 U/μL（Thermo Fisher 公司产品）
糖原	糖原，RNA 级（Thermo Fisher 公司产品）
5 mol/L 乙酸铵	乙酸铵（5 mol/L）（Thermo Fisher 公司产品）
TruSeq 核糖体图谱 PNK	T4 Polynucleotide Kinase（NEB 公司产品）

（续表）

试剂盒所含试剂	替代试剂
TruSeq 核糖体图谱 PNK Buffer	与 T4 多聚核苷酸激酶一起提供
TruSeq 核糖体图谱连接酶	T4 RNA 连接酶 2，截断的（NEB 公司产品）
TruSeq 核糖体图谱 连接缓冲液	与 T4 RNA 连接酶一起提供
TruSeq 核糖体图谱 AR 酶	不需要（这一步可跳过）
EpiScript RT	SuperScript™ III 反转录酶（Thermo Fisher 公司产品）
TruSeq 核糖体图谱 RT 反应混合物	与 SuperScript™ III 反转录酶一起提供
TruSeq 核糖体图谱核酸外切酶	RNAse H（NEB 公司产品）
TruSeq 核糖体图谱 RNAse 混合物	RNAse H（NEB 公司产品）
环化酶	CircLigase™ ssDNA 连接酶（Epicentre 公司产品）
TruSeq 核糖体图谱 CL 反应混合物	与 CircLigase™ ssDNA Ligase 连接酶一起提供
ATP	与 CircLigase™ ssDNA Ligase 连接酶一起提供
$MnCl_2$	与 CircLigase™ ssDNA Ligase 连接酶一起提供

（6）可使用核糖体零磁金试剂盒（人 / 小鼠 / 大鼠）执行替代 rRNA 去除步骤。如果使用这种方法消耗 rRNA，请跳过本章标题 3.2.5。与本章标题 3.2.5 中所述的方法相比，这将导致更无偏倚的 rRNA 消耗。尽管如此，该方法也会导致后续步骤中 RNA 的浓度较低，因此，在凝胶中，在尺寸选择步骤中条带可能不可见。替代 rRNA 消耗步骤如下：

（a）为每个样品制备 225 μL 的磁珠。把管子放在磁架上，直到液体清澈为止。弃上清液。

（b）用 225 μL 无核酸酶水清洗磁珠 2 次。可能需要对离心管进行涡旋处理，以使磁珠和水完全混合。

（c）在 65 μL 磁珠悬浮液中重新悬浮磁珠。

（d）建立 1~5 μg RNA［见本章标题 3.2.2，步骤（15）和本章标题 3.2.3，步骤（10）］、4 μL 的无核糖酶缓冲液、10 μL 的无核糖酶溶液和适当体积的无核糖酶水的杂交混合物，使总体积达到 40 μL。

（e）在 68℃下孵育 10 min，然后在室温下孵育 5 min。

（f）将步骤（3）中的磁珠与步骤（5）中的混合物混合，然后立即充分混匀。

（g）在室温下孵育 5 min。

（h）将样品放在磁架上，待其澄清后收集上清液。

（i）如前所述纯化 RNA［见本章标题 3.2.2，步骤（11）~ 步骤（15）］。将 RPF 样品溶于 10 μL 无核酸酶水中。继续执行本章标题 3.2.2，步骤（17）。对于总的 mRNA 样品，溶于 20 μL 无核酸酶水。继续执行本章标题 3.2.3，步骤（11）。

（7）即使看不见条带，也要切下凝胶。

（8）要小心！

（9）应优化使用的 PCR 模板数量和 PCR 周期。过多的模板或过多的 PCR 循环可能导致过度扩增，出现高于预期的分子量带、纯化的 PCR 产物和接头二聚体衍生产物。过少的 PCR 模板或过少的 PCR 循环可能导致定量、质量控制和深度测序的量不够。

（10）本章标题 3.4 和 3.5 中使用的软件并不是独有的。可以使用其他软件和工具进行，例如 Trimmomatic 用于修剪接头 [21]、HTSeq 用于读长的定量 [22]、RSeQC 用于转换文件类型 [23]、UCSC 基因组浏览器用于数据的可视化 [19,24] 等。

致　谢

本工作得到了美国卫生研究院（NIH）对 ZY 的项目资助（项目号：P20GM113117）和中国国家自然科学基金对 WQ 的项目资助（项目号：NSFC81571988）。

参考文献

[1] Ingolia NT, Ghaemmaghami S, Newman JR, Weissman JS. 2009. Genome-wide analysis in vivo of translation with nucleotide resolution using ribosome profiling. Science, 324:218–223.

[2] Ingolia NT, Lareau LF, Weissman JS. 2011. Ribosome profiling of mouse embryonic stem cells reveals the complexity and dynamics of mammalian proteomes. Cell, 147:789–802.

[3] Ingolia NT. 2014. Ribosome profiling: new views of translation, from single codons to genome scale. Nat Rev Genet, 15:205–213.

[4] Stern-Ginossar N. 2015. Decoding viral infection by ribosome profiling. J Virol, 89:6164–6166.

[5] Yang Z, Cao S, Martens CA, Porcella SF, Xie Z, Ma M, Shen B, Moss B. 2015. Deciphering poxvirus gene expression by RNA sequencing and ribosome profiling. J Virol, 89:6874–6886.

[6] Dhungel P, Cao S, Yang Z. 2017. The 5′-poly(A) leader of poxvirus mRNA confers a translational advantage that can be achieved in cells with impaired cap-dependent translation. PLoS Pathog, 13:e1006602.

[7] Cao S, Dhungel P, Yang Z. 2017. Going against the tide: selective cellular protein synthesis during virally induced host shut off. J Virol, 91. https://doi.org/10.1128/ JVI.00071-17.

[8] Yang Z, Bruno DP, Martens CA, Porcella SF, Moss B. 2010. Simultaneous high-resolution analysis of vaccinia virus and host cell transcrip-tomes by deep RNA sequencing. Proc Natl Acad Sci U S A, 107:11513–11518.

[9] Yang Z, Reynolds SE, Martens CA, Bruno DP, Porcella SF, Moss B. 2011. Expression

profiling of the intermediate and late stages of pox-virus replication. J Virol, 85:9899–9908.

[10] Langmead B, Trapnell C, Pop M, Salzberg SL. 2009. Ultrafast and memory-efficient alignment of short DNA sequences to the human genome. Genome Biol, 10:R25.

[11] Trapnell C, Pachter L, Salzberg SL. 2009. TopHat: discovering splice junctions with RNA-Seq. Bioinformatics, 25:1105–1111.

[12] Liao Y, Smyth GK, Shi W. 2014. feature-Counts: an efficient general purpose program for assigning sequence reads to genomic features. Bioinformatics, 30:923–930.

[13] Homann OR, Johnson AD. 2010. MochiView: versatile software for genome browsing and DNA motif analysis. BMC Biol, 8:49.

[14] Li H, Handsaker B, Wysoker A, Fennell T, Ruan J, Homer N, Marth G, Abecasis G, Durbin R, Genome Project Data Processing Subgroup. 2009. The sequence alignment/ map format and SAMtools. Bioinformatics, 25:2078–2079.

[15] Robinson MD, McCarthy DJ, Smyth GK. 2010. edgeR: a Bioconductor package for differential expression analysis of digital gene expression data. Bioinformatics, 26:139–140.

[16] Earl PL, Cooper N, Wyatt LS, Moss B, Carroll MW. 2001. Preparation of cell cultures and vaccinia virus stocks. Curr Protoc Mol Biol, Chapter 16:Unit16 16.

[17] Yates A, Akanni W, Amode MR, Barrell D, Billis K, Carvalho-Silva D, Cum mins C, Clapham P, Fitzgerald S, Gil L, Giron CG, Gordon L, Hourlier T, Hunt SE, Janacek SH, Johnson N, Juettemann T, Keenan S, Lavidas I, Martin FJ, Maurel T, McLaren W, Murphy DN, Nag R, Nuhn M, Parker A, Patricio M, Pignatelli M, Rahtz M, Riat HS, Sheppard D, Taylor K, Thormann A, Vullo A, Wilder SP, Zadissa A, Birney E, Harrow J, Muffato M, Perry E, Ruffier M, Spudich G, Trevanion SJ, Cunningham F, Aken BL, Zerbino DR, Flicek P. 2016. Ensembl 2016. Nucleic Acids Res, 44:D710–D716.

[18] Lee S, Liu B, Lee S, Huang SX, Shen B, Qian SB. 2012. Global mapping of translation initiation sites in mammalian cells at single-nucleotide resolution. Proc Natl Acad Sci U S A, 109:E2424–E2432.

[19] Robinson JT, Thorvaldsdottir H, Winckler W, Guttman M, Lander ES, Getz G et al. 2011. Integrative genomics viewer. Nat Biotechnol, 29:24–26.

[20] Oda KI, Joklik WK. 1967. Hybridization and sedimentation studies on “early” and “late” vaccinia messenger RNA. J Mol Biol, 27:395–419.

[21] Bolger AM, Lohse M, Usadel B. 2014. Trimmomatic: a flexible trimmer for Illumina sequence data. Bioinformatics, 30:2114–2120.

[22] Anders S, Pyl PT, Huber W. 2015. HTSeq – a Python framework to work with high-throughput sequencing data. Bioinformatics, 31:166–169.

[23] Wang L, Wang S, Li W. 2012. RSeQC: quality control of RNA-seq experiments. Bioinformatics, 28:2184–2185.

[24] Kent WJ, Sugnet CW, Furey TS, Roskin KM, Pringle TH, Zahler AM, Haussler D. 2002. The human genome browser at UCSC. Genome Res, 12:996–1006.

第十二章　基于定量 PCR 分析感染细胞中痘苗病毒的 RNA 和 DNA

Moona Huttunen，Jason Mercer

摘　要：基于定量 PCR 的方法已被证明是一种易于使用、成本效益高的病毒基因表达和病毒基因组数量定量方法。定量聚合酶链反应（quantitative PCR, qPCR）和定量反转录聚合酶链反应（quantitative reverse transcriptase-PCR, qRT-PCR）是一种快速、灵敏的方法，可分别用于精确检测病毒 DNA 复制和转录活性的缺陷。由于痘病毒科之间存在明显的核苷酸重叠，这些方法可用于该科广泛的病毒。本文提供了用 qPCR 定量痘苗病毒 DNA 复制和用 qRT-PCR 定量 3 类痘苗病毒基因转录的方法。

关键词：痘苗基因表达；疫苗 DNA 复制；定量 PCR（quantitative PCR, qPCR）；定量反转录 PCR（quantitative reverse transcriptase-PCR, qRT-PCR）

1　前　言

疫苗病毒（vaccinia virus, VACV）基因的表达分为 3 个阶段：早期、中期和晚期。这些基因类别具有不同的启动子和不同的表达动力学特征，早期基因在感染后 20 min 至 2 h 内表达，中间基因在感染后 1.5~2.5 h 内表达，晚期基因在感染后 2.5 h 以后表达 [1]。此外，早期基因在基因组释放前从病毒核心内转录，而中期和晚期基因仅在 DNA 复制后转录，开始于 1~2 hpi[1]。

鉴于这种复杂性，在评估靶向基因组突变或潜在抑制剂对 VACV 感染的影响时，可能需要定量病毒 DNA 复制和转录活性。已制定了几种分析病毒 DNA 复制的策略，包括：① 通过监测 3H 胸腺素与新形成的 DNA 的结合来评估 DNA 合成速率 [2]；② 通过 Southern dot blotting 来定量病毒 DNA 积累的稳态水平 [2]；③ 通过将溴脱氧尿苷（BrdU）与 DNA[2] 结合；④ 使用定量 PCR（quantitative PCR, qPCR）观察 DNA 复制的亚细胞位点 [3,4]。对于病毒转录的分析，经典的 Northern 杂交分析被用于研究单个 VACV 基因的表达 [5]，而 RNA 测序最近被应用于 VACV 基因表达的整体分析 [6]。

近年来，定量聚合酶链反应（quantitative PCR, qPCR）已成为检测和定量 DNA 和 RNA 的主要工具，因为其优于传统的端点聚合酶链反应方法。这些包括单管扩增和检测，并且不需要 PCR 后操作（即，跑胶 / 检测）。通过使用荧光染料测量每一个 PCR 循环后的 DNA 量，荧光染料产生的增加信号与产生的 PCR 产物分子的数量成正比，qPCR 为起始材料提供了极精确的定量（见图 12-1）。

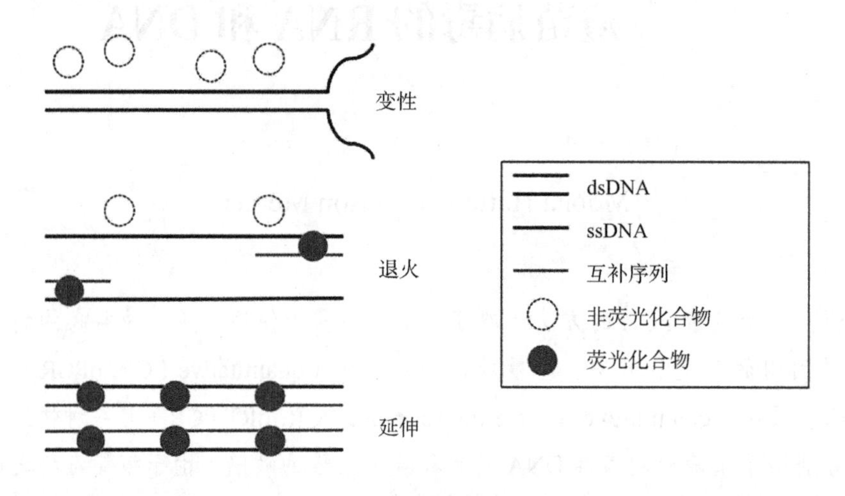

图 12-1 qPCR 反应

与终点 PCR 一样，qPCR 反应有 3 个主要步骤：变性、退火和延伸。在变性过程中，高温使双链 DNA “熔化” 成单链，并使单链 DNA 的二级结构松散。互补序列（引物）将在退火过程中杂交，同时荧光染料与新形成的杂交体结合。在最佳温度下，DNA 聚合酶活性增强，引物发生延伸。

本文所描述的方案提供了用 qPCR 定量分析 VACV DNA 复制的方法，以及用定量反转录 PCR（qRT-PCR）从受感染细胞培养样品中定量检测早期、中期和晚期基因转录活性的方法。

2 材 料

（1）细胞培养基：添加 10% 热灭活胎牛血清（fetal bovine serum, FBS）、1% 谷氨酰胺、1% 青霉素 / 链霉素（P/S）的 DMEM 培养基。

（2）感染培养基：无添加的 DMEM。

（3）VACV 病毒，西储株（Western Reserve, WR）（野生型 [wild type, WT]）（见注释 1）。

（4）HeLa 细胞（美国模式培养物保藏中心，American Type Culture Collection, ATCC）（见注释 2）。

（5）35 mm 细胞培养皿。

（6）磷酸盐缓冲液（phosphate-buffered saline, PBS）。

（7）细胞刮板。

（8）1.5 mL 离心管。

（9）无核酸酶的水。

（10）用于 PCR 的白色 96 孔板和封板膜（见注释 3）。

（11）qPCR 检测化学试剂（见注释 4）。

（12）qPCR 仪（见注释 4）。

（13）细胞培养箱（37℃，5% CO_2）。

（14）可用于 1.5 mL 离心管、PCR 离心管和 96 孔 PCR 板的台式离心机。

（15）移液管和移液枪头。

（16）冰。

2.1 qPCR 反应用专用材料

（1）样本：未感染（uninfected, UI）、WT 感染（WT infected, WT）和 WT 感染的胞嘧啶阿拉伯糖苷（AraC）处理的 HeLa 细胞，8 hpi。

（2）40 mmol/L AraC 溶于水（4 000 × 储液）。

（3）DNA 提取试剂盒（见注释 4 和注释 5）。

（4）已知 DNA 浓度的 VACV 基因组 DNA（genomic DNA, gDNA）（见注释 6）。

（5）模板 DNA（从样本中提取的 DNA)。

（6）VACV 早期基因 C11 特异性引物[4]：

（a）正向引物：5′-AACACACACTGAGAAACAGCATAAA-3′

（b）反向引物：5′-ACTATCGGCGAATGATCTGATTA-3′

（7）qPCR 反应缓冲液（1 个反应）：7.6 μL 无 RNA 酶水，0.2 μL 正向引物（10 μmol/L），0.2 μL 反向引物（10 μmol/L），10 μL MESA Blue qPCR MasterMix Plus for SYBR® Assay MasterMix。

（8）恒温混匀仪（56℃）。

2.2 两步法 qRT-PCR 专用材料

（1）样本：未感染（uninfected, UI），WT 感染（WT infected, WT），WT- 感染的 Hoechst 处理 2 hpi、4 hpi 和 8 hpi 的 HeLa 细胞。

（2）16 mmol/L Hoechst 稀释在水中（80 000 × 储液）（见注释 7）。

（3）RNA 提取试剂盒（见注释 4 和注释 5）。

（4）96%~100% 的乙醇。

（5）14.3mol/L β - 巯基乙醇（Beta-mercaptoethanol, BME）。

（6）钝 20 号针头。

（7）无 RNA 酶注射器。

（8）反转录酶（见注释 4）。

（9）Oligo（$dT)_{12-18}$（500 μg/mL）。

（10）dNTPS 混合物（各 10 mmol/L）。

（11）提取的样本 mRNA。

（12）PCR 管。

（13）终点 PCR 仪（见注释 8）或可加热 42℃、65℃和 70℃的无菌水浴 / 热阻的水浴锅。

（14）Oligo(dT)$_{12-18}$ 和混合核苷酸（1 个反应）：1 μL Oligo(dT)$_{12-18}$（500 μg/mL），1 μL dNTPS 混合物（各 10 m mol/L），9 μL 无核酸酶水。

（15）缓冲液混合物（1 个反应）：4 μL 5 × 第一链缓冲液（试剂盒中提供），2 μL 0.1 M DTT（试剂盒中提供）以及 1 μL 无核酸酶水。

（16）VACV 早期基因 J2 特异性引物 [4]：

（a）正向引物：5′ -TACGGAACGGGACTATGGAC-3′

（b）反向引物：5′ -GTTTGCCATACGCTCACAGA-3′

（17）VACV 中期基因 G8 特异性引物 [4]：

（a）正向引物：5′ -AATGTAGACTCGACGGATGAGTTA-3′

（b）反向引物：5′ -TCGTCATTATCCATTACGATTCTAGTT-3′

（18）VACV 晚期 F17 特异性引物 [4]：

（a）正向引物：5′ -ATTCTCATTTTGCATCTGCTC-3′

（b）反向引物：5′ -AGCTACATTATCGCGATTAGC-3′

（19）3- 磷酸甘油醛脱氢酶（GAPDH）- 特异性引物（管家基因）[4]：

（a）正向引物：5′ -AAGGTCGGAGTCAACGGATTTGGT-3′

（b）反向引物：5′ -ACAAAGTGGTCGTTGAGGGCAATG-3′

3 方 法

确保所有试剂都是无菌的、纯的和 PCR 级别的。使用无菌技术。

3.1 用 qPCR 定量 VACV DNA 的复制

3.1.1 病毒感染

（1）在感染培养基中用 10 感染复数（multiplicity of infection, MOI）的 WT VACV 感染 35 mm 培养皿中融合的 HeLa 细胞（见注释 2 和注释 9）。

（2）在细胞培养箱中孵育 1 h。UI 样品处理相似，但无病毒。

（3）取出感染培养基，换成 1 mL 细胞培养基。

（4）对于 AraC 样品，用含有 1 × AraC 的细胞培养基代替感染培养基。

（5）将样品放入细胞培养箱中培养 7 h。

（6）刮去细胞，放入 1.5 mL 离心管中。

（7）以 300 × *g* 条件下离心 5 min。

（8）丢弃上清液，并冷冻细胞沉淀（-20℃或 -70℃），或继续进行总 DNA 提取（见本章标题 3.1.2）（见注释 10）。

3.1.2 总 DNA 的纯化

用 Qiagen DNEasy® DNA 提取试剂盒从样品中提取总 DNA（见注释 4 和注释 5）。步骤（3）~ 步骤（7）应在病毒安全柜中进行，之后方可安全地移到 PCR 质量实验室工作台。

（1）根据制造商的说明准备 AL、AW1 和 AW2 缓冲液。

（2）将热混合器预热至 56℃。

（3）将本章标题 3.1.1 步骤（8）中的细胞颗粒重新悬浮在 200 μL PBS 中（见注释 10）。

（4）通过添加 20 μL 蛋白酶 K 溶解样品（见注释 11）。

（5）加入 200 μL 缓冲液 AL，旋涡混合（见注释 12）。

（6）在 56℃下孵育 10 min。

（7）加入 200 μL 乙醇（96%~100%），旋涡混合（见注释 13）。

（8）用移液管将细胞裂解加入试剂盒提供的离心柱中。

（9）6 000 × *g* 离心 1 min。

（10）丢弃过流管和收集管。

（11）将离心柱放入新的收集管中，并添加 500 μL 缓冲液 AW1。

（12）6 000 × *g* 离心 1 min。

（13）丢弃直通管和收集管。

（14）将离心柱放入新的收集管中，加入 500 μL 缓冲液 AW2。

（15）在 20 000 × *g* 下离心 3 min（见注释 14）。

（16）将离心柱置于干净的 1.5 mL 离心管中，并将 200 μL 无核酸酶水直接添加到离心柱膜上。

（17）室温孵育 1 min。

（18）以 6 000 × *g* 离心 1 min，洗脱 DNA（见注释 15）。

（19）直接继续进行 qPCR（见本章标题 3.1.3）或将样品储存于 -80℃或 -20℃。

3.1.3 qPCR

使用商业化检测方法对样品中的病毒 DNA 数量进行定量（例如 Mesa Blue qPCR MasterMix Plus for SYBR® Assay，Eurogentec 公司产品，见注释 4）。

（1）将所有试剂解冻并放在冰上。用移液枪上下吹吸数次充分混匀所有试剂。

（2）规划移液管 / 培养板布局（见注释 16 和表 12–1）。

（3）制备 VACV-gDNA 稀释系列（见注释 6 和注释 17）。

（4）将模板 DNA（在本章标题 3.1.2 中提取的）在无核酸酶的水中以 1：200 稀释（见注释 18）。

（5）制备 qPCR 反应缓冲液，确保通过倒置和涡旋彻底混合（见注释 19）。

（6）按计划用移液管将 2 μL 稀释的模板 DNA 移到孔底（见表 12–1）。

（7）在每个孔中加入 18 μL qPCR 反应缓冲液（最终体积 20 μL，见注释 20）。

（8）短暂离心将样品收集到管底（3 min，300 × *g*）。

（9）根据 QPCR 试剂的说明运行 qPCR（见注释 21）。

表 12–1　qPCR 板平面布置图

	1	2	3	4	5	6	7	8	9	10	11	12
A	DNA 稀释 1	II	III	UI	II	III						
B	DNA 稀释 2	II	III	WT	II	III						
C	DNA 稀释 3	II	III	AraC	II	III						
D	DNA 稀释 4	II	III	NT	II	III						
E	DNA 稀释 5	II	III									
F	DNA 稀释 6	II	III									
G	DNA 稀释 7	II	III									
H	DNA 稀释 8	II	III									

痘苗病毒 gDNA 系列稀释（DNA- 稀释 1~ 稀释 8），未感染（uninfected, UI），野生型痘苗感染（WT infected, WT），野生型痘苗感染和 AraC 处理（AraC），阴性对照（NT，“无模板”），3 个生物学重复（罗马数字）。

3.1.4　qPCR 结果的定量

所有 qPCR 仪都以类似的方式报告扩增结果。通常首先看扩增曲线（见图 12–2）。循环阈值（threshold cycle, Ct）是反应荧光信号穿过阈值的循环数（见注释 22）。

由于有几个因素会影响 qPCR 结果分析和比较（见注释 23），为了进行高质量的数据比较，必须使用正确的控制样本、数据标准化和定量方法（见注释 24 和表 12–2）。本节介绍如何从原始 qPCR 数据进行绝对定量（见注释 25）。

（1）为了形成标准曲线，根据相应的 Ct 值绘制 VACV gDNA 浓度稀释值（见图 12–3）。

（2）确定曲线的功能。此示例标准曲线的函数是 $y=-1.492\ \ln(x)+25.415$。

（3）将原始数据中的平均样品 Ct 值插入标准曲线方程（见注释 26 和表 12–3），计算样品中起始材料的绝对量。

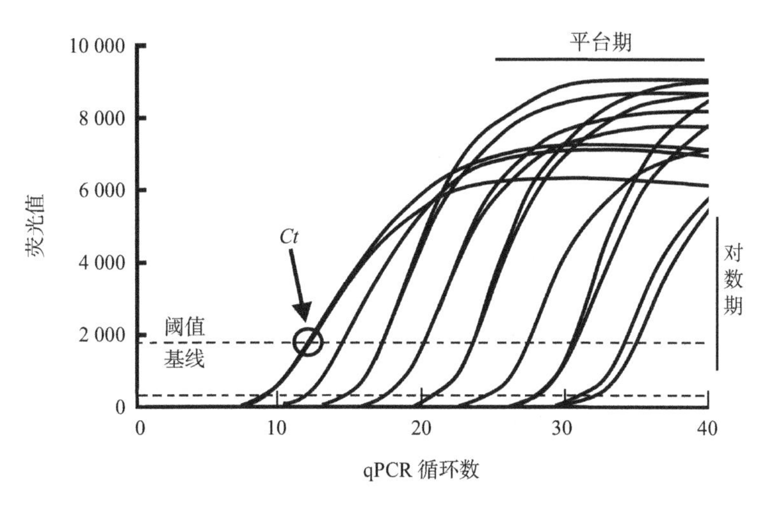

图 12-2　扩增曲线

扩增曲线显示，随着 x 轴上的 PCR 运行周期数增加，y 轴上检测到的荧光增加。阈值是高于基线的荧光水平，在此水平下，信号可被视为高于背景。循环阈值（threshold cycle, Ct）是每个反应管内的荧光信号到达设定阈值时所经历的循环数。在平台阶段，反应中的一种试剂变得有限。

表 12-2　（A）常用的阴性和阳性对照及其目的；（B）常用的 qPCR 归一化方法及其优缺点

(A)	
阴性对照	
无模板	检测引物二聚体和污染
不反转录	检测基因组 DNA 污染
阳性对照	
相同样品，不同的靶标	试剂质量及归一化
相同靶标，不同样品	试剂质量
(B)	
起始细胞数 / 样本量的归一化	
+ 差异最小化	– 仅为近似值 – 不考虑 DNA/RNA 提取中的偏好 – 仅用于细胞培养 / 血液样本
总 DNA/RNA 的质量的归一化	– 用光谱仪测定的 DNA/RNA 质量不准确 – 不能控制反转录或 qPCR 反应效率的差异 – 对操作员变化非常敏感
一个或多个内参基因的标准化	
+ 控制 DNA/RNA 质量和数量，以及控制反转录酶和 qPCR 效率的差异	– 在所有样本中该内参基因必须以一致的水平存在

（4）检查阳性对照和阴性对照，并评估结果的质量（见表 12-3 和本章标题 3.1.5）。

表 12-3　起始材料的绝对量计算

样品	平均 *Ct* 值	计算的 DNA 质量（pg）
UI	N.D.	–
WT	19.00	73.83
AraC	28.17	0.16
NT	N.D.	–

将平均样品 *Ct* 值放入由标准曲线得到的方程中，计算出起始材料的量。在实验示例中，方程是 $x= e^{[(25.415-y)/1.492]}$，其中 *x* 是计算出的 DNA 质量，*y* 是样品的平均 *Ct*。UI 表示未感染样本，WT 表示痘苗野生型感染样本，AraC 表示痘苗 DNA 复制抑制剂处理的感染样本，NT 为“无模板”阴性对照，N.D. 表示未测定。

3.1.5　qPCR 结果的评价

本节介绍如何使用标准曲线和熔解曲线评估 qPCR 结果。总体 PCR 效率可从标准曲线的斜率值进行检查（见图 12-3B）。标准曲线的斜率应在 −3.58~−3.1。标准曲线（R^2）的线性应高于 0.985（见图 12-3B）。当使用基于 SYBR Green I 的检测方法时，应通过在 qPCR 运行结束时运行熔解曲线分析来测试系统的特异性（见图 12-4）。特异性反应应该只显示一个熔解曲线，每对引物显示独特的熔解峰。如果出现额外的峰值，则说明该引物会自行退火，应避免使用。

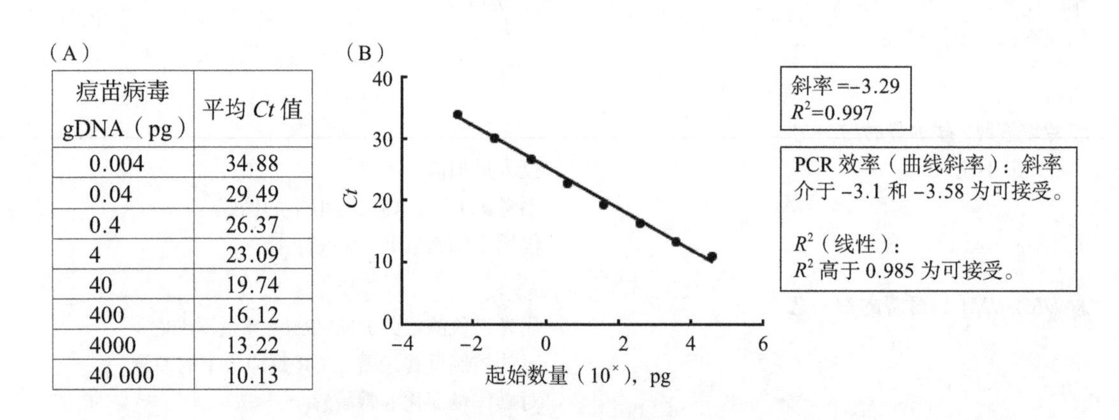

（A）

痘苗病毒 gDNA（pg）	平均 *Ct* 值
0.004	34.88
0.04	29.49
0.4	26.37
4	23.09
40	19.74
400	16.12
4000	13.22
40 000	10.13

图 12-3　标准曲线

（A）通过已知模板浓度的系列稀释建立标准曲线。（B）绘制标准曲线时，系列稀释（*x* 轴）中的每个已知浓度与该浓度（*y* 轴）的 *Ct* 值相对应。根据标准曲线，可以确定实验样品中目标模板的初始起始量。有关 qPCR 反应操作和各种反应参数（包括效率和 R^2）的附加信息可从图中确定。

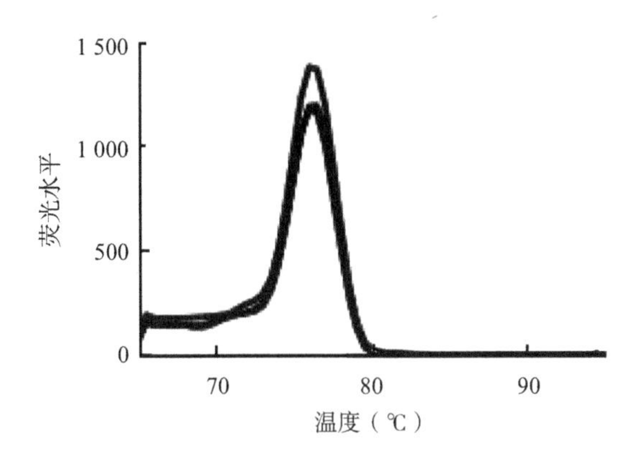

图 12-4　熔解曲线

熔解曲线中只有 1 个峰值，意味着没有引物二聚体。

3.2　用 qRT-PCR 定量 VACV 的转录活性

3.2.1　病毒感染

（1）在感染培养基中用 10 感染复数（multiplicity of infection, MOI）的 WT VACV 感染 35 mm 培养皿中融合的 HeLa 细胞（见注释 2 和注释 9）。

（2）在细胞培养箱中孵育 1 h。UI 样品处理相似，但无病毒。

（3）取出感染培养基，用 1 mL 细胞培养基代替。

（4）对于 Hoechst 样本，用含有 1 × Hoechst 的细胞培养基代替感染培养基。

（5）将样品放入细胞培养箱中培养 1 h、3 h 或 7 h。

（6）在指定时间点，刮取细胞并转移到 1.5 mL 离心管中。

（7）300 × *g* 离心 5 min。

（8）在继续下一步之前确定细胞数量（见注释 27）。

（9）弃上清液，继续提取总 RNA（见本章标题 3.2.2）或将细胞沉淀冷冻在 −80 ℃（见注释 10 和注释 28）。

3.2.2　总 RNA 提取

根据制造商的说明，使用商业（例如 RNeasy® 和 Qiagen）试剂盒从受感染细胞中提取总 RNA（见注释 4 和注释 5）。步骤（3）~ 步骤（6）应在病毒生物安全柜中进行，之后可安全地移到 PCR 质量实验室工作台。

（1）根据制造商说明将 BME 加到缓冲 RLT 中（每 1 mL 缓冲液 RLT 加入 10 μL BME）（见注释 29）。

（2）根据制造商的说明准备 RPE 缓冲液。

（3）通过添加 350 μL 缓冲液 RLT（见注释 30~ 注释 32），从本章标题 3.2.1 步骤（8）中破坏细胞颗粒。

（4）通过涡流或移液管混匀（见注释 35）。

（5）通过用 20 号针头吹打至少 5 次使裂解物混匀（见注释 33 和注释 34）。

（6）将 350 μL 70% 乙醇加入混匀的裂解液中（见注释 34）。在此步之后，从病毒安全柜可转移到进行 PCR 的实验室工作台。

（7）用移液管充分混合（见注释 36）。

（8）最多将 700 μL 的样品（包括任何沉淀物）转移至试剂盒中提供的离心柱中。

（9）8 000 × *g* 离心 15 s。

（10）丢弃收集管（见注释 37）。

（11）向离心柱中添加 700 μL 缓冲液 RW1。

（12）8 000 × *g* 离心 15 s。

（13）丢弃收集管（见注释 38）。

（14）向离心柱中添加 500 mL RPE 缓冲液（见注释 39）。

（15）8 000 × *g* 离心 15 s。

（16）丢弃收集管。

（17）向离心柱中加入 500 mL RPE 缓冲液。

（18）8 000 × *g* 离心 2 min（见注释 40）。

（19）将离心柱放入新的 1.5 mL 离心管中。

（20）直接向离心柱膜中添加 30 μL 无核酸酶水（见注释 41）。

（21）8 000 × *g* 离心 1 min，洗脱 RNA（见注释 42）。

（22）继续直接进行 qRT-PCR 步骤（见本章标题 3.2.3），−80 ℃或 −20 ℃下储存样本。

3.2.3 两步法 qRT-PCR（反转录步骤）

提取后，用反转录酶（如 SuperScript II，Invitrogen 公司产品，见注释 4 和注释 43）和引物将总 RNA 的一部分反转录成 cDNA，并按照制造商的方案进行。

（1）规划最终 qPCR 板布局（见注释 16 和注释 44 以及表 12-4）。

（2）使用前先在室温下解冻 5 × 第一链缓冲液和 0.1mol/L DTT（试剂盒中均配提供），并立即重新冷冻。

（3）使用 Nanodrop 或其他分光光度法，测量本章标题 3.2.2 步骤（22）中样品的总 RNA 浓度。

（4）计算反转录反应所需的 RNA 总量（见注释 45）。

（5）在无核酸酶 PCR 管中制备寡聚物 Oligo(dT)$_{12-18}$ 和 dNTP 混合物。制备足够可用于所有样品的反应（见注释 46 和注释 47）。

（6）在预先标记的 PCR 管中，用移液管移取 11 μL Oligo(dT)$_{12-18}$ 和 dNTP 混合物。

（7）在每个 PCR 管中加入 1 μL 提取的 RNA 样品（见注释 45）。

（8）快速离心样品。

（9）将样品加热至 65℃ 5 min，并迅速在冰上冷却（见注释 8）。

（10）通过短暂的离心来收集内容。

（11）为所有反应准备足够的缓冲混合物。

（12）向每个反应管中加入 7 μL 缓冲液混合物。

（13）轻轻混合离心管，并短暂离心。

（14）在 42℃下孵育 2 min（见注释 8 和注释 48）。

（15）在每根 PCR 管中加入 1 μL（200 单位）SuperScript II 反转录酶（见注释 49）。

（16）轻轻搅拌并短暂离心。

（17）在 42℃下孵育 50 min（见注释 8 和注释 50）。

（18）在 70℃下加热 15 min 使反应失活（见注释 8）。

（19）使用新合成的 cDNA（最终体积 20 μL），继续进行 qPCR 步骤（见本章标题 3.2.3，见注释 51）。

3.2.4　两步法 qRT-PCR（qPCR 步骤）

使用商业检测化学（例如，用于 MESA Blue qPCR MasterMix Plus for SYBR® Assay，Eurogentec 公司产品，见注释 4）定量样品中的病毒 cDNA 量。

（1）将所有试剂解冻并放置在冰上。将所有试剂充分混合，并在移液前将其短暂离心收集到管底。

（2）规划移液枪头 / 培养板布局（见注释 16 和表 12-4）。

表 12-4　qRT-PCR 平面布置图

	1	2	3	4	5	6	7	8	9	10	11	12
A	Ctrl UI 2 h	Ⅱ	Ⅲ	Ctrl UI 4 h	Ⅱ	Ⅲ	Ctrl UI 8 h	Ⅱ	Ⅲ			
B	Ctrl WT 2 h	Ⅱ	Ⅲ	Ctrl WT 4 h	Ⅱ	Ⅲ	Ctrl WT 8 h	Ⅱ	Ⅲ			
C	Ctrl H 2 h	Ⅱ	Ⅲ	Ctrl H 4 h	Ⅱ	Ⅲ	Ctrl H 8 h	Ⅱ	Ⅲ			
D	Ctrl NT	Ⅱ	Ⅲ	Ctrl NT	Ⅱ	Ⅲ	Ctrl NT	Ⅱ	Ⅲ			
E	J2 UI 2 h	Ⅱ	Ⅲ	G8 UI 4 h	Ⅱ	Ⅲ	J2 UI 8 h	Ⅱ	Ⅲ			

（续表）

	1	2	3	4	5	6	7	8	9	10	11	12
F	J2 WT 2 h	Ⅱ	Ⅲ	G8 WT 4 h	Ⅱ	Ⅲ	J2 WT 8 h	Ⅱ	Ⅲ			
G	J2 H 2 h	Ⅱ	Ⅲ	G8 H 4 h	Ⅱ	Ⅲ	J2 H 8 h	Ⅱ	Ⅲ			
H	J2 NT	Ⅱ	Ⅲ	G8 NT 4 h	Ⅱ	Ⅲ	J2 NT	Ⅱ	Ⅲ			

未感染（UI）、痘苗病毒野生型感染（WT）、痘苗病毒 WT 感染和 Hoechst 处理（H）、阴性对照（NT，“无模板”）、管家基因（GAPDH）、痘苗病毒早期基因（J2）、痘苗病毒中期基因（G8）、痘苗病毒晚期基因（F17）、3 个生物学重复（罗马数字）。

（3）为所有样品制备 qPCR 反应缓冲液（见注释 19 和注释 52）。

（4）通过反颠倒底混合并短暂离心收集到管底。

（5）按计划用移液管将 2 μL 模板 cDNA 移到孔底（见注释 16 和表 12-4）。

（6）每个孔加 18 μL qPCR 反应缓冲液（终体积 20 μL，见注释 20）。

（7）离心将样品收集到管底（3 min，300 × *g*）。

（8）根据 qPCR 试剂的说明运行 qPCR（见注释 21）。

3.2.5 qRT-PCR 结果的定量

qRT-PCR 的最后一步本质上是一个如本章标题 3.1.4 所述的正常 qPCR 反应。本章描述如何计算相对于管家基因归一化的目的基因的相对数量（见注释 53）。首先计算 qRT-PCR 结果的 ΔCt 值。这是通过从相同的“目的基因”样本的 *Ct* 值中减去管家基因的 Ct 值实现（见表 12-5A，表 12-5B）。例如：$Ct_{UI\ J2} - Ct_{UI\ GAPDH}$: 31.86–18.04=13.82。接下来，通过从目的基因的 ΔCt 值中减去所选对照样品的 ΔCt 值来计算 ΔΔCt 值（见表 12-5C）。例如：$\Delta Ct_{UI\ J2} - \Delta Ct_{WT\ J2}$: 13.82 − (−5.65) = 19.47。

最后计算最终从 ΔΔCt 相对定量值方程 $0.5^{(\Delta\Delta Ct)}$（见表 12-5D）。例如 UI 2 h J2 样品：$0.5^{19.47} = 1.38 \times 10^{-6}$。

4 注 释

（1）除了 WR 外，许多其他的 VACV 菌株（如 Copenhagen、IHD-J）也可用于 qPCR 检测。

（2）除了 HeLa，也可以使用其他细胞系。

（3）根据样本的数量，也可以使用单个或条状 PCR 管。检查 PCR 管与 qPCR 仪的匹配情况。

（4）有几家公司提供 qPCR 仪、qPCR 检测试剂、核酸提取试剂盒和反转录酶。确保它们是相互兼容非常重要。以下为这类试剂和仪器的例子：

表 12–5

(A)			
Ct	2 h, GAPDH	4 h, GAPDH	8 h, GAPDH
UI	18.04	17.36	17.39
WT	18.59	18.86	21.57
H	18.38	18.40	19.65
NT	N.D.	N.D.	N.D.
	2 h, J2	4 h, G8	8 h, F17
UI	31.86	30.00	29.50
WT	12.93	21.33	15.28
H	12.49	28.30	16.22
NT	N.D.	N.D.	N.D.
(B)			
ΔCt	2 h, J2	4 h, G8	8 h, F17
UI	13.82	12.64	12.11
WT	−5.65	2.47	−6.29
H	−5.88	9.90	−3.42
(C)			
ΔΔCt	2 h, J2	4 h, G8	8 h, F17
UI	19.47	10.16	18.39
WT	0	0	0
H	−0.23	7.42	2.87
(D)			
最后	2 h, J2	4 h, G8	8 h, F17
UI	1.38×10^{-6}	8.72×10^{-4}	2.91×10^{-6}
WT	1	1	1
H	1.17	5.82×10^{-3}	0.14

（A）qRT-PCR 检测平均 Ct 值结果。（B）计算 qRT-PCR 结果的 ΔCt 值（目的基因 Ct 值 − 管家基因 Ct 值）。数值计算方法是将同一“目的基因”样本的 Ct 值减去管家基因的 Ct 值。（C）计算 qRT-PCR 结果的 $\Delta\Delta Ct$ 值（目的基因的 ΔCt− 对照基因的 ΔCt）。计算值是选择样品（WT）目的基因的 ΔCt 值减去选择对照样品目的基因的 ΔCt 值。（D）最后相对定量。计算值是通过方程 $0.5^{(\Delta\Delta Ct)}$。UI 表示未感染样品，WT 表示野生型痘苗病毒感染样品，H 表示野生型痘苗病毒感染及 Hoechst 处理样品，NT 表示无模板阴性对照，GAPDH 为管家基因，J2 为痘苗病毒早期基因，G8 为痘苗病毒中期基因，F17 为痘苗病毒晚期基因。

（a）qPCR 仪：CFX Connect Real-Time System（BioRad）。

（b）qPCR 检测化学：MESA Blue qPCR MasterMix Plus for SYBR® Assay（Eurogentec 公司产品）。

（c）DNA 提取试剂盒：DNeasy® Blood and Tissue extraction kit（Qiagen 公司产品）。

（d）RNA 提取试剂盒：RNeasy® RNA 提取试剂盒（Qiagen 公司产品）。

（e）反转录酶：SuperScript™ Ⅱ反转录酶（Invitrogen 公司产品）。

（5）强烈建议使用商业上可用的试剂盒提取核酸和 qPCR 检测。核酸提取步骤可能是所有 qPCR 检测中最关键的步骤。提取的质量将影响 DNA 检测和定量的质量。对于生物样品来说，确保提取物的重现性以及后续步骤也非常重要。对于 qPCR 检测，公司通常提供核心试剂盒，其中包含所有基本成分（模板核酸和引物除外）在单独的离心管或预混液中，其中所有基本成分已经以优化的方式混合。核心试剂盒的优点是每个组件都可以单独优化。然而，预混液能够节省更多时间，提供更高的重现性和易用性。

（6）采用分光光度法（Nanodrop）测定 VACV gDNA[7] 的浓度。

（7）Hoechst 是一种抑制 VACV 中、晚期基因转录的抑制剂。

（8）终点 PCR 仪可用于两步法 qRT-PCR 的加热和冷却步骤。

（9）为了获得最佳的核酸产量和质量，确保在提取步骤中使用适当数量的细胞非常重要，可参阅制造商说明。

（10）新鲜或冷冻细胞沉淀可用于核酸提取。使用新鲜材料或已立即冷冻并储存于 -20℃或 -70℃的材料，可获得最佳结果。使用 DNA 样本时，避免反复的冻融，因为这会减少 DNA 的大小。如果使用冷冻细胞沉淀，在添加 PBS 之前使细胞解冻［见本章标题 3.1.2，步骤（3）］。

（11）本试剂盒提供的蛋白酶 K 活性为 600 mAU/mL 溶液。

（12）通过涡旋或移液枪上下吹打将样品和缓冲液立即彻底混合，得到均匀的溶液。

（13）样品和乙醇应彻底混合，以得到均匀的溶液。

（14）通过离心干燥离心柱的膜很重要，因为残留的乙醇可能会干扰后续反应。小心地拆下离心柱，使柱子不会与流过的液体接触。

（15）DNA 也可以洗脱到提供的缓冲液 AE 中。用 100 μL 而不是 200μL 洗脱液可增加最终 DNA 浓度，但也会降低整体 DNA 的产量。如本章标题 3.1.2，步骤（18）所述，重复洗脱 1 次，以获得最大的 DNA 产量。如果洗出液量超过 200 μL，使用 2 mL 离心管。

（16）规划移液管和平板布局有助于确定所需的样品和试剂数量。必须为每个样品准备 1 个技术重复，最好做 3 个重复，包括所有必要的对照样品（阳性和阴性）。实验的重现性由重复（技术和生物学）来表示。qPCR 和 qRT-PCR 的模板布局示例见表 12-1 和表 12-4。

（17）用于绝对定量的稀释系列需要覆盖样品中的整个浓度范围。在本例实验中，最初将原液 VACV gDNA（100 ng/μL）稀释至 20 ng/μL 溶液，被用作该系列中的第一个 gDNA 稀释液。从此浓度开始我们制备以下稀释液（均为 1：10）：2ng/μL、0.2 ng/μL、20 pg/μL、2pg/μL、0.2 pg/μL、0.02 pg/μL 和 0.002 pg/μL（稀释液 2~ 稀释液 8）。建议一次为所有的生物重复做足够的稀释。

（18）在本示例实验中，将样品按体积归一化（所有样品按 1：2 000 稀释，qPCR 检测采用相同体积）。

（19）计算所需的 qPCR 反应缓冲液的量，并至少额外准备 10%，以避免出现短缺。在本例实验中，每个样品需要 18 μL qPCR 反应缓冲液。

（20）用吸管吸孔壁，不要触碰孔底 / 模板 DNA；这样就可以在整个皿里使用同样的枪头。

（21）使用 qPCR 检测化学供应商建议的循环温度和时间。qPCR 仪可能会自动完成熔解曲线，或者需要激活。MESA Blue qPCR MasterMix Plus：

（a）5 min 95℃（核酸酶激活）。

（b）15s 95℃，1 min 60℃（40 次循环）。

（c）完成熔解曲线（或者一直保持在 50℃）。

（22）低 *Ct* 值意味着荧光较早越过阈值，说明样品中靶量较高。重要的是定量指数阶段早期的 qPCR 反应，而不是当反应中的一种试剂变得有限时反应达到平台期（见图 12-2）。作为经验法则，应避免技术重复有超过 0.5 *Ct* 的差异。

（23）一些因素，如起始原料的数量、酶的效率和实验条件的差异，可能会影响分析和 qPCR 结果的比较。

（24）定量 qPCR 结果的两种主要方法是绝对定量和相对定量。在绝对定量中，已知模板浓度的系列稀释可用于建立标准曲线（见图 12-3）。这可以用于确定实验样本中目标模板的初始启动量（见表 12-3）。在相对定量中，将一个样本（即已处理）中目的基因的表达与另一个样本（即未处理）中相同基因的表达进行比较。结果显示为波动变化。在相对定量中，管家基因被用作实验变异性的标准化因子（见本章标题 3.2.4）。

（25）本例实验中的对照为“无模板”（阴性）和“相同靶标，不同样本”（阳性）。

（26）对于样本中 VACV 基因组起始量的绝对定量，将方程改为 $x = e^{[(25.415 - y)/1.492]}$。

（27）必须使用正确数量的细胞来获得最佳的 RNA 产量和纯度。请参阅制造商的说明。

（28）若不完全去除感染培养基，则会在后续步骤中抑制裂解，并稀释裂解液，降低 RNA 产量。

（29）在通风橱中分装 BME，并穿戴适当的防护服。含有 BME 的缓冲液 RLT 可在室温下储存长达 1 个月。

（30）应在进入下一步之前解冻冷冻的细胞沉淀。

（31）缓冲液 RLT 的体积取决于起始细胞数，请参阅制造商的说明。

（32）对于细胞单层的直接裂解，在细胞培养皿中加入适量的缓冲液 RLT。通过刮取细胞，并用移液管将悬浮液移到 1.5 mL 离心管中收集裂解液。对于细胞沉淀，通过轻击离心管彻底松开细胞颗粒。细胞颗粒的不完全松动或不充分的混合导致无效的裂解和降低 RNA 产量。加入适量的缓冲液 RLT。

（33）其他均质方法包括商用均质离心柱和机械匀浆仪。请参阅制造商协议中的更多信息。

（34）不完全的均质化将会导致 RNA 产量显著降低，并可能导致后续步骤中离心柱堵塞。

（35）应该加入相等体积的 70% 乙醇。由于均质过程中损失，溶菌产物的体积可能会低于 350 μL。加入乙醇后可以看到沉淀物，但并不影响该操作程序。

（36）不要离心。

（37）如果样品体积超过 700 μL，则重复本章标题 3.2.2 中步骤（9）~ 步骤（11）。每次离心后，应弃掉流出液。

（38）小心地从收集管中拆卸离心柱，使该柱不与流过的流体接触。将收集管完全清空。

（39）确保在使用前将乙醇添加到缓冲液 RPE 中。请参阅制造商说明。

（40）长时间的离心步骤会使离心柱膜干燥（残留的乙醇可能会干扰下游反应）。小心地从收集管中拆卸离心柱，使该柱不与流过的流体接触。

（41）增加 30~50 μL 无核酸酶的水。

（42）如果预期的 RNA 产量超过 30 μg，则使用另一种 30~50 μL 无核酸酶水或使用步骤（22）中的洗脱液，重复本章标题 3.2.2 中步骤（21）和步骤（22）。如果使用步骤（22）中的洗脱液，当使用第二体积的无核酸酶水获得 RNA 时，RNA 产量将减少，但最终的 RNA 浓度将更高。

（43）qRT-PCR 可以分为一步法和两步法进行，二者各有优缺点。一步法 qRT-PCR 将 cDNA 合成反应和 qPCR 反应放在同一根 PCR 管中，简化了反应的设置，减少了反转录和 qPCR 步骤之间污染的可能性。一步法 qRT-PCR 需要基因特异性引物，其敏感性通常低于两步法 qRT-PCR。本例实验采用两步法 qRT-PCR 方法。两步法 qRT-PCR 首先使用反转录酶将总 mRNA 反转录成 cDNA。通常 cDNA 合成反应是由商用随机引物或 Oligo(dT) 和随机引物的混合物引发的。在以后的 qPCR 应用中，这些目标应该具有相同的代表性。两步法 qRT-PCR 也为 cDNA 的储存提供了可能，并且由于两个反应（反转录和 qPCR）可以分别优化，因此在两种方法中，qRT-PCR 更灵活。两步法 qRT-PCR 的一个缺点是，由于需要更多的移液枪头，RNAse 抑制剂影响 qPCR 反应的风险更高。

（44）由于本示例实验将使用相对定量，因此必须从每个样本中对目的基因（J2、G8 或 F17）和内参基因（GAPDH）进行定量（见表 12-4）。

（45）在本例中，我们正在移取不同样本的相同 mRNA 体积，并决定每个样本反转录约 500 ng RNA。在所有样本中，RNA 浓度（用 Nanodrop 测量）为 450~590 ng/μL，因此我们决定继续使用每个样本中的 1 μL 进行反转录反应。制造商的方案给出了酶的工作范围。使用 Superscript™ II 酶，20 μL 反应体积可用于 1~5 μg 总 RNA 或 1~500 ng mRNA。

（46）计算所需的反应缓冲液的量，并多准备至少 10% 的额外量以避免不够。在本示例实验中，每个样品需要 11 μL 反应缓冲液。

（47）可以使用随机引物（50~250 ng）或基因特异性引物（2 pmol），而不是 $Oligo(dT)_{12-18}$ (500 μg/mL)。

（48）如果使用随机引物，在 25℃下孵育 2 min。

（49）如果使用少于 1 ng 的 RNA，则将反转录酶的量减少到 0.25 μL，然后补充添加无核酸酶的水使最终体积达到 20 μL。

（50）如果使用随机引物，在孵育 50 min 之前，将 PCR 管在 25℃下孵育 10 min。

（51）一些大的 PCR 靶点（>1 kb）的扩增可能需要去除与 cDNA 互补的 RNA。可通过向 PCR 管中加入 1 μL（2 单位）大肠杆菌 RNAse H，并在 37℃下孵育 20 min 来完成。

（52）用无核酸酶水（10 μmol/L）稀释目的基因［VACV 早期、中期和晚期基因（J2、G8、F17）和内参基因（GAPDH）］的正向和反向引物。在本例实验中，从 2 h 样本中检测了 J2 的表达，从 4 h 样本中检测了 G8 的表达，从 8 h 样本中检测了 F17 的表达。由于 GAPDH 在本实验中是一个管家基因（和规范化因子），因此应检测其在所有样本中的表达。

（53）在本例实验中，对照是“无模板”（阴性）和“相同样本，不同靶标”（阳性）。

致　谢

本工作由 HM 和 JM 获得的伦敦大学学院分子细胞生物学 MRC 实验室（J.M.）、欧洲研究理事会（649101-Ubipropox）和英国医学研究理事会（MC_UU12018/7）的核心经费支持。

参考文献

[1] Moss B. 2001. Poxviridae: the viruses and their replication. In: Knipe DM, Howley PM (eds) Fields virology, vol 2. Lippincott William & Wilkins, Philadelphia, PA, pp 2849–2883.

[2] Traktman P, Boyle K. 2004. Methods for analyzing of poxvirus DNA replication. In: Isaacs SN (ed) Methods in molecular biology, vol 1. Humana Press, Totowa, NJ, pp 169–185.

[3] Senkevich TG, Koonin EV, Moss B. 2009. Predict poxvirus FEN1-like nuclease required for homologous recombination, double-strand break repair and full-size genome formation. PNAS, 106:17921–17926.

[4] Yakimovich A, Huttunen M, Zehnder B, Coulter LJ, Gould V, Schneider C et al. 2017. Inhibition of poxvirus gene expression and genome replication by bisbenzimide derivatives. J Virol, 91:e00838–e00817.

[5] Jones EV, Moss B. 1985. Transcriptional mapping of the vaccinia virus DNA polymerase gene. J Virol, 53:312–315.

[6] Yang Z, Bruno DP, Martens GA, Porcella SF, Moss B. 2010. Simultaneous high-resolution analysis of vaccinia virus and host cell transcriptomes by deep RNA sequencing. PNAS, 107:11513–11518.

[7] Roper R. 2004. Rapid preparation of vaccinia virus DNA template for analysis and cloning by PCR. In: Isaacs SN (ed) Methods in molecular biology, vol 1. Humana Press, Totowa, NJ, pp 113–118.

第十三章　痘病毒基因组的点击化学标记

Harriet Mok，Artur Yakimovich

摘　要：痘苗病毒在其生命周期的细胞外阶段将其dsDNA基因组包装在核心内，以提供保护。在新感染细胞的细胞质中，病毒基因组从核心释放出来，这样病毒DNA复制机制就可以访问它，并启动DNA复制。用常规的DNA染色方法可以检测痘苗病毒在细胞胞浆内的复制位点；然而，这些方法并不能提供足够的特异性来用于定量图像分析或进一步探测复制步骤。同样地，利用荧光标记蛋白质产生重组痘苗病毒的能力提供了对病毒生命周期许多阶段的了解，但涉及病毒基因组的许多早期步骤仍有待阐明。核苷酸和核苷类似物传统上用于探测细胞周期和研究细胞DNA的其他变化，而更为新颖的核苷类似物提供了一种更好的方法来标记点击化学。在这里，我们将演示核苷类似物和点击化学如何用于追踪病毒工厂中的痘病毒复制，以及追踪受感染细胞中的单个病毒基因组。

关键词：痘病毒；痘苗病毒；核苷类似物；点击化学；基因组；DNA复制

1　前　言

核苷酸类似物已被认为是研究细胞增殖检测中非常有价值的化合物[1]。例如，胸苷类似物溴脱氧尿苷（5-溴-2′-脱氧尿苷，BrdU）在细胞周期[2]的S期与新合成的DNA结合，其结合程度通过免疫标记来评估[3,4]。虽然它是最广泛使用的核苷类似物，但也有各种副作用，包括引起DNA构象改变、细胞周期进程的改变和细胞毒性[5-7]。此外，BrdU标记需要用热和酸进行严格处理，以释放DNA，使其可进行免疫染色，因此有可能破坏样品，降低显微镜检查中的信噪比。

一些新的含炔烃的核苷类似物，如5-乙炔基-2′-脱氧尿苷（5-ethynyl-2'-deoxyuridine, EdU）、7-脱氮-7-乙炔基-2′-脱氧尿苷（7-deaza-7-ethynyl-2'-deoxyadeno-sine, EdA）和脱氧-5-乙炔基胞苷（deoxy-5-ethynylcytidine, EdC）[8,9]，可使用含叠氮化物（N_3^-）的荧光染料点击化学方法直接检测[10-13]。这种铜（I价）催化叠氮化合物－炔烃环加成（copper (I)-catalyzed azide-alkyne cycloaddition, CuAAC）[14,15]使用带有末端炔烃的荧光叠氮化合物试剂共价形成五元杂原子环，而不淬灭标签（见图13－1）。

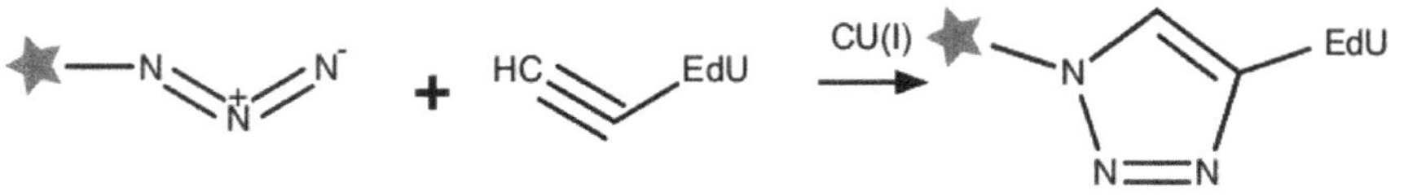

图 13-1　铜（Ⅰ价）催化叠氮炔环加成用于可点击核苷类似物荧光标记的原理反应图式

核苷类似物与荧光叠氮化物反应中试剂的低分子质量使得点击化学标记对细胞拥挤环境的空间限制不是很敏感。此外，活细胞内末端炔烃残基的稀有性也使得标记具有很高的特异性。

除了在细胞周期分析中的应用外，可点击的核苷类似物还可用于直接可视化病毒复制位点[16]。在痘苗病毒（Vaccinia Virus，VACV）复制过程中，病毒复制位点或工厂的形成，是病毒感染的早期阶段。作为一种包装自身复制机制的大型双链 DNA 病毒，VACV 只在细胞质中复制其基因组[17]。这一过程发生在复制工厂，由于其 dsDNA 含量丰富，可以分别用 DNA 插入剂或小沟槽黏合剂（如 DAPI 或 Hoechst）染色 VACV 感染的细胞来可视化。然而，DNA 染料通常并不是特异性的，加之由于病毒复制位点的大尺寸和密集结构，常常被误认为是细胞核，这给病毒复制的定量图像分析带来了问题。

这些核苷类似物在痘病毒学中的另一个用途是跟踪病毒生命周期早期阶段的单个病毒基因组。痘病毒是最大、最复杂的哺乳动物病毒[17]。它们包装成 1 个（约 180 kb），浓缩和包装成病毒核心，以保护在细胞外阶段的 VACV 生命周期。虽然荧光重组病毒的产生的进展[19-21]为进一步研究生命周期中的许多步骤提供了可能，但涉及病毒 dsDNA 可视化的步骤在很大程度上仍未确定。

将核苷类似物结合到病毒基因组中，可以更深入地研究病毒 DNA 脱壳和复制的步骤，同时有助于在病毒生命周期的早期跟踪单个 VACV 基因组。在本章中，我们概述了如何使用可点击的核苷模拟 EdU 可视化病毒 DNA 复制位点，并生成 EdU-DNA VACV 病毒，该病毒可用于可视化和跟踪单个病毒基因组。

2　材　料

2.1　VACV 复制位点的点击化学

（1）感染培养基：杜尔贝科改良伊格尔培养基（Dulbecco's modified Eagle medium, DMEM）。

（2）磷酸盐缓冲盐水（phosphate-buffered saline, PBS，pH 值 7.4）。

（3）细胞培养基：DMEM，10% 胎牛血清，非必需氨基酸，青霉素 / 链霉素，丙酮酸钠。

（4）HeLa 细胞（ATCC）。

（5）组织培养箱（37℃，5% CO_2）。

（6）纯化的 VACV 西储株（VACV WR）条带[22]。

（7）1 mmol/L 胞嘧啶阿拉伯糖苷（AraC，胞嘧啶 -β-D- 呋喃阿拉伯糖苷）储液溶于 ddH_2O（见图 13–2）。

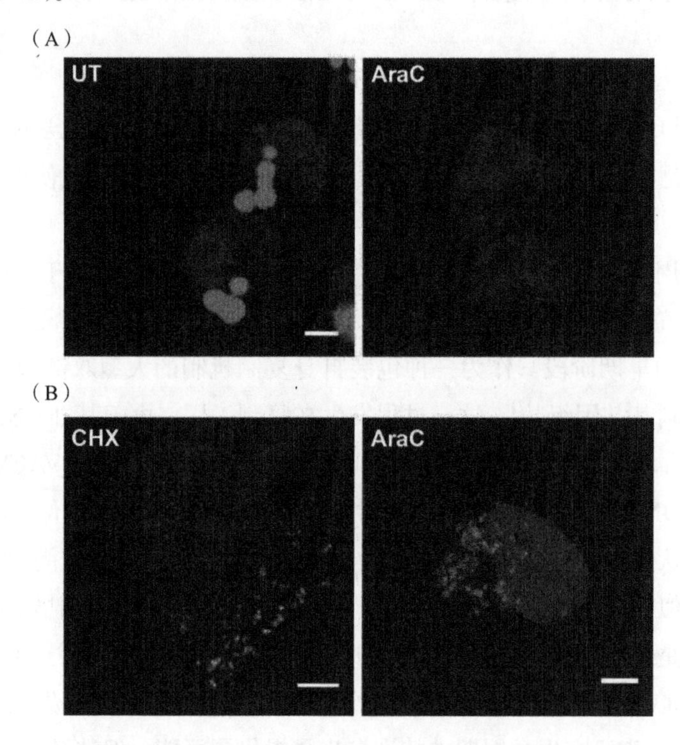

图 13–2　点击化学 EdU 染色示例

（A）WR VACV 感染 HeLa 细胞 8 h 后的 VACV 复制中心染色。在固定感染细胞上进行 Alexa Fluor™ 488 叠氮化物偶联到 EdU 的点击化学反应。AraC 作为阴性对照与未处理组（untreated, UT）进行比较。比例尺为 5 μm。（B）感染 WR VACV core-mCherry EdU-DNA 的 HeLa 细胞的点击化学。在固定感染细胞上进行 Alexa Fluor™ 488 叠氮化物偶联到 EdU 的点击化学反应。以 CHX 和 AraC 作为对照，分别展示了没有病毒核心的病毒基因组的可视化。比例尺为 5 μm。

（8）可用于显微镜的细胞培养皿或 1.5 号盖玻片。

（9）2 × EdU（5- 乙炔基 -2′- 脱氧尿苷，2 μmol/L，用 10 mmol/L 溶于 DMSO 的储液中制备）工作溶液（见注释 1）。

（10）溶于 PBS 中的 4% *W/V* 多聚甲醛（paraformaldehyde, PFA）溶液。

（11）50 mmol/L NH_4Cl 溶于 PBS 中。

（12）0.5% *V/V* Triton® X-100 溶液。

（13）去离子水。

（14）1 × Click-iT® 反应缓冲液（Click-iT® 试剂盒）。

（15）1 × $CuSO_4$（Click-iT® 试剂盒组件 E）。

（16）1 × Alexa Fluor® Azide（Click-iT® 试剂盒）。

（17）1 × 反应缓冲液添加剂（Click-iT® 试剂盒）。

（18）Click-iT® 反应混合液：Click-iT® 反应缓冲液 /$CuSO_4$/ Alexa Fluor® 叠氮化物 / 反应缓冲添加剂混合比例为 21.4/1/0.062/2.5（参见 Click-iT® 试剂盒说明书）。

（19）封闭缓冲液：5% *W/V* BSA 溶于 PBS 中。

（20）Hoechst 33342 核酸染料（见注释 2）。

2.2 重组 EdU-DNA 病毒的产生

（1）感染培养基：杜尔贝科改良伊格尔培养基（Dulbecco's modified Eagle medium, DMEM）。

（2）细胞培养基：DMEM，含 10% 胎牛血清，非必需氨基酸，青霉素 / 链霉素，丙酮酸钠。

（3）BSC-40 细胞（非洲绿猴肾细胞）。

（4）滚轴瓶或 15 cm 的组织培养处理的培养皿（见注释 3）。

（5）可使用转瓶培养的组织培养箱（37℃，5% CO_2）。

（6）溶于 DMSO 中的 10 mmol/L EdU 储存溶液，在 -20℃储存。

（7）西储株 VACV core-mCherry BSC-40 粗提物 [21]。

（8）细胞刮刀。

（9）50 mL 锥形离心管。

（10）15 mL 锥形离心管。

（11）PBS 缓冲液（pH 值 7.4）。

（12）20 mmol/L Tris，pH 值 9.0。

（13）10 mmol/L Tris，pH 值 9.0。

（14）1 mmol/L Tris，pH 值 9.0。

（15）36% 蔗糖溶液（36% 蔗糖 *W/V* 溶于 20 mmol/L Tris 中，pH 值 9.0）。

（16）25% 蔗糖溶液（25% 蔗糖 *W/V* 溶于 20 mmol/L Tris 中，pH 值 9.0）。

（17）40% 蔗糖溶液（36% 蔗糖 *W/V* 溶于 20 mmol/L Tris 中，pH 值 9.0）。[译者注：我们认为原文有误，这里应为 40% 蔗糖 *W/V* 溶于 20 mmol/L Tris（pH 值 9.0）中]。

（18）15 mL 的杜恩斯组织匀浆仪匀浆机。

（19）DNase I。

（20）离心（预冷至 4℃）。

（21）超离心（预冷至 4℃）。

（22）SW32 和 SW40 超离心管和转子。

（23）矿物油。

（24）12 cm 套管（见注释 4）。

（25）BioComp Gradient Master 密度梯度制备仪及配件。

（26）水浴锅或角杯超声破碎仪。

（27）21 G 针。

（28）透明胶带。

（29）BD Plastipak 2.5 mL 注射器。

2.3 EdU-DNA 病毒基因组的点击化学

（1）组织培养培养皿。

（2）HeLa 细胞。

（3）高性能清洁盖玻片（蔡司公司产品）。

（4）WR VACV core-mCherry EdU-DNA 纯化的条带。

（5）感染培养基：杜尔贝科改良伊格尔培养基（Dulbecco's modified Eagle medium, DMEM）。

（6）细胞培养基：DMEM，10% 胎牛血清，非必需氨基酸，青霉素 / 链霉素，丙酮酸钠。

（7）组织培养箱（37℃，5% CO_2）。

（8）AraC（阿糖胞苷）。

（9）CHX（环己酰亚胺）。

（10）暗盒，用于点击化学和染色（必须适合组织培养皿）。

（11）PBS（pH 值 7.4）。

（12）含 4% PFA 的 PBS 溶液。

（13）渗透溶液：含 0.1% *V/V* Triton® X-100 的 PBS 溶液。

（14）封闭液：含 5% BSA 的 PBS 溶液。

（15）去离子水。

（16）1 × Click-iT® EdU 反应缓冲液溶于去离子水中储存于 2~6℃。

（17）10 × Click-iT® EdU 缓冲液添加剂溶于去离子水中等份分装储存于 −20℃。

（18）Click-iT 反应混合液（每张盖玻片）为：322.5 μL 1 × 1 × Click-iT™ 反应缓冲液，15 μL $CuSO_4$，0.9 μL Alexa Fluor™488 叠氮化物和 37.5 μL 1 × EdU 缓冲液添加剂（见注释 5）。

（19）溶于 DMSO 中的 Alexa Fluor™ 488 工作溶液，保存于 −20℃。

（20）用 PBS 稀释 Hoechst（5 μg /mL）储存于 4℃。

3 方　法

3.1　用核苷类似物标记可视化 VACV 基因组复制

以下程序已使用 Click IT® EdU 标签试剂盒进行了优化，但其核心原理可外推至类似的试剂盒。

（1）在显微镜兼容的培养皿或盖玻片上培养 HeLa 细胞。

（2）将培养皿放在组织培养箱中过夜。

（3）配制 2 × EdU 工作液（见注释 6）。

（4）通过在所需的多重感染（例如，MOI 10）添加 VACV WR 接种物来进行感染分析。

（5）加入最终浓度为 1 × 的 EdU 工作液。

（6）取下 VACV 接种物，根据需要的分析培养细胞。

（7）用 4% PFA 固定细胞。在整个实验过程中使用无叠氮化物试剂至关重要（见注释 7）。

（8）固定后用 PBS 清洗细胞 3 次。

（9）用含 50 mmol/L NH_4Cl 的 PBS 封闭固定细胞 5 min。

（10）将固定细胞用 0.5%Triton® X-100（见注释 8）孵育 15 min，使其具有渗透性。

（11）准备 Click-iT® 反应混合物，确保最终体积足以覆盖所有样品孔中的细胞。混合后 15 min 之内使用 Click iT® 反应混合物。

（12）用封闭缓冲液清洗细胞 2 次。

（13）将 Click-iT® 反应混合物添加到细胞中。

（14）在室温下培养细胞 30 min，在培养过程中保护样品避免受阳光直射。

（15）去掉反应混合物。

（16）用封闭缓冲液清洗样品 2 次。

（17）如果需要，进行核染色（见注释 2）。

（18）使用与所用荧光团波长兼容的首选成像技术的图像。

3.2　核苷类似物标记病毒追踪单个病毒基因组

根据试验要求可以使用任何重组痘苗病毒，但作为一个例子，我们使用一种病毒 mCherry 标记核心蛋白质使得标签后的基因组与 AF488 EdU 整合（见图 13–3）。本操作指南用于经优化的 BSC-40 细胞来纯化 VACV 带，但其他细胞系也可以使用[21]。

3.2.1　重组 EdU-DNA 病毒的产生

（1）用 VACV 粗提物感染汇合细胞，每个转瓶中加入 100 μL 提取物置于 10 mL 感染培养基中，在组织培养箱中培养 30 min。

（2）加入 40 mL 最终浓度为 1 μmol/L EdU 的细胞培养基。

（3）在组织培养箱中培养 48 h。

（4）培养后，将细胞刮入锥形离心管中（见注释 9）。

（5）以 300 × *g* 转速离心细胞 5 min。

（6）吸取上清液并丢弃。

（7）将 3 个转瓶中的细胞沉淀重新放入 50 mL PBS 中，重复步骤（4）和步骤（5）以悬浮培养基中的细胞。

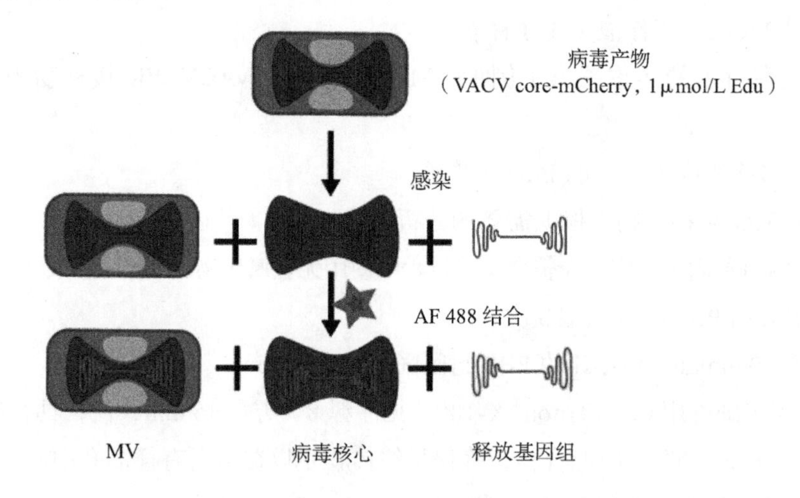

图 13-3　EdU-DNA 病毒的点击化学

可以使用点击化学和耦合到叠氮化物检测掺入 VACV 基因组中的 EdU。在具有荧光核心的重组病毒中使用时，可点击的基因组可以在释放时可视化，但还可以在成熟的病毒粒子或病毒核心中进行。

（8）继续纯化程序，或者将细胞沉淀储存在 −80℃。

（9）在 12 mL 10mmol/L Tris（pH 值 =9.0）液中重新悬浮细胞沉淀。

（10）放在冰上 10 min。

（11）用杜恩思匀浆器匀浆细胞液 25 次以破坏细胞。

（12）将匀浆后的提取物转移至 15 mL 锥形离心管中。

（13）以 2 000 × *g* 转速在 4℃下离心 10 min。

（14）将上清液转移到 15 mL 的锥离心管中，注意不要干扰颗粒。

（15）以 2 000 × *g* 转速在 4℃下离心 10 min。

（16）将上清液转移到 50 mL 的锥形容器中，注意不要干扰颗粒（见注释 10）。

（17）在 37℃下用 2 mg DNA 酶 I 处理 30 min（见注释 11）。

（18）使用 10 mmol/L Tris（pH 值 =9.0）调节上清液体积至 20 mL。

（19）用 16 mL 36% 蔗糖溶液制备 SW32 试管。

（20）小心地将步骤（18）的上清液铺在蔗糖上。

（21）小心地在上清液上覆盖 2 mL 矿物油。

（22）在 38 000 × g，4℃，SW32 转子中超速离心 1 h 20 min。

（23）仔细吸取上清液。

（24）在 300 μL 1 mmol/L Tris（pH 值 =9.0）中重新悬浮病毒沉淀物。在 –80℃下冷冻病毒溶液或进行带纯化。

（25）对于带纯化，标记 SW40 管的中间，并用 25% 蔗糖溶液（约 6 mL）填充至中间。

（26）使用 12 cm 的套管小心地将 40% 蔗糖溶液置于标记的中点。

（27）根据制造商的说明，使用 BioComp 梯度仪制备密度梯度（Biocomp 设置：3:00 min，81.5°，18 r/min）。

（28）从步骤（23）开始，对重新悬浮的病毒进行涡旋和超声处理 10 s。

（29）在蔗糖梯度上加载病毒。

（30）以 12 000 × g，4℃条件下，在 SW40 转子中离心 52 min。

（31）抽出病毒条带时，用透明胶粘住病毒带所在管子的一侧。

（32）用 21G 的针头小心地刺穿病毒带下方的试管侧面。

（33）抽取纯化病毒。大约有 2 mL（见注释 12）。

（34）将病毒带转移到新的 SW40 离心管中。

（35）添加 1 mmol/L Tris（pH 值 =9.0）至终体积为 12 mL。

（36）病毒在 38 000 × g，4℃下，在超速离心机中离心 40 min。

（37）小心吸取上清液。

（38）在 300 μL 1 mmol/L Tris（pH 值 =9.0）中再悬浮病毒沉淀。

（39）同平常一样进行病毒滴度测定[23]。

3.2.2　用点击化学追踪单个病毒基因组

（1）前一天将细胞接种到盖玻片上。

（2）用感染培养基稀释经带纯化获得的 WR core-mCherry EdU-DNA 病毒。根据分析要求使用相应的 MOI（见注释 14）。

（3）将细胞在室温放置 30 min，以允许病毒与细胞结合。

（4）添加细胞培养基到细胞中（见注释 15）。

（5）在 37℃下培养细胞 4.5 h。

（6）吸出培养基，换成 4%PFA。

（7）室温孵育 20 min。

（8）用封闭液清洗细胞 3 次。

（9）在渗透液中孵育 15 min。

（10）使用封闭缓冲液清洗盖玻片 3 次。

（11）室温下用封闭缓冲液孵育盖玻片至少 15 min。

（12）同时在去离子水中稀释 10 × 的 Click-iT™ EdU，制备 1 × Click-iT™ EdU 缓冲液（见注释 16）。

（13）然后准备 Click-iT 反应混合物，确保混合物的量足够用于所有盖玻片。

（14）吸出盖玻片上的封闭液，在每个盖玻片上加入 375 μL 的 Click-iT 反应混合物，轻轻摇动以确保 Click-iT 反应混合物均匀地涂在整个盖玻片上。

（15）在室温下孵育 30 min，避光。

（16）吸出反应混合物，立即用封闭液清洗 3 次。

（17）用 Hoechst 替换封闭缓冲液，在室温下孵育 30 min，避光。

（18）用 PBS 清洗 3 次，每次 5 min。

（19）根据需要安装盖玻片进行成像和分析。

4 注　释

（1）高浓度的 EdU 可能会干扰到 VACV 的复制 [16]。

（2）可使用 Hoechst 33342、Hoechst 33480、Hoechst 33258 或其他染料如 DAPI 和 DRAQ5 进行核染色。该程序也可能与随后的免疫荧光染色兼容。然而，受到特定表位稳定性的影响，可能对某些抗体组合起作用，也可能不起作用。

（3）1 个细胞培养转瓶相当于 5 个 15 cm 的培养皿。

（4）可以使用针头稍微弯曲的针头代替 12 cm 套管，以免刺穿超速离心管。

（5）可根据特定分析中使用的其他荧光基因而使用具有其他发射光谱的叠氮化物。

（6）所提出的方案是通过添加 EdU 核苷类似物来可视化 VACV 的。EdU 在培养基或感染性接种物中的最终浓度应为 1 μmol/L。可制备 1 个含有 10 μmol/L AraC 处理的样本作为 VACV 复制位点形成的阴性对照。如果需要全 VACV 复制位点的可视化，则应在感染开始时添加 EdU，并在感染持续期间均含有 EdU，直到固定为止。如果需要对病毒生命周期动力学进行可视化，可以通过短暂暴露于 EdU 对 VACV 感染的细胞进行脉冲标记。

（7）确保使用不含叠氮化物的溶液；含叠氮化物的溶液（例如，含有 NaN_3 的 PBS）将通过竞争荧光团环加成来干扰点击化学染色过程（参见图 13-1 中的点击反应方案）。

（8）甲醇、皂苷或其他渗透剂均可使用，而不干扰 Click-iT® 试剂盒反应。

（9）如果要一次性完成整个病毒纯化步骤，则将所有离心机预冷至 4℃。

（10）在离心之后，应该很难看到细胞碎片的颗粒，而且很难与上清液的颜色区分。

（11）需要对提取后的核酸进行 DNA 酶 I 处理，以去除可能整合了 EdU 的任何污染细胞 DNA。

（12）纯化后的病毒带靠近管中心，呈乳白色。

（13）为了确认 EdU 与病毒基因组的结合，可以使用点击化学方法分析病毒。为此，在进行点击反应之前，应使用体积比为 5% BSA 和 1% Triton® X-100 溶液在室温下通透细胞膜 30 min。

（14）例如，在核心稳定分析（见图 13-2）中，我们使用了的 MOI 为 10。

（15）以 AraC（阿糖胞苷）和 CHX（环己酰亚胺）为对照，最终浓度分别为 10 μmol/L 和 1mmol/L（见图 13-2）。

（16）配制新鲜溶液并当天使用非常重要。由于缓冲液的灵敏度很高，解冻后的 10 × 等分缓冲液添加物不能重复使用。

致　谢

AY、HM 和 JM 得到了伦敦大学学院分子细胞生物学 MRC 实验室（J.M.）、欧洲研究理事会（649101-UbiProPox）和英国医学研究理事会（MC_UU12018/7）的资助。

参考文献

[1] Lehner B, Sandner B, Marschallinger J, Lehner C, Furtner T, Couillard-Despres S, Rivera FJ, Brockhoff G, Bauer H-C, Weidner N. 2011. The dark side of BrdU in neural stem cell biology: detrimental effects on cell cycle, differentiation and survival. Cell Tissue Res, 345(3):313.

[2] Nowakowski R, Lewin S, Miller M. 1989. Bromodeoxyuridine immunohistochemical deter mination of the lengths of the cell cycle and the DNA-synthetic phase for an anatomically defined population. J Neurocytol, 18(3):311–318.

[3] Cooper-Kuhn CM, Kuhn HG. 2002. Is it all DNA repair?: methodological considerations for detecting neurogenesis in the adult brain. Dev Brain Res, 134(1):13–21.

[4] Kuhn HG, Cooper-Kuhn CM. 2007. Bromodeoxyuridine and the detection of neurogenesis. Curr Pharm Biotechnol, 8(3):127–131.

[5] Goz B. 1977. The effects of incorporation of 5-halogenated deoxyuridines into the DNA of eukaryotic cells. Pharmacol Rev, 29(4):249–272.

[6] Poot M, Hoehn H, Kubbies M, Grossmann A, Chen Y, Rabinovitch PS. 1994. Cell-cycle Analysis using continuous bromodeoxyuridine labeling and Hoechst 33358—ethidium bromide bivariate flow cytometry. Methods Cell Biol, 41:327–340.

[7] Caldwell MA, He X, Svendsen CN. 2005. 5-Bromo-2′ -deoxyuridine is selectively toxic to neuronal precursors in vitro. Eur J Neurosci, 22(11):2965–2970.

[8] Guan L, van der Heijden GW, Bortvin A, Greenberg MM. 2011. Intracellular detection of cytosine incorporation in genomic DNA by using 5-ethynyl-2′-deoxycytidine. Chembiochem, 12(14):2184–2190.

[9] Qu D, Wang G, Wang Z, Zhou L, Chi W, Cong S, Ren X, Liang P, Zhang B. 2011. 5-Ethynyl-2′-deoxycytidine as a new agent for DNA labeling: detection of proliferating cells. Anal Biochem, 417(1):112–121.

[10] Neef AB, Samain F, Luedtke NW. 2012. Metabolic labeling of DNA by purine analogues in vivo. Chembiochem, 13(12): 1750–1753.

[11] Salic A, Mitchison TJ. 2008. A chemical method for fast and sensitive detection of DNA synthesis *in vivo*. Proc Natl Acad Sci, 105(7):2415–2420.

[12] Cavanagh BL, Walker T, Norazit A, Meedeniya AC. 2011. Thymidine analogues for tracking DNA synthesis. Molecules, 16(9):7980–7993.

[13] Kolb HC, Finn M, Sharpless KB. 2001. Click chemistry: diverse chemical function from a few good reactions. Angew Chem Int Ed, 40(11):2004–2021.

[14] Rostovtsev VV, Green LG, Fokin VV, Sharpless KB. 2002. A stepwise huisgen cycloaddition process: copper(I)-catalyzed regioselective “ligation” of azides and ter minal alkynes. Angew Chem, 114(14):2708–2711.

[15] Tornøe CW, Christensen C, Meldal M. 2002. Peptidotriazoles on solid phase:(1, 2, 3)-triazoles by regiospecific copper(I)-catalyzed 1, 3-dipolar cycloadditions of ter minal alkynes to azides. J Org Chem, 67(9):3057–3064.

[16] Wang I, Suomalainen M, Andriasyan V, Kilcher S, Mercer J, Neef A, Luedtke NW, Greber UF. 2013. Tracking viral genomes in host cells at single-molecule resolution. Cell Host Microbe, 14(4):468–480.

[17] Moss B. 2013. Poxviridae. In: Fields BN, Knipe DM, Howley PM et al (eds) Fields Virology, vol.6 edn. Lippincott Williams & Wilkins, a Wolters Kluwer business, Philadelphia, PA, p 2664.

[18] Yakimovich A, Huttunen M, Zehnder B, Coulter LJ, Gould V, Schneider C, Kopf M, McInnes CJ, Greber UF, Mercer J. 2017. Inhibition of poxvirus gene expression and genome replication by bisbenzimide derivatives. J Virol, 91(18):e00838-00817.

[19] Domínguez J, del Lorenzo MM, Blasco R. 1998. Green fluorescent protein expressed by a recombinant vaccinia virus permits early detection of infected cells by flow cytometry. J Immunol Methods, 220(1–2):115–121.

[20] Smith GL, Moss B. 1983. Infectious poxvirus vectors have capacity for at least 25 000 base pairs of foreign DNA. Gene, 25(1):21–28.

[21] Mercer J, Helenius A. 2008. Vaccinia virus uses macropinocytosis and apoptotic mimicry to enter host cells. Science, 320(5875): 531–535.

[22] Kilcher S, Schmidt FI, Schneider C, Kopf M, Helenius A, Mercer J. 2014. siRNA screen of early poxvirus genes identifies the AAA+ ATPase D5 as the virus genome-uncoating factor. Cell Host Microbe, 15(1):103–112.

[23] Condit RC, Motyczka A. 1981. Isolation and preli minary characterization of temperaturesensitive mutants of vaccinia virus. Virology, 113(1):224–241.

第十四章　利用活细胞成像技术观察痘病毒的复制和重组

Quinten Kieser*, Patrick Paszkowski*, James Lin, David Evans, and Ryan Noyce

摘　要：有一句老话的现代化版本是这样说的："如果一张图片值千言万语，那么一个视频就值万言亿语。"尽管是参照"YouTube"制作的，当我们考虑现代显微镜如何在没有漂白或光毒性的情况下跟踪生物荧光团数小时时，这句话也与微生物学家有关。共聚焦荧光显微镜为捕捉细胞内的动态过程提供了强大的工具，当使用延时视频观看时，可以更好地理解这些动态过程。在我们的实验室里，我们一直对痘病毒 DNA 的复制和重组之间的联系感兴趣，因为它们是细胞质内的病毒，所以这种依赖于 DNA 的过程很容易在病毒的整个生命周期中成像，而不会受到来自核 DNA 信号的干扰。在本章中，我们概述了跟踪痘苗病毒 DNA 的移动和复制，以及检测痘病毒催化的重组反应产物的方法；描述了如何使用噬菌体 λ-DNA 结合蛋白 *cro*，当它与荧光蛋白结合时作为标记细胞内 DNA 的方法。当与其他荧光试剂、新的标记技术和标记报告结构结合使用时，这些方法对痘苗病毒生物学不同方面可以产生视觉吸引力和高度信息性的见解。

关键词：重组；痘病毒；活细胞成像；复制；DNA 合成

1　前　言

基因重组是一个分子过程，通过两股（或更多）核酸的物理交换产生新的性状组合。共感染病毒之间的重组有可能产生具有不同生物学特性的新病毒变种，包括改变毒力。它还提供了一个必要的途径，通过此途径，病毒种群可以清除由于损伤和复制错误而随着时间积累的缺陷突变体（"缪勒氏齿轮"）。从技术角度看，从单个病毒蛋白的功能研究，到痘病毒作为表达多种外源抗原载体的研究，同源重组在痘病毒研究中都得到了广泛的应用[1-3]。

我们一直在研究如何在分子水平上形成痘病毒重组体，并试图将这些过程整合到病毒

* Quinten Kieser 和 Patrick Paszkowski 为共同第一作者。

生命周期的大图中。有趣的是，两个共同感染的痘病毒之间的重组似乎受到这样一个事实的限制，即每个感染病毒的粒子都会引发一个单独的复制位点，称为病毒“工厂”[4-7]。我们已经证明，构成这些膜封闭结构的病毒基因组混合效率低下，并且直到晚期基因表达建立后很久才检测到病毒重组的产物[6,8]。我们的工作假设是，尽管重组机制是在感染早期组装，但只有在这些结构在感染周期后期开始分解后，不同的DNA才能充分混合，从而允许重组形成。

本章中，我们将描述如何使用实时荧光显微镜来追踪两种共感染病毒之间的细胞内重组。这些方法采用噬菌体λ-DNA结合蛋白*cro*与增强型绿色荧光蛋白（enhanced green fluorescent protein, EGFP）融合。尽管*cro*最为人所知的是，它是一种序列特异性阻遏蛋白[9]，但也以非特异性的方式与DNA结合，因此可以用来定位感染细胞中的任何DNA。因此，EGFP-cro融合蛋白可以在痘苗病毒（vaccinia virus, VACV）感染期间追踪正在发展的病毒工厂。如何构建稳定表达EGFP-cro蛋白的BSC-40细胞系，以及携带mCherry-cro基因重叠片段的两种重组VACV病毒。这些荧光细胞系和重组病毒使我们能够利用活细胞显微镜跟踪病毒工厂的发展和重组病毒的生产。更具体地说，我们可以通过寻找mCherry-cro蛋白来追踪两个共同感染病毒之间的病毒重组。这种蛋白质的产生当然依赖于光学上看不见的重组反应来重建全长mCherry-cro基因。

我们都注意到，痘病毒复制和遗传重组之间存在着紧密的联系[10,11]，部分原因是痘病毒DNA聚合酶能够催化构成痘病毒重组反应基础的单链退火反应[12,13]。为了证明在这些重组位点也可以观察到病毒复制，我们可以使用最近开发的“点击化学”DNA标记方法来标记新合成的病毒DNA[14,15]。在这一章中，我们展示了5-乙炔基-2′-脱氧尿苷（5-ethynyl-2'-deoxyuridine, EdU）如何在病毒感染过程中的不同时间被细胞摄取，然后被用于DNA合成检测，其中也检测重组蛋白（mCherry）的产生。总的来说，本章概述的方法展示了应用于活细胞和固定细胞的相关荧光显微镜是如何用于反映痘病毒复制和重组之间的联系，以及这些过程在何处和何时是活跃的。

2 材　料

2.1 细胞培养

（1）BSC-40细胞（ATCC CRL-2761）。

（2）完全最低必需培养基（minimum essential medium, MEM）：MEM补充5%胎牛血清（fetal bovine serum, FBS），1%非必需氨基酸，1%丙酮酸钠。

（3）OPTI-MEM。

（4）Lipofectamine 2000™转染试剂。

（5）G418硫酸盐。

（6）15 mL 无菌离心管。

（7）无菌硅酮真空润滑脂。

2.2 重组质粒和病毒的产生

（1）λ 噬菌体 DNA。

（2）pEGFP-C1 和 pmCherry -C1 质粒。

（3）TOPO pCR 2.1 质粒。

（4）pTM3 质粒 [16]。

（5）Taq DNA 聚合酶。

（6）1.0% 琼脂糖凝胶溶于 1 × Tris-acetate buffer（TAE）中。

（7）QIAEX Ⅱ凝胶提取试剂盒。

（8）VACV（WR 株）（ATCC VR-1354）。

（9）重组 VACV 液体选择培养基：MEM 中添加 5% FBS、25 μg/mL 霉酚酸（mycophenolic acid, MPA）、15 μg / mL 次黄嘌呤和 250 μg/mL 黄嘌呤 。

（10）2 × 斑固体选择培养基：2 × MEM 中添加 10% FBS、50 μg/mL 霉酚酸（mycophenolic acid, MPA）、30 μg / mL 次黄嘌呤和 500 μg/mL 黄嘌呤 。

（11）1.7% 琼脂（Becton Dickinson 公司产品）溶于蒸馏水中。

2.3 活细胞及固定细胞成像

（1）无酚红 DMEM 中添加 10mmol/L HEPES、1% 非必需氨基酸和 5% FBS（见注释 1）。

（2）μ-Dish 35 mm，高壁，500 μm 格子相差培养皿。

（3）pH 值 7.2 的磷酸盐缓冲液（phosphate-buffered saline, PBS）。

（4）含有 4% 多聚甲醛的 PBS（pH 值 =7.2）。

（5）10 mmol/L 5- 乙基 -2′- 脱氧尿苷（5-ethynyl-2'-deoxyuridine, EdU）。

（6）点击化学反应液［100 mmol/L Tris pH 值 9.0，100 mmol/L 硫酸铜（Ⅱ），Alexa Fluor® 叠氮，100 mmol/L(+)- l- 抗坏血酸钠］（见注释 2）。

（7）100 mmol/L 甘氨酸和 0.1% Triton-X-100 在 PBS 中。

（8）1 mg/mL 4′,6- 二氨基 -2- 苯基吲哚（4',6-Diamidino-2-phenylinodole, DAPI）。

（9）基于甘油的抗淬灭封片剂。

（10）倒置盘共聚焦显微镜：奥林巴斯 IX-81 电动显微镜底座，横河 CSU X1 旋转盘共聚焦扫描头，油浸 Plan-Neofluar 40 ×，1.3 NA 物镜，单一 Hamamatsu EMCCD 用于图像采集。该显微镜配备了 1 个 44 mW 405nm 泵浦二极管激光器（用于蓝色染料，即 DAPI），1 个 50mW 491nm 泵浦二极管激光器（用于绿色染料，即 GFP），1 个 50mW 561nm 泵浦二极管激光器（用于红色染料，即 mCherry）以及 1 个 45 mW 642 nm 的泵浦二极管激光器（用于远红色染料，即 Alexa 647）。

（11）过滤器组：我们的系统装有两个可互换的过滤器轮，一个用于成像标准“固定”样本（DAPI，460/50；Cy5，690/50，用于在这些实验中检测 DNA 和 AF647 - 偶联的 EdU），另一个用于在“活”细胞实验中成像荧光蛋白（GFP，520/40；RFP，595/50，在本实验中用于检测 EGFP-cro 和 mCherry 的表达）。

（12）显微镜用活细胞培养系统：加热室，温度控制器，包括透镜加热器，CO_2 气体 / 气体混合器，湿度控制器。

（13）Volocity 6.3 成像采集软件（Perkin Elmer 公司产品）。

（14）FIJI 成像分析软件。

（15）蛋白封闭液：含 3% 牛血清白蛋白和 0.1%Tween-20 的 PBS。

3　方　法

3.1　重组 *Cro* 质粒的构建

3.1.1　融合表达 λ Cro-EGFP 报告细胞系的构建

（1）使用 λ 噬菌体 DNA 模板由高保真 PCR 扩增 λ *cro* 基因。2 个 PCR 引物（cro-*Hin*dⅢ-fwd 和 cro-*Bam*H Ⅰ-rev；使用典型的热循环条件（94℃条件下 30 s，56℃条件下 30 s，72℃条件下 30 s）扩增 *cro* 的起始密码子和终止密码子，共 30 个循环。

（2）将 DNA 克隆到 pCR2.1 中，用 *Hin*dⅢ 和 *Bam*H Ⅰ进行酶切消化，亚克隆到 pEGFP-C1（由 Clontech 提供）中。该质粒可产生 1 个编码融合到 EGFP 的 C- 端的 λ *cro* 蛋白（66 个氨基酸）。

表 14-1　用于构建 *cro* 重组质粒的引物 [a]

质粒	引物名称	序列（5′到 3′）
cro-pEGFPC1	cro-*Hind*III-fwd	AAGCTTGTATGGAACAACGCATAACCCTGAAAG
	cro-*Bam*HI-rev	GGATCCTATTATGCTGTTGTTTTTTTGTTACTCGGGA
pTM3-pE/L-mCherry(t)	*Xho*I-pE/L-mCherry-fwd	CGATCACTCTCGAGAAAAATTGAAATTTTATTTTTTTTTTTTGGAATATAAATGGTGAGCAAGGGCGAGG
	*Eco*RI-mCherry(t)-rev	CTAGCTGAGAATTCCTACTGCTTGATCTCGCCCTTC
pTM3-mCherry-cro	*Xho*I-mCherry- fwd	CGATCACTCTCGAGATGGTGAGCAAGGGCGAGG
	*Eco*RI-cro-rev	CTAGCTGAGAATTCTTATGCTGTTGTTTTTTTGTTAC

[a] 下划线标注的是引物中引入的限制性内切酶位点。

（3）用 *Mlu*I 酶线性化 1μg cro-pEGFPC1 质粒。用 QIAEX II 纯化试剂盒纯化除去盐和限制性内切酶。

（4）使用 Lipofectamine 2000™ 将线性化的 cro-pEGFPC1 质粒转染至 100 mm 皿的亚融合（约 70%）中 BSC-40 细胞。

（5）转染 24 h 后，用含 G418（2 mg/mL）的新鲜培养基替换转染培养基，直到可见菌落（见注释 3）。

（6）用克隆管分离出具有一致的绿色荧光核表达模式的单个细胞菌落（见注释 4）。

3.1.2 pTM3-pE/L-mCherry(t) 质粒的构建

（1）用 *Hind* Ⅲ和 *Bam*H I 酶切 cro-pEGFPC1 上的 *cro* 片段。也可以用这些限制性内切酶消化 pMcherry-C1 质粒（由 Clontech 提供）。

（2）凝胶电泳分离酶切产物，用凝胶提取试剂盒提取 DNA 片段。

（3）将分离的 *cro* 片段亚克隆到 pmCherry-C1 中，得到一个 *cro* 融合到 mCherryN - 末端的重组质粒（pmCherry-croC1）。

（4）用 mCherry-fwd 和 EcoRI-mCherry (t) 引物（见表 14-1）以及 pmCherry-C1（由 Clontech 提供）质粒 DNA 模板，通过典型的热循环条件（94℃条件下 30 s，56℃条件下 30 s，72℃条件下 30 s）扩增截短的 mCherry *Xho*Ⅰ-pE/L 片段，共 30 个循环。

（5）用 *Xho*Ⅰ和 *Eco*RI 酶切消化截断的 mCherry PCR 产物。

（6）用 *Xho*Ⅰ和 *Eco*RI 酶切消化 pTM3 质粒。

（7）在琼脂糖凝胶上纯化 PCR 产物和消化的质粒。

（8）将 PCR 产物与质粒连接形成 pTM3-pE/L-mCherry(t)。

3.1.3 pTM3-mCherry-cro 质粒的构建

（1）用 *Hind* Ⅲ和 *Bam*H I 酶切 cro-pEGFPC1 质粒得到 *cro* 片段。

（2）凝胶电泳分离 DNA，使用凝胶提取试剂盒纯化每个片段。

（3）将分离的 *cro* 片段克隆到 pmCherry-C1 中，构建 *cro* 与 mCherry 的 N- 末端融合的质粒 pmCherry-croC1。

（4）以 pmCherry-croC1 DNA 模板，用 *Xho*Ⅰ-mCherry-fwd 和 *Eco*RI-cro-rev 引物（见表 14-1）扩增无启动子的 mCherry-cro 片段，扩增条件为 94℃条件下 30 s，56℃条件下 30 s，72℃条件下 30 s，共 30 个循环。

（5）用 *Xho*Ⅰ和 *Eco*RI 酶切消化无启动子的 mCherry PCR 产物。

（6）用 *Xho*Ⅰ和 *Eco*RI 酶切消化 pTM3 质粒。

（7）在琼脂糖凝胶上纯化 PCR 产物和酶切消化的质粒。

（8）将 PCR 产物与质粒连接形成 pTM3-mCherry-cro。

3.2　感染 / 转染产生 VACV-pE/L-mCherry(t) 和 VACV- mCherry-cro 重组病毒

（1）用 VACV（WR 株）感染 BSC-40 细胞（60 mm 培养皿），在无血清 MEM 中以感染复数（multiplicity of infection, MOI）为 3 感染细胞 1 h。

（2）除去病毒接种物，用 OPTI-MEM 代替。

（3）感染后 2 h，用 Lipofectamine 2000™ 转染 2 μg 线性化质粒 DNA [pTM3-mCherry-cro 或 pTM3-pE/L-mCherry (t)]。

（4）感染 24 h 后，刮取感染细胞，进行 3 次冻融循环释放重组病毒。

（5）用含有麦考酚酸选择培养基的 MEM 选择表达 GPT 的重组 VACV（见注释 5）。

（6）通过 PCR 分析确认含有 mCherry-cro 或 pE/L-mCherry(t) 的重组 VACV 的纯度（见图 14-1）。

（7）培养然后通过蔗糖密度梯度离心纯化重组 VACV（见注释 6）。

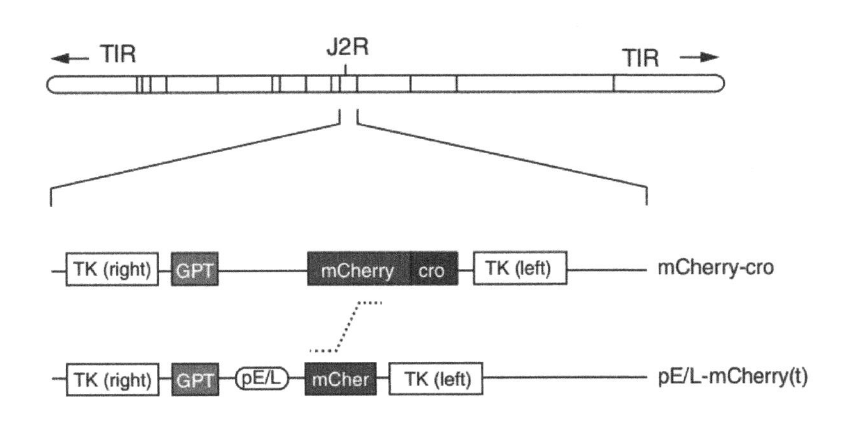

图 14-1　重组 VACV 毒株结构示意

在合成痘病毒早期 / 晚期（pE/L）启动子 [pE/L-mCherry(t)] 的控制下，构建无启动子全长 mCheery-cro 融合蛋白（mCherry-cro）截断的 mCherry 基因的重组 VACV。这些插入物还编码了一个 gpt 表达盒（gpt cassette, GPT），以便使用麦酚酸进行选择。这两个构造都被保存到 VACV J2R 位置。为简单起见，这些结构显示在传统的方向，但相对于病毒基因组插入片段实际上是反向的。与这两种病毒共同感染的细胞导致病毒重组后的 mCherry 表达。

3.3　VACV 感染时病毒重组的延时显微镜观察

3.3.1　感染 EGFP-cro BSC-40 细胞

（1）实验前 1 d，将 2.5×10^5 EGFP-cro BSC-40 细胞铺种于 35 mm 玻璃底皿中。

（2）第 2 d 在荧光显微镜下观察 EGFP-cro BSC40 细胞，以确保 EGFP-cro 信号是主要的核信号，细胞单层约 70% 融合。

（3）感染前，用含 10 mmol/L HEPES 的室温完全 MEM 替换培养基，并将细胞放置于 4 ℃下 30 min。在此期间，准备病毒接种。

（4）在 0.5 mL 含 10 mmol/L HEPES 的室温无血清 MEM 中，稀释 VACV- pE/L-mCherry(t) 和 VACV- mCherry-cro，使每个病毒的 MOI 为 2.5（总 MOI = 5）。

（5）向细胞中加入预冷的病毒接种物，同步感染细胞，然后让细胞回复到 4 ℃，持续 1 h。

（6）病毒结合 1 h 后，取出接种物，用冷却的 PBS 轻轻洗涤细胞 2 次。向平板中加入 2 mL 预热的 FluoroBrite™ DMEM，37 ℃孵育 1 h。

3.3.2 活细胞图像采集

（1）设置共焦显微镜进行活细胞成像。将镜头加热器绑在 40 × 物镜周围，用 5% 的 CO_2 流量流将活细胞室加热至 37℃。

（2）用 Parafilm™ 封口膜密封 35 mm 玻璃底皿，并将其放置在预热显微镜台上。对于油浸镜头，一定要使用额外的油，因为有些油会在长时间的成像实验中蒸发掉。进入试验室后，小心地取下 Parafilm™ 封口膜，并将盖子放在活细胞试验室中。

（3）使用显微镜目镜，使用 GFP 目镜滤镜快速找到表达 EGFP-cro 的 BSC-40 细胞。找到所需的细胞后，切换到荧光通道。将感兴趣的细胞置于视野的中心（或者如果发现多个细胞，则移动视野，以便成像 2~3 个细胞；见注释 7 和图 14-2）。

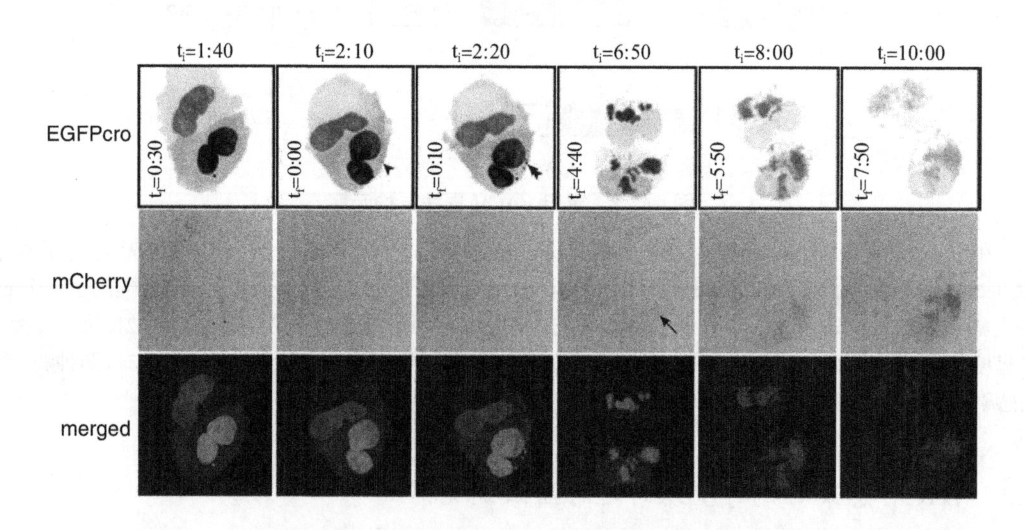

图 14-2 BSC-40 细胞中 VACV 重组的可视化

与 VACV-pE/L-mCherry(t) 和 VACV-mCherry-cro 病毒共同感染后 mCherry 表达的实时成像。这些图像显示了 VACV 感染的 EGFP-cro BSC-40 细胞，并在病毒感染后约 1h 40min 开始（t_i）。单箭头表示工厂组成（t_f）。双箭头跟踪两个病毒工厂碰撞的时间（t_f = 0: 10）。单箭头表示重组 mCherry-cro 蛋白的出现（t_i = 6: 50，t_f = 4: 40）。

（4）在成像软件中，在受感染的板上增加 8~10 个“点”。每个点代表不同的视野。使用成像软件中的 Z-stack 控制器，在要采集的第一个视场上设置中心点（Z=0 μm）。使用 Z-stack 控制器，设置视场的顶部和底部点（见注释 8）。

（5）要使每个视场的“零点”居中，将第一个成像点居中到 Z=0 μm。对于每个后续视场，将 Z-stack 光标拖动到所需的中心点。这将获得每个视场的图像，且 Z=0 μm 上下具有相同数量的 Z-stack。

（6）在成像软件的“图像采集”（image acquisition）功能中，设置采集顺序，从红色共焦通道开始，然后是绿色共焦通道。为了有助于图像采集速度和样本保护，在切换到第二个激光通道之前，采集通道 1 的 Z-stack 中的所有图像。

（7）每小时采集 12 个时间点（每 5 min），每个图像点采集 121 个时间点（10 h）。Z 叠加间隔可以在 0.5 ~1.0 μm（见注释 9）。

（8）检查完所有设置后，点击“开始”（Start）按钮，观察图像采集的第一个 5 min 间隔。确保在 5 min 间隔结束前完成所有视场的获取（见注释 10）。

3.3.3　重组位点新合成的 DNA 检测

为了研究 VACV 重组位点的复制，可以用 5- 乙炔 -2′- 脱氧尿苷（5-ethynyl-2′-deoxyuridine, EdU）[17] 脉冲处理细胞。EdU 是胸腺嘧啶的类似物，含有烷基而不是甲基[14]。利用铜催化的点击化学反应，荧光标签可以共价连接到这些烷基上，然后荧光标记新复制的 DNA。与传统的 BrdU 标记相比，EdU 具有多个优点：与点击化学相关的小分子导致更大的组织穿透，点击反应迅速，而且不需要变性 DNA 来连接荧光探针。以下部分概述了如何在与 VACV-pE/L-mCherry(t) 和 VACV- mCherry-cro 共感染后，在重组位点可视化新合成的 VACV DNA；在感染后约 6 h 将 EdU 脉冲灌注（见本章标题 3.3.2）。获取图像后，细胞被固定，点击化学反应可将 Alexa Fluor-647 与 EdU 结合。这导致新合成的 DNA 的可视化，并且该信号可以与 mCherry 在病毒重组后的表达位置相一致（见图 14–3）。

（1）对于相关的活细胞实验，记录每个点所在的网格盘中的象限，以促进活细胞成像和固定细胞成像之间的相关性。

（2）取下 35 mm 网格化玻璃底皿的盖子，在开口上放上一层 Parafilm™ 封口膜，使培养皿的密封较松。这个 Parafilm™ 封口膜盖子在后续步骤中对皿的干扰最小。

（3）成像通道的捕获与前一节类似。红色共焦通道先于绿色共焦通道被捕获。但是，DIC 通道也应该用于捕获参考图像点。通常情况下，参考图像是在堆栈的中间被捕获的，并有助于活细胞成像和固定细胞成像之间的相关性。

（4）设置显微镜每 10 min 拍摄 1 次，直到感染后 6 h。6 h 后，每隔 5 min 捕捉 1 次图像，以便观察重组过程（见注释 11）。

（5）在拍摄图像后约 4 h（对应于感染后 6 h），小心地将皿盖顶端一级孵化器系统移开并直接将大约 2 μL 10 mmol/L EdU 溶液添加到细胞培养皿中。

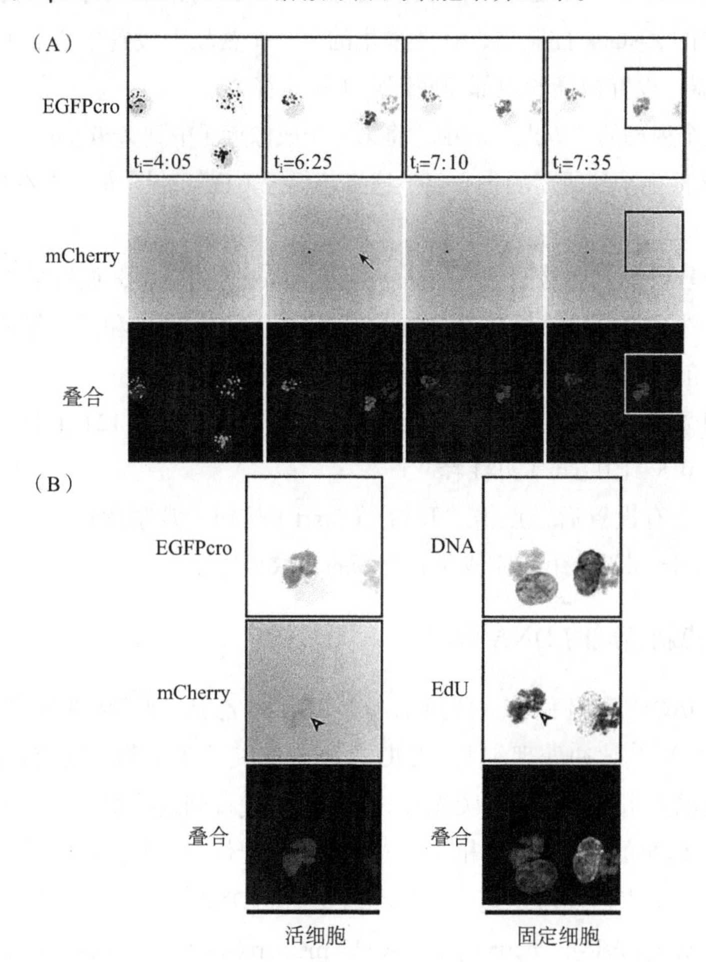

图 14-3　在病毒重组位点的新合成的 DNA 的检测

(A)细胞延时显微镜显示重组 mCherry 蛋白在与 VACV-pE/L-mCherry(t) 和 VACV-mCherry-cro 病毒共感染后的外观。这些图像显示了 VACV 感染的 EGFP-cro BSC-40 细胞，并在感染后约 4h 5min 开始生长(t_i)。在 t_i= 6:00，10 μmol/L EdU 添加到感染细胞，进一步获得图像直到 mCherry 表达检测到 t_i=7:35。单箭头表示重组 mCherry-cro 蛋白的首次出现(t_i= 6:25)。(B)相关显微镜显示重组 mCherry 表达位点附近新合成的 DNA。细胞固定后，点击化学将 Alexa Fluor 647 与合并的 EdU 结合，并在这些图像中显示为磁色结构。DAPI(青色)被用来染色其余的 DNA。(A)图中显示的活细胞图像(方框)在(B)图中放大，分别在 EdU 荧光标记之前(左侧)和之后(右侧)。

(6)再获取图像 1~2 h(见本章标题 3.3.2)，直到首次检测到 mCherry 表达。

(7)将活细胞组织培养皿从显微镜下取出，在 4℃条件下立即将细胞固定在 PFA 中至少 30 min(见注释 12)。

(8)用含 100 mmol/L 甘氨酸的 0.1% Triton X-100 1 × PBS 对细胞进行渗透和淬灭游离醛，室温 20 min。

（9）用洗涤缓冲液洗涤细胞 3 次，在室温条件下，在点击化学反应（制备方法见表 14-2）中孵育细胞 30 min，避光（见注释 13）。

（10）删除点击化学反应。如果需要额外的染色（见注释 14），继续进行抗体和 DNA 标记；但是，现在已可以进行 EdU 的可视化。

（11）用洗涤缓冲液洗涤细胞 3 次。

（12）在暗盒中对所有的 DNA 进行 DAPI（1 μg/mL）室温染色 10 min。

（13）用洗涤缓冲液洗涤细胞 3 次，根据需要安装盖玻片。

表 14-2 点击化学反应液的制备（每个反应 500 μL）

反应液成分	体积（μL）
100 mmol/L Tris pH 值 9.0	430
100 mmol/L 硫酸铜	20
Alexa Fluor® azide	1.2
100 mmol/L 抗坏血酸钠	50

3.4 数据分析

3.4.1 活细胞显微镜分析

（1）将图像分析软件中的每个图像平面（即 Volocity；Perkin Elmer 公司产品）展平，以便在整个图像序列中连续地查看受感染的细胞。

（2）打开 FIJI 的平面成像数据（见注释 15）。使用"时间戳（Time Stamper）"（Image → Stacks → Time Stamper）功能将时间添加到图像序列中。在第一张图片上以 h: min 为单位设置时间，使其与感染的大致时间相对应（见注释 16）。

（3）此时使用"另存为（Save As）→ AVI"将图像另存为合并的多声道视频。

（4）要从完整的图像数据中提取串行时间点，请使用"另存为（Save As）→图像序列（Image Sequence）"。

（5）要单独保存通道，请将图像数据拆分为单独的通道［图像（Image）→颜色（Color）→拆分通道（Split Channels）］，并按步骤（3）和步骤（4）中的说明保存文件。

（6）用 Adobe Photoshop 为保存的图像添加注释、箭头等（见图 14-2）。

（7）使用 Camtasia 软件（TechSmith），通过使用独立频道视频和复合视频工具创建多面板视频。这些可以通过 Camtasia 软件与排列、注释、标记箭头并排放置在一起。

3.4.2 固定细胞的显微镜分析

（1）使用 Volocity 合并固定单元图像的平面以获取投影（平铺）图像。

（2）将合并后的图像导入 FIJI 中，添加比例尺并选择合适的图像颜色。

（3）使用 Adobe Photoshop（或类似软件）调整图像方向，使其与活细胞图像采集过程中获取的延时图像对齐（见图 14–3）。

4 注 释

（1）避光，在 4℃下可存放数月。

（2）在点击化学反应使用前，补充 L- 抗坏血酸钠。

（3）一般情况下，G418 加压筛选后，对照组 BSC-40 细胞大约需要 4 d 才能死亡。

（4）无论何时从液氮中提取一小瓶表达 EGFP-cro 的 BSC-40 细胞，都要确认其核绿色荧光表达的均匀性。我们观察到在培养物中 EGFP-cro 表达的丢失，如果发生这种情况，我们建议在 G418 中重新筛选细胞。

（5）在我们的实验室中，我们通常在含有 MPA 的 MEM 中进行两轮液体筛选，然后在含有 MPA 和 1.7% 的惰性琼脂的 MEM 中进行至少 3 轮液体筛选，筛选表达重组 GPT 的 VACV。

（6）重要的是，重组 VACV 库存必须通过蔗糖缓冲液进行超离心法纯化，以用于后续的活体细胞显微镜实验。在我们的实验室中，我们使用了以前描述过的痘病毒纯化方案[18,19]。

（7）单元格不应该太靠近视场的边缘，因为它们会随着时间移动。如果想确认病毒重组的位点是否包含新合成的 DNA，那么注意每个点所在的网格状盖玻片上的象限都是很重要的。这是必要的，以便可以在点击化学反应进行后找到你的点。

（8）在每个点的 Z-stack 的顶部和底部添加额外的空间，因为在成像实验期间，细胞将向上和 / 或向下移动。

（9）更小的 Z-stack 间隔会导致更大的数据文件，更长的采集时间，更多的光漂白，并减少在 5 min 间隔内可以获得的点的数量。

（10）注意图像采集的开始时间与开始感染的时间相关。这对未来的数据分析很重要。一般情况下，我们在病毒结合的 BSC-40 细胞中加入温培养基 1~2 h 后开始图像采集。

（11）在活细胞实验中，在图像捕捉之间的 10 min 间隔期间，将 EdU 添加到培养皿中。这些 10 min 的间隔是为了提供足够的时间将 EdU 添加到培养皿中，并在图像采集的最初 4 h 内，如果出现任何偏移，则重新调整 Z 平面。

（12）为每个实验准备新鲜的 PFA。

（13）按照列出的顺序添加成分非常重要，并确保在 15 min 内使用溶液。商业上可用的 EdU 标记包也可以从几个商业供应商（如 Thermo Fisher Scientific 公司）处获得。

（14）如果需要额外的抗体染色，在室温下将细胞在 3% BSA 中封闭 20 min，然后进行抗体染色。

（15）FIJI 软件处理图像后，可获取许多不同的文件来源类型的图像。

（16）如果您在病毒感染后约 2 h 开始图像采集，则将时间设置为时间戳（Time Stamper）中的 2:00。

致　谢

本研究得到了自然科学与工程研究委员会（Nature Sciences and Engineering Research Council, NSERC）的资助。Quinten Kieser 和 Patrick Paszkowski 都获得了阿尔伯塔省伊丽莎白女王二世的研究生奖学金。Quinten Kieser 还获得了 NSERC 夏季学生研究奖。我们要感谢 Megan Desaulniers 对本书稿的审校，感谢阿尔伯塔大学医学和牙科学院的 Greg Plummer 对细胞成像核心设施的出色的技术支持。

参考文献

[1] Moss B. 1991. Vaccinia virus: a tool for research and vaccine development. Science, 252(5013):1662–1667.

[2] Carroll MW, Moss B. 1997. Poxviruses as expression vectors. Curr Opin Biotechnol, 8(5):573-577. S0958–1669(97)80031–6.

[3] Sanchez-Sampedro L, Perdiguero B, Mejias-Perez E, Garcia-Arriaza J, Di Pilato M, Esteban M. 2015. The evolution of poxvirus vaccines. Viruses, 7(4):1726–1803. https://doi.org/10.3390/v7041726.

[4] Katsafanas GC, Moss B. 2007. Colocalization of transcription and translation within cytoplasmic poxvirus factories coordinates viral expression and subjugates host functions. Cell Host Microbe, 2(4):221–228. S1931–3128(07)00215–6.

[5] Mallardo M, Leithe E, Schleich S, Roos N, Doglio L, Krijnse Locker J. 2002. Relationship between vaccinia virus intracellular cores, early mRNAs, and DNA replication sites. J Virol, 76(10):5167–5183.

[6] Lin YC, Evans DH. 2010. Vaccinia virus particles mix inefficiently, and in a way that would restrict viral recombination, in coinfected cells. J Virol, 84(5):2432–2443. https://doi.org/10.1128/JVI.01998–09.

[7] Tolonen N, Doglio L, Schleich S, Krijnse Locker J. 2001. Vaccinia virus DNA replication occurs in endoplasmic reticulum-enclosed cytoplasmic mini-nuclei. Mol Biol Cell, 12(7):2031–2046.

[8] Paszkowski P, Noyce RS, Evans DH. 2016. Live-cell imaging of vaccinia virus recombination. PLoS Pathog, 12(8):e1005824. https:// doi.org/10.1371/jouRNAl.ppat.1005824.

[9] Ptashne M, Jeffrey A, Johnson AD, Maurer R, Meyer BJ, Pabo CO et al. 1980. How the lambda repressor and cro work. Cell, 19(1):1–11.

[10] Evans DH, Stuart D, McFadden G. 1988. High levels of genetic recombination among cotransfected plasmid DNAs in poxvirus-infected mammalian cells. J Virol, 62(2):367–375.

[11] Merchlinsky M. 1989. Intramolecular homologous recombination in cells infected with temperature-sensitive mutants of vaccinia virus. J Virol, 63(5):2030–2035.

[12] Gammon DB, Evans DH. 2009. The 3′-to-5′exonuclease activity of vaccinia virus DNA polymerase is essential and plays a role in promoting virus genetic recombination. J Virol, 83(9):4236–4250. https://doi. org/10.1128/JVI.02255-08.

[13] Willer DO, Mann MJ, Zhang W, Evans DH. 1999. Vaccinia virus DNA polymerase promotes DNA pairing and strand-transfer reactions. Virology, 257(2):511–523.

[14] Salic A, Mitchison TJ. 2008. A chemical method for fast and sensitive detection of DNA synthesis in vivo. Proc Natl Acad Sci USA, 105(7):2415–2420. https://doi. org/10.1073/pnas.0712168105.

[15] Darzynkiewicz Z, Traganos F, Zhao H, Halicka HD, Li J. 2011. Cytometry of DNA replication and RNA synthesis: historical perspective and recent advances based on “click chemistry”. Cytometry A, 79(5):328–337.https:// doi.org/10.1002/cyto.a.21048.

[16] Moss B, Elroy-Stein O, Mizukami T, Alexander WA, Fuerst TR. 1990. Product review. New mammalian expression vectors. Nature, 348(6296):91–92. https://doi. org/10.1038/348091a0.

[17] Wang IH, Suomalainen M, Andriasyan V, Kilcher S, Mercer J, Neef A et al. 2013. Tracking viral genomes in host cells at single-molecule resolution. Cell Host Microbe, 14(4):468–480. https://doi.org/10.1016/j. chom.2013.09.004.

[18] Smallwood SE, Rahman MM, Smith DW, McFadden G. 2010. Myxoma virus: propagation, purification, quantification, and storage. Curr Protoc Microbiol, Chapter 14:Unit 14A 11. https://doi.org/10.1002/9780471729259. mc14a01s17.

[19] Earl PL, Moss B. 1998. Current protocols in molecular biology. John Wiley and Sons, Brooklyn, NY.

第十五章　痘苗病毒形成噬斑的高含量分析

Artur Yakimovich，Jason Mercer

摘　要：痘苗病毒噬斑测定法是通过对单层细胞进行病毒的连续稀释来定量测定病毒滴度的。一旦病毒滴度被稀释到只允许单层细胞被感染的程度，就可以通过观察单层细胞的病变或使用病毒特异性染色方法来检测感染的克隆传播。除简单的滴定外，噬斑的形成还揭示了病毒与宿主之间微妙的相互作用及其对病毒在多轮感染中传播的影响这一无价的潜在信息。这些因素包括病毒传染性、病毒传播方式、病毒复制率和时空传播效能。这里讨论了如何使用高含量成像设置来利用这些基础信息。

关键词：痘苗；病毒噬斑实验；病毒传播；高含量成像

1　前　言

噬斑实验是病毒学中发展最早的定量方法之一。该方法最初是为噬菌体开发的，1953年 Renato Dulbecco 将其应用于哺乳动物病毒 [1,2]。在培养皿中培养的生产细胞单层中，病毒首先通过感染单层的少数细胞而形成斑块。这些最初感染的细胞复制并通过细胞间传播 [3,4]，或以溶解或非溶解的方式无细胞传播 [5-7]，最终在单层细胞内形成感染细胞的克隆群。最终，细胞病变、受感染的细胞迁移 [8] 以及细胞裂解 [5] 在培养的细胞单层中形成损伤，损伤的细胞就会形成一个空斑，称为噬斑。有时可用肉眼看到噬斑，但更常见的是用结晶紫固定和染色细胞单层进行噬斑的观察。噬斑的数量直接对应于病毒接种物中完全感染性噬斑形成单位（plaque-forming units, PFUs）的数量。

从更广泛的意义上说，病毒噬斑可以指示噬斑形成的终点，也可以指示可区分的受感染细胞克隆群。后者可以用表达荧光转基因或免疫细胞化学的病毒结合受感染单层的荧光显微镜来观察 [5,9,10]。虽然大多数复制能力强的病毒在良好的条件下形成噬斑，但噬斑形成的机制因病毒传播方式、感染时间、宿主细胞和培养基的状态等而不同 [11]。

在这种复杂性的后果中，病毒噬斑的大小和形状往往不同，并带有宿主 – 病原体相互作用的痕迹 [5,9-11]。在液体培养基中，通过细胞 – 细胞接触传播的病毒形成圆形噬斑，而病毒的无细胞传播导致噬斑通常被拉长（彗星状），结果无细胞病毒颗粒在液体培养基中被动转移[5,11]。向培养基中加入低熔点琼脂糖、羧甲基纤维素[12]或其他胶凝剂可防止彗星状斑块的形成。然而，这可能掩盖了宿主－病原体在这些表型中表现出的重要相互作用，包括无细胞病毒从最初感染的细胞中逃逸的数量、无细胞病毒的感染性、细胞－细胞与无细胞传播的关系等[10,11,13]。用计算机视觉定量分析结合基于模型的流体动力学分析来解开病毒噬斑的复杂形状是可能的，而不是人工阻止这些表型的发生。为了了解病毒传播动态，这种方法可以进一步与活细胞延时成像和细胞跟踪相结合[10,11,14,15]。

利用细胞－细胞和无细胞机制的组合，VACV 通过单层细胞传播。细胞－细胞扩散是由细胞相关的包膜病毒粒子（cell-associated enveloped virions, CEVs）介导的，细胞－细胞扩散后，这些包膜病毒粒子仍与细胞表面有一定的联系。无细胞传播由细胞外包膜病毒粒子（extracellular enveloped virions, EEVs）引导，当 CEVs 从受感染的细胞表面释放时形成[10,16,17]。细胞裂解后释放的细胞内成熟病毒粒子（intracellular mature virions, IMVs）也可介导无细胞 VACV 的传播。此外，VACV 噬斑的形成还受到 CEVs 产生率[16,18,19]、肌动蛋白尾巴的形成[16,20-24]、病毒诱导的细胞运动[8,25]和重复感染排斥[9,26]的影响。鉴于这种复杂性，经典的噬斑分析产生有限的有关特定的噬斑表型机制信息。高含量的功能（如荧光显微法）和基于显微镜无标记（例如，相差显微镜检查）噬斑检测，反过来，可以揭示传播方式（信息或颗粒、溶解性或 pre-lytic[10,13]），感染阶段（早期或晚期 VACV 推销商转基因[27]），宿主细胞状态的相关信息，或单层动力学采用延时显微[9]。这种易于量化的成像数据可以测量斑块的特征，如信号强度、大小、形状、方向性和生长动态，这些特征可以与重要的生物学定义宿主－病原体相互作用相关。在本章中，我们将描述如何在活细胞条件下以高含量的方式建立、执行和分析 VACV 斑块的形成。

2 材　料

2.1 终点高含量噬斑分析

（1）视规模而定：96 孔或 384 孔成像级微滴定板（见注释 1~ 注释 3）。

（2）组织培养细胞（见注释 4）。

（3）培养基：杜尔贝科基本培养基（Dulbecco's minimum essential medium, DMEM），含有体积比 10% 的胎牛血清（fetal calf serum, FCS）（见注释 5）。

（4）磷酸盐缓冲液（phosphate-buffered saline, PBS）。

（5）0.25% 胰蛋白酶 /EDTA 溶液。

（6）野生型 VACV 储液（见注释 6）。

（7）感染培养基：无添加的 DMEM。

（8）固定液：含质量体积比 4% 多聚甲醛（paraformaldehyde, PFA）PBS 溶液。

（9）淬灭缓冲液：含 50 mmol/L NH_4Cl 的 PBS。

（10）细胞渗透溶液：含 0.1% Triton® X-100 的 PBS 溶液。

（11）封闭缓冲液：含 5% 牛血清白蛋白（bovine serum albumin, BSA）的 PBS。

（12）Hoechst 33342 核染料和其他染料（见注释 7）。

（13）抗病毒蛋白一抗，用含 5% BSA 的 PBS 稀释至适当浓度。

（14）偶联荧光染料（如 Alexa488）的二抗，用于识别一抗的种类。

2.2　延时高含量噬斑分析

（1）视规模而定：96 孔或 384 孔成像级微滴定板（见注释 1~ 注释 3）。

（2）组织培养细胞（见注释 4）。

（3）培养基：杜尔贝科基本培养基（Dulbecco's minimum essential medium, DMEM），含有体积比 10% 的胎牛血清（fetal calf serum, FCS）（见注释 5）。

（4）感染培养基：无添加的 DMEM。

（5）实时成像培养基（见注释 8）。

（6）磷酸盐缓冲液（phosphate-buffered saline, PBS）。

（7）0.25% 胰蛋白酶 / EDTA。

（8）荧光重组 VACV 病毒原液（见注释 9）。

（9）用于湿度控制的去离子水。

3　方　法

3.1　高含量噬斑检测成像

（1）将融合指示细胞培养皿移至层流安全柜中。

（2）用 PBS 洗涤细胞。

（3）在 0.25% 胰蛋白酶 /EDTA 中 37℃孵育 3~5 min，分离细胞。

（4）使用自动细胞计数器或手动细胞计数板计数细胞。

（5）用多通道移液管容器中的细胞培养基将细胞悬液稀释至所需浓度（见注释 10）。

（6）用自动或手动多通道移液管（见注释 11）将细胞重悬于贮液池中，并按所需的体积将其滴入微量滴定板中。

（7）为了保证细胞在整个生长表面的均匀分布，在将细胞移入培养箱之前，细胞在室温下静置 20~40 min。

（8）在 37℃的湿化细胞培养箱中培养过夜。

（9）细胞接种后 1 d，用倒置透射光显微镜验证均匀单层的形成。

（10）准备温病毒原液和感染培养基至 37℃（见注释 12）。

（11）如果需要在接种前进行连续稀释，则按图 15-1a 所示进行，或按图 15-1b 和步骤（12）所示直接在平板中进行病毒接种的连续稀释（见注释 13 和注释 14）。

（12）使用多室储层对平板进行连续稀释时，在储层中加入适量的新鲜侵染培养基，确保多板孔中的培养基体积符合所需的稀释倍数（见图 15-1a、15-1b 和注释 13）。

（13）将第一步稀释液指定为第一个稀释度（例如，图 15-1b 中管 1），在板孔组中使用多通道移液枪进行梯度稀释。

（14）在管中吸打混匀添加的接种病毒物与培养基 3 次。

（15）换掉移液枪的枪头（见注释 14）。

（16）从第一步管中使用多通道移液管将适当稀释倍数的液体量转移到下一管中，依此类推（见注释 15 和注释 16 以及图 15-1b）。

（17）在 37℃或其他实验条件要求的温度下培养至所需时间。

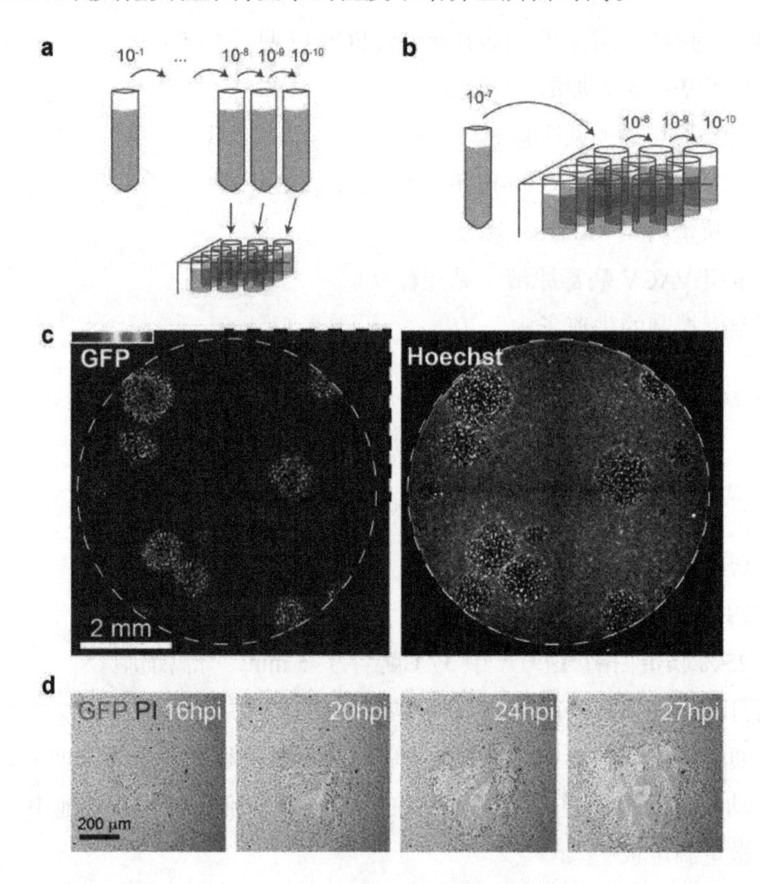

图 15-1　高含量 VACV 噬斑实验原理

a. 接种前连续预稀释到平板的示意图。b. 直接在平板上进行连续稀释的示意图。c. 使用 VACV WR E/L EGFP 病毒作为终点检测的高含量荧光显微镜下噬斑实验（Plaque2.0）的典型例子。在左侧，图像显示病毒 EGFP 信号强度是颜色编码的紫色（最小值）到红色（最大值）。在右侧，图像显示了来自单层核的 Hoechst 信号。d. 在活细胞成像装置中进行的高含量荧光显微镜下噬斑实验的典型图像。合并后的透射光、碘化丙啶（PI，红色）和 VACV IHD-J E/L EGFP（GFP，绿色）信号的静止帧以时间依赖的方式排列，显示了不断增长的 VACV 噬斑的动态。PI 信号用于指示单层细胞死亡。时间点以感染后的小时数（hour postinfection, hpi）表示。

（18）对于终点成像，进行步骤（19）。对于延时成像，请转到本章标题 3.2。

（19）培养 12~24 h 后，除去培养基，加入固定液固定平板（见注释 17）。

（20）在室温条件下在实验台上孵育 30~60 min（见注释 18）。

（21）用 PBS 洗涤细胞 3 ×。

（22）在淬灭溶液中孵育细胞 5 min，室温。

（23）在渗透溶液中孵育细胞 10 min（见注释 19），室温。

（24）将细胞置于封闭缓冲液中孵育 30~60 min，室温。

（25）根据各自的染色方案，用一抗和二抗对样品进行染色。

（26）使用 Hoechst 或其他核染料对宿主细胞核染色（见注释 7）。

（27）使用自动高含量显微镜对培养板进行染色后成像。为此，选择适当的放大倍数和视野数量、所需的孔以及显微镜设置中的荧光通道（见注释 20）。

（28）以自动方式获取和存储图像数据，并在获取后导出图像（见注释 21 和图 15–1c）。

（29）一旦获取并以“TIF”格式导出，将图像数据移动到需要的存储位置，以便 Plaque2.0 软件进行分析。

3.2　延时高含量噬斑分析

（1）尽可能确保必要的培养参数（所需的温度、CO_2 和湿度）稳定，并在成像前至少 1 h 在显微镜下打开。

（2）从本章标题 3.1 中的步骤（17）开始，立即或在一段时间后使用自动高含量显微镜对活细胞平板成像（见注释 20、注释 22、注释 23 和图 15–1d）。

（3）在所需的孵育期（通常为 24 h）后，固定细胞进行额外的终点分析，进行本章标题 3.1 中的步骤（19），或根据已建立的安全方案处理病毒感染的细胞。

（4）将每个文件夹的单个时间点（单个时间点包含多个视场位置）图像导出并存储，其中每个位置和通道存储为单独的“TIF”文件（见注释 24）。

3.3　使用 Plaque 2.0 进行高含量噬斑分析

（1）从网站 http://plaque2.github.io/ 下载 Plaque2.0。

（2）下载完成后，请按照网站上的安装说明进行安装（见注释 25）。

（3）安装完成后，启动软件，根据数据位置和分析结果的首选位置以及名称设置“主要参数（Main Parameters）”（见图 15–2）。

（4）如果在每个孔几个位置（视场）的平铺采集中获得了完整的孔图，则需要对图像平铺进行拼接。要进行图像拼接，请选中“拼接（Stitch）”窗格旁边的方框，并设置相应的参数（见图 15–2a 和表 15–1）。

（5）使用“测试设置（Test Settings）”按钮，确保参数设置正确。在运行分析其余部分之前运行此模块可能是有意义的。

（6）如果在图像的方形视场中存在缝外的孔壁区域（圆形孔），为了提高分析的精度，可以对图像的此部分进行掩蔽。为此，激活“掩码（Mask）”窗格中的复选框并设置掩码（Mask）参数（见图 15-2b 和表 15-1）。

a

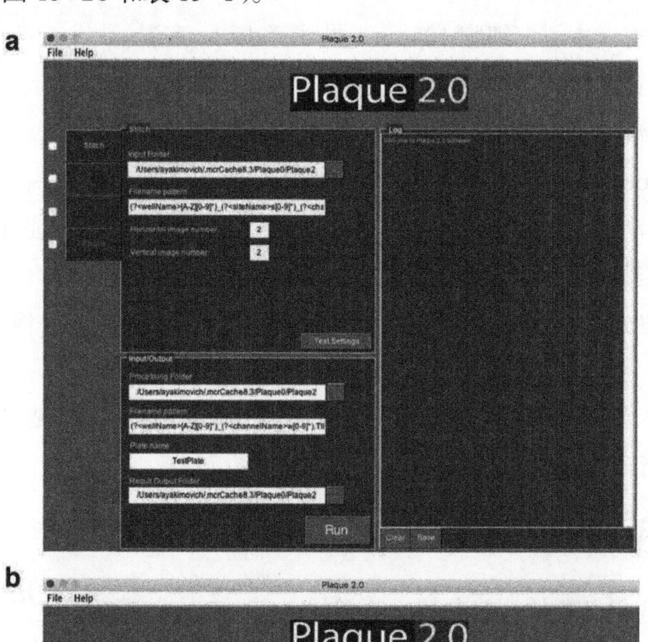

b

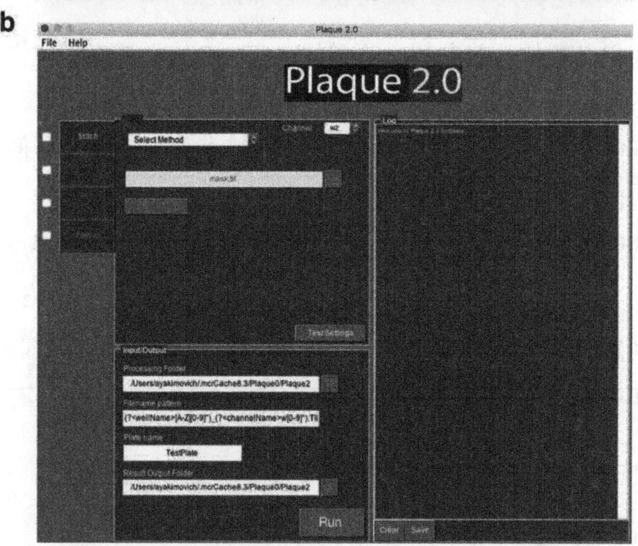

图 15-2　Plaque2.0 软件界面视图，显示主窗口和各自的激活窗格

a.“拼接（Stitch）”窗格中用户定义参数的视图。b.“掩码（Mask）”窗格内的用户定义参数的视图。

（7）使用“测试设置（Test Settings）”按钮，确保参数设置正确。

（8）如果在检测中使用核染色来显示孔中细胞总数，激活“单层（Monolayer）”窗格，并在相应的窗口中设置核检测参数（包括阈值策略等）（见图 15-3a 和表 15-1）。

（9）使用“测试设置（Test Settings）”按钮，确保参数设置正确。

（10）要检测 HCI 数据中的 VACV 噬斑，请激活“噬斑（plaque）”窗格。设置相关参数，包括斑块信号阈值（见图 15-3b、表 15-1；注释 26）。

（11）在开始分析之前使用“测试设置（Test Settings）”按钮，以确保参数设置正确。

（12）一旦参数设置和测试，按“运行（Run）”按钮运行整个文件夹的图像分析。完成后，结果将以逗号分隔值（CSV）文件的形式保存在选定的文件夹中。

（13）对于延时采集数据，在每个文件夹中包含单个时间点数据的每个文件夹上重复分析，见本章标题 3.2 中的步骤（4）。

（14）分析之后，定位由两个 CSV 文件组成的结果。第一个 CSV 文件包含与基于图像的功能读出相关的数据（即噬斑数量、单层细胞数量；有关基于映像的特性的完整列表及其详细说明，请参见表 15-2）。第二个 CSV 文件包含单独的基于噬斑的特性（即噬斑大小及形状；噬斑中感染细胞的数量；读出的有关基于每个噬斑的特征完整列表及其详细说明，请参见表 15-2）。

（15）使用噬斑对象的坐标将其关联起来（见注释 24）。

表 15-1　Plaque2.0 软件中所有用户定义参数的详解

参数	描述
主要参数（输入 / 输出）*Main parameters (input/output)*	
处理文件夹 Processing folder	用于表示不需要拼接或已由“拼接（Stitch）”模块处理的显微图像的位置
文件名模式 Filename pattern	此输入定义正则表达式（RegEx），用于解析来自图像文件名（孔行、孔列、通道）的元数据。元数据将用于制定读数
培养板名称 Plate name	该输入为分析当前培养板定义了一个名称。参数用作输出文件的前缀
结果输出文件夹 Result output folder	定义输出文件的位置
拼接窗口 *Stitch window*	
输入文件夹 Input folder	用于指示由该模块拼接的显微图像的位置
文件名模式 Filename pattern	此输入定义了 RegEx，用于解析图像文件名中的元数据（孔行、孔列、通道、站点）
水平图像数量，垂直图像量数 Horizontal image number, vertical image number	该输入指定了在水平和垂直方向进行全孔拼接的孔位数量
掩码窗口 *Mask window*	
加载自定义掩码 Load custom mask	如果选择了此掩码定义方法，则将从输入路径提供的文件加载孔掩码
手动掩码定义 Manual mask definition	如果选择手动掩码定义方法，“定义掩码（Define Mask）”按钮将被启用。按下后一个按钮，就会打开一个新窗口，用户可以在其中指定板孔的掩码。这是通过拖动从“处理文件夹（Processing Folder）”中第一个拼接图像的椭圆轮廓来完成的。然后双击图像，将确定的掩码保存在当前工作文件夹中

（续表）

参数	描述
自动掩码定义 Automatic mask definition	如果选择了此掩码定义方法，则使用“处理文件夹（Processing Folder）”中的第一个缝合图像自动确定掩码
单层窗 *Monolayer window*	
伪影阈值 Artifact threshold	该设置定义了一个用于过滤非常亮的成像伪影的上阈值（灰度值在 0 和 1 之间）
手动赋予阈值 Manual thresholding	如果选择该方法进行阈值化，则将使用手动用户定义的值来执行前景分割
大津全局阈值法 Otsu global thresholding	选择此方法将执行基于大津全局阈值的前景像素自动分割
大津局部阈值法 Otsu local thresholding	选择此方法将自动执行基于大津局部阈值的前景像素分割。图像被分割成更小的块。对每个块分别执行大津阈值，允许使用局部阈值
阈值 Threshold	此值指定手动阈值（在 0~1 定义）
块大小 Block size	该输入提供一个正方形块边［像素（pixels）］的大小（一维），用于“大津局部阈值（Otsu local thresholding）”方法。注意，图像的宽度或高度应该能被“块大小”（block size）整除
最小阈值 minimal threshold	此值（0~1）定义了“大津全局阈值”可能设置的最低阈值
校正系数 Correction factor	可以定义一个阈值校正系数（在 0~1 为减少，大于 1 为增加）来微调“大津全局阈值化”的结果
最小 / 最大细胞区域 min/max cell area	这些值用于计算单元数，指定最小和最大核面积
修正“球（ball）”半径 Correction “ball” radius	如果使用，此值提供了一个半径，即所谓的滚动球，用于“滚动球（Rolling Ball）”算法的光照校正。半径应该比图像中典型物体的尺寸小
噬斑窗口 *Plaque window*	
固定阈值 Fixed threshold	这个值（0~1）为病毒图像前景检测定义了一个固定的手动阈值
最小噬斑面积 minimal plaque area	被检测到的物体的最小面积被指定为噬斑
连接 Connectivity	该输入定义了最大距离噬斑区域（像素）
最小 / 最大细胞区域 min/max cell area	此值定义病毒信号图像中用于计算细胞数的最小和最大细胞面积。此参数仅在禁用基于核分割的细胞数估计时使用
高斯滤波器的尺寸 Gaussian filter size	该输入定义了用于病毒图像卷积（像素）的“模糊钟形”（高斯滤波器）。用于检测噬斑
高斯滤波器 sigma Gaussian filter sigma	定义了病毒图像卷积的“模糊钟形”（高斯滤波器的标准偏差）的宽度。与前面的参数一起用于检测噬斑
峰值区域大小 Peak region size	该输入以像素为单位定义噬斑区域的大小（最大值）。假设每个噬斑只能检测到一个最大强度

参数列表示软件中的参数名称；描述软件表示具体参数的详细信息；节标题对应于窗格的相应名称。

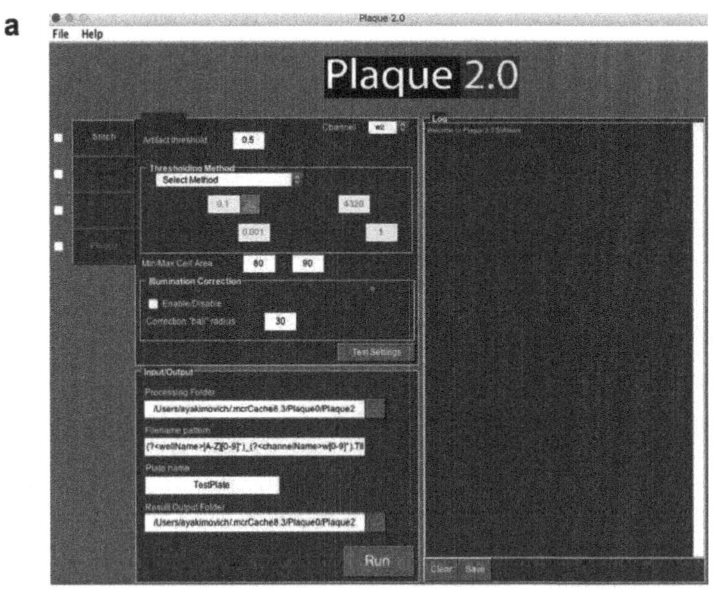

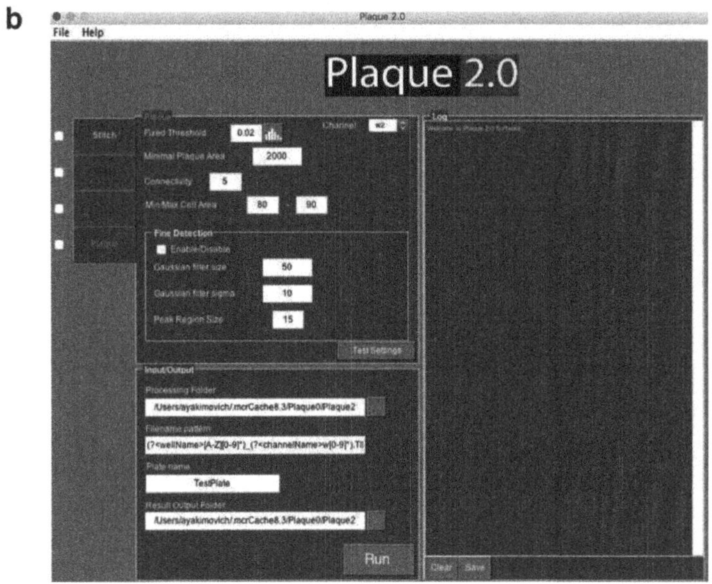

图 15-3　Plaque2.0 软件界面视图显示主窗口和各自的激活窗格

a.“单层（Monolayer）”窗格中用户定义参数的视图。b. 查看“噬斑（Plaque）”窗格中用户定义的参数。

表 15-2　Plaque2.0 软件在产生的逗号分隔值文件中提供的所有读数的详细概述

特征	描述
基于图像的特征 *Image-based features*	
细胞核图像名 *NucleiI mage Name*	测量文件名（核信号图像）
孔行 *well Row*	测量培养板行
孔列 *well Collumn*	测量培养板列
最大核强度 *max Nuclei Intensity*	测量图像中核强度最大值
总核强度 *total Nuclei Intensity*	测量图像中的核强度总和（掩码后）
平均核强度 *mean Nuclei Intensity*	测量图像中的核强度平均值（掩码后）
细胞核数 *number Of Nuclei*	每幅图像估读的细胞核数
病毒图像名 *Virus Image Name*	测量文件名（病毒信号图像）
最大病毒强度 *max Virus Intensity*	病毒强度最大的图像测量值（掩码后）
总病毒强度 *total Virus Intensity*	病毒强度总的图像测量值（掩码后）
平均病毒强度 *mean Virus Intensity*	病毒强度平均图像测量值（掩码后）
噬斑数 *number Of Plaques*	每张图像中检测到的噬斑数量
感染的细胞核数 *number Of Infected Nuclei*	将核图像（如果适用）与阈值病毒图像叠加后得到检测到的受感染核数。如果没有提供核图像，则使用病毒图像进行估计
基于噬斑的特征 *Plaque-based features*	
区域 *Area*	噬斑区域面积（像素）
中心 *Centroid*	噬斑区域的中心位置
边界框 *Bounding Box*	用以下格式提供的噬斑区域边界坐标：x y 宽度高度
最大轴长 *Major Axis Length*	拟合椭球体长轴到测量噬斑区域的大小
最小轴长 *minor Axis Length*	拟合椭球的短轴与测量噬斑区域的大小
偏心率 *Eccentricity*	椭圆偏心率——椭圆与测量噬斑区域的拟合程度与圆形的不同
凸面积 *Convex Area*	测量噬斑区的凸面积
噬斑中的核板 *number Of Nuclei In Plaque*	噬斑中估计的细胞核数
噬斑中感染的核数 *number Of Infected NucleiIn Plaque*	噬斑中估计的感染细胞核数
孔行 *well Row*	测量培养板行
孔列 *well Collumn*	测量培养板列
最大 GFP 强度 *max Intensity GFP*	测量后的图像中病毒强度最大值（掩码后）
总 GFP 强度 *total Intensity GFP*	测量后的图像中病毒强度总值（掩码后）
平均强度 *mean Intensity*	测量后的图像中病毒强度平均值（掩码后）

节标头对应于各个读出组（基于图像或基于对象），每个组保存为单个文件。

4 注　释

（1）如果本实验是在荧光显微镜下进行的，为了降低来自杂散激发光反射的背景，可使用黑壁成像板。成像质量微滴度板有平坦透明的底部，厚度在 0.17 mm（也称为厚度 #1.5）和 0.64 mm（厚度 #4）之间。

（2）板底的材料和涂层对细胞的黏附起着重要的作用；通常用于组织培养的板是有涂层的。材料、均匀度和板的底部厚度可能会影响在自动显微镜下获得的图像质量，如果使用自动聚焦则特别明显。总之，显微成像板的选择应根据实验条件、实验规模、成像硬件等具体要求而定。根据经验，薄的矿物盖玻片玻璃底板在荧光成像中提供了更好的信噪比，而且还具有自动聚焦性能；然而，它们需要更好的涂层来进行细胞黏附，而且价格也明显更高。

（3）板底涂层对于良好的细胞黏附至关重要，根据使用的指示细胞的性质（关于它们的特性，如接触抑制、在单层中生长的制备），可能在形成均匀单层中至关重要。在噬斑实验中，均匀的单层膜对获得可重复的结果至关重要。应确保培养板的底部是由有机玻璃（聚苯乙烯或环烯烃共聚物）或矿物玻璃制成。

（4）空斑实验指标细胞系通常是指病毒生长的细胞，因为它们需要能够支持病毒复制以及对病毒感染高度敏感。我们通常使用 BSC40 或 HeLa 细胞，但也可以使用任何细胞系，只要它们能生长融合并被 VACV 感染。根据研究目的或可视化方式所指定的实验设置，可以使用不同的细胞。

（5）为了防止无细胞的病毒颗粒通过平流在培养基中扩散，可以加入一种胶凝剂。例如，可以使用最终浓度为 0.5%~3%[13] 的超低熔点细胞培养级琼脂糖覆盖细胞。

（6）VACV 的可视化策略包括（但不限于）对病毒蛋白和表达荧光蛋白的重组病毒进行免疫荧光（immunofluorescent, IF）染色。由于如果可视化只能在固定后的终点分析中实现，本方案将重点放在 IF 和野生型 VACV（vaccinia virus, VACV）上。然而，终末噬斑测定也可以用荧光重组 VACVs 进行。而 VACV Western Reserve 株产生圆形噬斑，如 VACV 国际卫生局 J 株（VACV IHD-J）产生彗星状噬斑 [27]。这 2 种株均可用于本试验。

（7）虽然高含量的空斑实验并不一定需要核染色，但是评估系统的总细胞数和其他参数可能会提供很多信息。由于某些核染料可能抑制 VACV 感染 [27]，此处的核染色仅包括在终点固定后的测定中。

（8）活细胞成像兼容培养基通常不包含苯酚红，因为后者可能会显著增加背景荧光，并且由于 pH 值的变化，导致较长延时采集的持续时间内背景不均匀。此外，选择合适的缓冲剂对活体影像培养基也很重要。例如，HEPES 可常用于缓冲培养基进行短期培养。

（9）重组表达 VACV 的荧光蛋白（如早期启动子下编码 GFP 的 VACV）或嵌合荧光蛋白（与病毒蛋白偶联）可用于此。这里选择的主要标准是所用成像系统的信噪比（越高越好）和受感染细胞的信号均匀性（越均匀越好）。

（10）接种适当数量的细胞，以确保最大限度地融合是明智的做法。这样，在接种后的第二天早晨，就可以获得一个紧密、均匀的单层。例如，培养过夜时，96孔板中获得单层BSC40细胞的最佳范围是每孔5 000~50 000个细胞（取决于培养条件、细胞系传代等）。在低配药体积和处理疏水性表面时，配药期间确保培养基接触板底部至关重要。

（11）孔内必须有足够体积的培养基，以确保细胞接种均匀。例如，对于典型的96孔板，最小推荐体积为50 μL。但是，为了更好的再现性，更大的体积是首选的。

（12）解冻冷冻的VACV分装样品后，必须对其进行超声波处理，以确保精确的滴定结果。

（13）病毒的连续稀释可以在将接种物分配到培养皿（预稀释）之前进行，也可以直接在培养皿中进行（见图15-1a、15-1b）。两者之间的选择取决于储备病毒溶液的病毒滴度和所用平板中的孔面积。

（14）由于病毒颗粒甚至可能被低黏性塑料表面捕获，因此必须计划分装处理，以确保尽可能少地更换容器。同时，由于病毒颗粒在塑料表面的吸附是可逆的，所以在稀释步骤之间交换枪头对保证滴定精度至关重要。

（15）将接种物加入第一个稀释液中，然后根据所选择的稀释倍数（如1/10或1/2），逐步地将第一个稀释的接种物转入第二个稀释液。每次稀释后，务必更换一次性移液管和枪头（见图15-1a）。

（16）例如，在96孔板中，对于1/10或1/2因子，比较方便的做法是分别添加90 μL或50 μL。

（17）另一种方法是，在培养/感染培养基中直接稀释较高比例的PFA溶液，使其达到4%的最终PFA浓度。在这种情况下，接种培养基不会被移除。

（18）较长的固定时间对于减少洗涤时单层细胞的损失至关重要。

（19）可使用甲醇或皂素等替代渗透剂。

（20）根据平均噬斑大小和固定时间，通常使用（2~10）× 镜头来成像VACV噬斑。为了获得具有代表性的滴度，通常需要对完整孔进行成像。迄今为止，sCMOS芯片的尺寸允许在一个图像中以2倍放大率成像完整的96孔板孔。例如，在许多系统上使用4倍放大率，可以在4张独立的图像（视场）中获得完整的96孔板的孔，这些图像可以在图像处理步骤中拼接在一起。放大倍数和视场数的增加增大了采集时间和对存储以及分析的要求。

（21）如果数据以专用格式保存，请确保以“TIF”格式导出单独的通道和视图字段以供进一步分析。可以通过使用高含量显微镜的专有软件或开源的Fiji/ImageJ软件来实现。

（22）VACV噬斑的活细胞成像通常需要VACV检测所表达的荧光报告蛋白。然而，其他的活体染色可能也是可行的。

（23）确保获得板中所有所需孔的时间不超过所需的时间间隔。

（24）单个噬斑的相关性可以在下游分析中进行，方法是关联噬斑中心的各自位置，可以在 Plaque2.0 软件之外执行（例如，可使用 Python 或 KNIME 软件[28]）。此类分析的一个良好起点是使用最近邻算法在一个与噬斑[10]大小相当的受限邻域内关联噬斑中心坐标。

（25）为了使用最新版本的 Plaque2.0 软件，我们建议使用 MATLAB™（Mathworks）源代码。为此下载源代码文件夹。下载并安装 MATLAB™（Mathworks）集成开发环境（integrated development environment, IDE）。启动 IDE 并打开源代码文件夹。在 IDE 中运行适合平台的 PlaqueGUI.m 文件。

（26）为了确保噬斑的相关信号在整个数据集中得到平等的处理，使用了全局手动阈值。通过打开值输入旁边的阈值选择工具按钮，可以交互式地设置此参数。除了对假定的噬斑中心进行阈值化和检测外，Plaque2.0 软件的算法还使用可选的“精细检测（Fine detection）”部分定义的参数（见图 15-3b 和表 15-1）对噬斑区域进行合并噬斑的分离。

参考文献

[1] D'Herelle F. 1926. The bacteriophage and its behavior. The Williams & Wilkins Company, Baltimore, MD.

[2] Dulbecco R, Vogt M. 1953. Some problems of animal virology as studied by the plaque technique. Cold Spring Harb Symp Quant Biol, 18:273–279.

[3] Mothes W, Sherer NM, Jin J, Zhong P. 2010. Virus cell-to-cell transmission. J Virol, 84:8360–8368.

[4] Sattentau Q. 2008. Avoiding the void: cell-to- cell spread of human viruses. Nat Rev Microbiol, 6:815–826.

[5] Yakimovich A, Gumpert H, Burckhardt CJ, Lütschg VA, Jurgeit A, Sbalzarini IF et al. 2012. Cell-free transmission of human adenovirus by passive mass transfer in cell culture simulated in a computer model. J Virol, 86:10123–10137.

[6] Burckhardt CJ, Greber UF. 2009. Virus movements on the plasma membrane support infection and transmission between cells. PLoS Pathog, 5(11):e1000621.

[7] Bär S, Daeffler L, Rommelaere J, Nüesch JP. 2008. Vesicular egress of non-enveloped lytic parvoviruses depends on gelsolin functioning. PLoS Pathog, 4(8):e1000126.

[8] Sanderson CM, Way M, Smith GL. 1998. Virus-induced cell motility. J Virol, 72(2):1235–1243.

[9] Doceul V, Hollinshead M, van der Linden L, Smith GL. 2010. Repulsion of superinfecting

virions: a mechanism for rapid virus spread. Science (New York, NY) ,327:873–876.

[10] Yakimovich A, Andriasyan V, Witte R, Wang I-H, Prasad V, Suomalainen M, Greber UF. 2015. Plaque2. 0-a high-throughput analysis framework to score virus-cell transmission and clonal cell expansion. PLoS One, 10(9):e0138760.

[11] Yakimovich A, Yakimovich Y, Schmid M, Mercer J, Sbalzarini IF, Greber UF. 2016. Infectio: a generic framework for computational simulation of virus transmission between cells. mSphere, 1(1):e00078–e00015.

[12] Russell WC. 1962. A sensitive and precise plaque assay for herpes virus. Nature, 195(4845):1028–1029.

[13] Yakimovich A, Gumpert H, Burckhardt CJ, Lutschg VA, Jurgeit A, Sbalzarini IF, Greber UF. 2012. Cell-free transmission of human adenovirus by passive mass transfer in cell culture simulated in a computer model. J Virol, 86(18):10123–10137.

[14] Sbalzarini IF, Koumoutsakos P. 2005. Feature point tracking and trajectory analysis for video imaging in cell biology. J Struct Biol, 151:182–195.

[15] Tinevez J-Y, Perry N, Schindelin J, Hoopes GM, Reynolds GD, Laplantine E, Bednarek SY, Shorte SL, Eliceiri KW. 2017. TrackMate: an open and extensible platform for single-particle tracking. Methods, 115:80–90.

[16] Smith GL, Vanderplasschen A, Law M. 2002. The formation and function of extracellular enveloped vaccinia virus. J Gen Virol, 83(12):2915–2931.

[17] Moss B. 2013. Poxviridae. In: Fields BN, Knipe DM, Howley PM et al (eds) Fields virology, vol 1, 6th edn. Lippincott Williams & Wilkins, a Wolters Kluwer business, Philadelphia, PA, p 2664.

[18] Condit RC, Moussatche N, Traktman P. 2006. In a nutshell: structure and assembly of the vaccinia virion. Adv Virus Res, 66:31–124.

[19] Roberts KL, Smith GL. 2008. Vaccinia virus morphogenesis and disse mination. Trends Microbiol, 16(10):472–479.

[20] Blasco R, Sisler J, Moss B. 1993. Dissociation of progeny vaccinia virus from the cell membrane is regulated by a viral envelope glycoprotein: effect of a point mutation in the lectin homology domain of the A34R gene. J Virol, 67(6):3319–3325.

[21] Cudmore S, Cossart P, Griffiths G, Way M. 1995. Actin-based motility of vaccinia virus. Nature, 378(6557):636–638.

[22] Frischknecht F, Moreau V, Röttger S, Gonfloni S, Reckmann I, Superti-Furga G, Way M. 1999. Actin-based motility of vaccinia virus mimics receptor tyrosine kinase signalling. Nature, 401(6756):926–929.

[23] McIntosh A, Smith GL. 1996. Vaccinia virus glycoprotein A34R is required for infectivity of extracellular enveloped virus. J Virol, 70(1):272–281.

[24] Wolffe EJ, Weisberg AS, Moss B. 1998. Role for the vaccinia virus A36R outer envelope protein in the formation of virus-tipped actin- containing microvilli and cell-to-cell virus spread. Virology, 244(1):20–26.

[25] Valderrama F, Cordeiro JV, Schleich S, Frischknecht F, Way M. 2006. Vaccinia virus-induced cell motility requires F11L-mediated inhibition of RhoA signaling. Science, 311(5759):377–381.

[26] Doceul V, Hollinshead M, Breiman A, Laval K, Smith GL. 2012. Protein B5 is required on extracellular enveloped vaccinia virus for repulsion of superinfecting virions. J Gen Virol, 93(Pt 9):1876–1886.

[27] Yakimovich A, Huttunen M, Zehnder B, Coulter LJ, Gould V, Schneider C, Kopf M, McInnes CJ, Greber UF, Mercer J. 2017. Inhibition of poxvirus gene expression and genome replication by bisbenzimide derivatives. J Virol, 91(18):e00838–e00817.

[28] Fillbrunn A, Dietz C, Pfeuffer J, Rahn R, Landrum GA, Berthold MR. 2017. KNIME for reproducible cross-domain analysis of life science data. J Biotechnol, 261:149–156.

第十六章　病毒颗粒的超高分辨显微镜观察

Robert Gray，David Albrecht

摘　要：超高分辨显微技术使痘苗的亚病毒结构研究具有分子特异性。在此，我们概述了如何使用结构光显微镜（structured illumination microscopy, SIM）和随机光学重建显微镜（stochastic optical reconstruction microscopy, STORM）检测纯化病毒离子上的荧光标记或免疫标记的病毒蛋白。在单一的视场中可以成像几十个到几百个单独的病毒离子，为病毒蛋白质空间组织的单粒子平均或定量分析提供数据。

关键词：痘苗病毒；超高分辨显微镜；免疫荧光；SIM；STORM

1　前　言

基于图像的方法在病毒研究领域有着悠久的传统[1,2]。几十年前，用电子显微镜测定了VACV颗粒的广泛结构。近年来，这一领域的技术进步导致了病毒结构的超高分辨率重建[4,5]。然而，电子显微镜并不能提供必要的分子特异性来定位颗粒内80多种不同的病毒蛋白。绘制病毒蛋白图谱可以提供有关其功能及其与其他病毒或细胞成分关系的重要信息。例如，尽管侧体蛋白是痘病毒的标志性结构，但直至2013年，第一个侧体蛋白才被明确定位[6]。

传统的荧光显微镜提供了分子特异性，但光的衍射将分辨率限制在200 nm左右，这意味着它不适合确定VACV中蛋白质的确切位置或分布。超高分辨显微术（super-resolution microscopy, SRM）是一种突破衍射极限的新技术，可以弥补电镜成像与分子特异荧光显微术之间的空白。SRM技术利用光谱特性和光物理特性达到纳米分辨率，适合于确定标记蛋白在单个病毒离子中的位置。虽然绕开衍射极限的方法很多，但我们将重点关注结构光显微镜（structured illumination microscopy, SIM）[5]和单分子定位显微镜（single-molecule localization microscopy, SMLM）方法：光激活定位显微镜（photoactivated localiztion microscopy, PALM）[6]、随机光学重建显微镜（stochastic optical reconstruction microscopy, STORM）[7]以及受激发射耗尽显微镜（Stimulated emission depletion microscopy,

---

Robert Gray和David Albrecht对这项工作做出了同样的贡献。

STED）[8]。这 3 种方法在可实现的分辨率、样品制备、光学设置要求、时间分辨率和实时成像潜力方面有所不同。有关技术的深入比较和解释，请参阅最近的综述文章 [9]。简而言之，SMLM 方法可以获得最佳分辨率，对光学装置的要求适中，但需要较长的成像时间和精细的样品制备。SIM 和 STED 对样品制备的要求很低，采集速度比 SMLM 快得多。然而，两者都需要专业显微镜，并提供较低的分辨率。3 种方法之间的差异汇总见表 16-1。

表 16-1　三种超高分辨显微术的一些性质的比较

方法	SIM	STED	SMLM
横向分辨率	100~130 nm	20~70 nm	10~30 nm
时间分辨率	数秒	数秒	数分钟至数十分钟
显微镜要求	专用的显微镜	专用的显微镜	一般的宽视角，高数值孔径物镜
后期处理	显微镜软件重建	用显微镜软件反褶积	使用 SMLM 软件重建；有多种选择
可能的标记	大多数染料和荧光蛋白	特异性染料和荧光蛋白	特殊的光可转换染料和荧光蛋白
活细胞的兼容性	兼容	（兼容）	不兼容
激光功率 / 光损伤	低	高	高

更多详细信息见参考文献 [9]。高分辨率是最好的。

已证明分离的痘苗颗粒的 SIM、STORM 和 STED[10-12] 以及痘苗感染细胞的 SIM[13]。痘苗病毒核心和侧体的 SIM 和 STORM 图像的示例如图 16-1 所示。使用最佳的方法取决于实验的要求。在任何情况下，需要用荧光探针标记目的蛋白质。尽管最常见的标记方法是使用针对目的蛋白质的抗体进行免疫荧光，或将荧光融合蛋白标记到目的蛋白质中，但还有多种其他方法同样可以实现目的蛋白的标记 [14]。

在本章中，我们描述了如何制备用于 SIM 和 STORM 成像的分离 VACV 粒子。虽然对二抗的要求更严格，但 SIM 显微镜和 STORM 显微镜的样品制备大体相同。应参阅用户的 STED 显微镜说明书。STORM 可以与活化剂和报告染料对 [15] 一起使用，也可以与闪烁的有机染料 [16] 一起在缓冲液中使用。PALM 遵循与 STORM 相同的原理，但依赖于光可转换的荧光蛋白，而非有机染料。另一种构建含有荧光融合蛋白的重组 VACV 的方法已在文献 [17] 中被描述。荧光蛋白标签可与免疫荧光相结合用于多通道成像。本章所述的方法可用于具有不同 SRM 模式的同一样品的多色成像。

受感染细胞和细胞内病毒的成像更具挑战性，所需的准确方法将在很大程度上取决于实验的性质。然而，该方案可用于将 VACV 感染细胞涂布在盖玻片或合适的玻璃底培养皿上成像。活细胞的成像难度更大，可查阅相关的综述论文 [18]。

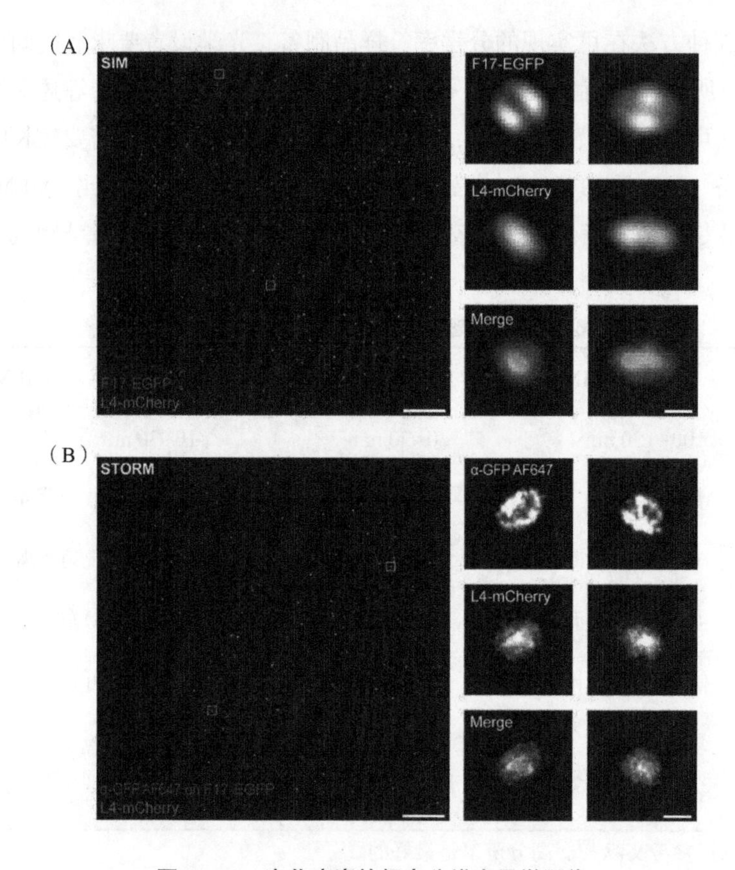

图 16–1 痘苗病毒的超高分辨率显微图像

（A）侧体蛋白 F17-EGFP 和核心蛋白 L4-mCherry 的双色 SIM 图像。单个病毒的特写镜头显示了在两个侧面的身体侧面的矢状方向上是细长核心。（B）用 AF647- 共轭抗绿色荧光蛋白纳米体和 L4-mCherry 标记的 F17-EGFP 双色 STORM 图像。

2 材 料

用去离子水制备所有缓冲液。在使用之前，确保通过 0.2 μm 的过滤器对所有溶液进行无菌过滤，以去除可能在成像过程中产生背景的颗粒。

（1）高性能物镜匹配盖玻片（高数值孔径物镜通常为 1.5）（见注释 1）。

（2）玻璃显微镜载玻片。

（3）丙酮，超纯。

（4）乙醇，超纯。

（5）70% 乙醇［去离子水配制，（*V/V*）］。

（6）1 mmol/L Tris，pH 值 9.0。

（7）1 mol/L KOH 溶液。

（8）0.1 mol/L KOH 溶液。

（9）去离子水。

（10）磷酸盐缓冲液（phosphate-buffered saline, PBS）。

（11）固定缓冲液：PBS 中 4% 多聚甲醛，pH 值 7.4（见注释 8）。

（12）淬灭缓冲液：PBS 中 0.25% NH_4Cl。

（13）封闭缓冲液：含 5% 牛血清白蛋白（bovine serum albumin, BSA）的 PBS。

（14）通透缓冲液：PBS 中含 0.2% Triton X-100。

（15）通透 / 封闭缓冲液：含 0.2% Triton X-100、5% BSA 和 1% 血清的 PBS。

（16）STORM 缓冲液（oxyrase-MEA）：含 20%（*V/V*）乳酸钠 PBS，调节至 pH 值 8.0。在成像前添加 3%（*V/V*）OxyFluor 和 50 ~100 mmol/L 半胱胺（MEA）[19]。

（17）封口膜。

（18）安装介质：Vecta Shield、ProLong Gold 或其他安装介质。

（19）不起毛纸巾。

（20）指甲油。

（21）桌面水浴超声仪。

（22）轨道式摇床。

（23）手术刀。

（24）镊子。

（25）12 孔细胞培养板。

（26）STORM 缓冲储液用硅胶垫片（例如，由 EM Sciences 提供）。

3　方　法

3.1　盖玻片的准备

（1）用超纯乙醇、丙酮和去离子水依次清洗盖玻片（见注释 1）。

（2）重复步骤（1）3 次。

（3）在盖玻片上滴 1 小滴去离子水，检查盖玻片是否清洁且疏水。水滴应保持其形状，并易于脱落。

（4）将盖子放入 1mol/L KOH 溶液中 20 min（见注释 2）。

（5）用去离子水清洗盖玻片 3 次。

（6）确保盖玻片上没有灰尘颗粒或污迹。

（7）清洁后的盖玻片可存放在密封容器中，再与去离子水混合。

3.2　盖玻片上的分离病毒粒子的制备

（1）将盖玻片放入合适的容器中，例如，圆形 18 mm 盖玻片可放入 12 孔板中。

（2）解冻病毒原液。

（3）涡旋病毒原液 30 s。

（4）超声波处理病毒原液 30 s。

（5）重复步骤（8）和步骤（9）2 次（见注释 3）。

（6）对于每张 18 mm 盖玻片，用 100 μL 1 mmol/L Tris 将病毒储备液稀释至最终浓度约为 2×10^7 pfu/ mL（见注释 4）。

（7）将病毒颗粒稀释液超声 2 次，每次 30s。

（8）在每个干净的盖玻片上加入 100 μL 病毒溶液。溶液会扩散到盖玻片的亲水表面，并完全将其覆盖。

（9）在室温下放置 30~60 min，使病毒与盖玻片结合（见注释 5~ 注释 7）。在随后的步骤中，病毒颗粒将保持与盖玻片的结合。

（10）用移液管小心地移走病毒溶液（见注释 8）。

（11）通过小心添加固定缓冲液来固定病毒（见注释 9）。确保盖玻片完全盖住，并且不会浮在多聚甲醛溶液上。

（12）室温孵育 15 min。多聚甲醛固定后，病毒被灭活，盖玻片可在生物安全柜外处理。

（13）除去多聚甲醛溶液。

（14）用 PBS 清洗盖玻片。

（15）去除 PBS，在室温下在淬灭缓冲液中孵育 5 min，以降低多聚甲醛自身荧光。

（16）将盖玻片放入 PBS 中。

（17）转至本章标题 3.3 进行染色，或者可以直接对样品进行成像，或者可将样品在 4℃的 PBS 中保存数天。

3.3 超高分辨显微镜的免疫荧光染色

以下步骤可用于一个或多个特定靶蛋白的免疫荧光染色。这可以与荧光融合蛋白，例如结合到 VACV 颗粒中的 GFP 标记的病毒蛋白相结合进行。为了减少光淬灭，在暗盒中进行所有孵育步骤，特别要避免阳光直射，例如，将装有盖玻片的盘子放在一个小纸箱中。理想情况下，在 5~10 r/min 的转速下，在轨道式摇床上进行所有洗涤步骤，以确保良好的混合，同时避免洗掉附着在盖玻片上的病毒颗粒。

（1）从本章标题 3.2，步骤（17）开始，在渗透缓冲液中孵育病毒包被的盖玻片 10 min（见注释 10）。

（2）用封闭缓冲液孵育 30 min（见注释 11 和 注释 12）。

（3）用染色缓冲液稀释一抗，室温染色 1 h（见注释 13 和 注释 14）。

（4）如果一抗可直接偶联到荧光蛋白上，则进行步骤（9）。

（5）用 PBS 洗涤 5 min。

（6）将盖玻片移动到新的容器中以减少背景（例如，将盖玻片移动到12孔板中的1个新孔中）。

（7）用PBS洗涤2次，每次5 min。

（8）用染色缓冲液稀释二抗后染色1 h（见注释13~注释15）。

（9）用PBS洗涤1次，5 min。

（10）将盖玻片移到1个新的容器，以减少背景。

（11）用PBS洗涤2次，每次5 min。

（12）按照本章标题3.4方法进行结构化照明显微术或STED显微镜，按照本章标题3.5进行STORM，或将盖玻片保存在PBS中直到安装。

3.4　结构照明和扫描电镜的覆盖安装

（1）戴上干净的手套，用乙醇和不起毛的纸巾清洗玻片（每张玻片用1张纸巾）。

（2）用移液管将10 μL的安装介质移到玻片的中心（见注释16）。

（3）用镊子从PBS上取下盖玻片。

（4）垂直握住盖玻片，小心地将盖玻片边缘接触到不起毛的纸巾上，去除多余的PBS。

（5）将盖玻片放在玻片上的安装介质上，使结合的病毒颗粒面朝下。

（6）用镊子轻轻地将盖玻片的中心压下，除去小气泡，并向外推，直到气泡从侧面逸出。玻璃滑道和盖滑道之间不应有气泡。

（7）如果使用非自固化安装介质，则用指甲油密封盖玻片（见注释17）。

（8）将玻片在室温下干燥至少10 min。

（9）使用不起毛的纸巾和70%乙醇小心清洁盖片顶部，小心不要损坏指甲油密封（见注释18）。

（10）现在样品可进行成像和采集后图像分析（见注释19）。

3.5　定位显微镜（STORM）样品制备

这里描述的方法是基于半胱胺（MEA）为基础的缓冲液，不过也可以使用替代的缓冲液配方[19,20]。我们使用市面上可买到的硅胶垫片作为缓冲储层（如图16-2所示）。我们强烈推荐使用缓冲储层，因其可大大提高STORM的性能。有几个非商业的选择可以使用（见注释20）。确保在接下来的所有步骤中戴上干净的手套。

（1）从本章标题3.3开始，步骤（12）。

（2）用超纯乙醇和不起毛的纸清洁玻片。

（3）从硅胶垫片上拆下保护盖，并将其牢固地固定到干净的载玻片上。

（4）确保黏合剂和载玻片之间没有气泡。

（5）使用超纯乙醇和不起毛的纸清洁硅酮间隔棒内部和周围硅酮的玻璃载玻片外露中

心（见注释 21）。

（6）准备新的 STORM 缓冲液（见注释 22）。确保缓冲液混合良好。

（7）短暂地用声波处理将 STORM 缓冲区气体去除。不要涡流。

（8）用吸管将 50~100 μL 缓冲液吸进硅胶垫片在载玻片上形成的小室中。

（9）用镊子从 PBS 上取下盖玻片。

图 16-2　用缓冲液储液槽进行 STORM 载玻片准备

带有黏合剂（例如，购自 EM Sciences 公司）的硅酮垫片（1）粘在干净的显微镜载玻片（2）上。中心的空位用作 STORM 缓冲区（3）的储液槽，盖玻片放置在上面，样品朝下（4）；轻轻压下盖玻片挤出多余的缓冲液（5），并在盖玻片和硅胶（6）之间形成密封。

（10）垂直握住盖玻片，小心地将盖玻片边缘接触到不起毛的纸巾上，去除多余的 PBS。

（11）将盖玻片放好，使结合的病毒颗粒朝下，放在装有 STORM 缓冲液的腔室上。以倾斜的角度缓慢地将盖滑下，以避免捕获气泡。

（12）用镊子或手指轻轻按下盖玻片，将多余的缓冲液从侧面挤出。如果载玻片很容易滑动，可施加更多的压力。

（13）用不起毛的纸巾除去多余的缓冲液，不要移动盖玻片的位置。盖玻片的表面应干燥，盖玻片应牢固地固定在硅酮上，封盖在腔室中的缓冲液上（见注释 23）。

（14）使用不起毛的纸巾和 70% 乙醇清洁盖玻片，不要将其从硅胶上滑下。

（15）样品已准备好成像。图像应该在接下来的几个小时内获得。

（16）使用 TIRF 或 HILO 照明获取 STORM 图像序列（见注释 24）。

（17）成像后，可用镊子小心地将盖玻片从硅胶上提起，即可将盖玻片复原。

（18）将样品储存于 4℃的 PBS 中，最多可保存数天，以备后续试验（见注释 25）。

（19）可使用任何单分子定位软件进行原始数据分析，例如免费的 ThunderSTORM 插件[21] 或 QuickPalm[22] 均可。

（20）可以对重建图像或定位表执行进一步的数据挖掘，例如使用 VirusMapper[10] 进行单粒子分析，或使用 SR-Tesseler[23] 进行聚类分析。

4 注　释

（1）圆形的 13 mm 或 18 mm 盖玻片适合标准的 12 孔细胞培养板，需要大约 500 μL 才能完全盖住。方形 18 mm 盖玻片和更大的盖玻片可安装在 6 孔板中，每个孔至少需要 1 mL。60 mm 的培养皿可用于培养 / 清洗盖玻片；但是若需要更大的体积，根据应用程序选择正确的盖玻片和容器，并在所有后续步骤中适当调整体积。

（2）也可以通过在 0.1mol/L KOH 溶液中室温孵育盖玻片 16 h 而制成疏水性盖玻片。

（3）超声波对分散聚集的病毒最为重要。如果聚集体持续存在，则增加超声波时间（例如，超声 5 次，每次 5 min）。注意不要加热溶液，因为这会损坏病毒（例如，给超声波仪加冰）。可通过在蔗糖梯度中纯化病毒条带来提高病毒纯度。

（4）对于不同尺寸的盖玻片，应相应地调整每个盖玻片使用的病毒量。可能需要进行一些实验，以获得每种病毒的最佳密度。

（5）病毒与盖玻片的结合是浓度依赖性的，孵育超过 60 min 并不会增加密度。进行浓度实验以获得每个视场所需的病毒数。每个 PFU 的粒子数可能因使用的病毒 / 突变而不同；另见参考文献 [24]。可以在密度几乎相同的多个盖玻片上重复使用相同的溶液。贵重样品可回收并储存于 -80℃下，以备日后使用。如果难以达到足够高的病毒密度，则以较小的体积稀释病毒（例如，加 1 μL 病毒液到 20 μL 1 mmol/L Tris 中或使用病毒储液）。使用疏水盖玻片 [见本章标题 3.1，步骤（3）]，并在盖玻片中心滴入 1 滴病毒液。不同病毒密度的例子可见图 16-3。

（6）为防止含有病毒颗粒的溶液从盖玻片上流出，将盖玻片放在一小块疏水封口膜上，以确保溶液留在盖玻片上。

（7）如果在黏合盖玻片时病毒溶液蒸发，则可使用加湿室。例如，将盖玻片和湿纸巾一起放在封闭的盒子中。

（8）小心地取出和添加溶液，以避免在所有步骤中清洗盖玻片上的病毒颗粒。切勿将吸管直接移到要成像的盖玻片中心。务必将盖玻片浸入溶液中，因为干燥将会降低样品质量。使用适当的容器和体积（见注释 1）。

（9）为获得最佳性能，用 EM 级无甲醇 16% PFA 制备新鲜固定缓冲液。固定缓冲液可在 4℃下保存 2 周或分装冷冻，或将多聚甲醛（paraformaldehyde, PFA）粉末溶解于 PBS 中制备固定缓冲液。

（10）如果免疫荧光标记不好，尝试在含 1% Triton X-100 的 PBS 溶液中渗透 20 min。标记不良可能是由于抗体的穿透深度较低，可通过使用较小的标记（如 Fab 片段或纳米体）来规避。

（11）可在室温下进行封闭 1 h，也可在 4℃下封闭过夜。

（12）如果背景很高，在封闭缓冲液中加入 1% 热灭活血清（山羊、牛、马等），以减少抗体的非特异性结合。

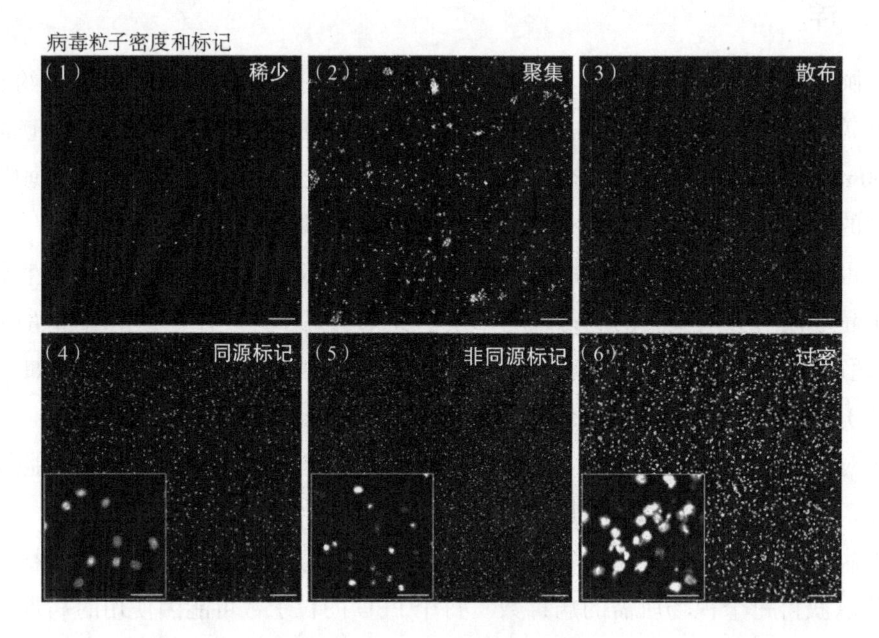

图 16-3　病毒颗粒密度和标记

在典型的 50 μm × 50 μm 视野中看到的纯化病毒颗粒。（1）低病毒浓度导致样本稀疏，每个视野产生的颗粒很少。（2）病毒质量差或声波作用不足导致病毒聚集。（3~4）理想情况下，病毒离子在高密度、低背景下是单分散的。（5）病毒离子标记不均匀可能是渗透性不足或亲和性低的抗体所致。（6）过高的粒子密度阻碍了单一病毒的分析。比例尺：5 μm 和 1 μm 嵌套小图。

（13）使用通常用于免疫荧光显微镜的稀释液，如果信号太低，则增加浓度；如果背景太高，则降低浓度。亲和纯化抗体的 1∶1 000 和血清的 1∶100 是比较好的稀释起始浓度。二抗的孵育时间可以增加，但通常染色 2 h 以上，可忽略改善标记。为避免样品上出现明亮的聚集物，在台式离心机上以最大速度将稀释的一抗和二抗离心 10 min，仅使用上清液（例如，可制备 750 μL，使用 700 μL，丢弃最后大约 50 μL）。

（14）如果需要极高的抗体浓度（例如 1∶20），可将含有稀释抗体的 30~50 μL 液体滴放在 1 块封口膜上，并将盖玻片翻转到液体上，放入加湿室（见注释 7）。

（15）选择性地将 DAPI 或其他用于多色成像的荧光探针添加到含有二级抗体的染色液中。

（16）调整安装介质的量，使其足以覆盖整个盖玻片，但不会溢出盖玻片的侧面。

（17）使用透明指甲油密封已安装的盖玻片边缘。如果没有达到良好的密封效果，可尝试使用不同品牌的介质。如果选择的安装介质固化（硬化），则可能不需要用指甲油进行密封；但是样品准备成像通常需要更长的时间（可遵循制造商的说明）。

（18）为确保盖玻片清洁，例如，将其托起，并将灯的光线反射到盖玻片上进行观察。任何残留物（如缓冲液中的无机盐、涂抹的指甲油、指纹、灰尘颗粒）都很容易被检测到。重复清洁程序，直到肉眼看不到污垢为止。

（19）获得的结构光照图像可以得出有关病毒中已标记蛋白质位置的良好信息，但进一步的图像分析可能很重要。可使用图像分析软件包，如免费 FIJI[25] 进行分析。该软件有很多插件可以用来进一步分析痘苗病毒粒子的图像，例如插件 VirusMapper[10,26] 是为将病毒图像平均在一起而设计的，可提高精度和信噪比。

（20）使用合适的显微镜，为 STORM 准备的样品也可用于模拟或测试成像相同或不同的目标结构。由于该方法导致较少的光漂白，应首先获取 SIM 图像（见表 16-1）。有多种方法可以将样本安装在密封的缓冲池中以用于 STORM。或者用最小的材料自制封口膜垫圈 [27]，其他方法如磁性夹持器和盖玻片夹层等也同样可行。每种方法都应适应显微镜台的要求。

（21）带有硅胶垫片的载玻片可以用 70% 乙醇清洗并重复使用。

（22）含有还原剂的 STORM 缓冲液应在成像前直接新鲜制备。MEA（50~150 mmol/L）的浓度可针对不同的荧光基团进行调整。50 mmol/L 与 Alexa fluor 647 配合使用效果很好。可用于替代 STORM 缓冲液（基于 BME）的溶液配制如下：150 mmol/L Tris，10 mmol/L NaCl，1% 葡萄糖，1% 甘油，pH 值 8.0。在成像前加入 1%（*V/V*）β - 巯基乙醇（β -mercaptoethanol, BME）和氧清除系统（0.5 mg/ mL 葡萄糖氧化酶，40 mg/ mL 过氧化氢酶）。对于双色 STORM 成像，确保缓冲液与所有荧光基团兼容。

（23）如果在试验箱中可以看到气泡，请小心地拆下盖玻片，然后返回到本章标题 3.5 步骤（8）。如果硅胶很脏或不完全平整，盖玻片将无法形成良好的密封。如果没有形成良好的密封，请小心地取下盖玻片，然后清洁该盖玻片或准备新的盖玻片，见本章标题 3.5 中步骤（1）。

（24）通常在 25 ms 曝光时间获得 30 000 帧。由于 STORM 成像过程中的高光损伤，如果使用多种成像方式进行成像，则首先获取宽场 / 共焦 SIM 图像。如果激活的荧光团密度太高，则改变到不同的缓冲系统中，使用具有较高激光强度的显微镜，或以最大功率照射到合适的稳定状态（可以几分钟）。如果浮动荧光基团的背景太高，请使用新的缓冲液重新安装。

（25）不要将样品储存在还原缓冲液中，否则样品会衰变。

致 谢

R.G. 获得了工程和物理科学研究理事会（EP/M506448/1）资助。D.A. 获得欧盟地平线 2020 研究和创新计划资金以及 Marie Sk_odowska-Curie（No.750673）项目的资助。

参考文献

[1] Kausche GA, Pfankuch E, Ruska H. 1939. Die Sichtbarmachung *von pflanzlichem* Virus im Übermikroskop. Naturwissenschaften, 27:292–299.

[2] Green RH, Anderson TF, Smadel JE. 1942. Morphological structure of the virus of vaccinia. J Exp Med, 75:651–656.

[3] Dales S. 1963. The uptake and development of vaccinia virus in strain L cells followed with labeled viral deoxyribonucleic acid. J Cell Biol, 18:51–72.

[4] Cyrklaff M, Risco C, Fernández JJ et al. 2005. Cryo-electron tomography of vaccinia virus. Proc Natl Acad Sci U S A, 102:2772–2777.

[5] Grünewald K, Cyrklaff M. 2006. Structure of complex viruses and virus-infected cells by electron *cryo tomography*. Curr Opin Microbiol, 9:437–442.

[6] Schmidt FI, Bleck CKE, Reh L et al. 2013. Vaccinia virus entry is followed by core activation and proteasome-mediated release of the Immunomodulatory effector VH1 from lateral bodies. Cell Rep, 4:464–476.

[7] Gustafsson MGL. 2000. Surpassing the lateral resolution limit by a factor of two using structured Illumination microscopy. J Microsc, 198:82–87.

[8] Betzig E, Patterson GH, Sougrat R et al. 2006. Imaging intracellular fluorescent proteins at nanometer resolution. Science, 313:1642–1645.

[9] Sydor AM, Czymmek KJ, Puchner EM, Mennella V. 2015. Super-resolution microscopy: from single molecules to supramolecular assemblies. Trends Cell Biol, 25:730–748.

[10] Gray RDM, Beerli C, Pereira PM et al. 2016. VirusMapper: open-source nanoscale mapping of viral architecture through super-resolution microscopy. Sci Rep, 6:29132.

[11] Horsington J, Turnbull L, Whitchurch CB, Newsome TP. 2012. Sub-viral imaging of vaccinia virus using super-resolution microscopy. J Virol Methods, 186:132–136.

[12] Culley S, Albrecht D, Jacobs C et al. 2018. Quantitative mapping and minimization of super-resolution optical imaging artifacts. Nat Methods, 15(4):263–266.

[13] Horsington J, Lynn H, Turnbull L et al. 2013. A36-dependent actin filament nucleation promotes release of vaccinia virus. PLoS Pathog, 9:e1003239.

[14] Sakin V, Paci G, Lemke EA, Müller B. 2016. Labeling of virus components for advanced, quantitative imaging analyses. FEBS Lett, 590:1896–1914.

[15] Rust MJ, Bates M, Zhuang X. 2006. Sub-diffraction-limit imaging by stochastic optical reconstruction microscopy (STORM). Nat Methods, 3:793–796.

[16] Heilemann M, van de Linde S, Schüttpelz M et al. 2008. Subdiffraction-resolution fluorescence imaging with conventional fluorescent probes. Angew Chem Int Ed Engl, 47:6172–6176.

[17] Marzook NB, Procter DJ, Lynn H, et al. 2014. Methodology for the efficient generation of fluorescently tagged vaccinia virus proteins. J Vis Exp, e51151. https://doi.org/10.3791/51151.

[18] Henriques R, Griffiths C, Rego EH, Mhlanga MM. 2011. PALM and STORM: unlocking live-cell super-resolution. Biopolymers, 95:322–331.

[19] Nahidiazar L, Agronskaia AV, Broertjes J et al. 2016. Optimizing imaging conditions for demanding multi-color super resolution localization microscopy. PLoS One, 11:1–18.

[20] Olivier N, Keller D, Gönczy P, Manley S. 2013. Resolution doubling in 3D-STORM imaging through improved buffers. PLoS One, 8:1–9.

[21] Ovesný M, Křížek P, Borkovec J et al. 2014. ThunderSTORM: a comprehensive ImageJ plug-in for PALM and STORM data analysis and super-resolution imaging. Bioinformatics, 30:2389–2390.

[22] Henriques R, Lelek M, Fornasiero EF et al. 2010. QuickPALM: 3D real-time photoactivation nanoscopy image processing in ImageJ. Nat Methods, 7:339–340.

[23] Levet F, Hosy E, Kechkar A et al. 2015. SR-Tesseler: a method to segment and quantify localization-based super-resolution microscopy data. Nat Methods, 12:1065–1071.

[24] Stiefel P, Schmidt FI, Dörig P et al. 2012. Cooperative vaccinia infection demonstrated at the single-cell level using FluidFM. Nano Lett, 12:4219–4227.

[25] Schindelin J, Arganda-Carreras I, Frise E et al. 2012. Fiji: an open-source platform for biological-image analysis. Nat Methods, 9:676–682.

[26] Gray RDM, Mercer J, Henriques R. 2017. Open-source single-particle analysis for super-resolution microscopy with VirusMapper. J Vis Exp, e55471–e55471.https://doi.org/10.3791/55471.

[27] Pereira PM, Almada P, Henriques R. 2015. High-content 3D multicolor super-resolution localization microscopy. Methods Cell Biol, 125:95–117.

[28] Hell SW, Wichmann J. 1994. Breaking the diffraction resolution limit by stimulated emission: stimulated-emission-depletion fluorescence microscopy. Opt Lett, 19:780.

第十七章　发光成像：痘病毒生物学研究的工具

Beatriz Perdiguero，Carmen Elena Gómez，Mariano Esteban

摘　要：以荧光素酶（luciferase）为报告基因的生物发光成像技术已被成功地广泛应用于研究病毒在生物体内的感染，并可用于在小动物模型中检测抗病毒药物的治疗效果。生物发光是由稳定地插入病毒基因组的荧光素酶与系统地运送到动物体内的特定底物反应产生的。所发出的光被捕获，允许检测病毒感染部位，并量化活体动物组织中的病毒复制。本章的目的是利用荧光素酶表达重组痘病毒的生物发光成像技术，为评价痘病毒在细胞和动物中的感染提供技术背景。

关键词：生物发光；活体成像；荧光素酶；痘病毒；感染；生物分布；发病机制

1　前　言

生物发光成像（bioluminescence imaging, BLI）是一项功能强大、用途广泛的技术，其应用于研究病毒发病机制[1]、宿主对感染的免疫反应以及疫苗和抗病毒治疗在活体动物中的有效性，特别是小鼠[2]。与传统方法不同，传统方法通过监测存活率、在多个时间点对动物实施安乐死、解剖组织和量化这些组织中的噬斑形成单位（plaque forming unit, pfu）来分析病毒感染，生物发光技术允许研究同一动物随着时间推移的感染过程，最大限度地减少生物变异的影响，减少生成具有统计意义的数据所需的动物数量[1]。此外，BLI 可以通过在预定的时间点仅分析选定的组织来识别可能容易错过的意外感染部位和/或宿主反应模式[3]。

病毒感染的 BLI 研究通常是在病毒启动子的控制下用重组病毒表达荧光素酶基因。将萤火虫荧光素酶基因引入痘苗病毒（vaccinia virus, VACV）基因组是第一个将动物病毒用于测量发射光的例子，可作为跟踪病毒在受感染的动物细胞培养物和组织中复制的传统噬斑分析的替代方法[1]。VACV 是一种具有 DNA 的大型病毒，基因组中允许在 VACV 启动子下插入荧光素酶盒基因，而不影响病毒复制或在动物模型中的毒力。每个细胞中可产生 10 000 个重组 VACV 粒子，因此在受感染的器官中存在大量荧光素酶分子[1]。

荧光素酶活性可在细胞体外感染后 1 h 检测到。生物发光信号的增加与病毒复制[4]成正比。检测的限度是在 100 万个未感染细胞的背景中发现 1 个感染细胞[1]。病毒的最低检测时间和最低检测输入效价取决于被感染细胞占据的表面积、感染的多样性和用来驱动荧光素酶的启动子。然而，这些数据提供了 BLI 对体外表达荧光素酶报告基因的 VACV 重组体感染定量的敏感性的总体估计。

使用表达荧光素酶的 VACV 感染的小鼠进行的体内研究也表明，感染后不同时间光子通量的测量与用菌斑形成法测定从 VACV 感染小鼠分离的器官中测量的病毒载量呈线性相关，这就支持了生物发光可用于直接测量病毒传播的概念[5,6]。与野生型西储株相比，表达荧光素酶的 VACV 在体内外仍具有致病性，验证了该报告病毒在痘病毒发病机制研究中的应用。BLI 还可用于预测攻毒模型中的致死率，并测试新型抗天花疫苗和抗病毒治疗效果[4,5,7]。随后，科学家们从含有 RNA 或 DNA 的病毒中获得表达荧光素酶的多个重组病毒，如马脑炎病毒[8]、流感病毒[9]、单纯疱疹病毒 I 型[10-15]、仙台病毒[16]、辛德比斯病毒[17,18]、登革病毒[19]、水痘带状疱疹病毒[20]，以及不同的痘病毒载体[4,6,7,21-29]。

在 BLI 被描述之前，检测感染了表达荧光素酶的重组病毒的小鼠的荧光素酶活性需要处死小鼠，切取不同组织，然后匀浆测量传统光度计中的酶活性。将荧光素酶暴露于有三磷酸腺苷（ATP）存在的荧光素底物后，匀浆组织发出的光可由装有高灵敏度计算机和数据分析软件平台的照度计检测。单喷射器亮度计包含一个不透光的盒子，在这个盒子中，在测量荧光素酶活性之前，将样品与荧光素衬底一起放入一个管中，然后关上滑动门。读数完成后，软件提供完整的样本文档供进一步分析。荧光素酶活性与样品蛋白含量成正交化关系。板读式亮度计使用 96 孔板来测量荧光素酶活性，而不是单管，允许在同一时间读取多个样品[30]。

由于生物发光是生物体内发生的生化反应所发出的光，BLI 需要在活细胞中表达的报告荧光素酶的可用性，给予荧光素酶底物以及非常灵敏的冷电荷耦合器件（cooled charge-coupled device, CCD）摄像机，其工作在光谱的可见光和近红外区域，以检测动物身体发出的低水平光[31,32]。这些探测器将单位面积的光子转换成电子[33]，成像软件将电子信号转换成二维图像。该软件还能量化发射光的强度（击中探测器的光子数），并将这些数值转换为伪彩色图形。因此，BLI 生成显示为伪彩色图像的平面投影数据，以表示在被摄体的灰度参考图像上局部化的信号强度[34]。由于在全身图像中解剖分辨率相对较低，因此高倍镜头可以对准全身成像定位标记细胞的部位，以产生高分辨率图像，补充对整个动物拍摄的低分辨率图像[35-38]。实际上，BLI 数据通常使用感兴趣区域（region of interest, ROI）分析进行量化，以测量从定义的解剖位置发射的光子。

BLI 主要具有以下优点：① 高度敏感的方法，可在体内检测到 1×10^2 pfu 的表达荧光素酶的病毒[10]；② 观察时间的间隔没有最短限制，只要观察的条件控制一致即可；③ 光子发射相对较快，允许在一个合理的时间段内在给定的动物身上重复检测[39]；④ 荧光素酶是一种很好的哺乳动物细胞和组织中的光学指示器，因其在哺乳动物中几乎不存在；⑤ 无创，几乎没有任何背景信号，不需要外部光激发，允许半定量实时检测生物过程；⑥ 相对经济。

然而，尽管 BLI 在上述小动物成像研究中有一些优势，但是也有一些因素可以影响这种技术的量化和灵敏度，在参考文献 [2,40] 中有深入的描述。在进行这类成像分析时，必须考虑如下限制：① BLI 信号强度与荧光素酶的存在量相关，因此在分析和解释数据时，必须考虑荧光素酶转录物和蛋白质的半衰期；② 哺乳动物组织对光的吸收和散射导致的信号衰减将生物发光成像的空间分辨率限制在 1~3 mm。由于每厘米覆盖的组织的光衰减约 10 倍，从表面部位的光比深部器官和组织发出的光检测程度更大 [31]。因此，如果没有与分离组织中病毒测量结果的相关性，直接比较器官间的生物发光信号是不准确的；③ 对于发出蓝绿光的荧光素酶，如 *Gaussia* 和 *Renilla* 荧光素酶，组织中的光衰减也相对大于那些发出红光和红外光的酶，如萤火虫荧光素酶和点击甲虫红荧光素酶（见下文）；④ 当断层摄影技术生成三维图像时，BLI 通常生成整个动物的单个二维图像。尽管有商业化的三维光学成像系统和 / 或重建技术，但在两个紧邻的区域仍然很难区分受感染细胞发出的光子；⑤ 由于在检测深层组织中产生的光方面的限制，它不太可能在人身上使用。

研究人员用不同的荧光素酶来研究 BLI[40-42]。这些蛋白质的底物被荧光素酶在需要氧和 ATP 的反应中氧化和化学消耗，并产生激发态分子，其激发由外部和敏感 CCD 相机检测到的光（光子）。

在完整的动物体内，组织对光的吸收，特别是血红蛋白和其他色素分子（如黑色素）的吸收，会减弱目标细胞产生的生物发光信号。红光和红外光（波长 >600 nm）比波长较短（小于 600 nm）的蓝绿光受到的信号衰减要小。这是萤火虫荧光素酶（Fluc；来源于 *Photinus pyralis* 萤火虫）和滴虫红色荧光素酶（CBRluc；来源于 *Pyrophorus plagiophthalamus*）优于肾素荧光素酶（Rluc；来源于肾素 *Renilla reniformis*）和高斯荧光素酶（Gluc；来源于桡足类 *Gaussia princeps*）[43] 的优势。萤火虫荧光素酶是 BLI 最常用的报告基因，因其具有持续的发光动力学、荧光素酶底物的良好的药代动力学和相对红移的发射光谱 [44]。该基因的特异性突变可导致酶活性增加，随后生物发光信号增强 [31,45]。Fluc 和 CBRLUC 在大约 560 nm 处显示发射峰，在体温（37℃）移动到 610 nm 的峰值，而 RLUC 和 Gluc 的发射峰大约在 480 nm 处，在血红蛋白吸收相对较高的区域 [46]。然而，Renilla 和 Gaussia 荧光素酶对于 BLI 也有一些优点：① 它们在生物发光反应中不需要 ATP 作为辅助因子，因此可以独立于其代谢状态用于细胞成像；② 它们比 Fluc 小，可能有助于整合到病毒基因组中，并与其他目的蛋白质构建遗传融合 [47]；③ 它们的光学性质和底物允许与萤火虫荧光素酶的区别。这些海洋荧光素酶的体内应用将通过产生这些酶的长波长变体而大大增强，因其已在肾素荧光素酶中实现 [48]。除了从不同的生物体中分离荧光素酶和优化发射波长外，荧光素酶的稳定性也正在努力得到改善。

Fluc 和 CBRluc 的底物 D- 荧光素在体内相对稳定，循环时间相对较长。通过腹腔注射、静脉注射或皮下注射完成，注射后 8~10 min 开始成像，峰值在 15~20 min，生物发光信号相对稳定 15~20 min，然后由于底物清除而降低[5,46]。基于新的荧光素酶、笼状荧光素酶或荧光素酶前体的合成类似物与突变和潜在的荧光素酶替代天然的 D- 荧光素酶底物以扩大 BLI 的范围已有报道（在[50]中综述）。相比之下，Rluc 和 Gluc 的底物腔肠动物素，可迅速从体内清除，显示更有限的生物分布，并在血清中自动氧化，增加背景信号[46,51]。因此，应通过静脉或心内途径给药[52]，数据采集必须在注射后几秒到 1 min 内完成，因为发光峰值出现在注射底物后 1~2 min，并在 10~15 min 后迅速下降[5,53]。

因此，通过使用具有不同发射光谱和 / 或底物的荧光素酶，可以监测同一动物体内两种不同的病毒过程，如复制的病毒和组织损伤部位的病毒。图像报告病毒与基因工程报告小鼠的结合也有望大大增强生物发光成像对病毒和宿主因子的定量研究的能力，这些因子控制着疾病的结局以及已建立的和新的抗病毒治疗药物的作用。

2　材　料

2.1　仪器设备

（1）称量小鼠的天平和容器。

（2）Plexiglas 麻醉系统。

（3）活体生物发光成像系统，配备有一个用于动物成像的不透光室，一个用于探测发射光的灵敏冷却 CCD 摄像机（最好是可以重建三维视图的 CCD 摄像机），以及 1 台配备有活体图像软件的计算机。市面上有各种各样的成像系统[2]，但应用最广泛的是 IVIS 仪。每种型号都配备了特定的软件。

（4）光度计，单注射器或读板器。

2.2　试剂及缓冲液

（1）适当的小鼠品系。

（2）表达荧光素酶的 VACV 病毒株用于感染。

（3）无菌 Dulbecco 磷酸盐缓冲液（Dulbecco's phosphate-buffered saline, DPBS）。

（4）荧光素原液：30 mg/ mL D- 萤火虫荧光素钾盐溶于 DPBS 中，通过 0.2 μm 过滤器过滤（见注释 1~ 注释 3）。

（5）1 mL 注射器和 23 号（23 G）针头。

（6）组织溶解缓冲液：pH 值 7.8 的 25 mmol/L 甘氨酸，15 mmol/L 硫酸镁，4 mmol/L EGTA，1% Triton X-100，1 mmol/L 二硫苏糖醇。

（7）荧光素酶检测缓冲液：含有 pH 值 7.8 的 25 mmol/L 甘氨酸，15 mmol/L 硫酸镁，4 mmol/L EGTA，15 mmol/L KPO_4，3 mmol/L 二硫苏糖醇，3 mmol/L ATP。

（8）小动物电动剪毛器。

（9）脱毛膏。

（10）异氟烷。

（11）木炭纸。

（12）照明放大灯。

（13）分叉接种针。

（14）0.2 μm 过滤器。

（15）组织匀浆器。

（16）70% 乙醇。

（17）TexPure 清洁剂。

3 方 法

为了获得可重复的 BLI 数据，需要一种标准化的成像方案，包括病毒剂量、给药途径和荧光素酶底物、每只动物体重注射底物的量、注射之间的延迟以及小鼠的成像和定位。

3.1 感染前的注意事项（见注释 4 和注释 5）

（1）在进行影像学研究前 1 周，应给小鼠喂食不含苜蓿的啮齿动物饲料，以减少与苜蓿相关的肠道发光背景。

（2）由于去除毛发会增加生物发光信号检测的灵敏度，因此在进行图像分析前 3~4 d 必须剃光小鼠。

3.2 表达荧光素酶的重组 VACVs 感染小鼠（见注释 6~ 注释 8）

可通过不同途径给小鼠注射表达荧光素酶的 VACV 重组病毒，包括腹腔内、肌肉内、直肠内、胃内、皮内、鼻内、气管内、静脉内、眼内或尾部划痕。根据免疫途径的不同，小鼠在感染前应麻醉。根据实验，将使用不同的病毒剂量和给药途径，并在感染后的不同时间（数小时、数天或直至致死）进行生物发光成像。

（1）对于鼻腔感染[7,29]：一旦小鼠完成称重并麻醉，用手将其颈背抓住，并在发光的放大灯下将 10 μL 病毒储液缓慢地推到 1 个鼻孔中，进行感染；确保整个液滴被输送到鼻腔。在进行全身成像之前，让小鼠休息至少 24 h。

（2）对于尾部划痕[29]：10 μL 含有适当病毒剂量的病毒接种物被移到覆盖在尾部基部附近的软骨区域的皮肤上。用分叉接种针通过接种液注射 25 针，使接种物被吸收。

3.3 给药和麻醉（见注释 9~ 注释 20）

（1）称量小鼠的体重。

（2）在室温下解冻 1 小份荧光素溶液。

（3）准备 IVIS 成像设备，打开仪器，等待装置自我校准，并通过温度读数和触觉确认确保成像站内的加热垫是热的。在成像室阶段放置 1 张木炭纸。

（4）短暂地摇动荧光素的小瓶，装入注射器，在 150 mL/kg 体重的剂量下用温热荧光素溶液腹腔注射小鼠，并在成像前 10~15 min 将其放入 1 个透明的有机玻璃麻醉箱中，连接到异氟醚汽化器（在 1 L/ min 氧气中提供 2% 异氟醚）。建议使用带 23G 针头的 1 mL 注射器。

（5）观察小鼠全身麻醉的迹象，特别留意运动停止和呼吸频率下降。

3.4　成像（见注释 21~ 注释 28）

（1）一旦小鼠完全麻醉（在最后 1 只小鼠停止移动后 2 min），应立即将其从麻醉箱转移到先前用木炭纸保护的成像室歧管上的鼻锥。调整头部，使麻醉可以通过插入管开口的鼻锥自由输送到鼻孔。为了便于有效转移，将小鼠放在麻醉箱中，以便将它们放入加热的成像室。将小鼠所需的一面朝上放置。

（2）关上门，获取弱光照下小鼠的灰度摄影参考图像，然后在完全黑暗中拍摄初始生物发光图像。荧光素酶的活性将用假色标表示，红色为最高，蓝色为最低光子通量。该伪彩色图像叠加在显示检测到的光子的空间分布的灰度参考图像上（见图 17-1）。

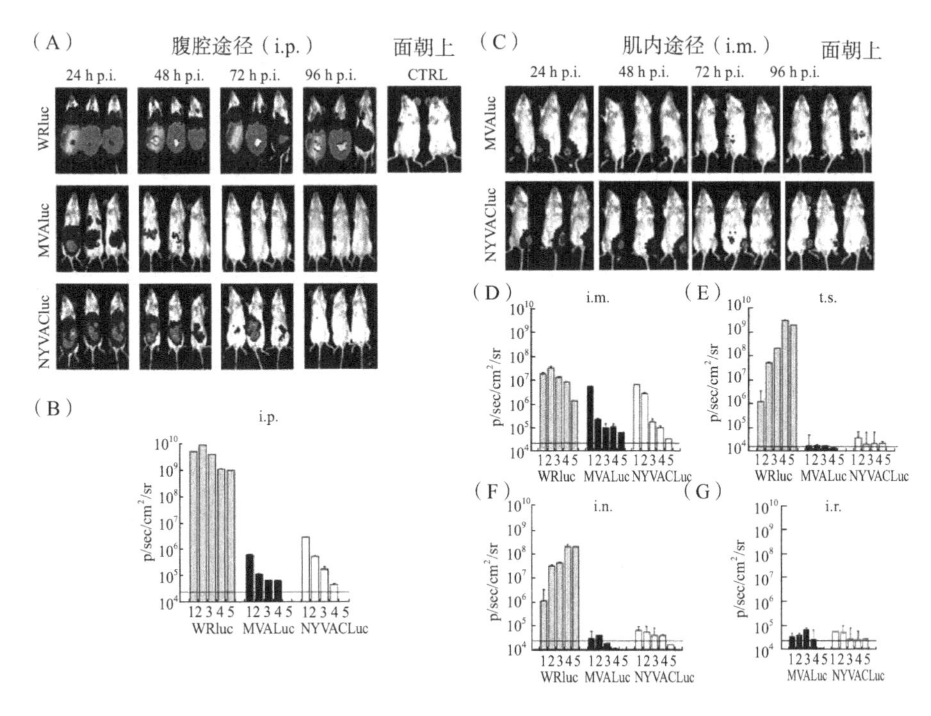

图 17-1 （A，C）表达荧光素酶的 VACV 重组病毒不同菌株的生物荧光分布

将 WRLuc、MVALuc 和 NYVACLuc 重组体分别经腹腔（A）或肌肉（C）途径接种到 BALB/c 小鼠中。（A）的右侧面板显示未感染的小鼠（CTRL）。（B，D -G）是腹腔内（B）、肌肉内（D）、尾部划痕（E）、鼻内（F）或直肠内（G）感染时 ROI 区荧光素酶信号的定量。表示光子通量随时间变化的平均值 ± *SD* 值。实线表示生物荧光的背景水平（获得[23]的许可）

（3）对小鼠进行多方位成像，确认和定位生物发光信号。常规视图包括腹侧、背侧和两侧图像。保持序列间成像方向的一致性。当小鼠从一边转向另一边进行成像时，应该观察它们是否有任何痛苦或活力变化的迹象。再次对小鼠进行成像并完成程序。

（4）在获得所需的时程生物发光图像后，麻醉停止，将小鼠放回笼子中，进行监测并给予热支持，直到它们从麻醉中恢复（小鼠通常在 15 min 内醒来），或者可以被安乐死，然后采集、称重和均质特定组织进行测量。通过噬斑实验和 / 或体外荧光素酶实验检测病毒载量。

（5）所有设备在成像完成后应进行消毒。

3.5　图像分析和数据展示（见注释 29~ 注释 32）

成像完成后，应保存图像并进行分析，以量化在每个时间点从小鼠目标特定区域检测到的光。对于每个活体图像软件，可遵循制造商的建议，而量化生物发光信号的一般步骤如下。

（1）需要为每只动物指定目标区域（region of interest, ROI）。

（2）单击第一张图像，在显示生物发光信号的器官内选择所需的 ROI 形状，以确定每个器官每天的光子 / 秒值。调整 ROI 的大小和位置以包含要分析的区域。

（3）绘制完第一幅图像的所有 ROI 后，将它们应用于序列中的其他图像。将每个 ROI 放置在所需位置，但不要更改 ROI 的大小。

（4）选定的图像序列将自动显示在一个表中，该表可以以 *.csv 格式保存。

（5）使用 Excel 软件进行统计分析，将 *.csv 表格和活体图像的 ROI 数据导出到 Excel 中。

（6）光发射以单位时间、单位面积、单位弧度从动物体表发出的绝对光子数（$p/s/cm^2/sr$；光子通量）测量，并表示为平均值 ± SEM。通过减去未受感染时间点的光子通量以将这些数据归一化。

3.6　荧光素酶活性分析

（1）在 1 mL 的组织溶解缓冲液中匀浆单个小鼠的组织 / 器官。

（2）取出约 300 μL 的匀浆液，以转速 15 000 × g 条件下离心 5 min，测定 200 μL 上清液对荧光素酶活性的影响。

（3）将样品（200 μL）与 1 × 荧光素酶溶液和 100 μL 荧光素酶测定缓冲液混合，在光度计中测量荧光素酶活性，并以荧光素酶参考单位（luciferase reference unit, LRU）[23] 表示。这些相对光单位可以通过校正总蛋白含量来对样本量进行标准化。

4 注　释

4.1　底物的准备

（1）萤火虫 D- 荧光素粉末储存在 –20℃下。建议在将其溶解于 DPB 中之前，将粉末在室温下预热。

（2）应保护荧光素酶不受光照，并尽可能少地购买和储存荧光素酶，以防止荧光素酶 / 荧光素酶反应的竞争性抑制剂脱氢脲苷的转化。

（3）未使用的重组荧光素底物在使用前可在 –20℃下作为全份保存。对于敏感的应用，如全动物研究，不建议作为冷冻溶液长期保存。溶液应在使用前立即解冻并加热至室温。

4.2　感染前的注意事项

（4）使用 BLI 进行的痘病毒感染研究大多以病毒宿主小鼠为主，因其体积小会使生物发光信号的衰减最小化。然而，该技术不仅限于小鼠，而且已应用于其他物种，如蝙蝠[28]、大鼠[27]（以 50 mg/kg 体重给药荧光素）、睡鼠[54]、草原犬鼠[55]（以 125 mg/kg 体重给药荧光素）和松鼠[56]。

（5）根据小鼠的皮毛颜色和测量生物发光的区域，可以用兽医用小动物剪毛器刮毛或用脱毛膏去除目标区域皮肤上的毛发。如果使用沙威灵，小鼠会被异氟醚短暂麻醉。尽管两种脱毛方法都可能分别有效，但为了获得最佳效果，可能需要将两种方法结合起来，然后通过化学脱毛进行机械刮毛。如果采用这种方法，则必须小心地进行机械剃毛，以避免皮肤磨损和随后被清洗液严重刺激[57]。白鼠通常不需要脱毛，因为对光的吸收很小；但是，黑鼠如果不脱毛，黑鼠的皮肤和皮毛中的黑色素吸收光，信号会实质性减少。无毛小鼠也可用，但可能不代表合适的宿主模型，因为它们往往与免疫功能缺陷有关，剃毛后用酒精擦拭消毒。

4.3　表达荧光素酶的重组 VACVs 感染小鼠

（6）在感染之前可以对小鼠进行扫描，以确认其自身发光不超过背景水平。

（7）用于生物发光成像分析的痘病毒包括浣熊痘病毒[28]、猴痘病毒[54-56,58]、牛痘病毒[59]以及不同的 VACV 毒株如西储株（WR）[6,7,23,24,59]、国际卫生部 -J 株（IHD-J）[24,26,29]、Wyeth 株[59]、天坛株[27]以及高减毒毒株 MVA[23,28] 和 NYVAC[23]。

（8）产生的大多数重组体表达萤火虫荧光素酶原，使用的剂量取决于小鼠品系、检测的痘病毒的衰减水平和给药途径。为了定位，BALB/c 小鼠鼻内途径的病毒剂量为每只小鼠 10^4~10^6 pfu，腹腔内途径的病毒剂量为每只小鼠 10^6~10^7 pfu，尾部划痕的病毒剂量为

每只小鼠 10^5~10^6 pfu。

4.4 底物给药与麻醉

（9）如果同时给 1 只以上的小鼠注射荧光素，则应尽快给每只小鼠注射荧光素，使所有小鼠几乎同时给药。

（10）为了最大限度地检测生物发光信号并使实验数据的变化最小，标准化注射荧光素的剂量和注射到成像开始之间的时间至关重要。BLI 研究通常在无菌磷酸盐缓冲盐水溶液中使用 150 mg/kg 的荧光素。然而，值得注意的是，腹腔注射这种浓度的荧光素并不能从组织中的萤火虫荧光素酶中产生最大的生物荧光。事实上，服用 150 mg/kg 荧光素与 450 mg/kg 体重相比，会导致发光量呈剂量依赖性地增加[60]。

（11）腹腔注射荧光素时，小鼠应手动约束，腹部向上，头端向下。当进入腹腔时，针头应该是水平的，并且稍微倾斜。穿透动物左下腹部的腹壁（4~5 mm）。注意针不要走得太深，否则会损坏内部器官。

（12）偶尔出现注射部位渗出 1 滴荧光素溶液时，说明注射部位不是腹膜，可能是脂肪内、肌内、皮内甚至皮下注射。在这种情况下，不太可能获得有价值的信号，但无论如何，在试图对小鼠成像时，几乎不会造成任何损害。当这种情况发生时，不要试图重新注入。

（13）荧光素在小鼠体内的生物分布并不均匀，对某些组织（如大脑）的接触相对较低。在这些情况下，静脉注射荧光素有助于到达像大脑这样的解剖部位，但清除底物的速度要比腹腔内给药快得多。对于静脉注射，应在给药前将小鼠麻醉。

（14）应对每个动物模型进行荧光素动力学研究，以确定给药后的峰值信号时间。

（15）对于工程 VACVs 作为潜在的溶瘤剂的测试[61]，海肾荧光素酶也代替萤火虫荧光素酶被插入病毒基因组中，因此，在显像前应立即注射腔肠荧光素作为荧光素酶底物[62-65]。

（16）底物和麻醉的准确给药顺序将取决于所使用的系统。

（17）不要长时间过度麻醉小鼠。

（18）最多同时麻醉 5 只小鼠。

（19）通过使用诱导室的吸入麻醉可以显著降低与注射麻醉药相关的创伤风险，更容易控制和规范深度以及持续时间，更经济有效，通常导致的不良事件更少，而且快速可逆。

（20）异氟醚是诱导和维持的首选麻醉剂，因其能减轻肝脏的压力。

4.5 成像

（21）记住要把木炭纸放在成像盒中，以帮助吸收未被感染的小鼠发出的光线。接种鼻内痘病毒时，用另一张木炭纸盖住小鼠头部，以避免 CCD 相机因鼻腔高信号而饱和。

（22）可以通过在成像对象中包括发光珠等内部控制来控制体重伪影[66]。

（23）在 BLI 分析中，每次成像时都需要对小鼠进行仔细和一致的定位。

（24）由于从内部器官或组织发出的光子可以更有效地穿透 BLI，因此体重较轻的年轻小鼠更适合进行 BLI。

（25）成像时，应调整视野以适应图像中的小鼠数量。它应该是设置在最高，允许可视化的即将成像的所有小鼠。

（26）如果预期信号较强，则缩短曝光时间（如 1 s）为宜。如果预测信号较弱，则需要较长的时间（如 5~10 min）。如果信号强度未知，1 min 的初始曝光时间是比较合理的开始。一旦信号曝光时间被优化，开始每分钟拍照，直到信号达到最大。通过监视每个 ROI 处的信号强度，可以很容易地确定信号何时开始下降，这表示信号强度已经达到最大。最大信号应作为最终数据。

（27）“饱和”图像是非定量的，因为饱和像素不能收集更多的信号。上述参数应进行调整，以收集反映信号强度的图像，该信号强度足以进行解剖定位，但又不足以使相机饱和。

（28）成像结束后，需要分别使用 70% 乙醇和 TexPure 洗涤剂对 IVIS 成像室和诱导室进行去污清洁。

4.6　图像分析和数据展示

（29）应该进行背景测量，并从实验数据中减去背景测量值。采用动态图像软件自动计算减法。

（30）为了便于展示，需要将每个发光图像标准化到光强级别。

（31）必须选定计算光子计数所需的区域，以便使每次测量的区域都是一致的。

（32）建议将 ROI 添加到系列的最后一个时间点，因为此图像可能具有最大的信号区域。一旦绘制了这个 ROI，它就会复制到保持相同大小的系列中的其他图像中。这允许 ROI 信号随时间的推移直接比较。

致　谢

本研究由西班牙 MINECO/FEDER 2013-45232-R 项目资助。感谢 Victoria Jimenez 在病毒生长方面提供的专家技术援助以及痘病毒和疫苗研究组成员对痘苗病毒生物学研究的帮助和贡献。

参考文献

[1]　Rodriguez JF, Rodriguez D, Rodriguez JR, McGowan EB, Esteban M. 1988. Expression of

the firefly luciferase gene in vaccinia virus: a highly sensitive gene marker to follow virus disse mination in tissues of infected animals. Proc Natl Acad Sci USA, 85(5):1667–1671.

[2] Andreu N, Zelmer A, Wiles S. 2011. Noninvasive biophotonic imaging for studies of infectious disease. FEMS Microbiol Rev,35(2):360–394. https://doi. org/10.1111/j.1574-6976. 2010.00252.x.

[3] Hutchens M, Luker GD. 2007. Applications of biolu minescence imaging to the study of infectious diseases. Cell Microbiol, 9(10):2315–2322.https://doi.org/10.1111/j.1462-5822.2007.00995.x.

[4] Luker KE, Hutchens M, Schultz T, Pekosz A, Luker GD. 2005. Biolu minescence imaging of vaccinia virus: effects of interferon on viral replication and spread. Virology, 341(2):284–300. https://doi.org/10.1016/j.virol.2005. 06.049.

[5] Luker KE, Luker GD. 2008. Applications of biolu minescence imaging to antiviral research and therapy: multiple luciferase enzymes and quantitation. Antivir Res, 78(3):179–187. https://doi.org/10.1016/j.antiviral.2008. 01.158.

[6] Zaitseva M, Kapnick SM, Scott J, King LR, Manischewitz J, Sirota L, Kodihalli S, Golding H. 2009. Application of biolu minescence imaging to the prediction of lethality in vaccinia virus-infected mice. J Virol, 83(20):10437–10447. https://doi.org/10.1128/ JVI.01296-09.

[7] Zaitseva M, Kapnick S, Golding H. 2012. Measurements of vaccinia virus disse mination using whole body imaging: approaches for predicting of lethality in challenge models and testing of vaccines and antiviral treatments. Methods Mol Biol, 890:161–176. https://doi. org/10.1007/978-1-61779-876-4_10.

[8] Gardner CL, Burke CW, Tesfay MZ, Glass PJ, Klimstra WB, Ryman KD. 2008. Eastern and Venezuelan equine encephalitis viruses differ in their ability to infect dendritic cells and macrophages: impact of altered cell tropism on pathogenesis. J Virol, 82(21):10634–10646. https:// doi.org/10.1128/JVI.01323-08.

[9] Pan W, Dong Z, Li F, Meng W, Feng L, Niu X, Li C, Luo Q, Li Z, Sun C, Chen L. 2013. Visualizing influenza virus infection in living mice. Nat Commun, 4:2369.https://doi. org/10.1038/ncomms 3369.

[10] Luker GD, Bardill JP, Prior JL, Pica CM, Piwnica-Worms D, Leib DA. 2002. Noninvasive biolu minescence imaging of herpes simplex virus type 1 infection and therapy in living mice. J Virol, 76(23):12149–12161.

[11] Luker GD, Prior JL, Song J, Pica CM, Leib DA. 2003. Biolu minescence imaging reveals systemic disse mination of herpes simplex virus type 1 in the absence of interferon receptors. J Virol, 77(20):11082–11093.

[12] Krug A, Luker GD, Barchet W, Leib DA, Akira S, Colonna M. 2004. Herpes simplex virus type 1 activates murine natural interferon- producing cells through toll-like receptor 9. Blood, 103(4):1433–1437. https://doi. org/10. 1182/blood-2003-08-2674.

[13] Luker GD, Leib DA. 2005. Luciferase real-time biolu minescence imaging for the study of viral pathogenesis. Methods Mol Biol, 292:285–296.

[14] Burgos JS, Guzman-Sanchez F, Sastre I, Fillat C, Valdivieso F. 2006. Non-invasive bioluminescence imaging for monitoring herpes simplex virus type 1 hematogenous infection. Microbes Infect, 8(5):1330–1338. https:// doi.org/10.1016/j.micinf.2005.12.021.

[15] Hwang S, Wu TT, Tong LM, Kim KS, Martinez-Guzman D, Colantonio AD, Uittenbogaart CH, Sun R. 2008. Persistent gammaherpesvirus replication and dynamic interaction with the host in vivo. J Virol, 82(24):12498–12509. https://doi. org/10.1128/JVI.01152-08.

[16] Miyahira AK, Shahangian A, Hwang S, Sun R, Cheng G. 2009. TANK-binding kinase-1 plays an important role during in vitro and in vivo type I IFN responses to DNA virus infections. J Immunol, 182(4):2248–2257.https://doi. org/10.4049/jimmunol.0802466.

[17] Cook SH, Griffin DE. 2003. Luciferase imaging of a neurotropic viral infection in intact animals. J Virol, 77(9):5333–5338.

[18] Tseng JC, Levin B, Hurtado A, Yee H, Perez de Castro I, Jimenez M, Shamamian P, Jin R, Novick RP, Pellicer A, Meruelo D. 2004. Systemic tumor targeting and killing by Sindbis viral vectors. Nat Biotechnol, 22(1):70–77. https://doi.org/10.1038/nbt917.

[19] Schoggins JW, Dorner M, Feulner M, Imanaka N, Murphy MY, Ploss A, Rice CM. 2012. Dengue reporter viruses reveal viral dynamics in interferon receptor-deficient mice and sensitivity to interferon effectors in vitro. Proc Natl Acad Sci U S A, 109(36):14610–14615. https://doi.org/10.1073/pnas.1212379109.

[20] Zhang Z, Rowe J, Wang W, Sommer M, Arvin A, Moffat J, Zhu H. 2007. Genetic analysis of varicella-zoster virus ORF0 to ORF4 by use of a novel luciferase bacterial artificial chromosome system. J Virol, 81(17):9024–9033. https://doi.org/10.1128/JVI.02666-06.

[21] Rivera R, Hutchens M, Luker KE, Sonstein J, Curtis JL, Luker GD. 2007. Murine alveolar macrophages limit replication of vaccinia virus. Virology, 363(1):48–58. https://doi. org/10.1016/j.virol.2007.01.033.

[22] Hung CF, Tsai YC, He L, Coukos G, Fodor I, Qin L, Levitsky H, Wu TC. 2007. Vaccinia virus preferentially infects and controls human and murine ovarian tumors in mice. Gene Ther, 14(1):20–29. https://doi.org/10.1038/sj. gt.3302840.

[23] Gomez CE, Najera JL, Do mingo-Gil E, Ochoa-Callejero L, Gonzalez-Aseguinolaza G, Esteban M. 2007. Virus distribution of the attenuated MVA and NYVAC poxvirus strains in

mice. J Gen Virol, 88(Pt 9):2473–2478. https://doi.org/10.1099/vir.0.83018-0.

[24] Zaitseva M, Kapnick SM, Meseda CA, Shotwell E, King LR, Manischewitz J, Scott J, Kodihalli S, Merchlinsky M, Nielsen H, Lantto J, Weir JP, Golding H. 2011. Passive immunotherapies protect WRvFire and IHD-J-Luc vaccinia virus-infected mice from lethality by reducing viral loads in the upper respiratory tract and internal organs. J Virol, 85(17):9147–9158. https://doi.org/10.1128/JVI.00121-11.

[25] Zaitseva M, Shotwell E, Scott J, Cruz S, King LR, Manischewitz J, Diaz CG, Jordan RA, Grosenbach DW, Golding H. 2013. Effects of postchallenge ad ministration of ST-246 on dis-semination of IHD-J-Luc vaccinia virus in normal mice and in immune-deficient mice re-constituted with T cells. J Virol, 87(10):5564–5576.https://doi.org/10.1128/ JVI.03426-12.

[26] Zaitseva M, McCullough KT, Cruz S, Thomas A, Diaz CG, Keilholz L, Grossi IM, Trost LC, Golding H. 2015. Postchallenge ad ministration of brincidofovir protects healthy and immune-deficient mice reconstituted with limited numbers of T cells from lethal challenge with IHD-J-Luc vaccinia virus. J Virol, 89(6):3295–3307. https://doi.org/10. 1128/ JVI.03340-14.

[27] Liu Q, Fan C, Zhou S, Guo Y, Zuo Q, Ma J, Liu S, Wu X, Peng Z, Fan T, Guo C, Shen Y, Huang W, Li B, He Z, Wang Y. 2015. Biolu minescent imaging of vaccinia virus infection in immunocompetent and immunodeficient rats as a model for human smallpox. Sci Rep, 5:11397. https://doi.org/10.1038/ srep11397.

[28] Stading BR, Osorio JE, Velasco-Villa A, Smotherman M, Kingstad-Bakke B, Rocke TE. 2016. Infectivity of attenuated poxvirus vaccine vectors and immunogenicity of a raccoonpox vectored rabies vaccine in the Brazilian Free-tailed bat (Tadarida brasiliensis). Vaccine, 34(44):5352–5358. https://doi. org/10.1016/j.vaccine.2016.08.088.

[29] Zaitseva M, Thomas A, Meseda CA, Cheung CYK, Diaz CG, Xiang Y, Crotty S, Golding H. 2017. Development of an animal model of progressive vaccinia in nu/nu mice and the use of biolu minescence imaging for assessment of the efficacy of monoclonal antibodies against vaccinial B5 and L1 proteins. Antivir Res, 144:8–20. https://doi.org/10. 1016/j. antiviral.2017.05.002.

[30] Sadikot RT, Blackwell TS. 2008. Biolu minescence: imaging modality for in vitro and in vivo gene expression. In: Armstrong D (ed.) Advanced protocols in oxidative stress Humana Press, Totowa, NJ, pp 383–394. https://doi.org/10.1007/978- 1-60327- 517-0_29.

[31] Contag CH, Bachmann MH. 2002. Advances in in vivo biolu minescence imaging of gene expression. Annu Rev Biomed Eng, 4:235–260. https://doi.org/10.1146/annurev.bioeng.4. 111901.093336.

[32] Sadikot RT, Blackwell TS. 2005. Biolu minescence imaging. Proc Am Thorac Soc, 2(6):537–540. https://doi.org/10.1513/ pats.200507- 067DS. 511–532.

[33] Spibey CA, Jackson P, Herick K. 2001. A unique charge-coupled device/xenon arc lamp based imaging system for the accurate detection and quantitation of multicolour fluorescence. Electrophoresis, 22(5): 829–836. https://doi.org/10.1002/ 1522-2683()22:5<829::AID-ELPS829>3.0.CO;2-U.

[34] Kusy S, Contag CH. 2014. Reporter gene technologies for imaging cell fates in hematopoiesis. Methods Mol Biol, 1109:1–22. https://doi.org/10. 1007/978-1-4614- 9437-9_1.

[35] Olson JA, Zeiser R, Beilhack A, Goldman JJ, Negrin RS. 2009. Tissue-specific ho ming and expansion of donor NK cells in allogeneic bone marrow transplantation. J Immunol, 183(5):3219–3228. https://doi. org/10.4049/jimmunol.0804268.

[36] Reichardt W, Durr C, von Elverfeldt D, Juttner E, Gerlach UV, Yamada M, Smith B, Negrin RS, Zeiser R. 2008. Impact of mammalian target of rapamycin inhibition on lymphoid homing and tolerogenic function of nanoparticle-labeled dendritic cells following allogeneic hematopoietic cell transplantation. J Immunol, 181(7):4770–4779.

[37] Fujisaki J, Wu J, Carlson AL, Silberstein L, Putheti P, Larocca R, Gao W, Saito TI, LoCelso C, Tsuyuzaki H, Sato T, Cote D, Sykes M, Strom TB, Scadden DT, Lin CP. 2011. In vivo imaging of Treg cells providing immune privilege to the haematopoietic stem-cell niche. Nature, 474(7350):216–219. https://doi. org/10.1038/nature10160.

[38] Park D, Spencer JA, Koh BI, Kobayashi T, Fujisaki J, Clemens TL, Lin CP, Kronenberg HM, Scadden DT. 2012. Endogenous bone marrow MSCs are dynamic, fate-restricted participants in bone maintenance and regeneration. Cell Stem Cell, 10(3):259–272. https:// doi.org/10. 1016/j.stem.2012.02.003.

[39] Chen X, Larson CS, West J, Zhang X, Kaufman DB. 2010. In vivo detection of extrapancreatic insulin gene expression in diabetic mice by bio-lu minescence imaging. PLoS One, 5(2):e9397. https://doi.org/10.1371/ journal.pone. 0009397.

[40] Keyaerts M, Caveliers V, Lahoutte T. 2012. Biolu minescence imaging: looking beyond the light. Trends Mol Med,18(3):164–172. https://doi.org/10.1016/j.molmed.2012. 01.005.

[41] Thorne N, Inglese J, Auld DS. 2010. Illuminating insights into firefly luciferase and other biolu minescent reporters used in chemical biology. Chem Biol, 17(6):646–657. https://doi. org/10.1016/j.chembiol.2010. 05.012.

[42] Prescher JA, Contag CH. 2010. Guided by the light: visualizing biomolecular processes in living animals with biolu minescence. Curr Opin Chem Biol, 14(1):80–89. https://doi. org/10.1016/j.cbpa.2009. 11.001.

[43] Sato A, Klaunberg B, Tolwani R. 2004. In vivo biolu minescence imaging. Comp Med, 54(6): 631–634.

[44] Berger F, Paulmurugan R, Bhaumik S, Gambhir SS. 2008. Uptake kinetics and biodistribution of 14C-D-luciferin-a radiolabeled substrate for the firefly luciferase catalyzed biolu minescence reaction: impact on biolu minescence based reporter gene imaging. Eur J Nucl Med Mol Imaging, 35(12):2275–2285. https:// doi.org/10.1007/s00259-008- 0870-6.

[45] Harwood KR, Mofford DM, Reddy GR, Miller SC. 2011. Identification of mutant firefly luciferases that efficiently utilize a minoluciferins. Chem Biol, 18(12):1649–1657. https:// doi. org/10.1016/j.chembiol. 2011.09.019.

[46] Zhao H, Doyle TC, Coquoz O, Kalish F, Rice BW, Contag CH. 2005. Emission spectra of biolu minescent reporters and interaction with mammalian tissue deter mine the sensitivity of detection *in vivo*. J Biomed Opt, 10(4):41210. https://doi.org/10.1117/1.2032388.

[47] Venisnik KM, Olafsen T, Gambhir SS, Wu AM. 2007. Fusion of Gaussia luciferase to an engineered anti-carcinoembryonic antigen (CEA) antibody for in vivo optical imaging. Mol Imaging Biol, 9(5):267–277. https://doi. org/10.1007/s11307-007- 0101-8.

[48] Loening AM, Wu AM, Gambhir SS. 2007. Red-shifted *Renilla reniformis* luciferase variants for imaging in living subjects. Nat Methods, 4(8):641–643. https://doi.org/10.1038/nmeth1070.

[49] Loening AM, Fenn TD, Wu AM, Gambhir SS. 2006. Consensus guided mutagenesis of Renilla luciferase yields enhanced stability and light output. Protein Eng Des Sel, 19(9):391–400. https://doi.org/10. 1093/protein/ gzl023.

[50] Adams ST Jr, Miller SC. 2014. Beyond D-luciferin: expanding the scope of biolu minescence imaging in vivo. Curr Opin Chem Biol, 21:112–120. https://doi.org/10.1016/j.cbpa.2014.07.003.

[51] Pichler A, Prior JL, Piwnica-Worms D. 2004. Imaging reversal of multidrug resistance in living mice with biolu minescence: MDR1 P-glycoprotein transports coelenterazine. Proc Natl Acad Sci U S A, 101(6):1702–1707. https://doi.org/10.1073/pnas.0304326101.

[52] Tannous BA, Kim DE, Fernandez JL, Weissleder R, Breakefield XO. 2005. Codon-optimized Gaussia luciferase cDNA for mammalian gene expression in culture and *in vivo*. Mol Ther, 11(3):435–443. https://doi. org/10.1016/j.ymthe.2004.10.016.

[53] Bhaumik S, Lewis XZ, Gambhir SS. 2004. Optical imaging of Renilla luciferase, synthetic Renilla luciferase, and firefly luciferase reporter gene expression in living mice. J Biomed Opt, 9(3):578–586. https://doi.org/ 10.1117/1.1647546.

[54] Earl PL, Americo JL, Cotter CA, Moss B. 2015. Comparative live biolu minescence imaging

of monkeypox virus disse mination in a wild-derived inbred mouse (*Mus musculus* castaneus) and outbred African dormouse (*Graphiurus kelleni*). Virology, 475:150–158. https://doi. org/10.1016/j.virol.2014. 11.015.

[55] Falendysz EA, Londono-Navas AM, Meteyer CU, Pussini N, Lopera JG, Osorio JE, Rocke TE. 2014. Evaluation of monkeypox virus infection of black-tailed prairie dogs (*Cynomys ludovicianus*) using in vivo biolu minescent imaging. J Wildl Dis, 50(3):524–536. https:// doi.org/10.7589/2013-07-171.

[56] Falendysz EA, Lopera JG, Doty JB, Nakazawa Y, Crill C, Lorenzsonn F, Kalemba LN, Ronderos MD, Mejia A, Malekani JM, Karem K, Carroll DS, Osorio JE, Rocke TE. 2017. Characterization of monkeypox virus infection in African rope squirrels (Funisciurus sp.). PLoS Negl Trop Dis, 11(8):e0005809. https://doi.org/ 10.1371/journal.pntd. 0005809.

[57] Goldman SJ, Jin S. 2014. The biolu minescent imaging of spontaneously occurring tumors in immunocompetent ODD-luciferase bearing transgenic mice. Methods Mol Biol, 1098:129–143. https://doi. org/10.1007/978-1-62703-718-1_11.

[58] Lopera JG, Falendysz EA, Rocke TE, Osorio JE. 2015. Attenuation of monkeypox virus by deletion of genomic regions. Virology, 475:129–138. https://doi.org/10.1016 /j. virol.2014.11.009.

[59] Americo JL, Sood CL, Cotter CA, Vogel JL, Kristie TM, Moss B, Earl PL. 2014. Susceptibility of the wild-derived inbred CAST/Ei mouse to infection by orthopoxviruses analyzed by live biolu minescence imaging. Virology, 449:120–132. https://doi. org/10.1016/ j.virol.2013. 11.017.

[60] Paroo Z, Bollinger RA, Braasch DA, Richer E, Corey DR, Antich PP, Mason RP. 2004. Validating biolu minescence imaging as a high-throughput, quantitative modality for assessing tumor burden. Mol Imaging, 3(2):117–124. https://doi.org/10.1162/15353500414 64865.

[61] Haddad D. 2017. Genetically engineered vaccinia viruses as agents for cancer treatment, imaging, and transgene delivery. Front Oncol, 7:96. https://doi.org/10.3389/fonc. 2017. 00096.

[62] Thorne SH. 2009. Design and testing of novel oncolytic vaccinia strains. Methods Mol Biol, 542:635–647. https://doi.org/10.1007/978- 1-59745- 561-9_32.

[63] Kelly KJ, Brader P, Woo Y, Li S, Chen N, Yu YA, Szalay AA, Fong Y. 2009. Real-time intraoperative detection of melanoma lymph node metastases using recombinant vaccinia virus GLV-1h68 in an immunocompetent animal model. Int J Cancer, 124(4):911–918. https:// doi.org/10.1002/ijc.24037.

[64] Haddad D, Chen N, Zhang Q, Chen CH, Yu YA, Gonzalez L, Aguilar J, Li P, Wong J, Szalay

AA, Fong Y. 2012. A novel genetically modified oncolytic vaccinia virus in experimental models is effective against a wide range of human cancers. Ann Surg Oncol, 19(Suppl 3):S665–674. https://doi.org/10.1245 /s10434-011-2198-x.

[65] Mansfield DC, Kyula JN, Rosenfelder N, Chao-Chu J, Kramer-Marek G, Khan AA, Roulstone V, McLaughlin M, Melcher AA, Vile RG, Pandha HS, Khoo V, Harrington KJ. 2016. Oncolytic vaccinia virus as a vector for therapeutic sodium iodide symporter gene therapy in prostate cancer. Gene Ther, 23(4):357–368. https://doi.org/10.1038/ gt.2016.5.

[66] Virostko J, Chen Z, Fowler M, Poffenberger G, Powers AC, Jansen ED. 2004. Factors influencing quantification of in vivo bioluminescence imaging: application to assessment of pancreatic islet transplants. Mol Imaging, 3(4):333–342. https://doi.org/10.1162/ 1535350042973508.

第十八章　用于 MPM 成像的痘苗病毒的培养与纯化

Glennys V. Reynoso，John P. Shannon，Jeffrey L. Americo，James Gibbs，Heather D. Hickman

摘　要：本章提供了痘苗病毒（vaccinia virus, VACV）和高度减毒的转基因痘苗病毒（modified vaccinia Ankara, MVA）的繁殖、纯化和滴定方法。此外，我们还提供了用于多光子激发的活体成像的 VACV 重组的信息。

关键词：痘苗病毒；改良型痘苗病毒安卡拉株；病毒纯化

1　前　言

在这一章中，我们描述了如何培养许可细胞以及如何培养和纯化痘苗病毒（vaccinia virus, VACV）和改良痘苗病毒（modified vaccinia Ankara, MVA）的病毒库。尽管 VACV 可以在大量细胞上繁殖[1]，但我们发现在本章中描述的人胸苷激酶阴性（thymidine kinase-negative, TK^-）143B 细胞生长后，其产量很高。相反，MVA[2] 只能在有限的宿主范围允许有限数量的细胞进行复制，包括本文所述的鸡胚成纤维细胞（chicken embryo fibroblast, CEF）或 BHK-21 细胞[3]。

2　材　料

2.1　用于制备 VACV 病毒储液的材料

所有溶液应使用无菌技术在生物安全柜中制备。除非另有说明，否则试剂在使用前应加热至 37℃，并应储存在 4℃下。我们不向细胞培养基中添加任何抗生素。

（1）人胸苷激酶阴性（thymidine kinase-negative, TK^-）143B 细胞（ATCC，CRL-8303）。

（2）细胞培养基：杜尔贝科基本培养基（Dulbecco's minimum essential medium, DMEM），含有高葡萄糖（谷氨酰胺）、丙酮酸和 7.5% 胎牛血清（fetal bovine serum, FBS）。

（3）含酚红的 0.05% 胰蛋白酶 /EDTA 溶液 。

（4）0.1% 牛血清白蛋白（bovine serum albumin, BSA）溶液：10% BSA（Sigma，cat# 03117332001）加入超纯水中，过滤后使用。

（5）10 mmol/L HEPES。

（6）感染培养基：加入 10 mL 0.1% BSA 溶液和 5 mL 10 mmol/L HEPES 到 500 mL 添加丙酮酸的 DMEM 谷氨酰胺。

（7）平衡盐溶液（balanced salt solution, BSS）+0.1% 牛血清白蛋白（bovine serum albumin, BSA）：将 86.71 g NaCl 加入 1 个 20 L 的 Nalgene 瓶中，瓶中含有 8 L 的超纯水。把瓶子放在大的搅拌盘上，用大的搅拌棒搅拌，以中等速度搅拌，开始溶解 NaCl。在 1 000 mL 烧杯中，混合 29.2 mL 的原溶液 B，14.6 mL 的原溶液 D，145.98 mL 的原溶液 H 和 107.66 mL 的 10 mmol/L HEPES（见注释 1 和表 18–1）。将混合物原溶液添加到含有 NaCl 的 8 L 超纯水中；混合搅拌。在另一个烧杯中，加入 100 mL 超纯水，慢慢滴入 22 mL 原溶液 C（见注释 1 和表 18–1），并检查是否有钙沉淀。降低搅拌速度，慢慢将混合后的钙加入 20 L 的 Nalgene 瓶中，检查是否有沉淀。如果没有观察到沉淀，加入超纯水，使溶液的最终体积为 10 L。在 10 L 的 BSS 溶液中加入 10 g BSA。搅拌 1~2 h，或直到所有 BSA 溶解。通过 0.22 μmol/L EMD Millipore Millipak 微孔过滤器过滤除菌。我们通常把这种溶液装入 500 mL 的 Nalgene 无菌玻璃瓶中。用去离子水和 100% 乙醇冲洗 20 L 的 Nalgene 瓶，然后风干过夜。

表 18–1　原溶液成分

原溶液	化学成分	摩尔浓度	500 mL 中的质量
B	KCl	1.68	62.63 g
D	$MgSO_4 \cdot 7H_2O$	0.84	103.51 g
E	KH_2PO_4	0.84	57.15 g
E	K_2HPO_4	1.12	97.55 g
G	HEPES	1 mol/L pH 值 7.3	106.15 g
C	$CaCl_2 \cdot 2H_2O$	1.12	82.33 g

（8）用过滤器对 1 mmol/L 和 10 mmol/L Tris-Cl（pH 值 9.0）溶液进行过滤消毒。

（9）用过滤器对溶于 10mmol/L Tris-Cl（pH 值 9.0）的 36% 蔗糖溶液进行过滤消毒。

（10）用过滤器对溶于 1 mmol/L Tris-Cl（pH 值 9.0）中的 25% 和 40% 的蔗糖溶液进行过滤消毒。

（11）结晶紫染色：混合 50 mL 95% 乙醇，300 mL 37% 甲醛，1.5g 结晶紫粉末（见

注释 2)，室温保存。

（12）购自康宁公司的康宁 162cm^2（T-150）组织培养瓶。

（13）贝克曼超速离心管，聚丙烯 25 mm × 89 mm 或 14 mm × 89 mm，高压灭菌。

（14）70% 的乙醇。

（15）加湿，37℃，9% CO_2 培养箱。

（16）Thermo Scientific Sorvall ST 40 台式离心机。

（17）具有贝克曼 SW28 和 SW41 转头的超速离心机。

（18）Biocomp 密度梯度制备仪。

（19）15 mL 和 40 mL Pyrex Dounce 组织研磨器。

（20）杯状超声波振动杯和超声仪。

2.2　用于制备 MVA 病毒储液的材料

（1）原代鸡胚成纤维细胞（chick embryo fibroblasts, CEFs），由 10 日龄、无特定病原体的鸡胚（从 Charles River 实验室购买）制备。

（2）细胞培养基：Eagle's minimal Essential 培养基（EMEM），添加 10% 胎牛血清（fetal bovine serum, FBS）、谷氨酰胺和青霉素链霉素。

（3）感染培养基：添加 2% 胎牛血清（fetal bovine serum, FBS）、谷氨酰胺和青霉素链霉素的 EMEM。

（4）病毒覆盖培养基：添加 2% 胎牛血清（fetal bovine serum, FBS）、谷氨酰胺和青霉素链霉素的 EMEM 中的甲基纤维素。

（5）无菌显微解剖剪刀和镊子。

（6）70% 和 100% 乙醇。

（7）去离子水。

（8）100 cm^2 无菌培养皿。

（9）胰蛋白酶 /EDTA 溶液：0.25%（*W/V*）胰蛋白酶，0.02%（*W/V*）EDTA。

（10）胰蛋白酶瓶。

（11）加湿培养箱设置为 37℃、5% CO_2 或 31℃、5% CO_2。

（12）37℃水浴锅。

（13）涡旋仪。

（14）10 mL、25 mL 和 50 mL 血清学吸量管。

（15）热压处理过的粗棉布。

（16）无菌 500 mL 玻璃烧杯。

（17）无菌 50 mL 和 250 mL 离心管 / 瓶。

（18）配有 50 mL 和 250 mL 转子的低速冷冻离心机。

（19）超高速冷冻离心机与 SW28 和 SW41 转子和转桶。

（20）购自康宁公司的 162cm^2（T-150）组织培养瓶。

（21）贝克曼超速离心管，聚丙烯 25 mm × 89 mm 或 14 mm × 89 mm，高压灭菌。

（22）购自康宁公司的 6 孔组织培养板。

（23）杯状超声波振动杯和超声仪。

（24）湿冰。

（25）40 cm 细胞刮板。

（26）购自 Sarstedt 公司的无菌 1.8 mL 样管。

（27）用过滤器对 1 mmol/L 和 10 mmol/L Tris-Cl（pH 值 9.0）溶液进行过滤消毒。

（28）40 mL Pyrex Dounce 组织研磨器。

（29）Biocomp 密度梯度制备仪。

（30）用过滤器对溶于 10mmol/L Tris-Cl（pH 值 9.0）的 36% 蔗糖溶液进行过滤消毒。

（31）用过滤器对溶于 1mmol/L Tris-Cl（pH 值 9.0）溶液中的 25% 和 40% 的蔗糖溶液进行过滤消毒。

（32）LB 培养基。

（33）摇床恒温箱设置为 37℃。

（34）1：1 丙酮 : 甲醇固定液。

（35）磷酸盐缓冲液（phosphate-buffered saline, PBS）。

（36）用含添加 3% 胎牛血清的 PBS 稀释兔抗 VACV WR IgG（购自 Quality Biological 公司，批号 304680，2006 年 1 月），稀释比例为 1：500。

（37）用含添加 3% 胎牛血清的 PBS 稀释辣根过氧化物酶（horseradish peroxidase, HRP）标记的二抗（购自 Thermo Fisher 公司，货号 32400），稀释比例为 1：40。

（38）饱和邻二苯胺（Sigma，CAT D913）溶液：将 0.5 mL 100% 乙醇加入 1 小滴底物中，充分旋涡，在 37℃下孵育 30 min，并在 15 000 × g 下离心 30 s 使其澄清。

（39）30% H_2O_2（购自 Sigma Aldrich 公司，Cat# H1009-500 mL）。

（40）工作底物溶液：每 10 mL 无菌的 PBS 溶液中加入 0.2 mL 澄清的邻二苯胺溶液和 10 μL 30% H_2O_2 溶液。

3 制备 VACV 和 MVA 储液的方法

在使用 VACV 时，应遵循所有生物安全二级（Biosafety Level 2, BSL-2）程序，包括使用适当的个人防护装备（personal protective equipment, PPE）。组织培养应使用无菌技术，以避免污染细胞或病毒库。

3.1　VACV 储液的制备

3.1.1　用于 VACV 生长的细胞的制备

（1）从 T-150 组织培养瓶中融合的单层 $HuTK^-$ 143B 细胞中吸出培养基。

（2）用 0.05% 胰蛋白酶 /EDTA 或 PBS 清洗细胞，以去除残留的血清。

（3）用 5 mL 胰蛋白酶 /EDTA 覆盖细胞。将培养瓶置于加湿、37℃、9% CO_2 的培养箱中，培养 5 min。细胞开始从培养瓶中分离。轻敲培养瓶使细胞完全分离。

（4）加入 10 mL 细胞培养基。移液管上下吸打几次，以分解细胞块。

（5）加入 2 mL 细胞悬液到新的 T-150 组织培养瓶中，其中包含 30 mL 的新鲜维持培养基。将培养瓶旋转，以覆盖整个培养瓶区域并均匀分布细胞。将培养瓶置于加湿、37℃、9% CO_2 的培养箱中，直到细胞融合。在这样的稀释下，细胞将在 2 d 左右融合。为了扩大 VACV，分别在 15 个 T-150 组织培养瓶中加入 2 mL 细胞悬液。

3.1.2　VACV 病毒的生长

（1）加入 150 mL 感染培养基和 750 μL 所需 VACV 病毒储液到无菌 250 mL Nalgene 培养瓶中。繁殖得到的病毒数量将根据种子病毒的斑块形成单位（plaque-forming unit, pfu）/ mL 和感染的细胞数量而变化。我们优先选择以 0.1~0.5 的感染复数（multiplicity of infection, MOI）进行感染，估计每个 T-150 组织培养瓶约 2.5×10^7 个细胞。

（2）从每个培养瓶中吸出培养基，加入 10 mL 的感染培养基和病毒混合物。旋转培养瓶，以确保培养瓶的整个表面都被覆盖。

（3）将培养瓶置于加湿、37℃、9% CO_2 的培养箱中。大约每 30 min 摇动培养瓶 1 次，孵育 1.5~2 h。

（4）在每个培养瓶中加入 30 mL 细胞培养基。在收获之前，将瓶子培养 48 ~72 h。24 h 后检查培养瓶内的细胞情况，根据细胞死亡或病毒引起的细胞病变效应（cytopathic effect, CPE）判断感染的进展情况。如果在 48 h 前只有小的 CPE，则将细胞再培养 24 h。

3.1.3　VACV 病毒的收取

（1）培养后，在培养瓶中记录 CPE 以确定适当的收获时间。细胞应呈现出聚集，并在收获前不再牢固地附着在培养瓶上。

（2）小心地轻敲培养瓶以分离松散的细胞。

（3）将 5 个 T-150 组织培养瓶中的内容物转移至 225 mL 锥形离心管中。在接下来的 10 个培养瓶中重复上述步骤。

（4）将离心管以 $874 \times g$ 的速度离心 30 min，吸出培养基，弃掉。

（5）用 10 mL 在 4℃预冷的 BSS + 0.1% BSA 溶液，从每个 225 mL 离心管（5 个培养瓶）中回收细胞沉淀。将沉淀转移到第 2 个离心管，重复直至将细胞转移到第 3 个离心管。将悬浮的细胞沉淀加入无菌的 50 mL 离心管中。

（6）为了减少病毒的损失，用 5 mL BSS + 0.1% BSA，4℃冲洗离心管。如上所述，小心地在离心管之间转移 5 mL BSS + 0.1% BSA。冲洗后的最终体积约为 20 mL。

（7）在 -80℃冷冻悬浮的细胞沉淀，直到准备好分装。

3.1.4 VACV 储液的制备与储存

（1）在干冰上冻融细胞颗粒 3 次。

（2）小心地将混合物倒入无菌的 15 mL 耐热玻璃研磨器中。

（3）慢慢地使混合物均匀化，以尽量减少气泡或气溶胶的形成。通过上下（约 20 次）驱动杵使球团均匀化，或直到观察到均匀的溶液。

（4）将移液管混合物倒回 50 mL 锥形离心管中。

（5）用 10 mL 冰的含 0.1% BSA 的 BSS 溶液清洗匀浆器；使用体积约达到 30 mL。

（6）超声 30 s，设置超声仪功率 40%；重复 3 次。

（7）加入约 20 mL 冰的含 0.1% BSA 的 BSS 溶液，使体积达到 50 mL。

（8）快速离心 50 mL 锥形离心管，并允许离心机达到 874 × *g*。一旦达到该速度，立即停止离心机。

（9）小心地将上清液倒入无菌的 125 mL 培养基瓶中。

（10）用 10 mL 冰的含 0.1% BSA 的 BSS 溶液洗涤沉淀，再加入 20 mL 含 0.1% BSA 的 BSS 溶液，使总容量达到 30 mL。

（11）重复步骤（6）所述的超声过程。

（12）重复步骤（8）所述快速离心过程。

（13）将上清液倒入先前装上清液的瓶中。

（14）如步骤（10）所述，再次清洗并打碎沉淀。最后调至 30 mL。重复超声和快速离心的步骤。向 125 mL 的培养基瓶中加入上清液。最终体积至 110 mL 的病毒将产生 1×10^8~3×10^8 个斑块形成单位（plaque-forming unit, pfu）/mL 的 VACV 病毒储液。

（15）将病毒混合均匀，分装到无菌的 Sarstedt 锥形立管中。-80℃储存分装的病毒或进行进一步的纯化（见本章标题 3.1.5）。

3.1.5 VACV 病毒储液的纯化

（1）解冻冷冻的 VACV 储液或直接从本章标题 3.1.4 开始。为了获得更大的纯化病毒产量，首先用 40 个 T-150 组织培养瓶培养 VACV。

（2）以 1 365 × *g* 离心 10 min，4℃。弃上清液。

（3）将每个 T-150 组织培养瓶中的沉淀用 1.5 mL 的 10 mmol/L Tris-Cl 重悬。40 个 T-150 组织培养瓶的最终体积约为 60 mL。

（4）在 40 mL 的耐热玻璃研磨器中，缓慢均匀细胞悬浮液，以减少气泡或气溶胶的形成。通过上下（约 40 次）驱动杵使沉淀均匀化，或直到观察到均匀的溶液。

（5）将匀浆移至 50 mL 锥形离心管中，874 × *g* 离心 5 min，以去除细胞核。保存上清液。

（6）将上清液以 30%~40% 的功率超声处理 60 s，使裂解液保持在冰上。重复 3~4 次超声处理步骤，在每次超声之间暂停 30 s。

（7）将上清液置于 36% 蔗糖的缓冲液上，置于无菌的超速离心管中。以 32 900 × *g*，离心 80 min，4℃。

（8）吸取并弃去上清液。将每 20 个 T-150 培养瓶的病毒重悬于 1 mL 1 mmol/L 的 Tris-Cl（pH 值 9.0）溶液中。如果不需要最佳的纯度，病毒可以在此时分装并储存。

（9）如果需要进一步纯化，可以手动或使用自动密度梯度仪（如 Biocomp 密度梯度仪）制备 25%~40% 的蔗糖梯度。对于密度梯度仪，添加 25% 的蔗糖在 40% 的蔗糖上方。小心盖住管子，避免任何气泡。运行密度梯度仪后，检查两个不同蔗糖浓度之间的界面是否不再可见。

（10）重复超声病毒 2 次，每次 30 s，30%~40% 功率，4℃。

（11）小心吸弃掉梯度顶部的 1~3 mL，以便将病毒颗粒覆盖在梯度顶部。在 25%~40% 蔗糖梯度上加入 1~3 mL 纯化的病毒，在 26 000 × *g*，4℃下离心 1 h。

（12）观察梯度中央附近的乳状带，小心地将蔗糖吸入病毒带上方。

（13）用 10 mL 的移液管收集病毒带，转移到 50 mL 的锥形离心管中，并将样品保存在冰上。

（14）从梯度中吸出剩余的蔗糖，将沉淀重悬于 1 mL 的 1mmol/L Tris-Cl（pH 值 9.0）中。

（15）在盛满湿冰的杯角中以 40% 的功率超声重悬病毒颗粒 1 min。

（16）在离心管中，将 1 mL 重悬的颗粒置于新的 25%~40% 蔗糖梯度上，在 26 000 × *g* 的条件下离心 1 h，4℃。

（17）观察梯度中央附近的乳状带，小心地将蔗糖吸入病毒带上方。

（18）用 10 mL 的移液管收集病毒带，用 50 mL 的锥形管将先前的病毒带保存在冰池中。

（19）向 50 mL 锥形管中加入 2 × ~3 × 体积的 1 mmol/L Tris-Cl（pH 值 9.0），用吸管上下搅拌几次。

（20）将稀释后的病毒移入离心管，以 32 000 × *g*，4℃离心 1 h。

（21）吸取并弃去上清液，每 20 个 T-150 培养瓶的病毒沉淀可用 1 mL 1 mmol/L Tris-

Cl（pH 值 9.0）重悬。

（22）将纯化后的病毒在盛满湿冰的杯角中超声 30 s 两次，以 40% 的功率超声，中间暂停 30 s。

（23）分装并在 –80℃储存。

3.1.6 VACV 储液的滴度测定

（1）将 $HuTK^-$143B 细胞接种于无菌的 6 孔板上，直至形成融合的单层。一般情况下，1 个 $HuTK^-$143B 的融合 T-150 组织培养瓶在 24 h 后可用于制备 8~10 个 6 孔板。

（2）在感染培养基中连续稀释 10 倍，置于 24 孔板中。

（3）从已融合了的 6 孔板中吸出培养基。每个孔中加入 500 μL 病毒稀释液，每个稀释度都要做重复。通常 10^5、10^6 和 10^7 的稀释液就足以测定滴度。

（4）用 500 μL 病毒稀释液在 6 孔板上孵育 2 h，每 20 min 轻轻摇动 1 次。

（5）孵育 2 h 后，加入 5 mL 细胞培养基，在 37℃，9%CO_2 的加湿培养箱中孵育 48 h。如有可能，避免移动培养板，以尽量减少卫星噬斑的可能性。

（6）48 h 孵育完成后，小心地从孔中吸出培养基，避免干扰细胞单层。

（7）加入 500 μL 结晶紫染色液。旋转培养皿盖好整个孔。吸去多余的污渍，使培养皿风干。

（8）在病毒稀释的情况下，对每个孔的噬斑数量进行量化，以便能够清楚地辨别噬斑。

3.2 MVA 病毒储液的制备

3.2.1 用于 MVA 生长的原代鸡胚成纤维细胞（chick embryo fibroblast, CEF）的制备

（1）将商业购买的 10 日龄胚胎蛋放在生物安全柜中，并将钝的一头朝上放置；这样可以确保内部气囊保持在蛋的顶部。

（2）用 70% 乙醇喷洒所有鸡蛋。

（3）用无菌剪刀和镊子，将鸡蛋顶部裂开，取下蛋壳上部露出内膜。

（4）用无菌镊子取出内膜，露出活胚。

（5）用两把无菌钳，轻轻地钳住腿和脖子，将胚胎转移到无菌的 100 cm^2 培养皿中。

（6）从每个分离的胚胎中取出翅膀、头部和脚，并将身体的剩余部分放入 1 个 100 cm^2 的无菌培养皿中，培养皿中含有 10 mL EMEM。

（7）用注射器吸 6 mL 鸡胚（每个注射器最多可用于 5 个胚胎），将组织液通过注射器筒注入无菌的胰蛋白酶培养瓶中。

（8）向胰蛋白酶培养瓶中加入 50 mL 胰蛋白酶 /EDTA，并在 37℃、5%CO_2 中培养 10 min，同时搅拌。

（9）通过无菌粗棉布轻轻地将细胞倾倒到 500 mL 的玻璃烧杯中。

（10）向烧杯中加入 10 mL FBS，以降低胰蛋白酶活性。

（11）向所有剩余的组织块中加入 50 mL 胰蛋白酶 /EDTA，并在 37℃、5%CO_2 中搅拌孵育 5 min。

（12）通过无菌粗棉布将剩余细胞轻轻倒入同一个 500 mL 的玻璃烧杯中。

（13）用 50 mL 移液管，将消化后的细胞移到 250 mL 无菌离心瓶中，并用细胞培养基将体积增加到 150 mL。

（14）在 874 × *g* 下离心 10 min，4℃。

（15）吸取培养基，在 10 mL 细胞培养基中重新培养细胞颗粒。

（16）用细胞培养基使体积达到 100 mL，以 874 × *g* 离心 10 min，4℃。

（17）吸出培养基，在 5 mL 细胞培养基中重新培养细胞颗粒。

（18）将细胞转移到 50 mL 离心管中，并用细胞培养基将体积提高到 30 mL。

（19）制备 30 个 T-150 组织培养瓶，用 30 mL 细胞培养基装满每个培养瓶，并在每个培养瓶中加入 1 mL CEF 细胞悬液。

（20）将培养瓶在 37℃，5%CO_2 下培养约 4 d，直到细胞 90%~95% 融合；4 d 后，每个 T-150 培养瓶约含有 1×10^7 个细胞。

（21）此时，应将细胞感染或暂时保存在设置为 31℃和 5% CO_2 的培养箱中 1~2 周。储存于 31℃的细胞可用于在多孔板中制备 CEF 单细胞层，以进行 MVA 滴度和生长分析。

3.2.2 粗 MVA 病毒储液的制备

（1）将 MVA 储液从 −80℃的仓库中取出，并在 37℃的水浴中解冻。

（2）在全功率下短暂涡流 MVA，并在超声波破碎前储存在冰上。

（3）在装有湿冰的杯角中以 40% 的功率超声 30 s，重复 3 次，每次超声之间暂停 30 s。

（4）将病毒稀释到感染培养基中，制备病毒接种物，用 8 mL 培养基稀释 1~2 pfu/ 个细胞的 MOI 感染每个 T-150 组织培养瓶中的细胞。以下是用于感染一个 T-150 组织培养瓶中细胞时处理所需 MOI 的 MVA 的通用公式。

$$\frac{1\text{ 个 T-150 培养瓶中的 CEF 细胞数 }\times \text{MOI}}{\text{病毒滴度，pfu/mL}} = \text{每瓶中总的病毒数，mL}$$

（5）从 10~30 个 T-150 培养瓶中吸出细胞培养基，每瓶中加入 8 mL 病毒接种液。

（6）将培养瓶在 37℃和 5% CO_2 培养箱中培养 2 h，确保每 15~20 min 轻轻旋转 1 次，以防止细胞表面干燥。

（7）2 h 后，向每个 T-150 组织培养瓶中加入 20 mL 感染培养基，并在 37℃和 5% CO_2 培养箱中培养 48~72 h。

（8）当观察到足够的 CPE 时，通过刮取的方式收集感染细胞，或可以通过轻敲每个培养瓶的侧面将细胞释放到培养基中。

（9）使用 50 mL 移液管，将细胞移到 250 mL 无菌锥形离心管中，并在 874 × g 下离心 10 min，4℃。

（10）吸取上清液，并在每个 T-150 组织培养瓶的 1 mL 感染培养基中重新培养细胞颗粒。

（11）使用干冰 / 乙醇浴和 37℃水浴进行 3 次反复冻融，以溶解细胞悬浮液。

（12）将细胞裂解物在湿冰上以 40% 功率超声 1 min，每次超声之间暂停 1 min。

（13）为评估无菌性，用 20 μL 纯化病毒接种 2 mL LB 培养基，并在 37℃振荡培养箱中培养 48 h。

（14）将小份病毒放入试管中，并在 −80℃下储存。

3.2.3 纯化的 MVA 病毒储液的制备

（1）为纯化 MVA，在计划感染前 4~5 d 准备 30~60 个 T-150 组织培养瓶，其中含有原代 CEF 细胞。如本章标题 3.1.4 中所述方法感染并制备的细胞沉淀。

（2）用 10 mL 移液管上下吸打细胞，在每个初始 T-150 组织培养瓶中，将细胞颗粒重新悬浮在 1.5 mL 10 mmol/L 的 Tris-Cl 中。如果需要，继续按照如本章标题 3.1.5 所述方法纯化 VACV。

3.2.4 通过免疫染色技术测定 MVA 储液的滴度

（1）病毒滴定前 1d，制备适当数量的含原代 CEF 细胞的 6 孔细胞培养板。

（2）从 −80℃的储存中取出小份原始或纯化的 MVA 病毒储液，并在 37℃水浴中解冻。

（3）在全功率下短暂涡旋病毒，并在超声波超声之前将其放置在冰上。

（4）在盛满湿冰的杯角中超声处理病毒 30 s，处理 3 次，功率为 40%，每次超声之后休息 30 s。

（5）在感染培养基中制备几种病毒的 10 倍系列稀释液。

（6）从融合的 6 孔板中吸出细胞培养基，并向每个孔中添加 1 mL 新鲜感染培养基。

（7）将每一系列稀释液的 1 mL 加入培养皿的重复孔中，在 37℃和 5% CO_2 培养箱中培养 4 h。

（8）吸取病毒，每孔覆盖 2 mL 完整的甲基纤维素。

（9）培养板在 37℃和 5% CO_2 培养箱中培养 3 d。

（10）去除甲基纤维素，并用 2 mL 丙酮甲醇（1∶1）混合物固定细胞 5 min。

（11）吸出固定液，用无菌 PBS 多次清洗。

（12）向孔中加入 1 mL 稀释兔抗 WR VACV-IgG，在室温下摇床孵育持续 1 h。

（13）用无菌 PBS 多次交换，抽吸并清洗每个孔。

（14）向孔中加入 1 mL 稀释的 HRP 结合二抗，然后在室温下摇床孵育 1 h。

（15）抽取 HRP 抗体，用无菌 PBS 多次交换清洗。

（16）向每个孔中加入 0.5 mL 工作底物溶液，在室温下摇床孵育 10 ~15 min。

（17）聚焦显影时吸取工作底物溶液，用多次去离子水冲洗。

（18）每孔加入 1 mL 去离子水，用光学显微镜计数染色噬斑。

（19）用噬斑数乘以稀释因子即可计算出感染病毒滴度。

4　注　释

（1）制作含 0.1% BSA 的 BSS 溶液储备所需的每个原溶液应在使用前于生物安全柜中制备并过滤。所有化学物质均溶解在 500 mL 超纯水中。将 30 mL 储备液 E 和 40 mL 原溶液 F 加入 400 mL 超纯水中，制成等渗储备液（原溶液 H）。调整 pH 值 =7.2，并用超纯水将最终体积调整到 550 mL。

（2）结晶紫粉末容易弄脏，所以要防止溢出。结晶紫溶液含有致癌物质甲醛，可能需要特殊处理程序。

致　谢

本工作得到了美国国立卫生研究院过敏症与传染病研究所内研究项目的支持。

参考文献

[1] Moss B. 2001. Poxviridae: the viruses and their replication. Fields Virol, 2(4): 2849–2884.

[2] Carroll MW, Moss B. 1997. Host range and cytopathogenicity of the highly attenuated MVA strain of vaccinia virus: propagation and generation of recombinant viruses in a non-human mammalian cell line. Virology, 238:198–211.

[3] Cotter CA, Earl PL, Wyatt LS, Moss B. 2017. Preparation of cell cultures and vaccinia virus stocks. Curr Protoc Protein Sci, 83:11–15.

第十九章　痘苗病毒感染小鼠的活体成像

John P. Shannon，Olena Kamenyeva，Glennys V. Reynoso，Heather D. Hickman

摘　要：活体多光子显微镜（multiphoton microscopy, MPM）可以实时直接观察病毒感染后在活体动物中的表现。本文介绍了小鼠感染痘苗病毒（vaccinia virus, VACV）的成像途径和注意事项，以及感染动物皮肤和内唇（唇黏膜）的制备。利用表达荧光蛋白的不同重组 VACVs 与转基因荧光报告小鼠结合，MPM 显像可用于检测病毒感染细胞或选定免疫细胞群在感染后的运动、相互作用和功能。

关键词：病毒；痘苗病毒；病毒免疫学；多光子显微镜；活体显微镜；皮肤免疫学；黏膜免疫学

1　前　言

活体多光子显微镜（multiphoton microscopy, MPM）曾被认为是一项困难且昂贵的技术，但在简易和可用性方面迅速发展，允许开发多种方法进行活体动物组织和器官中的免疫反应成像[1]。典型的活体显微镜检查（但并非总是如此！）利用强大的多光子激光激发具有较长波长的荧光团，允许更深的组织渗透和较少的光损伤。MPM 最初用于增加我们对非感染性免疫原给药后免疫应答基本原理的认识，现在正越来越多地被用于探索病原体的免疫应答[2-4]。我们已经常规地应用这项技术来检查 VACV 感染皮肤的抗病毒免疫反应的解剖结构[5-7]，这是用于人类接种天花疫苗的感染途径。最近，我们扩展了这项技术，以了解唇黏膜内的抗病毒免疫，唇黏膜是痘病毒发病的关键部位。本章我们描述了 VACV 感染动物的 MPM 成像的实验方法，重点是在活体小鼠中成像 BSL-2 病毒的独特方面。利用表达多种不同荧光团的重组病毒，利用标准分子生物学方法[8]，我们成功地成像了病毒感染细胞以及皮肤和黏膜中应答的固有淋巴细胞和适应性淋巴细胞的运动。

2　材　料

所有溶液和试剂均应保持无菌，并在生物安全柜中制备。所有试剂应预热至 37℃，并储存在 4℃下。通常 VACVs 储液的滴定度约为 2×10^8 pfu/mL[9]。

2.1　VACV 感染

（1）解冻并超声 VACV（见注释 1）。

（2）分叉接种针。

（3）注射器（1 mL 或胰岛素用注射器）。

（4）带啮齿动物面罩的异氟醚麻醉仪（或其他经批准的镇静方法，见注释 2）。

2.2　耳朵感染 VACV 后的活体显微镜观察

（1）在预定的时间点感染小鼠（见注释 3）。

（2）37℃无菌磷酸盐缓冲液（phosphate-buffered saline, PBS）（见注释 4）。

（3）万能胶水（如强力胶）。

（4）塑料 6 孔板和盖子。

（5）办公室磁带。

（6）运动布胶带。

（7）防水饰条和捻缝绳。

（8）棉球棉签。

（9）麻醉用异氟醚或阿弗丁（见注释 2）。

（10）27 号注射针。

（11）蝶形针头，1 mL 注射器，如有需要，可使用扩张器。

（12）带啮齿动物面罩的低流量异氟醚麻醉仪（Somnosuite，Kent Scientific 公司产品）；心率和血氧饱和度监测仪也很有用。其他异氟醚喷雾器（Braintree Scientific 公司产品）也可与小鼠鼻锥（如 SurgiVet）配合使用。我们发现 Somnosuite 最简单且最一致。

（13）生物安全 2 级立式徕卡活体多光子显微镜，配有 1 个环境腔室和 1 个或多个多光子激光器，如 MaiTai DeepSee、Chameleon Coherent 或 Physics Insight（见注释 5 和注释 6）；超灵敏混合检测器（HyD）；以及 25 × 水浸物镜。

（14）配备以下滤波器的 4 个混合检测器（HyD）：1 个 495 nm 的二向色镜，接着是用于 SHG 和 GFP 的 460/50 nm 带通和 525/50 nm 带通的发射滤波器；560 nm 的长通滤波器；以及用于成像 RFP 和远红色荧光团的 610/60 nm 带通、650 nm 长通和 685/50 带通（见注释 7）。

（15）图像处理软件：Imaris (Bitplane)、Image J 和 Huygens 显微图像去卷积软件（荷兰 Scientific Volume Imaging 公司产品）（见注释 8）。

2.3　VACV 感染唇黏膜的活体显微镜观察

（1）在感染后的理想时间感染小鼠。

（2）水基凝胶（如 KY 凝胶）。

（3）万能胶水（如强力胶）。

（4）倍他定（或其他碘基外科擦洗剂）和 70% 酒精准备垫。

（5）手术胶带。

（6）手术剪刀和敷料钳。

（7）麻醉用异氟醚。

（8）啮齿动物取暖器 / 加热垫（Braintree Scientific 公司产品）（见注释 9）。

（9）不锈钢小台子（见注释 10）。

（10）可拆卸显微镜成像台，带有标准玻片大小的配件。

（11）GOLD SEAL® 1 号盖玻片（Thermo Scientific）（见注释 11）。

（12）带啮齿动物面罩的低流量异氟醚麻醉仪（Somnosuite，Kent Scientific 公司产品）；心率和血氧饱和度监测仪也很有用。其他异氟醚喷雾器（Braintree Scientific 公司产品）也可与小鼠鼻锥（如 SurgiVet）配合使用。我们发现 Somnosuite 最简单且最一致。

（13）生物安全 2 级立式徕卡活体多光子显微镜，配有 1 个环境腔室和 1 个或多个多光子激光器，如 MaiTai DeepSee、Chameleon Coherent 或 Physics Insight（见注释 5 和 6）；超灵敏混合检测器（HyD）；以及 25 × 水浸物镜。

（14）配备以下滤波器的 4 个混合检测器（HyD）：1 个 495 nm 的二向色镜，接着是用于 SHG 和 GFP 的 460/50 nm 带通和 525/50 nm 带通的发射滤波器；560 nm 的长通滤波器；以及用于成像 RFP 和远红色荧光团的 610/60 nm 带通、650 nm 长通和 685/50 带通（见注释 7）。

（15）图像处理软件：Imaris (Bitplane)、Image J 和 Huygens 显微图像去卷积软件（荷兰 Scientific Volume Imaging 公司产品）（见注释 8）。

3 方 法

在使用或处理 VACV 时，应遵循生物安全级别 2（Biosafety Level 2, BSL-2）的所有程序，包括穿戴适当的个人防护装备（personal protective equipment, PPE）以及研究所指定的适当的动物处理方案。目前也可以接种针对 VACV 的疫苗。除非另有说明，否则所有溶液加热至 37℃。

3.1 VACV 感染耳郭和唇黏膜的表皮

（1）取出 VACV 原液，在冰上解冻，3 次超声破碎聚集的病毒。

（2）用异氟醚麻醉小鼠进行皮肤感染。一旦给小鼠适当的麻醉剂，轻轻地在一个坚实的支撑物（比如 50 mL 管子的盖子）上伸展小鼠的耳朵。

（3）用 1cc 或胰岛素注射器从病毒液管中取出超声处理过的 VACV，并在耳腹侧或背侧滴放 1 滴病毒（大约 10 μL）（视实验而定；见注释 12）。用分叉的针头（针尖浸透）将 VACV 液滴洒在耳朵上，轻轻戳入耳朵 5~15 次，注意不要戳穿薄的耳朵皮肤（见注释 13）。

（4）对于黏膜感染，使用批准的注射麻醉剂或异氟醚（进行麻醉处理见注释 14）。一旦给小鼠注射了麻醉剂，用胰岛素注射器在下唇滴 1 滴病毒。用分叉针轻轻戳黏膜 5 次，确保不要戳得太深，感染皮肤（见注释 15）。

（5）擦拭耳朵 / 内唇，去除剩余的 VACV。让小鼠从麻醉中恢复。小鼠可一直在笼子中直到达到预计的感染后天数（desired day posinfection, dpi）。

（6）恰当地丢弃未使用的 VACV——我们通常不会进行冻融，因为这会影响病毒滴度。

3.2　用于 MPM 成像的其他器官的 VACV 感染途径

（1）对于淋巴结（lymph node, LN）MPM 成像，可皮下或皮内感染小鼠。为了对感染后的腘窝淋巴结进行成像，通常在后足垫皮下注射 10^5~10^8 pfu，总体积为 20 μL。为了对腹股沟淋巴结进行成像，在紧邻淋巴结的侧腹皮肤皮下注射 3 次，以获得最佳效果。

（2）对于感染后的脾脏成像，可通过静脉和腹腔注射病毒。高病毒剂量会导致 1 周内死亡，因此应根据实验要求谨慎选择剂量（见注释 16）。

（3）对于肺的成像，可在鼻腔内注射 VACV。

（4）对于卵巢感染的影像学检查，应在腹腔注射 VACV。

3.3　准备小鼠用于 VACV 感染皮肤活体显微分析

已经有多篇文章回顾性综述了小鼠耳皮肤的 MPM 成像 [10-13]。在本章所述的方法中，我们将重点讨论 VACV 感染皮肤成像的一些独特的方面。

（1）在小鼠耳外接种病毒后，病毒复制如前所述 [5,6]。选择能够可视化所需的感染细胞群当天进行成像。对于 VACV 感染炎症性单核细胞的成像，我们推荐选择在感染后 3~4 d 进行。

（2）在选定的时间后从饲养笼取出小鼠，感染和麻醉。

（3）初始麻醉后，可使用浓度在 1% 左右的面罩或使用蝶形针插入腹膜的阿弗丁维持小鼠（见注释 17）。麻醉的速度必须根据小鼠的体重和性别进行调整。在环境腔室麻醉时，要特别注意不要使小鼠过热；必须仔细监测温度。

（4）将小鼠置于坚实的支架上，使其能够在手术准备区和显微镜之间移动。我们通常使用一次性的 6 孔聚苯乙烯板。用胶带轻轻固定小鼠到板上（注意不要用胶带太紧，否则呼吸会受到限制）。胶带可以保护小鼠，也会阻挡呼吸从而限制小鼠运动。

（5）用 1 小滴氰基丙烯酸胶将内耳固定在 6 孔板上。耳朵应该非常平坦，没有褶皱

（见图 19-1 和注释 18）。注意不要触动到 VACV 感染皮肤上的任何结痂。虽然一些 MPM 皮肤实验使用脱毛膏来脱毛，但不会在感染了 VACV 病毒的皮肤上使用。

（6）用捻缝线在粘上胶将要成像的耳朵周围挖 1 个孔（见图 19-1 和注释 19）。

（7）用 37℃的 PBS 将填缝软线填满。病毒可能从耳朵释放到 PBS，注意不要溢出。小鼠准备好后应更换手套。

（8）用棉签轻轻清除孔里的气泡（见注释 20）。

（9）将小鼠转移到 MPM 显微镜的加热室，小心地将浸渍物镜放入 PBS 中。显微镜物镜可能会接触到病毒，实验结束时应进行适当地消毒。

（10）我们通常在成像过程结束时对小鼠实施安乐死，但仍处于麻醉状态。然而，由于对皮肤的成像是微创性的，所以有可能让小鼠在麻醉中恢复过来，并在以后的时间内再次成像。

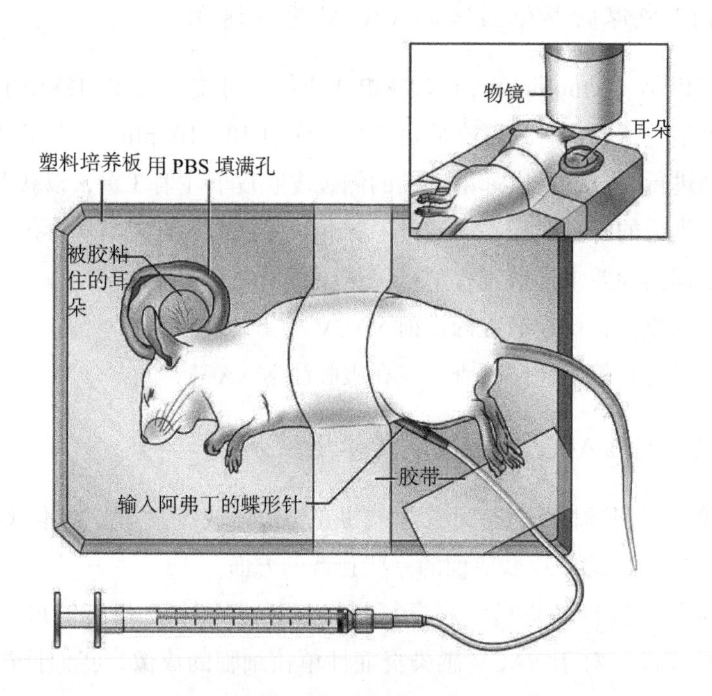

图 19-1　准备小鼠用于 VACV 感染耳皮肤的 MPM 成像

对于耳朵皮肤的成像，使用阿弗丁麻醉小鼠，然后用布胶带将小鼠固定到坚实的平台上。耳朵也直接连接到板上，以增加固定。耳朵周围是一个填塞孔，里面装满了预热过的 PBS。将制备好的小鼠转移至显微镜环境室进行 MPM 成像。

3.4　准备小鼠用于 VACV 感染唇黏膜活体镜检

（1）在诱导室内用 2% 异氟醚诱导动物麻醉。初次麻醉后，用鼻锥将异氟醚内流维持在 1.5%~1.75% 的持续浓度。必要时根据氧饱和度进行调整。

（2）对于手术和准备，将小鼠和显微镜台插入物放在加热垫上，并用手术带将小鼠面朝上固定（见注释 9）。

（3）用 3 种交替使用的倍他定擦剂（或其他碘基手术擦剂）和 70% 乙醇对手术部位进行消毒。

（4）在嘴角做 2 mm 长的切口，避免造成面部前静脉和其他主要血管的损伤（见图 19-2A.1 和注释 21）。

（5）暴露唇黏膜，方法是将小鼠唇从内向外翻转，然后在不锈钢迷你台中轻轻地将其拉过开口，然后用强力胶将外唇表面粘到固定器上。应格外小心，以免强力胶进入唇部内表面（见图 19-2A.2 和图 19-2A.3）。

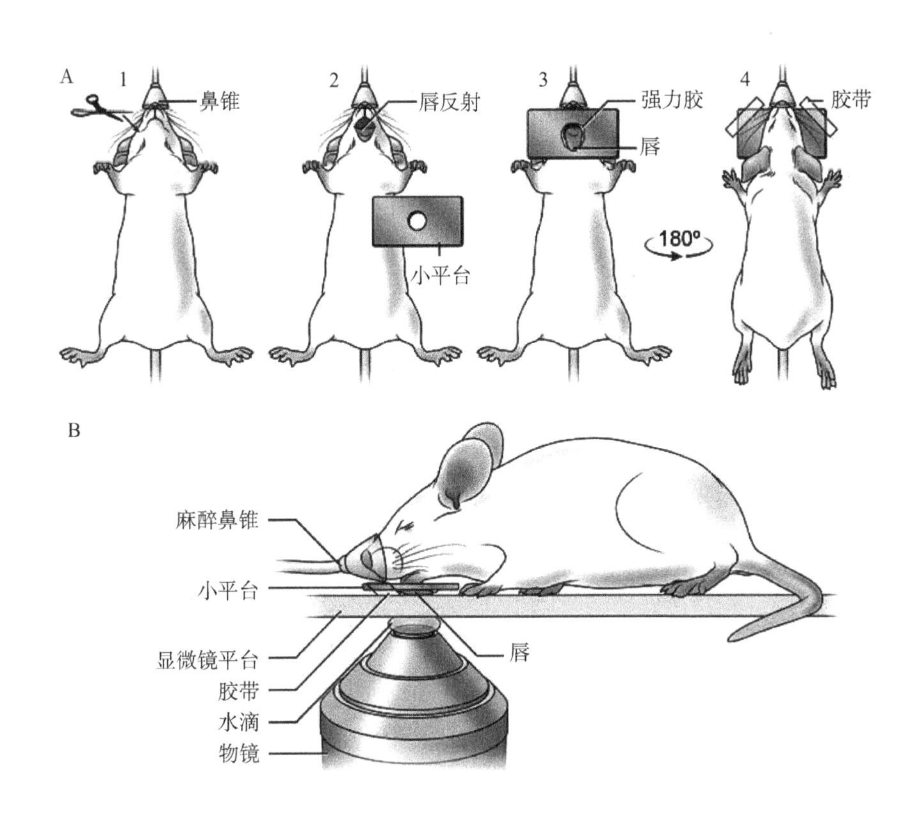

图 19-2　小鼠唇黏膜 MPM 成像准备

（A）VACV 感染内唇 MPM 成像动物准备序列。（1）将麻醉后的小鼠平卧位，口角两侧各开 2 mm 切口。（2）轻轻下拉下唇，露出内黏膜组织（唇黏膜）。（3）通过不锈钢小平台的开口拉唇，注意在拉唇过程中不要损伤组织。滴 1 滴强力胶涂在外唇表面，使唇贴在小平台上。（4）将小鼠俯卧置于显微镜平台上，用手术胶带将微型台固定。（B）为唇黏膜 MPM 成像准备的小鼠侧面图。在倒置显微镜下，25 × 水浸物镜面对麻醉小鼠暴露的唇黏膜。

（6）将唇片完全贴附于小平台后，将暴露在外的唇黏膜浸入水性凝胶中。

（7）在倒置显微镜上进行 MPM 成像时，将小鼠面朝下翻转到显微镜成像阶段的上唇，使用手术胶带固定微型阶段的角（见图 19–2A.4，图 19–2B)。

（8）小心地将 1 滴水滴在倒置的物镜上，然后将固定的小鼠转移到加热的显微镜室。慢慢提高目标值使其接触到盖玻片（见注释 22 和图 19–2B）。

（9）小鼠唇黏膜成像需要小手术；因此，在小鼠还未从麻醉中恢复时就应被安乐死。

3.5 MPM 图像采集

（1）将多光子激光波长设置为 900 nm，使其可同时激发 eGFP 和 dsRED（如果使用单个 MaiTai 激光激发这两个荧光团）。对于远红色荧光团，将 Insight DS 激光调谐到 1 150 nm。根据需要设置为其他波长[14]。我们已经完成了表达 tagBFP、eGFP、tdTomato、mCherry 和 turboRFP 的 VACV 成像[5-7,15]。

（2）在获取图像进行运动分析之前，将小鼠加热到腔室的温度。体温的微小变化会严重影响细胞的运动。

（3）根据需要确定并设置成像参数。图像采集必须平衡扫描区域（x–y）和图像深度（z）与获取每个三维图像集（堆栈）所需的时间。如果使用一个带有机动工作台的倒置示波器，随着时间的推移，可以获得多个区间 EST 的平铺扫描（高达 2 mm^2）。堆栈之间的间隔必须根据所分析的参数进行调整。快速移动的细胞（如 T 细胞和中性粒细胞）需要较短的堆叠时间间隔。

（4）在所需时间范围内随时间获取 z 堆栈。为了阻止蜂窝移动，我们建议跟踪细胞至少 1 h。可以串联多个数据集（包含数小时的数据），以减小单个文件的大小。

（5）在成像期间监测小鼠的麻醉深度（见注释 17）。

（6）使用适当的软件分析数据集。通常，我们随着时间的推移对每个堆栈进行最大强度投影，并使用诸如 Imaris 之类的软件来定量细胞速度和方向，其中包含多个自动配对的点计数检测和跟踪算法。数据图像分析很大程度上依赖于实验设计。有关先前的综述，请参见参考文献[16-18]。

4 注　释

（1）在感染前（体外或体内）超声分离聚集的病毒。

（2）根据实验的不同，麻醉可以注射（阿弗丁或氯胺酮 / 二甲苯嗪）或吸入（异氟醚）。每种麻醉剂在成像方面都有优缺点。虽然异氟醚麻醉通常产生最一致的结果，但通过鼻锥递送的设备可能会妨碍某些区域的成像。

（3）应仔细选择小鼠品系，选择无色素小鼠以便在任何情况下都能够进行皮肤成像。而色素沉着的小鼠（如 C57BL/6）有黑色素细胞和含有黑色素的真皮细胞，它们能吸收光线，从而产生热量和光损伤[13]。

（4）将 PBS 应用于小鼠之前，应将其加热至 37℃。因为若加入冷的缓冲液会改变组织内细胞的运动。

（5）麻醉小鼠不能保持体温，因此在成像时必须提供适当的热源。在大多数情况下，带有反馈温度计的加热毯都能起作用；然而，保持整个显微镜台的环境室和恒定温度下的麻醉老鼠可提供最精确的结果。

（6）对于一条龙服务的 MP 显微镜存在多种选择。第一个选择标准是使用直立式（物镜来自顶部）和倒置式（物镜来自底部）显微镜。直立镜不必像倒置镜那样通过盖玻片成像；但是，对于一些含水量较高的组织，盖玻片的加入可以起到稳定作用。现在也有多种 MP 激光选项；而价格是主要因素之一。许多望远镜配备了 1 个以上的 MP 激光器，允许在多个波长同时激发荧光团。

（7）过滤器应针对正在使用的荧光团进行优化；我们列出了最常用的一组。

（8）图像处理软件可有多种选择。

（9）对唇黏膜成像需要小手术，增加了准备时间。由于小鼠在麻醉状态下无法调节体温，因此在此期间保持生理温度非常重要。

（10）这是一个定制的 2 cm × 5 cm 的不锈钢板，中间带有圆形窗口。动物准备好后，在倒置显微镜上对着水浸透镜。微型手术台的设计目的是通过将器官粘在手术台上，并通过开口使目标区域暴露，从而稳定较大器官（这里是唇黏膜）内目标小区域。

（11）必须根据给定目标的数值孔径（numerical aperture, NA）使用适当的盖玻片厚度。大多数物镜设计为使用 1 个盖玻片（厚度 0.13~0.17 mm）。使用不正确的盖玻片厚度可能会导致信号强度和分辨率降低。

（12）我们通常感染含有毛囊的背耳郭。如果对色素沉着（如 C57BL/6）的小鼠进行成像，切换到腹耳有助于避免一些自发荧光（因为此侧的色素较少）。

（13）在 MPM 成像能力最大的区域进行感染。避免太靠近小鼠头部的区域，会因物镜而妨碍在直立显微镜上的成像。同样地，避开耳朵边缘，因为这些区域有浓密的毛发，已被证明更难成像。

（14）使用异氟醚鼻锥很难感染唇黏膜。注射剂阿弗丁须经机构委员会批准后方可使用。随着时间的推移，腹腔注射可导致炎症，当用于免疫学研究时应当考虑到这一点。阿弗丁的注射量应基于体重使用。为了获得最一致的结果，应储备新的阿弗丁。阿弗丁可在 4℃的暗室中储存约 14 d。

（15）对于黏膜 VACV 感染的 MPM 成像，唇内侧和外侧皮肤之间的病毒接种最大限度地提高了成像能力；但是，必须防止外唇穿透或皮肤感染（除非需要分析皮肤感染）。

（16）选择病毒剂量时，必须平衡病毒感染细胞的可视化能力和感染生理学。通常，需要相当高的病毒剂量才能找到表达荧光蛋白的 VACV 感染细胞，特别是在注射后不久对动物进行成像时（如在淋巴结中）。在皮肤和唇黏膜中，较低的病毒剂量只能在 VACV

复制后才能观察受感染的细胞。

（17）使用运动布胶带将输送异氟醚的面罩牢固地固定在小鼠身上。建议使用心率/血氧饱和度监测仪进行检测。该仪器可在成像过程中无创地测定麻醉水平。我们发现，心率为 300~450 bpm，氧饱和度约为 90% 的动物可以成像 4 h 以上[19]。

（18）我们发现，用手指轻轻按压整个耳朵是有帮助的。如果不慎将胶水转移到皮肤上，胶水会发出荧光，因而应避免胶水粘在手套上造成污染。

（19）我们发现窗缝是最容易在皮肤周围形成良好的 PBS 的材料，但也可以使用其他材料。

（20）加入 PBS 后，小鼠的毛发会捕捉气泡。气泡会干扰成像。

（21）口腔角处的小斜角切口导致唇部黏膜暴露增加，成像时出血最少。

（22）在使用浸水透镜时，物镜与 MPM 成像台之间的水滴必须每 1 h 重新涂抹 1 次。在使用 Huygens（SVI 公司产品）软件进行采集后数据处理期间，可以将连续 1 h 的延时视频组合成连续 6 h 的延时视频。

致　谢

本工作得到了美国国立卫生研究院过敏和传染病研究所的院内研究项目的支持。插图由 Ethan Tyler（美国国立卫生研究院医学部）制作。

参考文献

[1] Secklehner J, Lo Celso C, Carlin LM. 2017. Intravital microscopy in historic and contemporary immunology. Immunol Cell Biol, 95(6):506–513.

[2] Halin Cornelia MJR, Cenk S, von Andrian Ulrich H. 2005. In vivo imagining of lymphocyte trafficking. Annu Rev Cell Dev Biol, 21:581–603.

[3] Qi H, Kastenmuller W, Germain RN. 2014. Spatiotemporal basis of innate and adaptive immunity in secondary lymphoid tissue. Annu Rev Cell Dev Biol, 30:141–167.

[4] Hickman HD. 2017. New insights into antiviral immunity gained through intravital imaging. Curr Opin Virol, 22:59–63.

[5] Hickman HD, Reynoso GV, Ngudiankama BF, Cush SS, Gibbs J, Bennink JR et al. 2015. CXCR3 chemokine receptor enables local CD8(+) T cell migration for the destruction of virus-infected cells. Immunity, 42(3): 524–537.

[6] Hickman HD, Reynoso GV, Ngudiankama BF, Rubin EJ, Magadan JG, Cush SS et al. 2013. Anatomically restricted synergistic antiviral activities of innate and adaptive immune cells in the skin. Cell Host Microbe, 13(2):155–168.

[7] Cush SS, Reynoso GV, Kamenyeva O, Bennink JR, Yewdell JW, Hickman HD. 2016. Locally produced IL-10 limits cutaneous vaccinia virus spread. PLoS Pathog, 12(3):e1005493.

[8] Wyatt LS, Earl PL, Moss B. 2017. Generation of recombinant vaccinia viruses. Curr Protoc Protein Sci, 89:5.13.1–5.13.8.

[9] Reynoso GV, Shannon JP, Americo JL, Gibbs J, Hickman HD. 2018. Growth and purification of vaccinia virus stock. Methods Mol Biol, 2023.

[10] Goh CC, Li JL, Becker D, Weninger W, Angeli V, Ng LG. 2016. Inducing is chemiareperfusion injury in the mouse ear skin for intravital multiphoton imaging of immune responses. J Vis Exp, (118). https://doi. org/10.3791/54956.

[11] Gaylo A, Overstreet MG, Fowell DJ. 2016. Imaging CD4 T cell interstitial migration in the inflamed dermis. J Vis Exp, (109):e53585. https://doi.org/10.3791/53585.

[12] Egawa G, Kabashima K. 2016. *In vivo* imaging of cutaneous DC's in mice. Methods Mol Biol, 1423:269–274.

[13] Li JL, Goh CC, Keeble JL, Qin JS, Roediger B, Jain R et al. 2012. Intravital multiphoton imaging of immune responses in the mouse ear skin. Nat Protoc, 7(2):221–234.

[14] Drobizhev M, Makarov NS, Tillo SE, Hughes TE, Rebane A. 2011. Two-photon absorption properties of fluorescent proteins. Nat Methods, 8(5):393–399.

[15] [Hickman HD, Li L, Reynoso GV, Rubin EJ, Skon CN, Mays JW et al. 2011. Chemokines control naive CD8+ T cell selection of optimal lymph node antigen presenting cells. J Exp Med, 208(12):2511–2524.

[16] Beltman JB, Maree AF, de Boer RJ. 2009. Analysing immune cell migration. Nat Rev Immunol, 9(11):789–798.

[17] Benson RA, Brewer JM, Garside P. 2017. Visualizing and tracking t cell motility *in vivo*. Methods Mol Biol, 1591:27–41.

[18] Sharaf R, Mempel TR, Murooka TT. 2016. Visualizing the behavior of HIV-infected T cells *in vivo* using multiphoton intravital microscopy. Methods Mol Biol, 1354:189–201.

[19] Ewald AJ, Werb Z, Egeblad M. 2011. Monitoring of vital signs for long-term survival of mice under anesthesia. Cold Spring Harb Protoc, 2011(2):pdb prot556.

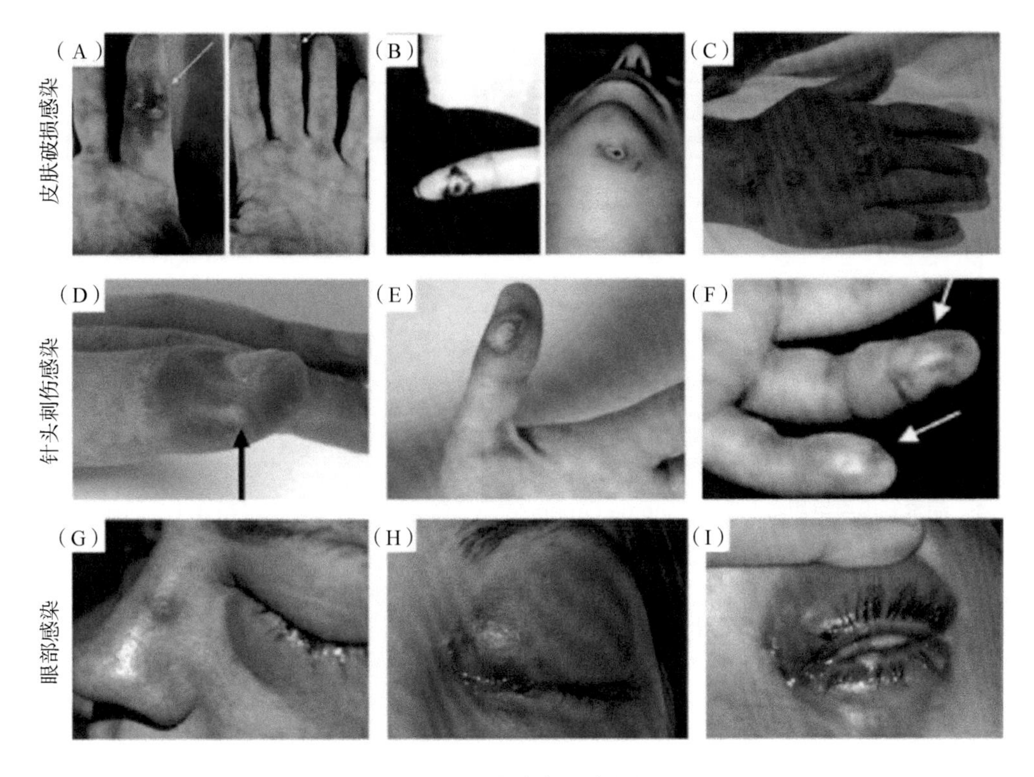

图 1–1　痘病毒感染症状

（A）症状出现后 5~7 d 手指非针刺感染照片。经麦克米伦出版有限公司许可转载:《皮肤病研究杂志》，参考文献[17]，版权所有 ©2003。（B）症状出现 18 d 后的原发性和继发性病变照片。转载自《临床病毒学杂志》，参考文献[19]，版权 ©2004，经爱思唯尔许可。（C）接触浣熊狂犬病疫苗诱饵 11 d 后的女性右手照片。图片和图例摘自参考文献[26]。这些已发表的材料已向公众开放使用。（D）针刺伤后 2 d 手指的照片。箭头指向接种部位形成的浑浊小囊泡。参考文献[25]允许转载的图：Senanayake SN. Needlestick injury with smallpox vaccine. Med J Aust 2009；191 (11)：657. 版权所有 ©2009《澳大利亚医学杂志》。（E）接种 9 d 后左拇指病变。图片和图例摘自参考文献[29]。这些已发表的材料已向公众开放使用。（F）意外注射 VACV 11 d 后，左手局部反应。箭头表示病变区域。图片和图例摘自参考文献[16]。这些已出版的材料已向公众开放使用。（G）实验室获得性 VACV 感染，出现症状 4 d 后的男子左眼。图片和图例摘自参考文献[24]。这些已发表的材料已向公众开放使用。（H）VACV 眼部感染，症状出现 5 d 后。原发性水痘病变位于内眼角。（I）症状出现后 7 d 结膜下出现卫星病变。（H）和（I）由克莱尔 · 纽伯恩拍摄。图片和图例摘自参考文献[20]。这些已发表的材料已向公众开放使用。有关图像的彩色版本，请参阅本章的电子版本或 Web 链接。（C）链接：https://www.cdc.gov/mmwr/preview/mmwrhtml/mm5843a2.htm。（E）链接：https://www.cdc.gov/ mmwr/pre-view/mmwrhtml/mm6416a2.htm。（F）链接：http://www.cdc.gov/ncidod/EID/vol9no6/images/ 02-0732_1b.jpg。（G）　链　接：http://www.cdc.gov/mmwr/preview/mmwrhtml/figures/m829a1f.gif。（H）链接：https://wwwnc.cdc. gov/eid/article/12/1/05-1126-f1。（I）链接：https://wwwnc.cdc.gov/eid/article/12/1/05-1126-f2。

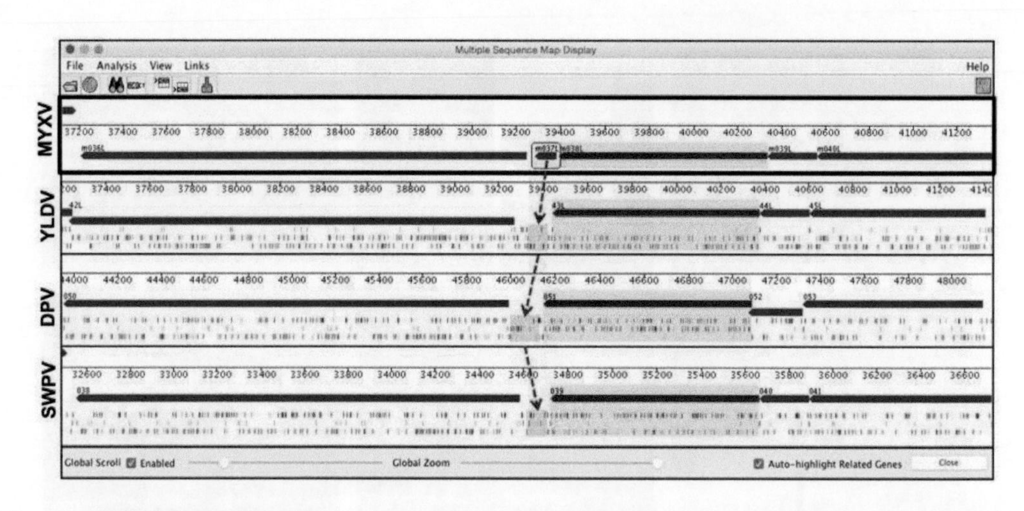

图 2-1　病毒基因组组织者 (Viral Genome Organizer, VGO)，用于分析本章标题 3.4.1 的描述的内容

矩形是基因；红色块是自动突出显示的同源序列；红色横线代表了可能是 myxoma-m037L 基因的潜在同源基因的小 ORFs。在电脑屏幕上（及本章的电子版），起始 / 终止密码子分别为绿色和红色；然而，我们仍然正在评估颜色的变化，使其更适应色盲用户的需要。

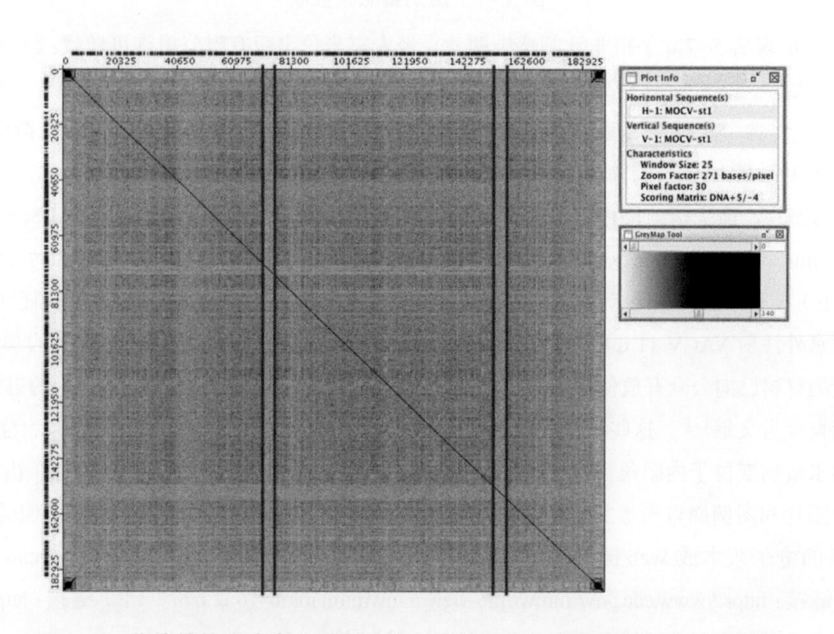

图 2-2　传染性软疣病毒（亚型 1 株）全基因组与自身比较的点（自编图）

小图显示了（1）用于更改评分参数的灰度图工具（*GreyMap Tool*）;（2）图信息（*Plot Info*）。沿轴的小方块通常被上色来表示具有转录方向的基因。红色双竖线突出的是不同核苷酸组成的基因组区域（建议作为潜在的 HGT 区域）。

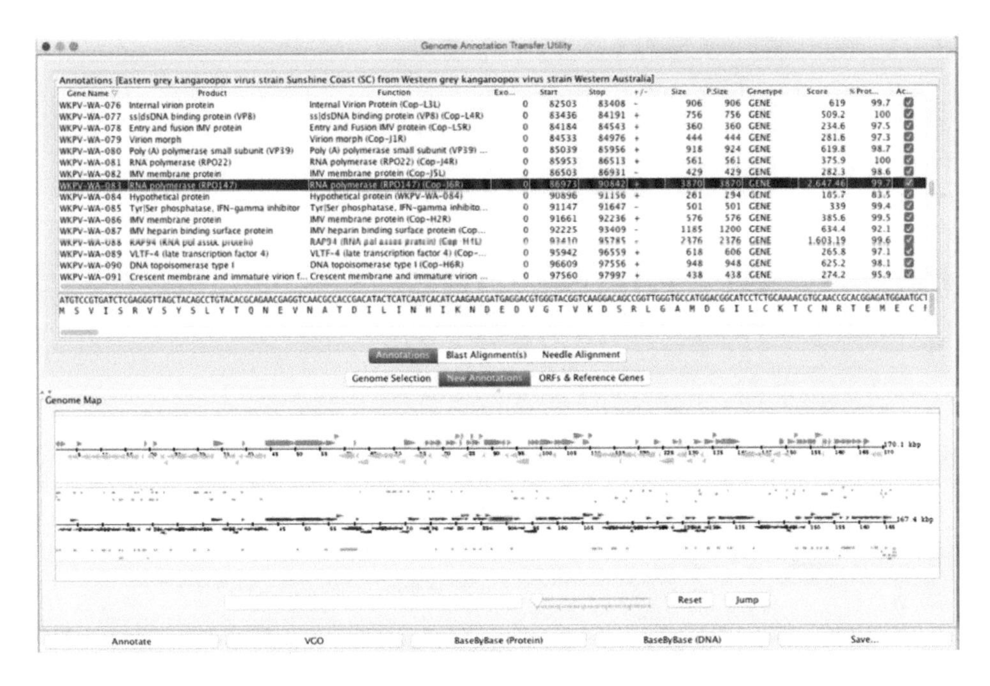

图 2-3 基因注释转移效用（Gene Annotation Transfer Utility, GATU）

顶部面板显示了预计位于基因组需要注释的基因列表。底部面板显示了参考基因组的基因组图谱（顶行）和预测的基因组基因注释（底部）。在计算机屏幕上，基因符号通过着色清晰显示。

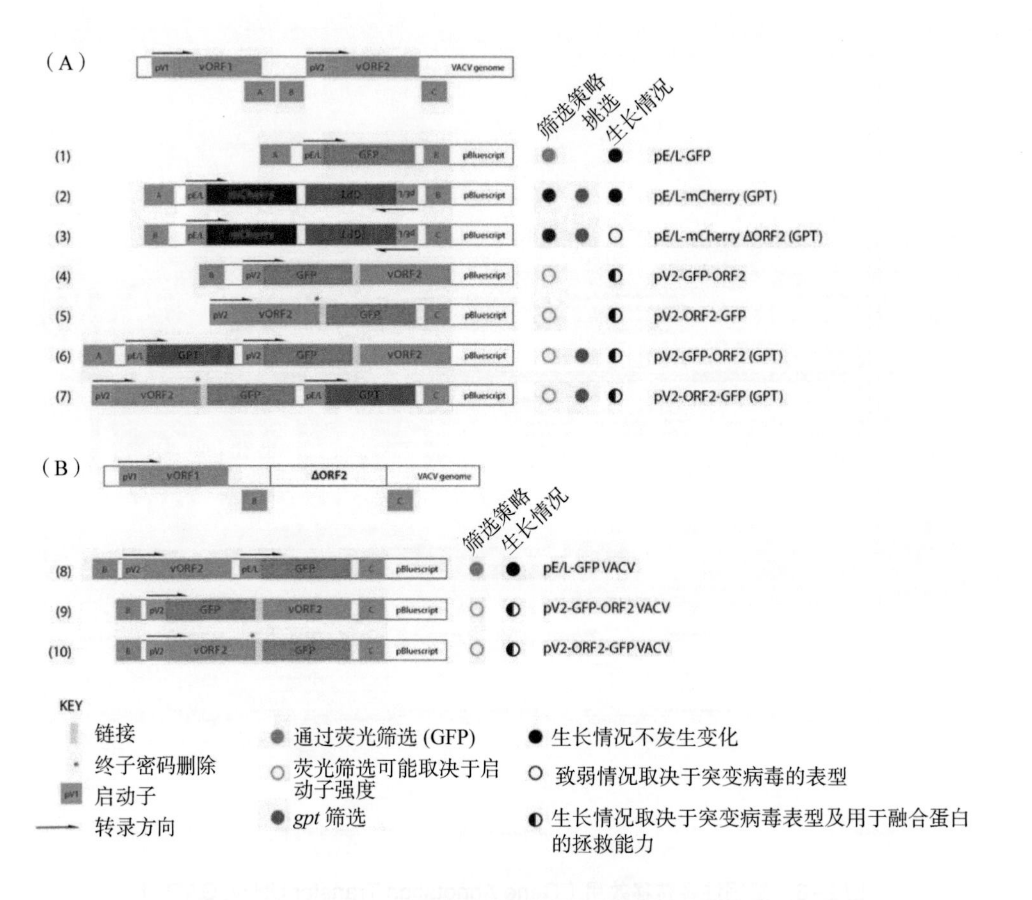

图 4–1 重组病毒的构建示意图

（A）可通过筛选荧光（策略 1、策略 4、策略 5）的噬斑或与 *gpt* 表达的生化选择（策略 2、策略 3、策略 6、策略 7）一起从亲本毒株（未经修饰）中产生荧光重组 VACVs。当使用强的合成启动子（策略 1~3）或内源性启动子高度活跃（策略 4、策略 5、策略 6、策略 7；例如 A3L、F13L）时，荧光筛选可以获得重组病毒。如果内源性启动子强度弱（F1L）或未知，那么选择重组病毒会比较费事。（B）荧光重组 VACV 可通过拯救显示生长减弱和小噬斑表型的突变株而产生。拯救生长缺陷可用于选择插入转基因（策略 8）或用荧光开放阅读框的红外融合替换内源性基因。病毒荧光融合蛋白恢复基因功能的能力对于策略 4、策略 5、策略 6、策略 7、策略 9、策略 10 至关重要。

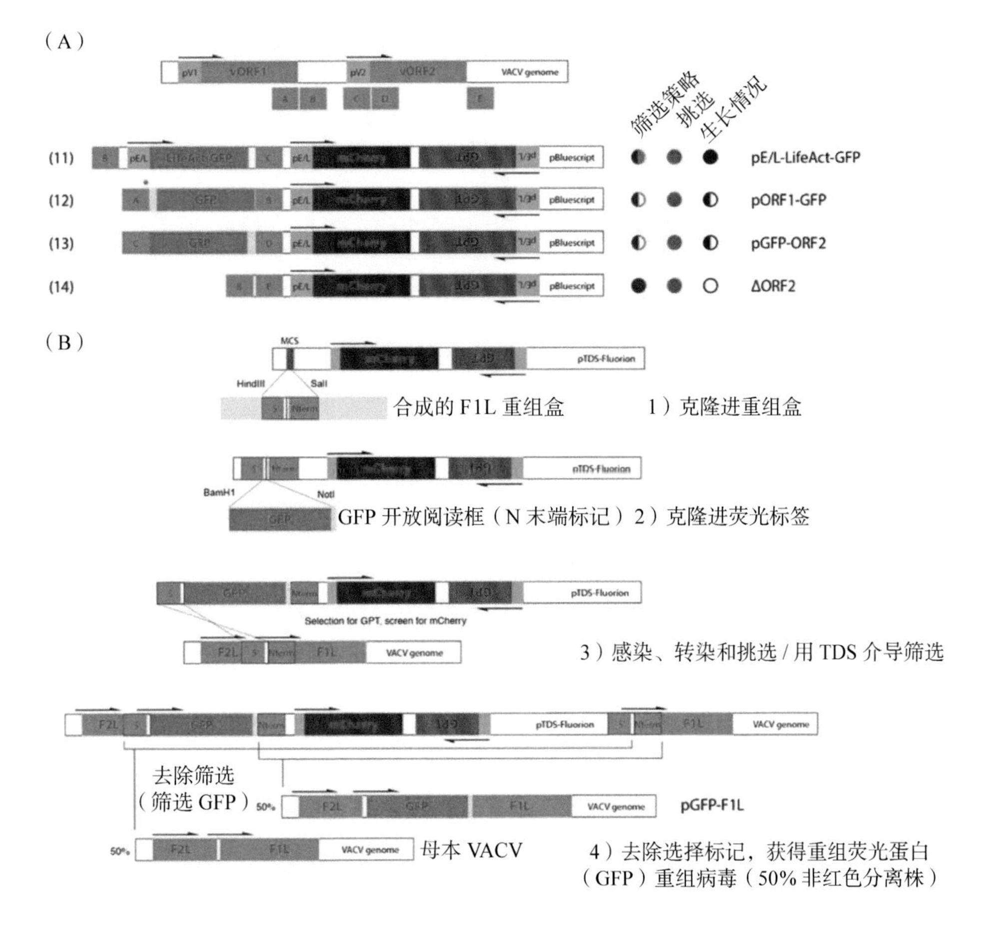

图 4-2　重组病毒的构建示意图

（A）强筛选（mCherry）和选择（*gpt*）可以结合 TDS 方法来恢复表达荧光转基因（策略 11）的重组病毒，删除病毒基因（策略 14），或者用荧光 ORF（策略 12，策略 13）的内融合替换内源性基因。TDS 的一个优点是所产生的重组病毒具有被切除的筛选和选择基因。（B）用于产生 N 末端带 GFP 标记的 F1L 重组病毒（pGFP-F1，策略 13）的 TDS-Fluorion 载体的示例。产生重组质粒需要两个克隆步骤：首先，合成左、右同源臂并克隆到 TDS 荧光载体（策略 1）中；其次，在框中（策略 2）添加所需的荧光蛋白。表达 mCherry 和 *gpt* 的 TDS 中间体用于筛选 / 选择（策略 3）。这些是 5′或 N 端区域的单个重组事件的产物（见注释 10）。在去除选择标记后，由于重复序列的重组而从病毒基因组中去除 TDS-Fluorion 序列将导致近似相等的频率，恢复为亲本毒株（在 5′区域重组）或分解为 pGFP-F1（在 N 端区域重组）。

（A）

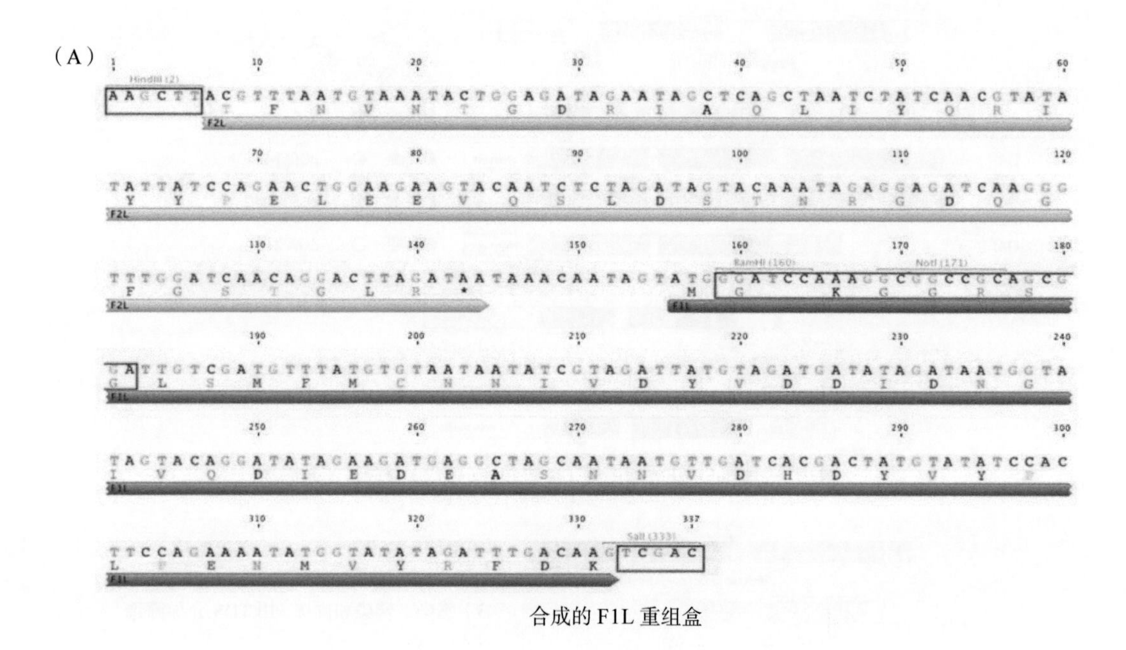

合成的 F1L 重组盒

（B）

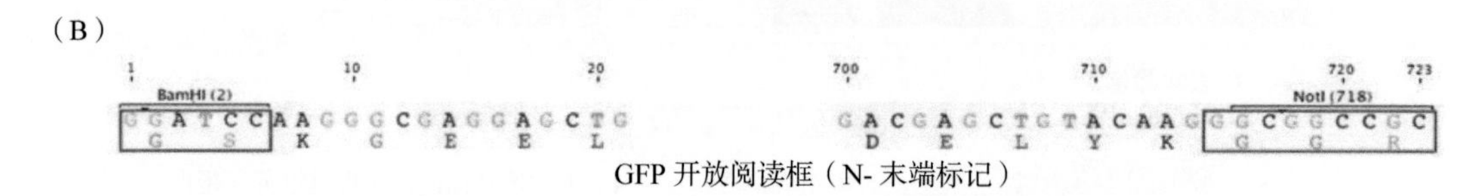

GFP 开放阅读框（N- 末端标记）

图 4-3　荧光重组病毒的 pGFP-F1L 重组质粒构建

（A）围绕 F1L ORF 起始密码子的基因组区域按合成 DNA 排序，包括左臂（31 175~31 024，登录号 AY243312.1）和右臂（31 023~30 874）。该序列被修改为包括 5′和 3′克隆位点（*Hin*dⅢ和 *Sal*Ⅰ），该克隆位点允许将该序列克隆到 TDS 荧光载体中。如有必要，在不改变任何 ORF 的情况下（如密码子第 3 位的替换，在这种情况下不需要），从内部序列中去除 *Hin*dⅢ和 *Sal*Ⅰ位点。在 F1L 的 ATG 起始密码子后立即添加链接序列 / 克隆位点，使其可允许插入荧光标记 ORF。由此产生的融合 ORF 将在位置 2 添加 1 个 G 残基，并在荧光标记和 F1 的 N 端之间添加 1 个由 GGRSG 组成的链接序列。（B）通过 *Bam*HⅠ和 *Not*Ⅰ位点可将 GFP ORF 克隆为 N 端融合。红色框表示从基因组序列或标签 ORF 修改的序列。

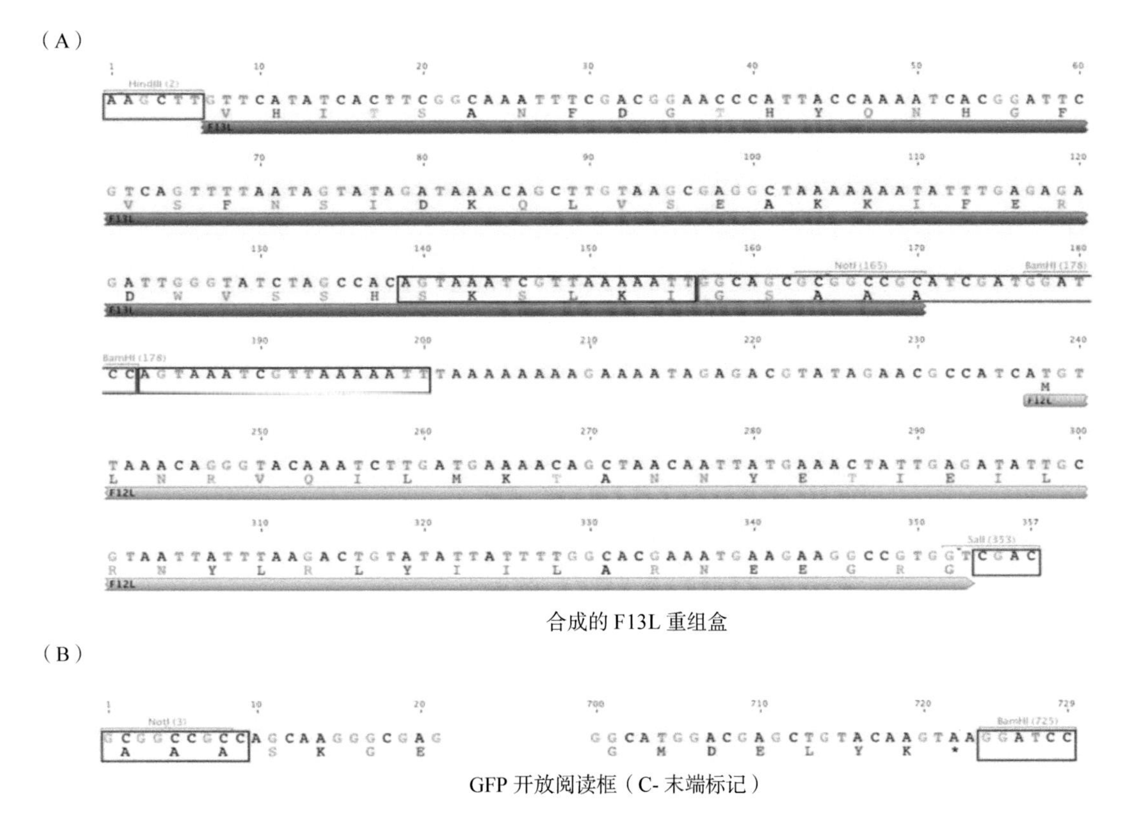

图 4-4　荧光重组病毒的 pF13L-GFP 重组质粒构建

（A）围绕 F13L ORF 终止密码子的基因组区域作为合成 DNA，包括左臂（40 983~40 834）和右臂（40 851~40 681）。该序列被修改为包含 5' 和 3' 克隆位点（*Hin*dⅢ和 *Sal*Ⅰ），允许该序列被克隆到 TDS-Fluorion 载体中。删除 F13L 终止密码子，并添加一个链接序列 / 克隆位点，允许 RF 插入荧光标记 ORF。由此产生的融合 ORF 将在 F13 的 C 端与荧光标记之间添加一个由 GSAAA 组成的链接序列。复制一个小序列（40 851~40 834，黑色框），以确保 F12L 的启动子元件在 F13L 的 3' 端修饰后不会被破坏。（B）利用 *Sal*Ⅰ和 *Bam*HⅠ位点可以克隆 GFP ORF 作为 C 端融合。在 *Bam*HⅠ位点的前面添加了一个终止密码子。从基因组序列或标记 ORF 修改的序列用红色框起来。

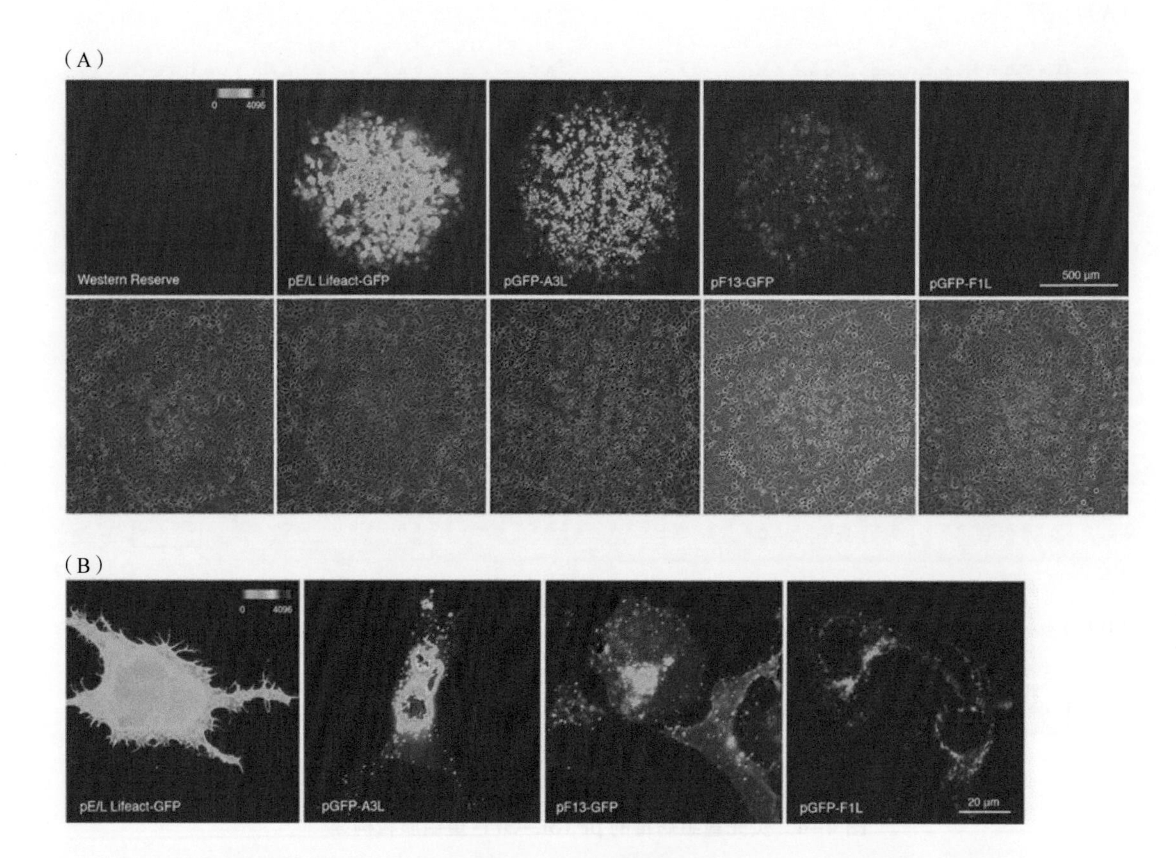

图 4–5　细胞显微照片

（A）用 CMC-MEM 覆盖 BS-C-1 细胞单层上，病毒感染后 3 dpi 形成斑块的显微照片。（B）用指定病毒感染病毒固定（4.7% 多聚甲醛 10 min）的细胞显微照片。所有图像均采用相同的设置（A：50 ms 曝光，10 倍物镜；B：20 ms 曝光，60 倍油浸物镜），尼康 Eclipse Ti-E 倒置显微镜，ANDOR Zyla sCMOS 相机，470 nm LED 光源（100%）。像素饱和度用彩虹标度表示（0~4 096）。

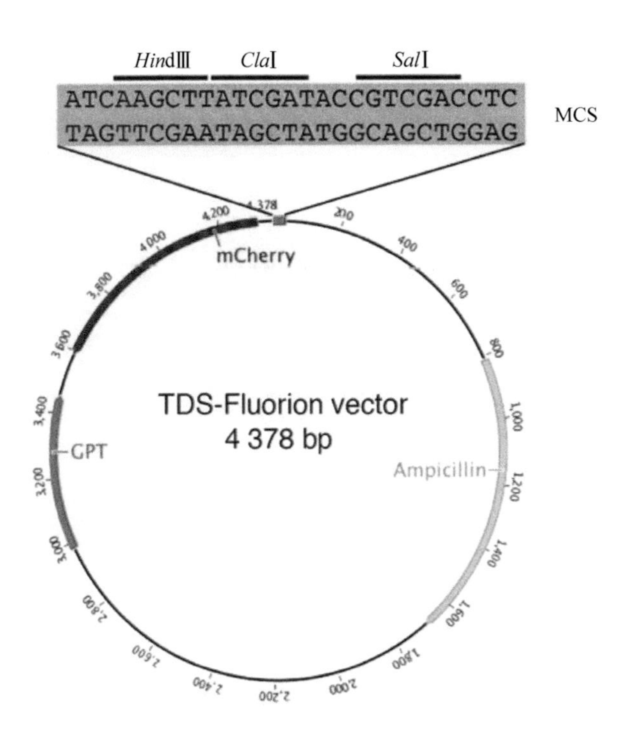

图 4-6　TDS-Fluorion 载体

可利用 TDS 结合 mCherry 筛选和 *gpt* 选择构建用于拯救荧光病毒的重组质粒（见注释 11）。可利用 *Hin*dⅢ和 *Sal*Ⅰ限制性内切酶将合成的 DNA 片段克隆到 MCS 中。

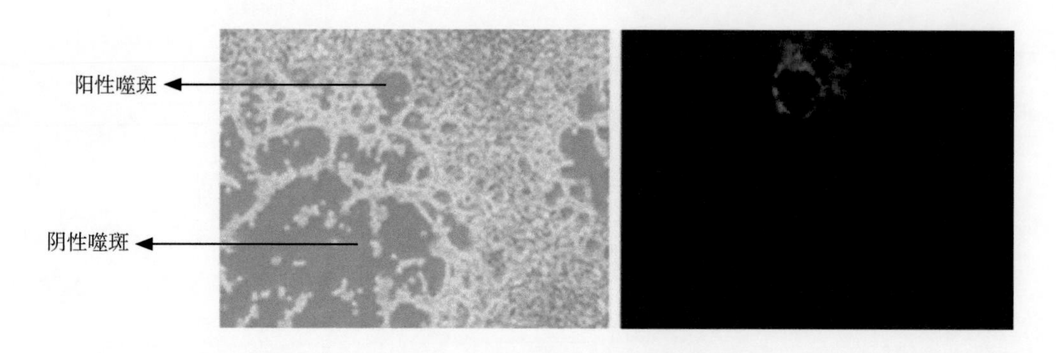

图 6-2　表达 RFP 噬斑的筛选

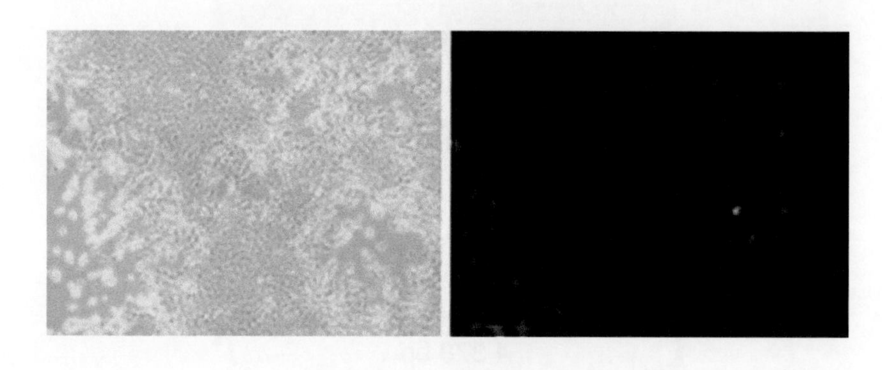

图 6-3　纯的突变体 VACV

当所有受感染的细胞都表达 RFP 标记物时，就可以认为突变体 VACV 是纯的。

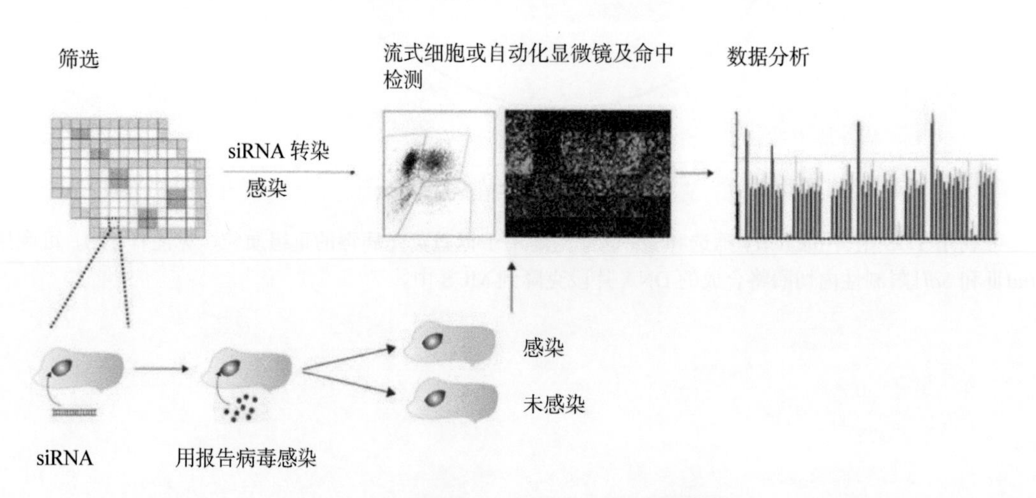

图 7-1　96 孔板 siRNA 筛选工作流程示意

用靶向靶标病毒蛋白的 siRNAs 反向转染细胞，并在所需的时间内培养。将转染细胞感染报告病毒，感染持续时间取决于检测结果。在所需的感染时间之后，样品准备好进行处理和分析。分析方法取决于实验类型、使用的报告病毒类型、所需的读出参数和要分析的样本数。我们建议用两种不同的高通量方法（流式细胞技术和自动显微镜）来评估感染水平。一旦测量了相关参数，就可以进行数据分析。

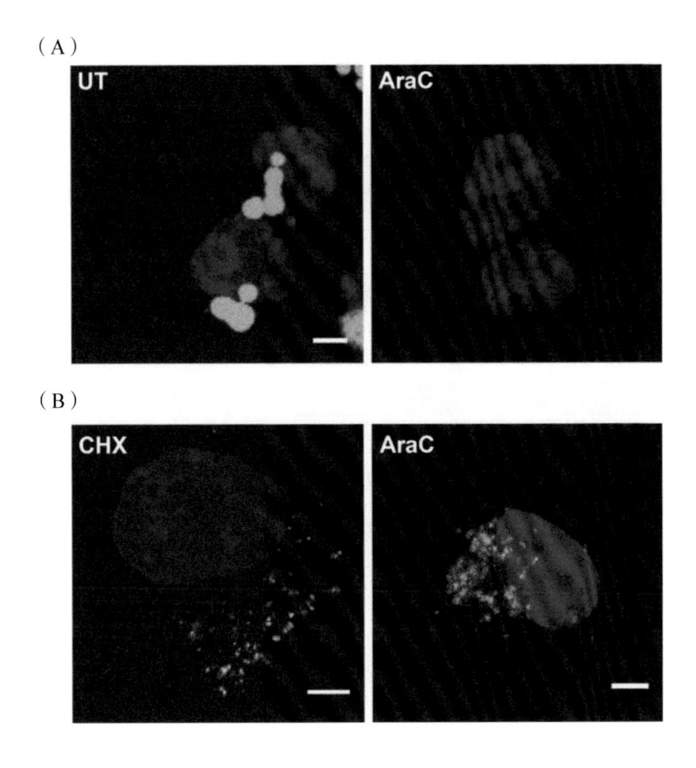

图 13-2　点击化学 EdU 染色示例

（A）WR VACV 感染 HeLa 细胞 8 h 后的 VACV 复制中心染色。在固定感染细胞上进行 Alexa Fluor™ 488 叠氮化物偶联到 EdU 的点击化学反应。AraC 作为阴性对照与未处理组（untreated, UT）进行比较。比例尺为 5 μm。（B）感染 WR VACV core-mCherry EdU-DNA 的 HeLa 细胞的点击化学。在固定感染细胞上进行 Alexa Fluor™ 488 叠氮化物偶联到 EdU 的点击化学反应。以 CHX 和 AraC 作为对照，分别展示了没有病毒核心的病毒基因组的可视化。比例尺为 5 μm。

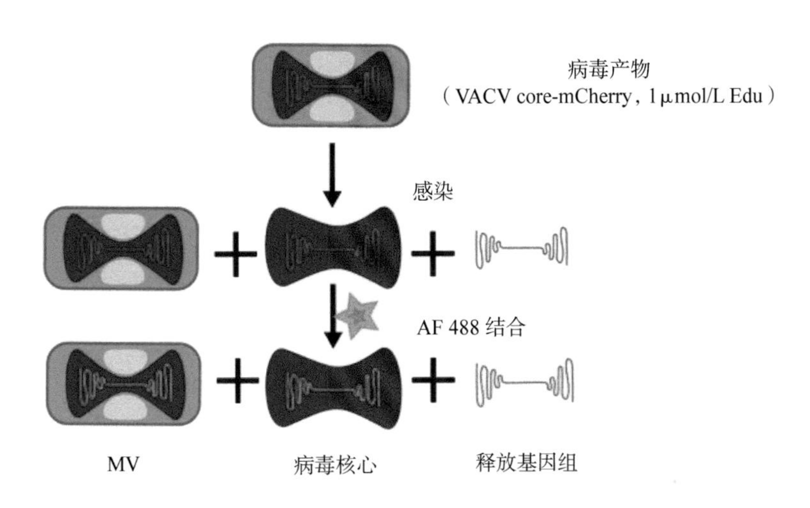

图 13-3　EdU-DNA 病毒的点击化学

可以使用点击化学和耦合到叠氮化物检测掺入 VACV 基因组中的 EdU。在具有荧光核心的重组病毒中使用时，可点击的基因组可以在释放时可视化，但还可以在成熟的病毒粒子或病毒核心中进行。

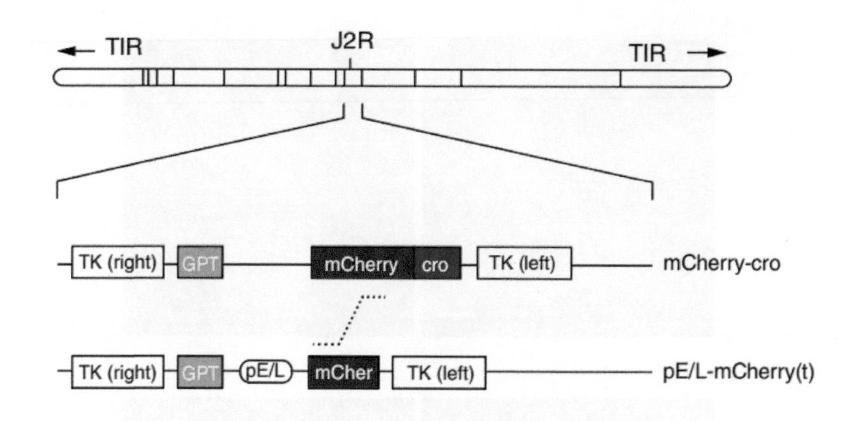

图 14–1　重组 VACV 毒株结构示意

在合成痘病毒早期 / 晚期（pE/L）启动子［pE/L-mCherry(t)］的控制下，构建无启动子全长 mCheery-cro 融合蛋白（mCherry-cro）截断的 mCherry 基因的重组 VACV。这些插入物还编码了一个 gpt 表达盒（gpt cassette, GPT），以便使用麦酚酸进行选择。这两个构造都被保存到 VACV J2R 位置。为简单起见，这些结构显示在传统的方向，但相对于病毒基因组插入片段实际上是反向的。与这两种病毒共同感染的细胞导致病毒重组后 mCherry 的表达。

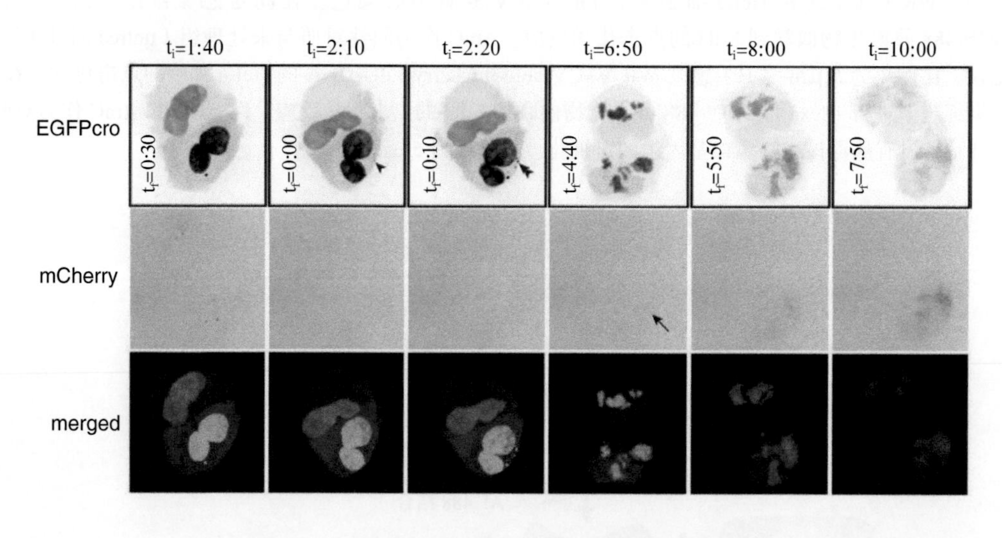

图 14–2　BSC–40 细胞中 VACV 重组的可视化

与 VACV-pE/L-mCherry(t) 和 VACV-mCherry-cro 病毒共同感染后 mCherry 表达的实时成像。这些图像显示了 VACV 感染的 EGFP-cro BSC-40 细胞，并在病毒感染后约 1h 40min 开始（t_i）。单箭头表示工厂组成（t_f）。双箭头跟踪两个病毒工厂碰撞的时间（t_f = 0: 10）。单箭头表示重组 mCherry-cro 蛋白的出现（t_i = 6: 50，t_f = 4: 40）。

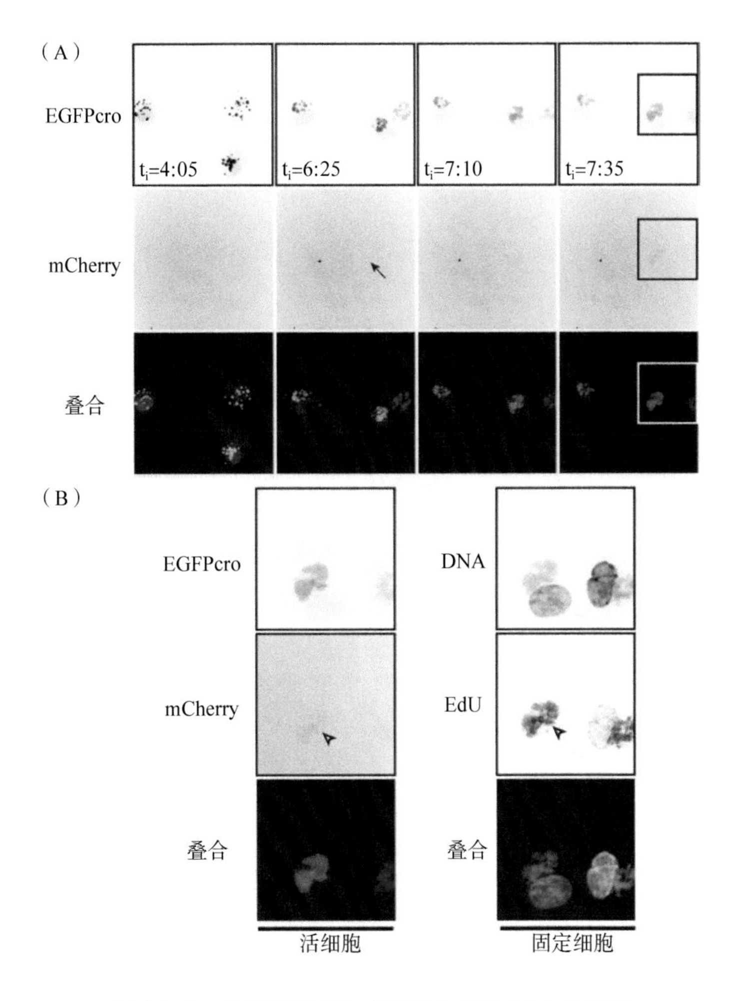

图 14–3　在病毒重组位点的新合成的 DNA 的检测

（A）细胞延时显微镜显示重组 mCherry 蛋白在与 VACV-pE/L-mCherry(t) 和 VACV-mCherry-cro 病毒共感染后的外观。这些图像显示了 VACV 感染的 EGFP-cro BSC-40 细胞，并在感染后约 4h 5min 开始生长（t_i）。在 t_i= 6:00，10 μmol/L EdU 添加到感染细胞，进一步获得图像直到 mCherry 表达检测到 t_i= 7:35。单箭头表示重组 mCherry-cro 蛋白的首次出现（t_i= 6:25）。（B）相关显微镜显示重组 mCherry 表达位点附近新合成的 DNA。细胞固定后，点击化学将 Alexa Fluor 647 与合并的 EdU 结合，并在这些图像中显示为磁色结构。DAPI（青色）被用来染色其余的 DNA。（A）图中显示的活细胞图像（方框）在（B）图中放大，分别在 EdU 荧光标记之前（左侧）和之后（右侧）。

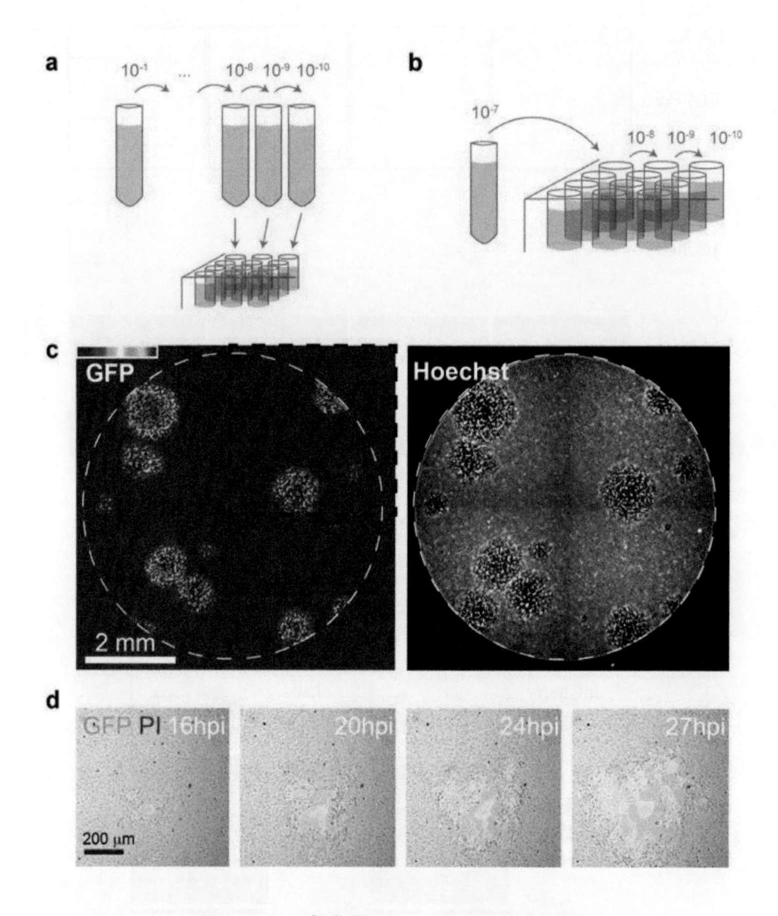

图 15-1　高含量 VACV 噬斑实验原理

a. 接种前连续预稀释到平板的示意图。b. 直接在平板上进行连续稀释的示意图。c. 使用 VACV WR E/L EGFP 病毒作为终点检测的高含量荧光显微镜下噬斑实验（Plaque2.0）的典型例子。在左侧，图像显示病毒 EGFP 信号强度是颜色编码的紫色（最小值）到红色（最大值）。在右侧，图像显示了来自单层核的 Hoechst 信号。d. 在活细胞成像装置中进行的高含量荧光显微镜下噬斑实验的典型图像。合并后的透射光、碘化丙啶（PI，红色）和 VACV IHD-J E/L EGFP（GFP，绿色）信号的静止帧以时间依赖的方式排列，显示了不断增长的 VACV 噬斑的动态。PI 信号用于指示单层细胞死亡。时间点以感染后的小时数（hour postinfection, hpi）表示。

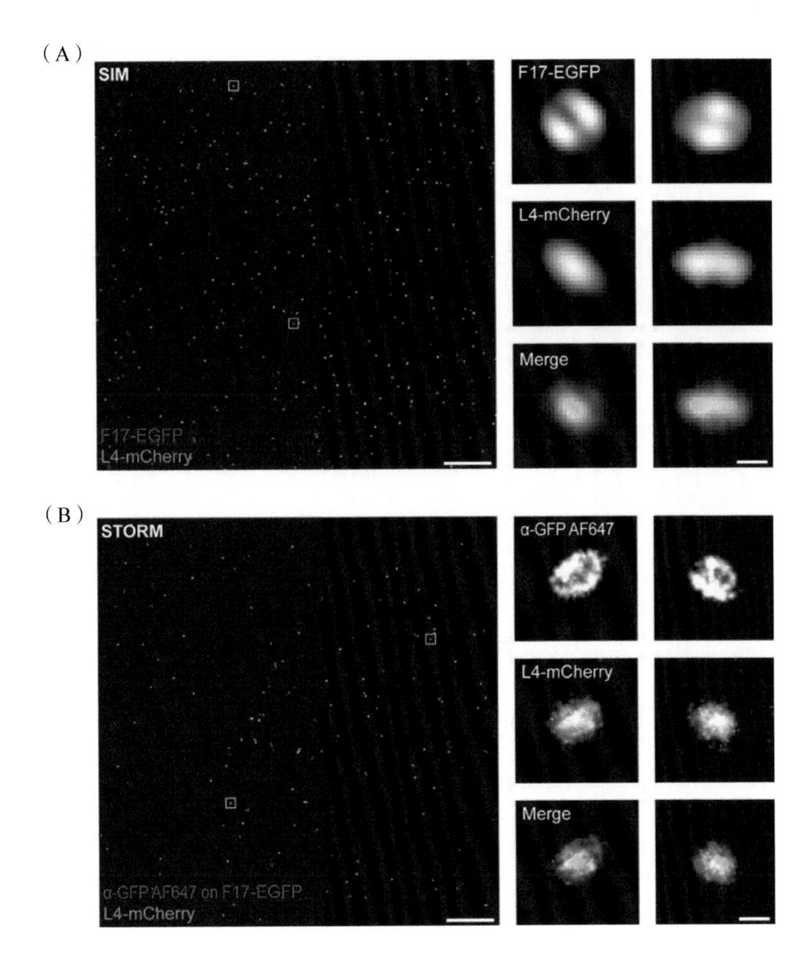

图 16–1　痘苗病毒的超高分辨率显微图像

（A）侧体蛋白 F17-EGFP 和核心蛋白 L4-mCherry 的双色 SIM 图像。单个病毒的特写镜头显示了在两个侧面的身体侧面的矢状方向上是细长核心。（B）用 AF647- 共轭抗绿色荧光蛋白纳米体和 L4-mCherry 标记的 F17-EGFP 双色 STORM 图像。

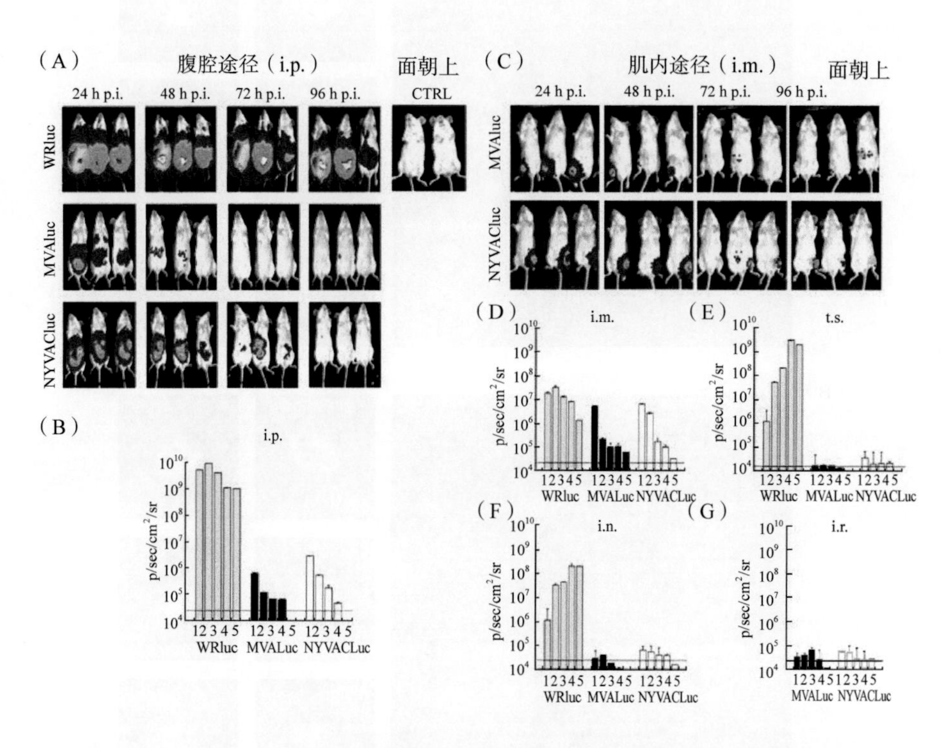

图 17-1 （A，C）表达荧光素酶的 VACV 重组病毒不同菌株的生物荧光分布

将 WRLuc、MVALuc 和 NYVACLuc 重组体分别经腹腔（A）或肌肉（C）途径接种到 BALB/c 小鼠中。（A）的右侧面板显示未感染的小鼠（CTRL）。（B，D-G）是腹腔内（B）、肌肉内（D）、尾部划痕（E）、鼻内（F）或直肠内（G）感染时 ROI 区荧光素酶信号的定量。表示光子通量随时间变化的平均值 ± *SD* 值。实线表示生物荧光的背景水平（获得 [23] 的许可）